"十二五"江苏省高等学校重点教材

主审　董正超

主编　杨建华　戴　兵　秦玉明

大学物理

（下）

第三版

DAXUE WULI

图书在版编目(CIP)数据

大学物理. 下 / 杨建华，戴兵，秦玉明主编. -- 3版. -- 苏州 ：苏州大学出版社，2024.2(2025.2 重印)
ISBN 978-7-5672-4749-9

Ⅰ. 大… Ⅱ. ①杨… ②戴… ③秦… Ⅲ. ①物理学—高等学校—教材 Ⅳ. ①O4

中国国家版本馆 CIP 数据核字(2024)第 030438 号

大学物理(第三版)·下
杨建华 戴 兵 秦玉明 主编
责任编辑 周建兰

苏州大学出版社出版发行
(地址：苏州市十梓街 1 号 邮编：215006)
广东虎彩云印刷有限公司印装
(地址：东莞市虎门镇黄村社区厚虎路20号C幢一楼 邮编：523898)

开本 787 mm×1 092 mm 1/16 印张 30.75(共两册) 字数 704 千
2024 年 2 月第 3 版 2025 年 2 月第 4 次修订印刷
ISBN 978-7-5672-4749-9 定价：84.00 元(共两册)

图书若有印装错误，本社负责调换
苏州大学出版社营销部 电话：0512-67481020
苏州大学出版社网址 http://www.sudapress.com
苏州大学出版社邮箱 sdcbs@suda.edu.cn

《大学物理(第三版)》编委会

主　编　杨建华　戴　兵　秦玉明

主　审　董正超

副主编　纪宪明　沐仁旺　成鸣飞

编　委　于忠卫　方靖淮　王　全　许　田　成鸣飞
纪宪明　孙炳华　张　华　李　颂　李晓波
陈翠萍　沐仁旺　杨建华　林小燕　周　玲
周鹏霞　姚　力　罗达峰　罗礼进　秦玉明
袁　莉　袁国秋　黄云霞　谭志中　傅怀良
戴　兵　潘宝珠　彭　菊　李祥彪　徐淑武
解　霞　邵旭萍　赵长海　赵志云　黄艳艳
许美凤　吴　静　徐　迅　杨北平　王之国
陈　强　卿晓梅　镇思琦　李　桦　金　亮
俞坚钢

前　言

大学物理课程是高等学校理工科各专业学生一门重要的通识性必修基础课.该课程所教授的基本概念、基本理论和基本方法是一个科学工作者和工程技术人员所必备的.此外,大学物理课程在培养学生树立科学的世界观、探索精神和创新意识等方面具有其他课程无法替代的作用.

本书是编者在多年大学物理教学实践的基础上,结合高等教育大众化的实际编写而成的.本书以教育部非物理类专业物理基础课程教学指导委员会新制定的《非物理类理工学科大学物理课程教学基本要求》为依据,借鉴国内外现有优秀大学物理教材和高中物理新教材的长处,采用多种手段加强教材内容与生产、生活实际及现代科学技术的联系,让学生感到生活中处处都有物理.为了培养学生的探索精神,我们在教材中嵌入了“讨论与思考”和“课题研究”栏目,以便激发学生的学习兴趣和探究欲望,培养学生收集、处理、解决问题的综合能力,尽早对学生进行科研训练.同时还利用二维码承载包括文字、图片、视频等多种形式的内容,学生可以根据自己的学习需求和兴趣,扫描二维码,获取更多的拓展资料和信息,与教师、其他学生等进行互动交流,分享学习心得和成果,提高学习的互动性和参与度,实现个性化学习.

全书分上、下两册,上册包括力学、相对论、振动与波、气体动理论和热力学等内容,下册包括电学、磁学、光学和量子物理等内容.

全书由杨建华和成鸣飞统稿,成鸣飞、周玲和彭菊等制作了部分授课视频.

为了进一步帮助读者正确理解和掌握本书的基本概念,提高分析问题和解决问题的能力,提高解题技巧,我们还组织教师编写了与之配套的《大学物理学习指导》(苏州大学出版社出版).由于作者水平有限,书中难免有不妥甚至错误之处,敬请读者批评指正,我们将在此基础上不断完善.

编　者

2024 年 1 月于永兴路

Contents 目录

第 9 章　静电场 …… (001)

9-1　电场强度 …… (001)
9-2　高斯定理 …… (009)
9-3　静电场的环路定理　电势 …… (016)
9-4　静电场中的电偶极子 …… (025)
9-5　静电场中的导体 …… (026)
9-6　电容　电容器 …… (030)
9-7　静电场中的电介质 …… (034)
9-8　静电场的能量　能量密度 …… (040)
思考题 …… (042)
习题 …… (044)

第 10 章　恒定磁场 …… (049)

10-1　恒定电流 …… (049)
10-2　电源　电动势 …… (051)
10-3　磁场　磁感应强度 …… (052)
10-4　毕奥-萨伐尔定律 …… (054)
10-5　磁场的高斯定理 …… (059)
10-6　安培环路定理 …… (061)
10-7　磁场对载流导线的作用 …… (067)
10-8　磁场对运动电荷的作用 …… (071)
10-9　磁介质中的磁场 …… (076)
思考题 …… (084)
习题 …… (085)

第 11 章　电磁感应 …… (090)

11-1　电磁感应定律 …… (090)
11-2　动生电动势和感生电动势 …… (093)
11-3　自感和互感 …… (098)
11-4　RL 电路和 RC 电路 …… (102)

11-5 磁场的能量 …… (105)
思考题 …… (107)
习题 …… (108)

第12章 电磁场和电磁波 …… (113)

12-1 位移电流 麦克斯韦方程组 …… (113)
12-2 电磁波 …… (117)
思考题 …… (121)
习题 …… (121)

第13章 光学 …… (123)

13-1 光的传播的基本概念 …… (124)
13-2 杨氏双缝干涉实验 …… (132)
13-3 薄膜干涉 …… (138)
13-4 劈尖干涉 牛顿环 …… (141)
13-5 迈克耳孙干涉仪 …… (146)
13-6 光的衍射现象 …… (149)
13-7 单缝衍射 …… (152)
13-8 圆孔的夫琅和费衍射 光学仪器的分辨本领 …… (157)
13-9 衍射光栅 …… (160)
*13-10 X射线衍射 …… (165)
13-11 光的偏振性 马吕斯定律 …… (167)
13-12 反射光和折射光的偏振 …… (172)
13-13 光的双折射 …… (174)
思考题 …… (180)
习题 …… (182)

第14章 量子物理 …… (187)

14-1 黑体辐射和普朗克能量子假设 …… (187)
14-2 光电效应和爱因斯坦的光量子理论 …… (193)
14-3 康普顿效应 …… (197)
14-4 氢原子光谱和玻尔理论 …… (201)
14-5 德布罗意波及其统计解释 …… (208)
14-6 不确定关系 …… (213)
14-7 波函数 薛定谔方程 …… (215)
14-8 一维势阱 势垒 …… (218)
14-9 氢原子结构 …… (222)
14-10 原子的电子壳层模型 …… (225)

14-11 激光简介 …………………………………………………………… (228)
思考题 …………………………………………………………………… (231)
习题 ……………………………………………………………………… (232)

习题答案 ………………………………………………………………… (235)
参考文献 ………………………………………………………………… (241)

第9章 静 电 场

本章首先研究真空中静电场的基本特性,从电场对电荷的力的作用、电荷在电场中移动时电场力对电荷做功两个方面,引入描述电场的两个重要物理量——电场强度和电势,并讨论它们的叠加原理;同时介绍反映静电场基本性质的高斯定理和静电场的环路定理.然后讨论导电性能不同的两类物体——导体和电介质在电场中的静电特性,并介绍电容的计算方法、静电场的能量及能量密度的概念.

9-1 电场强度

一、库仑定律

人们对电荷的认识是从摩擦起电现象开始的.如果把丝绸摩擦过的玻璃棒用细线系其中间并水平地悬挂起来,用另一根丝绸摩擦过的玻璃棒去靠近它,它们将相互排斥;而用毛皮摩擦过的硬橡胶棒去靠近它,它们将相互吸引.实验证明,电荷只有两种,电荷间有相互作用力:同种电荷相互排斥,异种电荷相互吸引.历史上由美国科学家富兰克林(H. Franklin)首先提出正电荷和负电荷的名称,并且规定用丝绸摩擦过的玻璃棒上所带的电荷为**正电荷**,用毛皮摩擦过的硬橡胶棒上所带的电荷为**负电荷**.

物质由分子组成,分子又由原子组成,原子由带负电的电子和带正电的原子核组成.原子核中有质子和中子,质子带正电,中子不带电.质子和中子在核力作用下,牢固地束缚在原子核内.核半径的数量级为 10^{-15} m,电子以电子云的形式围绕原子核运动.电子云半径(也就是原子半径)的数量级为 10^{-10} m,比核半径约大 10^{5} 倍.在正常情况下,原子核所带的质子数与核外的电子数相等,所以整个原子呈电中性.由于电子离原子核很远,特别是最外层的电子,受原子核引力作用很小,容易离去.如果原子中有一个或多个电子离去,原子就表现为带正电;如果原子获得了一个或多个电子,原子就表现为带负电.

当一个物体失去一些电子而带正电时,必然有另一个物体获得这些电子而带负电.摩擦或其他使物体带电的方法,并没有也不可能制造电荷,只是把电子从一个物体迁移到另一个物体,从而改变了物体的电中性状态.实验表明.一个与外界没有电荷交换的孤立系统,正负电荷的代数和在任何物理过程中保持不变,这个结论称为**电荷守恒定律**,它是物理学的基本守恒定律之一,不仅适用于宏观领域,也适用于微观领域.

物体所带过剩电荷的总量称为电荷量.密立根油滴实验及其他无数的实验表明,微小粒子带电荷量的变化是不连续的,它是一个基元电荷的整数倍,这个基元电荷就是电子电荷量的绝对值,用 e 来表示,即

$$q=\pm ne \ (n \text{ 为整数})$$

则质子的电荷量为 e,而电子的电荷量为 $-e$.**电荷量只能取分立的、不连续数值的性质,称为电荷量的量子化**.但是,e 是如此的小,以致宏观上电荷的量子性并不显著,这时带电体的电荷量仍可看作连续改变.

在近代物理学中,量子化是一个重要的基本概念.1964 年,物理学家提出,强子(如质子、中子、介子和超子等)是由夸克(quark)构成的,而不同类型的夸克带有不同的电荷量,为 $\pm\frac{1}{3}e$ 或 $\pm\frac{2}{3}e$,但电荷量量子化的基本规律不会改变.到目前为止还没有从实验上观察到以自由状态存在的夸克,理论上认为这是夸克囚禁现象.

电荷量的单位在国际单位制中是库仑,简称为库(符号为 C).根据国际推荐值,基元电荷的数值为

$$e=(1.602\,177\,33\pm0.000\,000\,49)\times10^{-19}\ \text{C}$$

根据狭义相对论我们知道,一个粒子的质量 m 是与其运动速率 v 有关的,并按照 $m=\frac{m_0}{\sqrt{1-\frac{v^2}{c^2}}}$ 的规律变化,其中 m_0 是粒子的静质量,c 为光速.而大量实验表明,一切带电体的电荷量与质量不同,不因其运动而改变,这就是说,电荷量是相对论性不变量.

物体带电后的主要特征是带电体之间存在相互作用力.为了定量地描述这种相互作用力,首先引入点电荷的概念,即当带电体的形状和大小与它们之间的距离相比可忽略不计时,这些带电体可看作**点电荷**.这是电磁学的理想模型,是对实际问题的抽象.点电荷这一概念只具有相对的意义,一个带电体能否看作一个点电荷,须根据具体情况而定.

1785 年,库仑从扭秤实验结果总结出了点电荷之间的相互作用所遵从的基本规律,称为**库仑定律:在真空中两个静止点电荷之间相互作用力的大小与这两个点电荷所带电荷量的乘积成正比,而与它们之间的距离的平方成反比,作用力的方向沿着这两个点电荷的连线,同号电荷相斥,异号电荷相吸**.库仑定律可用矢量公式表示为

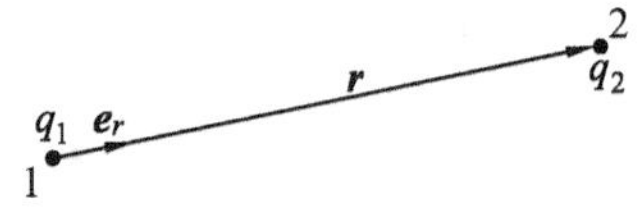

图 9-1 库仑定律

$$\boldsymbol{F}=\frac{1}{4\pi\varepsilon_0}\frac{q_1q_2}{r^2}\boldsymbol{e}_r \tag{9-1}$$

式中,$\boldsymbol{F}$ 表示 q_1 对 q_2 的相互作用力,称为库仑力.q_1 和 q_2 分别表示两个点电荷的电荷量,r 为两个电荷之间的距离,$\boldsymbol{e}_r$ 为从 q_1 指向 q_2 的单位矢量,即 $\boldsymbol{e}_r=\frac{\boldsymbol{r}}{r}$.$\varepsilon_0$ 称为**真空电容率**(又称**真空介电常数**),其值为

$$\varepsilon_0=8.854\,188\times10^{-12}\ \text{C}^2\cdot\text{N}^{-1}\cdot\text{m}^{-2}$$

由式(9-1)可以看出，当 q_1 和 q_2 同号时，q_2 受到斥力作用；当 q_1 和 q_2 异号时，q_2 受到引力作用. q_1 也受到 q_2 的库仑力 $\boldsymbol{F}'$，$\boldsymbol{F}'$ 与 $\boldsymbol{F}$ 大小相等，而方向相反，即 $\boldsymbol{F}'=-\boldsymbol{F}$，也就是说，静止电荷之间的库仑力满足牛顿第三定律.

库仑 (C.A.Coulomb，1736—1806)，法国工程师、物理学家，1781 年当选为法国科学院院士. 库仑利用扭秤测量静电力和磁场力，得出有名的库仑定律，并把同样的结果推广到两个磁极之间的相互作用. 库仑定律是电学发展史上的第一个定量规律，它使电学和磁学的研究从定性阶段进入定量阶段，是电学史中的一个重要的里程碑. 库仑还做了一系列力学摩擦的实验，提出有关润滑剂的科学理论，发现了摩擦定律，并证明了摩擦因数和物体的材料有关. 他还提出了电荷沿表面分布及带电体因漏电而电荷量衰减的定律. 库仑被认为是 18 世纪欧洲最伟大的工程师之一. 为纪念他对物理学的重要贡献，电荷量的单位便以库仑命名.

文档：库仑扭秤实验

二、电场强度

一个物体对另一个物体的作用力，若不是通过直接接触来传递，就是借助于它们之间的其他物质来传递. 正像万有引力是通过在物体周围空间存在的引力场这种特殊物质来传递一样，在电荷周围空间也存在一种特殊物质，借以传递电荷之间的相互作用力. 这种特殊物质就是**电场**. 当物体带电时，在它的周围就产生电场. 通常称产生电场的电荷为**源电荷**. 如果源电荷相对于观察者是静止的，那么它在其周围产生的电场就是**静电场**. 本章所讨论的电场都属于静电场. 电场有一种重要属性，这就是任何一个进入其中的电荷都将受到由该电场传递的力的作用，这种力称为**电场力**，由静电场传递的力称为**静电场力(库仑力)**. 例如，图 9-1 中，电荷 1 在周围的空间产生一个电场，电荷 2 也在周围的空间产生一个电场. 电荷 2 所受的电场力 $\boldsymbol{F}$ 是电荷 1 的电场施加给它的，电荷 1 所受的电场力 $\boldsymbol{F}'$ 是电荷 2 的电场施加给它的.

为了描述电荷在空间产生的电场，我们可利用另一个正电荷来检测该电场，称其为**试验电荷**，并用 q_0 表示. 首先，q_0 的电荷量必须充分小，以避免由于它的引入而改变原有电荷的分布，从而改变了原来电场的分布；其次，为了能细致地反映出各点的电场状况，q_0 的几何线度也必须充分小，即 q_0 必须是一个点电荷.

我们把要考察的电场空间的某点称为**场点**. 如果将试验电荷置于电场某场点上，试验电荷 q_0 将受到电场力 $\boldsymbol{F}$ 的作用. 实验证明，$\boldsymbol{F}$ 的大小与 q_0 成正比，而比值 $\frac{\boldsymbol{F}}{q_0}$ 是一个无论大小和方向都与试验电荷无关，仅由源电荷的电场所决定的物理量. 我们用这个物理量来描写电场的性质，称为**电场强度**(简称**场强**). 通常用 $\boldsymbol{E}$ 表示，即

$$\boldsymbol{E}=\frac{\boldsymbol{F}}{q_0} \tag{9-2}$$

上式表明,**电场中某场点处的电场强度的大小等于置于该点处的单位正电荷所受的电场力的大小,其方向与正电荷在该处所受电场力的方向一致**.在静电场中各场点的场强可以不同,因此,$\boldsymbol{E}$ 一般是空间坐标的矢量函数.

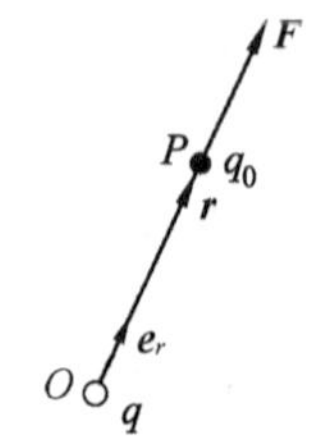

图 9-2 在点电荷 q 产生的电场中 P 处放置一试验电荷 q_0

在国际单位制中,电场强度的单位为牛·库$^{-1}$($\mathrm{N\cdot C^{-1}}$)或伏·米$^{-1}$($\mathrm{V\cdot m^{-1}}$).

下面讨论点电荷所产生的场强.如图 9-2 所示,在点电荷 q 产生的电场中,以 q 所在位置为坐标原点 O,设想在场点 P 处放置试验电荷 q_0,由原点 O 到场点 P 的距离为 r,$\boldsymbol{e}_r$ 为从 q 指向 q_0 的单位矢量,则由库仑定律得到

$$\boldsymbol{F}=\frac{1}{4\pi\varepsilon_0}\frac{qq_0}{r^2}\boldsymbol{e}_r$$

再由电场强度定义式(9-2),得到场点 P 的电场强度公式:

$$\boldsymbol{E}=\frac{\boldsymbol{F}}{q_0}=\frac{1}{4\pi\varepsilon_0}\frac{q}{r^2}\boldsymbol{e}_r \tag{9-3}$$

上式描写点电荷 q 周围空间各点场强的大小和方向.值得注意的是,式(9-3)并不能描写电荷 q 本身所在原点处的场强,因为在 $r=0$ 处将得出 $\boldsymbol{E}\to\infty$ 的结果.这一结果是无意义的,因为实际上严格的点电荷是不存在的,即使在 $r=0$ 处 $\boldsymbol{E}$ 也不应该达到无限大.式(9-3)表明,当 $q>0$ 时,$\boldsymbol{E}$ 与 $\boldsymbol{r}$ 同向;而当 $q<0$ 时,$\boldsymbol{E}$ 与 $\boldsymbol{r}$ 反向(图 9-3).显然,点电荷的场强呈球对称分布,即如果以电荷 q 所在位置为中心,则在半径为 r 的球面上各处的 $\boldsymbol{E}$ 大小相等,方向沿径矢方向.

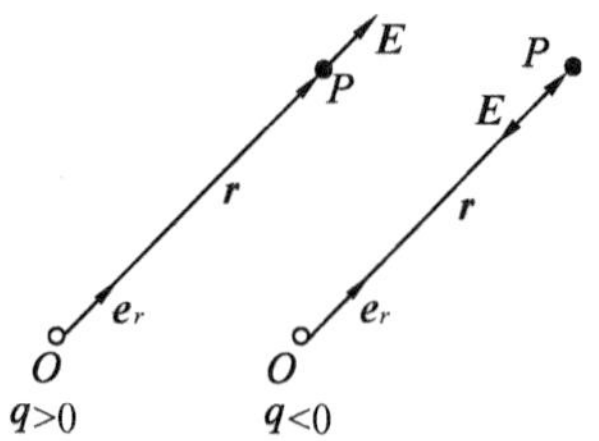

图 9-3 点电荷 q 周围空间各点场强的大小和方向

若空间存在 n 个点电荷 $q_1,q_2,\cdots,q_n$,它们组成一个点电荷系,现求任意一点 P 的电场强度.按照上述方法,仍将试验电荷 q_0 放置于 P 点处.根据力的叠加原理,作用于 q_0 的电场力应该等于各个点电荷分别作用于 q_0 的电场力的矢量之和,即

$$\boldsymbol{F}=\boldsymbol{F}_1+\boldsymbol{F}_2+\cdots+\boldsymbol{F}_n$$

根据电场强度的定义,P 点的电场强度应为

$$\boldsymbol{E}=\frac{\boldsymbol{F}}{q_0}=\frac{\boldsymbol{F}_1}{q_0}+\frac{\boldsymbol{F}_2}{q_0}+\cdots+\frac{\boldsymbol{F}_n}{q_0}=\boldsymbol{E}_1+\boldsymbol{E}_2+\cdots+\boldsymbol{E}_n \tag{9-4}$$

上式表明:**点电荷系在某场点的电场强度等于各个点电荷单独存在时在该点所产生的电场强度的矢量和**.这一性质称为**电场强度叠加原理**.由库仑定律,得到

$$\boldsymbol{E}=\sum_{i=1}^{n}\boldsymbol{E}_i=\frac{1}{4\pi\varepsilon_0}\sum_{i=1}^{n}\frac{q_i}{r_i^{\,2}}\boldsymbol{e}_{r_i} \tag{9-5}$$

式中,$\boldsymbol{e}_{r_i}$ 是 P 点位矢 $\boldsymbol{r}_i$ 的单位矢量.图 9-4 表示了三个点电荷 q_1、q_2 和 q_3 在 P 点产生的电场强度的叠加情况.

对于连续分布的电荷系，可以看作是很多“无限小”的电荷元 dq 的集合，而每一个电荷元 dq 在空间任意一点 P 处所产生的电场强度，与点电荷在同一点产生的电场强度相同，整个电荷系在 P 点产生的电场强度则等于所有电荷元在该点产生的电场强度的矢量和.如果由电荷元 dq 指向 P 点的位矢为 $\boldsymbol{r}$，则 dq 在 P 点产生的电场强度为

$$d\boldsymbol{E}=\frac{1}{4\pi\varepsilon_0}\frac{dq}{r^2}\boldsymbol{e}_r \tag{9-6}$$

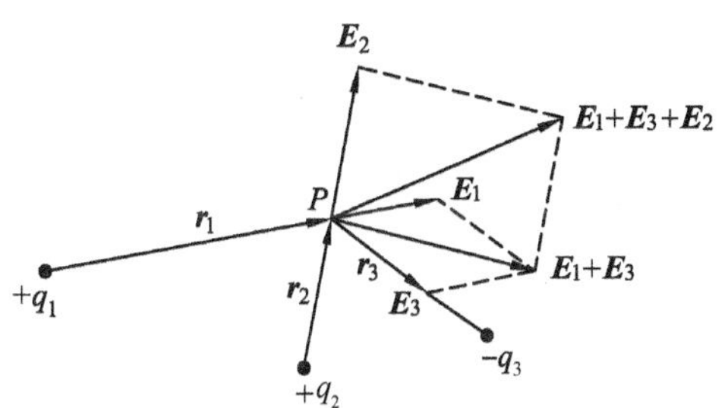

图 9-4 三个点电荷在场点 P 产生的电场强度的叠加

整个电荷系在 P 点产生的电场强度可用积分计算：

$$\boldsymbol{E}=\int\frac{1}{4\pi\varepsilon_0}\frac{dq}{r^2}\boldsymbol{e}_r \tag{9-7}$$

如果电荷连续分布在体积为 V 的带电体中，这种电荷称为体电荷，如图 9-5 所示.我们可以在带电体内任取一点，围绕该点取体积元 dV，若电荷体密度为 ρ，则体积元 dV 包含的电荷量 $dq=\rho dV$，将其代入式(9-7)中，就得到整个带电体在 P 点处产生的电场强度为

$$\boldsymbol{E}=\int_V\frac{1}{4\pi\varepsilon_0}\frac{dq}{r^2}\boldsymbol{e}_r=\int_V\frac{1}{4\pi\varepsilon_0}\frac{\rho dV}{r^2}\boldsymbol{e}_r \tag{9-8}$$

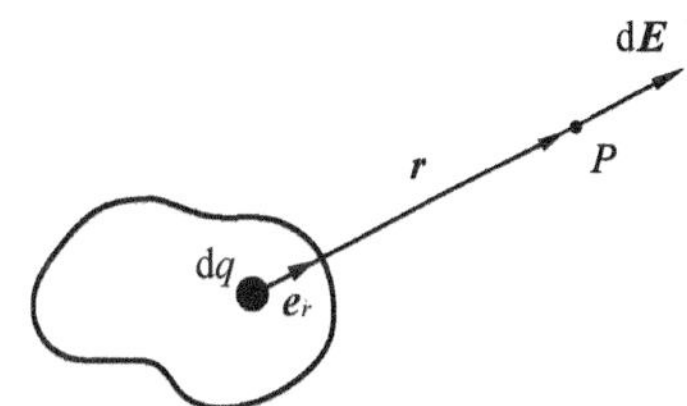

图 9-5 连续分布的电荷系在空间任意一点 P 的电场强度

若电荷仅连续分布在一个薄层中或一根细线上，而在问题中又可以不计薄层的厚度和细线的截面，这种电荷就称为面电荷或线电荷.引入电荷面密度 σ 和电荷线密度 λ，电荷元可分别表示为 $dq=\sigma dS$ 和 $dq=\lambda dl$.于是，由式(9-7)可得出它们的电场强度分别为

$$\boldsymbol{E}=\int_S\frac{1}{4\pi\varepsilon_0}\frac{\sigma dS}{r^2}\boldsymbol{e}_r \tag{9-9}$$

$$\boldsymbol{E}=\int_l\frac{1}{4\pi\varepsilon_0}\frac{\lambda dl}{r^2}\boldsymbol{e}_r \tag{9-10}$$

以上三式中的被积函数都是空间的矢量函数，所以必须先将矢量函数分解为沿坐标轴的几个分量函数，然后对每个分量积分，而每个分量的积分是普通的积分.

讨论与思考： 根据点电荷的场强公式 $E=\frac{q}{4\pi\varepsilon_0 r^2}$，当所考察的场点和点电荷的距离 $r\to 0$ 时，场强 $E\to\infty$，这是没有物理意义的，对这个问题应如何解释？

三、电偶极子的电场强度

如图 9-6 所示，设有两个电荷量相等而符号相反的点电荷 q 和 $-q$，相距为 l.下面分

别讨论：

(1) 两点电荷连线的延长线上任一点 P 处的电场强度；

(2) 两点电荷连线的中垂线上任一点 Q 处的电场强度.

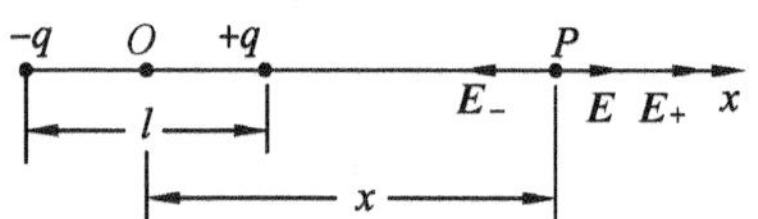

(a) 两点电荷连线延长线上任一点的电场强度

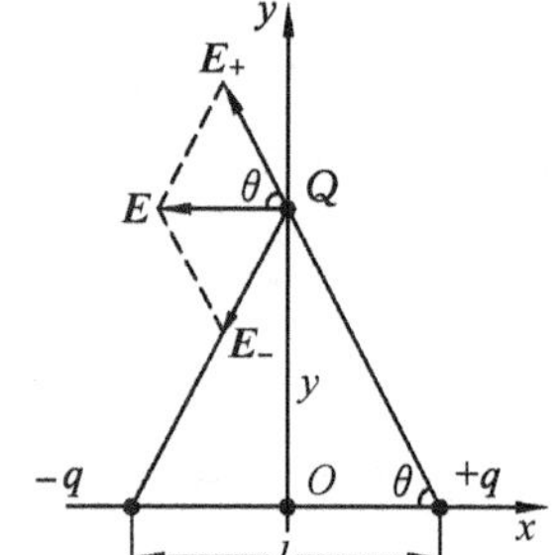

(b) 两点电荷连线的中垂线上任一点的电场强度

图 9-6 电偶极子的电场强度

(1) P 点处的电场强度.以正负点电荷连线的中点为坐标原点建立坐标系，如图 9-6(a)所示.两点电荷连线的延长线上任一点 P 到电荷 q 的距离为 $x-\frac{l}{2}$，到电荷 $-q$ 的距离为 $x+\frac{l}{2}$，所以点电荷 q 和 $-q$ 在 P 点处产生的电场强度分别为

$$\boldsymbol{E}_{+}=\frac{1}{4\pi\varepsilon_0}\frac{q}{\left(x-\frac{l}{2}\right)^2}\boldsymbol{i}$$

$$\boldsymbol{E}_{-}=-\frac{1}{4\pi\varepsilon_0}\frac{q}{\left(x+\frac{l}{2}\right)^2}\boldsymbol{i}$$

式中，$\boldsymbol{i}$ 表示 x 轴的单位矢量，$\boldsymbol{E}_{+}$ 沿 x 轴的正方向，$\boldsymbol{E}_{-}$ 沿 x 轴的负方向.根据电场强度叠加原理，可得 P 点处的电场强度 $\boldsymbol{E}$ 为

$$\boldsymbol{E}=\boldsymbol{E}_{+}+\boldsymbol{E}_{-}=\frac{q}{4\pi\varepsilon_0}\frac{2xl}{\left(x^2-\frac{l^2}{4}\right)^2}\boldsymbol{i} \tag{9-11}$$

$\boldsymbol{E}$ 的方向沿 x 轴的正方向.

(2) Q 点处的电场强度.设正负电荷连线的中垂线上任一点 Q 到 O 点的距离为 y，正负电荷在 Q 点处的电场强度分别用 $\boldsymbol{E}_{+}$ 和 $\boldsymbol{E}_{-}$ 表示，如图 9-6(b)所示.由式(9-3)可知它们的大小相等，为

$$E_{+}=E_{-}=\frac{1}{4\pi\varepsilon_0}\frac{q}{\left[y^2+\left(\frac{l}{2}\right)^2\right]}$$

它们的方向如图 9-6(b)所示.根据电场强度叠加原理，Q 点处的电场强度应为

$$\boldsymbol{E}=\boldsymbol{E}_{+}+\boldsymbol{E}_{-}$$

$\boldsymbol{E}$ 的 x 分量为

$$E_x=(E_+)_x+(E_-)_x=-E_+\cos\theta-E_-\cos\theta$$

从图 9-6(b)可以看出

$$\cos\theta=\frac{l}{2\sqrt{y^2+\left(\frac{l}{2}\right)^2}}$$

所以

$$E_x=-\frac{1}{4\pi\varepsilon_0}\frac{ql}{\left[y^2+\left(\frac{l}{2}\right)^2\right]^{\frac{3}{2}}}$$

$\boldsymbol{E}$ 的 y 分量为

$$E_y=(E_+)_y+(E_-)_y=E_+\sin\theta-E_-\sin\theta=0$$

所以,Q 点处的电场强度 $\boldsymbol{E}$ 为

$$\boldsymbol{E}=-\frac{1}{4\pi\varepsilon_0}\frac{ql}{\left[y^2+\left(\frac{l}{2}\right)^2\right]^{\frac{3}{2}}}\boldsymbol{i} \tag{9-12}$$

$\boldsymbol{E}$ 的方向沿 x 轴的负方向.

在实际中常常遇到这样一种由一对等量异号的点电荷所组成的带电系统,它们之间的距离 l 比起场点到它们的距离小得多,这种带电系统称为**电偶极子**.从负电荷到正电荷所引的有向线段 $\boldsymbol{l}$ 称为电偶极子的轴.电荷 q 与电偶极子的轴 $\boldsymbol{l}$ 的乘积,定义为电偶极子的**电偶极矩**(简称**电矩**),用 $\boldsymbol{p}$ 表示,即

$$\boldsymbol{p}=q\boldsymbol{l} \tag{9-13}$$

当 $x\gg l$ 时,$x^2+\left(\frac{l}{2}\right)\approx x^2$,所以由式(9-11)知在电偶极子延长线上任一点 P 处的电场强度可表示为

$$\boldsymbol{E}=\frac{1}{4\pi\varepsilon_0}\frac{2ql}{x^3}\boldsymbol{i}$$

由于电矩 $\boldsymbol{p}=q\boldsymbol{l}=ql\boldsymbol{i}$,所以上式为

$$\boldsymbol{E}=\frac{1}{4\pi\varepsilon_0}\frac{2\boldsymbol{p}}{x^3} \tag{9-14}$$

当 $y\gg l$ 时,由式(9-12)知,在电偶极子中垂线上任一点 Q 处的电场强度为

$$\boldsymbol{E}=-\frac{1}{4\pi\varepsilon_0}\frac{ql}{y^3}\boldsymbol{i}$$

由于电矩 $\boldsymbol{p}=q\boldsymbol{l}=ql\boldsymbol{i}$,所以有

$$\boldsymbol{E}=-\frac{1}{4\pi\varepsilon_0}\frac{\boldsymbol{p}}{y^3} \tag{9-15}$$

式(9-14)和式(9-15)表明,**电偶极子的电场强度 $\boldsymbol{E}$ 的大小与电偶极子的中点到场点的距离的三次方成反比,与电矩 $\boldsymbol{p}$ 成正比.**

[**例 9-1**] 半径为 R 的均匀带电细圆环,所带电荷量为 q,求圆环轴线上任一点的电

场强度.

解 如图 9-7 所示,在圆环上取电荷元 $\mathrm{d}q$,$\mathrm{d}q$ 在 P 点处的场强大小为

$$\mathrm{d}E=\frac{\mathrm{d}q}{4\pi\varepsilon_0 r^2}$$

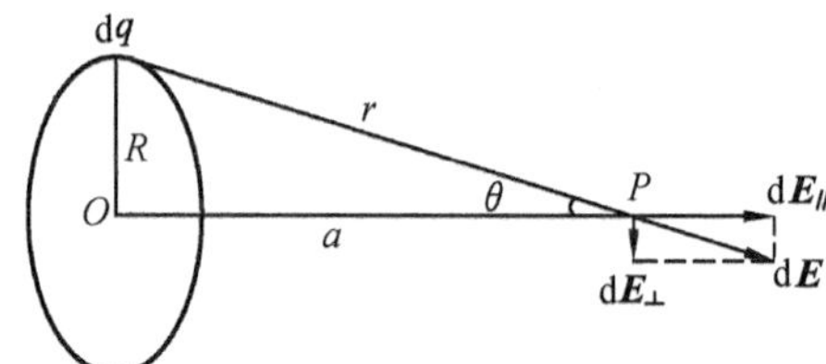

图 9-7 均匀带电细圆环轴线上任一点的电场强度

将 $\mathrm{d}\boldsymbol{E}$ 分解为平行于和垂直于圆环轴线的两个分量 $\mathrm{d}\boldsymbol{E}_{/\!/}$ 和 $\mathrm{d}\boldsymbol{E}_{\perp}$.由于圆环均匀带电,对 P 点是轴对称的,所以各个电荷元在 P 点处的垂直轴线的分量 $\mathrm{d}\boldsymbol{E}_{\perp}$ 相互抵消,对总电场有贡献的是平行于轴线的分量,即

$$\mathrm{d}E_{/\!/}=\mathrm{d}E\cos\theta$$

因此,P 点处场强的大小为

$$E=\int\mathrm{d}E_{/\!/}=\int\mathrm{d}E\cos\theta=\int\frac{\mathrm{d}q}{4\pi\varepsilon_0 r^2}\cos\theta=\frac{\cos\theta}{4\pi\varepsilon_0 r^2}\oint\mathrm{d}q$$

因 $\oint\mathrm{d}q=q$,所以有

$$E=\frac{q\cos\theta}{4\pi\varepsilon_0 r^2}$$

利用关系 $r=(R^2+a^2)^{\frac{1}{2}}$ 及 $\cos\theta=\frac{a}{r}$,可得

$$E=\frac{qa}{4\pi\varepsilon_0(R^2+a^2)^{\frac{3}{2}}}$$

$\boldsymbol{E}$ 的方向沿轴线指向远处.

若 $a=0$,即在圆环的圆心上,$E=0$.对于 $a\gg R$ 时,取近似,则有

$$E=\frac{q}{4\pi\varepsilon_0 a^2}$$

可见,远离圆环圆心的电场近似等于点电荷产生的电场.

[**例 9-2**] 如图 9-8 所示,有一均匀带电的薄圆盘,半径为 R,电荷面密度为 σ.求圆盘轴线上任意一点的场强.

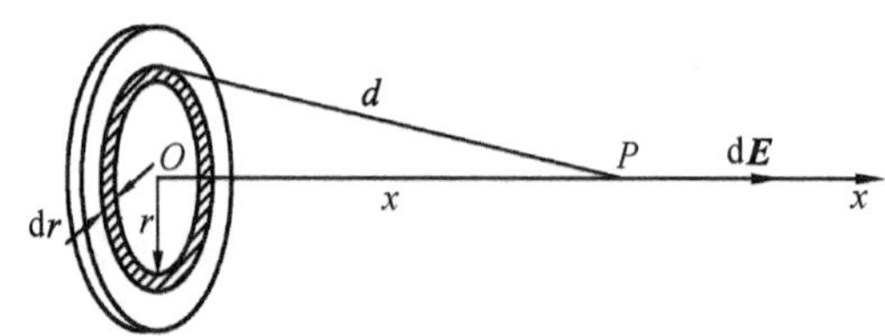

图 9-8 均匀带电的薄圆盘轴线上任一点的电场强度

解 将带电圆盘面分成许多以 O 为圆心、宽度为 $\mathrm{d}r$ 的细圆环,细圆环的面积为 $2\pi r\mathrm{d}r$,所带的电荷量为 $\sigma 2\pi r\mathrm{d}r$.由例 9-1 可知,细圆环上的电荷在轴线上 P 点处产生的电场强度为

$$\mathrm{d}E=\frac{2\pi\sigma x r\,\mathrm{d}r}{4\pi\varepsilon_0(r^2+x^2)^{\frac{3}{2}}}$$

所以带电圆盘在 P 点处的场强大小为

$$E=\int\mathrm{d}E=\frac{2\pi\sigma x}{4\pi\varepsilon_0}\int_0^R\frac{r\,\mathrm{d}r}{(r^2+x^2)^{\frac{3}{2}}}=\frac{\sigma}{2\varepsilon_0}\left(1-\frac{x}{\sqrt{x^2+R^2}}\right)$$

讨论与思考: 当均匀带电薄圆盘的场强公式分别满足 $x\ll R$ 和 $x\gg R$ 的条件时,能得出什么结论?

9-2 高斯定理

一、电场强度通量

1. 电场线

为了形象地表示电场在空间的分布情况,我们按照如下规定在电场中画一系列电场线:**电场线上某点的切线方向代表该点电场强度的方向;在与电场强度相垂直的单位面积上,通过的电场线数与该处电场强度的大小成正比,即电场线在每点处的密度代表该点的场强大小.**

图 9-9 是几种常见的带电系统的电场线.由图中所表示的电场线分布情形,可看出静电场的电场线具有如下特征:

(1) 静电场的电场线起始于正电荷或无穷远,终止于负电荷或无穷远.

(2) 静电场的电场线不闭合,也不在没有电荷的地方中断.

(3) 任意两条电场线在没有电荷的地方不会相交,这是因为电场中每一点处的电场强度的方向是唯一的.

必须指出,电场线实际上并不存在,只是对电场的场强分布的一种形象描述,但引入电场线对于分析某些实际问题是很有帮助的.

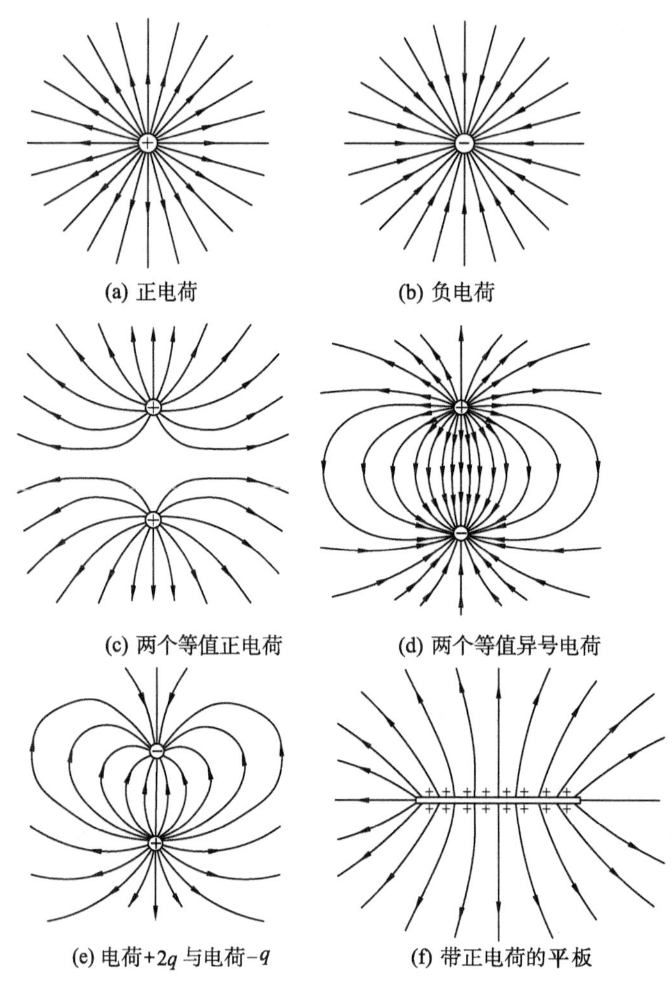

图 9-9　几种常见的带电系统的电场线

2. 电场强度通量

根据上述电场线的画法规定,可以确定电场线的密度与电场强度大小的数量关系为

$$E \propto \frac{\mathrm{d}\Phi_e}{\mathrm{d}S}$$

其中,$\mathrm{d}S$ 为垂直于电场强度的面积元,$\mathrm{d}\Phi_e$ 为通过该面积元的电场线数.若选择比例系数为 1,则有

$$\mathrm{d}\Phi_e = E\mathrm{d}S \tag{9-16}$$

我们把通过电场的某一个面的电场线数称为通过这个面的**电场强度通量**,用符号 Φ_e 表示,则上式中的 $\mathrm{d}\Phi_e$ 就是通过与电场强度垂直的某一个面积元的电场强度通量.下面分几种情况讨论电场强度通量的概念.

如果在电场强度为 $\boldsymbol{E}$ 的匀强电场中,平面 $\boldsymbol{S}$ 与电场强度 $\boldsymbol{E}$ 相垂直,如图 9-10(a)所示,由于匀强电场的电场线密度处处相等,那么根据式(9-16),通过平面 S 的电场强度通

量为

$$\Phi_e = ES$$

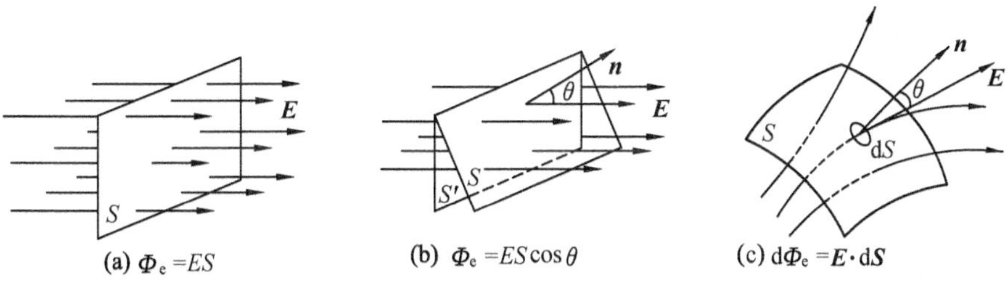

图 9-10 通过平面 S 的电场强度通量

如果在电场强度为 $\boldsymbol{E}$ 的匀强电场中，平面 $\boldsymbol{S}$ 与电场强度 $\boldsymbol{E}$ 不垂直，其法线矢量 $\boldsymbol{n}$ 与电场强度成 θ 角.为此，我们引入面积矢量 $\boldsymbol{S}$，规定它的大小为 S，其方向就是平面 S 的法线矢量 $\boldsymbol{n}$ 的方向.如图 9-10(b)所示，通过平面 S 的电场线数应等于通过平面 S' 的电场线数.平面 S' 是平面 S 在垂直于 $\boldsymbol{E}$ 的方向上的投影面，因而 $S' = S\cos\theta$.所以，通过平面 S 的电场强度通量为

$$\Phi_e = ES\cos\theta \tag{9-17}$$

由矢量标积的定义知道，$ES\cos\theta$ 为矢量 $\boldsymbol{E}$ 和 $\boldsymbol{S}$ 的标积，故式(9-17)可用矢量表示成

$$\Phi_e = \boldsymbol{E} \cdot \boldsymbol{S} \tag{9-18}$$

如果电场强度为非均匀场，并且面 S 是任意曲面，如图 9-10(c)所示.为了求得通过曲面 S 的电场强度通量，则可以把曲面 S 划分成“无限多”个面积元 dS，每个面积元 dS 都可以看成平面，并且在 dS 范围内电场强度 $\boldsymbol{E}$ 的大小和方向可认为处处相同.这样，通过面积元 dS 的电场强度通量可以表示为

$$d\Phi_e = E\,dS\cos\theta = \boldsymbol{E} \cdot d\boldsymbol{S} \tag{9-19}$$

式中，矢量 $d\boldsymbol{S}$ 的大小等于面积元 dS，方向与面积元 dS 的法线 $\boldsymbol{n}$ 的方向一致.因此，穿过整个曲面 S 的电场强度通量为

$$\Phi_e = \int_S d\Phi_e = \int_S E\,dS\cos\theta = \int_S \boldsymbol{E} \cdot d\boldsymbol{S} \tag{9-20}$$

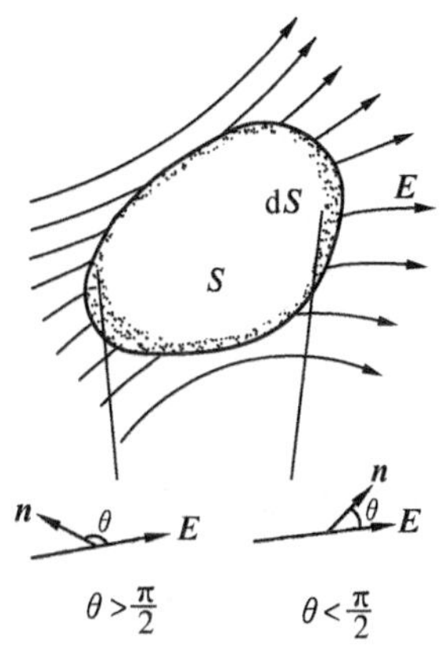

图 9-11 通过一闭合曲面的电场强度通量有正、负之分

对于一闭合曲面而言，通过它的电场强度通量按上面的定义可以表示为

$$\Phi_e = \oint_S E\,dS\cos\theta = \oint_S \boldsymbol{E} \cdot d\boldsymbol{S} \tag{9-21}$$

式中，$\oint$ 表示沿这个闭合曲面 S 的积分，并且规定法线 $\boldsymbol{n}$ 的正方向为垂直于曲面并指向闭合曲面的外部.通过曲面上各面积元的电场线就有穿进、穿出之分，电场强度通量就有正、

负之分:如果电场线由里向外穿出,电场强度通量为正;如果电场线由外向里穿进,电场强度通量为负.一个处于电场中的闭合曲面 S,其各处的电场强度 $\boldsymbol{E}$ 的方向与该处面积元法线 $\boldsymbol{n}$ 的方向之间的夹角 θ 各不相同.如图 9-11 所示,若 $\theta>\frac{\pi}{2}$,表示电场线穿入曲面内部,则 $\mathrm{d}\Phi_e<0$;若 $\theta<\frac{\pi}{2}$,表示电场线从曲面内部穿出,则 $\mathrm{d}\Phi_e>0$.

在国际单位制中,电场强度通量的单位为伏·米(V·m).

讨论与思考: 若一点电荷 q 位于一立方体的中心,立方体的边长为 l,则通过立方体一面的电场强度通量是多少?如果把这个点电荷放到立方体的一个角上,这时通过立方体每一面的电场强度通量各是多少?

二、高斯定理及其应用

高斯(C.F.Gauss,1777—1855),德国著名数学家、物理学家、天文学家、大地测量学家.高斯被认为是最重要的数学家之一,有数学王子的美誉.高斯的成就遍及数学的各个领域,在数论、非欧几何、微分几何、超几何级数、复变函数论以及椭圆函数论等方面均有开创性贡献.他十分注重数学的应用,并且在对天文学、大地测量学和磁学的研究中也偏重用数学方法进行研究.高斯发现了质数分布定理和最小二乘法,并成功得到标准正态分布(或叫高斯分布).高斯与韦伯(W. E. Weber)在电磁学的领域共同工作.1833 年,通过受电磁影响的罗盘指针,他向韦伯发送了电报.这不仅仅是从韦伯的实验室与天文台之间的第一个电话电报系统,也是世界首创.1840 年,他和韦伯画出了世界第一张地球磁场图,而且定出了地球磁南极和磁北极的位置,并于次年得到美国科学家的证实.

高斯从理论上证明了电场强度通量与产生电场的源电荷之间有着简单的关系.该关系称为**高斯定理**,表述如下:

在真空中的电场内,通过任一闭合曲面的电场强度通量等于该闭合曲面所包围的所有电荷电荷量的代数和的 $\frac{1}{\varepsilon_0}$ 倍.用公式表达高斯定理,则有

$$\Phi_e=\oint_S \boldsymbol{E}\cdot \mathrm{d}\boldsymbol{S}=\frac{1}{\varepsilon_0}\sum_{i=1}^{k}q_i \tag{9-22}$$

这里,$\oint$ 表示沿一个闭合曲面 S 的积分,该闭合曲面 S 习惯上叫作**高斯面**,通常它是一个假想的曲面;$\sum_{i=1}^{k}q_i$ 指闭合曲面 S 内电荷的代数和.

下面应用库仑定律和场强叠加原理证明高斯定理.

1. 点电荷在闭合曲面内

设真空中有一点电荷 q,先计算包围点电荷的同心球面 S 的电场强度通量,如图 9-12 所示.设球面的半径为 R,由点电荷的电场强度公式可知,球面上各处的电场强度 $\boldsymbol{E}$ 的大

小相等,均为

$$E=\frac{1}{4\pi\varepsilon_0}\frac{q}{R^2}$$

$\boldsymbol{E}$ 的方向沿径矢方向向外呈辐射状.这样,球面上面积元 $\mathrm{d}\boldsymbol{S}$ 与所在处 $\boldsymbol{E}$ 方向相同.通过 $\mathrm{d}S$ 的电场强度通量为

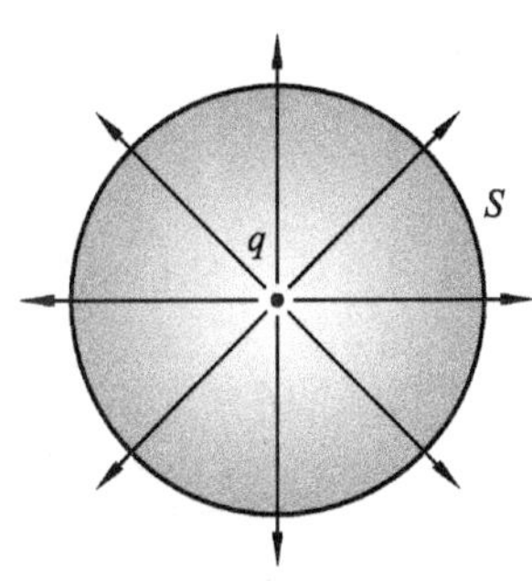

图 9-12 点电荷在闭合曲面内

$$\mathrm{d}\Phi_e=\boldsymbol{E}\cdot\mathrm{d}\boldsymbol{S}=E\mathrm{d}S=\frac{1}{4\pi\varepsilon_0}\frac{q}{R^2}\mathrm{d}S$$

通过整个球面 S 的电场强度通量为

$$\Phi_e=\oint_S\boldsymbol{E}\cdot\mathrm{d}\boldsymbol{S}=\frac{1}{4\pi\varepsilon_0}\frac{q}{R^2}\oint_S\mathrm{d}S=\frac{1}{4\pi\varepsilon_0}\frac{q}{R^2}4\pi R^2$$

于是得到

$$\Phi_e=\oint_S\boldsymbol{E}\cdot\mathrm{d}\boldsymbol{S}=\frac{q}{\varepsilon_0}$$

由此可见,通过球面的电场强度通量只与包围的点电荷的电荷量有关,而与所取高斯面的半径无关.如果用电场线的概念来理解的话,这一结果表明通过半径不同的同心球面电场线条数(电场强度通量)相等,从 q 发出的电场线是连续地伸向无穷远处的.

再假设另有一个任意的闭合曲面 S_1 包围该点电荷 q,如图 9-13 所示.由以上所述的电场线的连续性可知,通过闭合曲面 S_1 的电场强度通量也是$\frac{q}{\varepsilon_0}$.因此,对于任意形状的闭合曲面 S_1,它只要包含点电荷,总有

$$\oint_{S_1}\boldsymbol{E}\cdot\mathrm{d}\boldsymbol{S}=\frac{q}{\varepsilon_0}$$

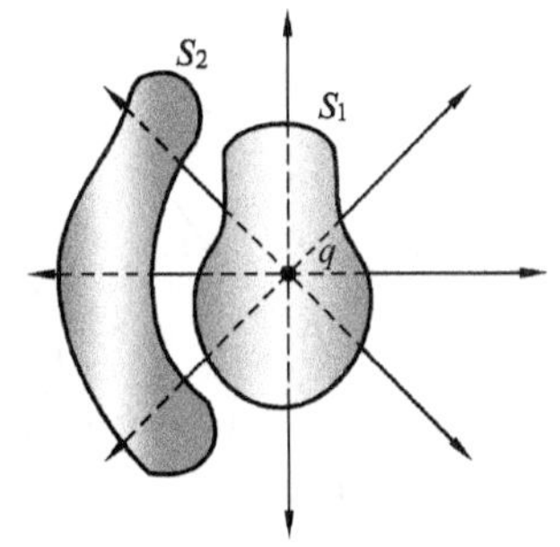

图 9-13 点电荷 q 在闭合曲面 S_1 内,在闭合曲面 S_2 外

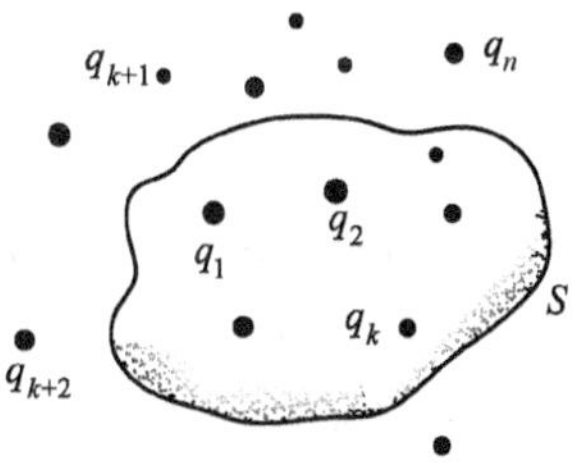

图 9-14 任意点电荷系的电场强度通量

2. 点电荷在闭合曲面外

如果点电荷位于闭合曲面之外,如图 9-13 中 S_2.由电场线的连续性可知,从 S_2 面一侧穿过的电场线必从另一侧穿出,所以穿过闭合曲面 S_2 的电场强度通量必为零,即

$$\oint_{S_2}\boldsymbol{E}\cdot\mathrm{d}\boldsymbol{S}=0$$

3. 任意点电荷系的电场通过闭合曲面的电场强度通量

以上对点电荷的结论,可以根据场强的叠加原理推广到对点电荷系的电场.若源电荷由 n 个点电荷组成,其中 $q_1,q_2,\cdots,q_k$ 在闭合曲面内,$q_{k+1},\cdots,q_n$ 在闭合曲面外(图 9-14).

按电场强度叠加原理,点电荷系的场强为

$$\boldsymbol{E}=\sum_{i=1}^{n}\boldsymbol{E}_i$$

通过闭合曲面 S 的电场强度通量为

$$\begin{aligned}\oint_S \boldsymbol{E}\cdot \mathrm{d}\boldsymbol{S} &=\oint_S \sum_{i=1}^{n}\boldsymbol{E}_i\cdot \mathrm{d}\boldsymbol{S}\\ &=\left(\oint_S \boldsymbol{E}_1\cdot \mathrm{d}\boldsymbol{S}+\oint_S \boldsymbol{E}_2\cdot \mathrm{d}\boldsymbol{S}+\cdots+\oint_S \boldsymbol{E}_k\cdot \mathrm{d}\boldsymbol{S}\right)\\ &\quad+\left(\oint_S \boldsymbol{E}_{k+1}\cdot \mathrm{d}\boldsymbol{S}+\cdots+\oint_S \boldsymbol{E}_n\cdot \mathrm{d}\boldsymbol{S}\right)\\ &=(\Phi_{e,1}+\Phi_{e,2}+\cdots+\Phi_{e,k})+(\Phi_{e,k+1}+\cdots+\Phi_{e,n})\end{aligned}$$

上式中 $\Phi_{e,1},\Phi_{e,2},\cdots,\Phi_{e,n}$ 分别是 $q_1,q_2,\cdots,q_n$ 各自产生的电场通过闭合曲面的电场强度通量.由上面的讨论可知,当点电荷 q_i 位于闭合曲面内时,电场强度通量 $|\Phi_{e,i}|>0$,且 $\Phi_{e,i}=\dfrac{q_i}{\varepsilon_0}$;当点电荷 q_i 位于闭合曲面之外时,电场强度通量 $\Phi_{e,i}=0$,即 $\Phi_{e,k+1},\cdots,\Phi_{e,n}$ 均等于零.于是有

$$\oint_S \boldsymbol{E}\cdot \mathrm{d}\boldsymbol{S}=\frac{1}{\varepsilon_0}\sum_{i=1}^{k}q_i$$

此式即高斯定理的数学表达式.从高斯定理可以得知,通过任意高斯面的电场强度通量仅与高斯面所包围的电荷有关,而与高斯面的形状无关,也与高斯面内电荷系统的电荷分布情况无关.

视频:高斯定理的应用

高斯定理是在库仑定律的基础上建立的,但库仑定律只适用于静电场,而理论发展说明高斯定理不仅适用于静电场,也适用于运动电荷和变化的电场.因此,高斯定理是电磁场理论的基本定理之一.

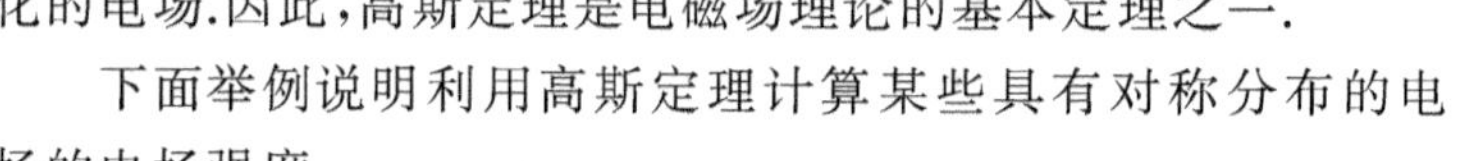

下面举例说明利用高斯定理计算某些具有对称分布的电场的电场强度.

[例 9-3] 如图 9-15 所示,有一半径为 R、均匀带电荷量为 Q 的球面.求球面内外任一点的场强.

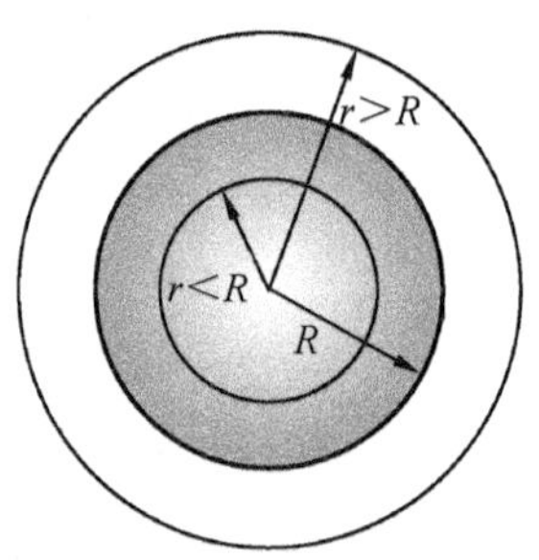

图 9-15 求均匀带电球面内外任一点的场强

解 因为电荷分布是球对称的,所以球面内外的电场应具有球对称性.如果以 r 为半径的同心球面作为高斯面,则球面上各点的电场强度的大小相等,方向沿径矢方向.

如果高斯面半径 $r>R$,高斯面上的电场强度通量 $\Phi_e=4\pi r^2E$,高斯面内包围的电荷就是带电球面的电荷 Q.由高斯定理,得

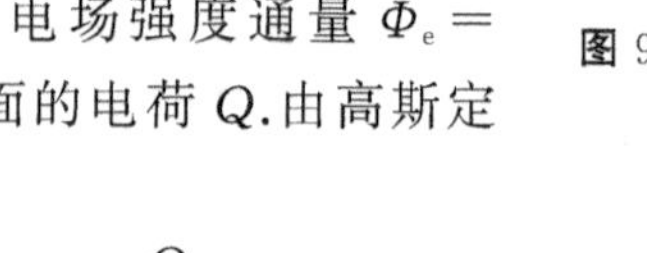

$$4\pi r^2E=\frac{Q}{\varepsilon_0}$$

于是带电球面外的电场强度的大小为

$$E=\frac{Q}{4\pi\varepsilon_0 r^2}\ (r>R)$$

这表明均匀带电球面外的电场强度,如同电荷全部集中在球心的一点电荷的电场强度一样.

如果求带电球面内的场强,作半径 $r<R$ 的高斯面,高斯面上的电场强度通量 $\Phi_E=4\pi r^2E$,高斯面内包围的电荷 $Q=0$.由高斯定理,得

$$E=0\ (r<R)$$

上式说明均匀带电球面内电场强度处处为零.

[**例 9-4**] 有一半径为 R、均匀带电荷量为 Q 的球体,求球体内外任一点的场强.

解 均匀带电球体内外的场强也是球对称分布的.利用高斯定理可以求得,球体外的电场强度与等量电荷全部集中在球心时的电场强度一样,即

$$E=\frac{Q}{4\pi\varepsilon_0 r^2}\ (r>R)$$

为了求出球体内的电场,在球体内作一半径 $r<R$ 的高斯面,则通过此高斯面的电场强度通量为 $\Phi_e=4\pi r^2E$,此高斯面所包围的电荷为$\frac{Qr^3}{R^3}$.由高斯定理,得

$$E=\frac{rQ}{4\pi\varepsilon_0 R^3}\ (r<R)$$

若用电荷体密度 $\rho=\frac{Q}{\frac{4}{3}\pi R^3}$表示,则有

$$E=\frac{\rho}{3\varepsilon_0}r$$

[**例 9-5**] 设有一"无限长"均匀带电直线,电荷线密度为 λ.求距离该直线为 r 处的电场强度.

解 "无限长"均匀带电直线的电场强度分布具有轴对称性,即与直线距离相等的点电场强度大小相同,方向沿径向.为此,作以带电直线为轴、高为 l、底面积半径为 r 的圆柱面为高斯面,如图 9-16 所示.通过此高斯面的电场强度通量为

$$\Phi_e=\int_{侧面}\boldsymbol{E}\cdot d\boldsymbol{S}+\int_{上底面}\boldsymbol{E}\cdot d\boldsymbol{S}+\int_{下底面}\boldsymbol{E}\cdot d\boldsymbol{S}$$

因为场强与上底面、下底面平行,所以通过上底面、下底面的电场强度通量为零,通过侧面的电场强度通量为 $2\pi rlE$,高斯面所包围的电荷为 λl.由高斯定理,可得

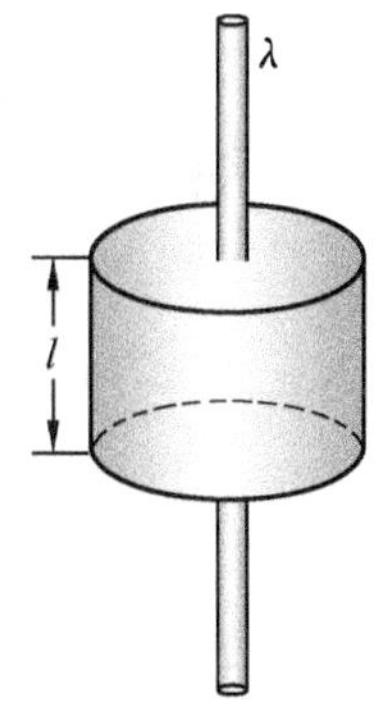

图 9-16 求"无限长"均匀带电直线的电场强度

$$E\cdot 2\pi rl=\frac{\lambda l}{\varepsilon_0}$$

$$E=\frac{\lambda}{2\pi\varepsilon_0 r}$$

即"无限长"均匀带电直线的场强 E 与 r 的一次方成反比.

[**例 9-6**] 设有一"无限大"均匀带电平面,电荷面密度为 σ.求距离该平面为 r 处的电场强度.

解 由于电荷均匀地分布在“无限大”平面上，所以电场强度对带电平面是对称的，平面两侧离平面等距离处场强大小相同，方向垂直于平面.选择如图 9-17(a)所示的高斯面，此高斯面是底面积为 S 的圆柱面，穿过带电平面.电场强度与侧面平行，所以通过侧面的电场强度通量为零，而通过两底面的电场强度通量各为 ES，高斯面包围的电荷为 σS，根据高斯定理，有

$$2ES=\frac{\sigma S}{\varepsilon_0}$$

即

$$E=\frac{\sigma}{2\varepsilon_0}$$

上式表明，“无限大”均匀带电平面两侧的电场为均匀电场，大小与场点到平面的距离无关，方向与带电平面相垂直，如图 9-17(b)所示.

利用上述结果，可以求得均匀带等量异号电荷的两个“无限大”平行平面之间的电场强度.如图 9-17(c)所示，设两“无限大”平行平面的电荷面密度分别为 $+\sigma$ 和 $-\sigma$，它们产生的电场强度大小均为 $\frac{\sigma}{2\varepsilon_0}$，而电场强度的方向在两个平面之间是相同的，在两个平面之外则相反.根据电场强度叠加原理可知，这两个“无限大”平行平面之外的电场强度 $\boldsymbol{E}=0$；而两平行平面之间为均匀电场，其电场强度 $\boldsymbol{E}$ 的大小为

$$E=\frac{\sigma}{\varepsilon_0}$$

$\boldsymbol{E}$ 的方向由带正电的平面指向带负电的平面.这一结果在后面将用到.

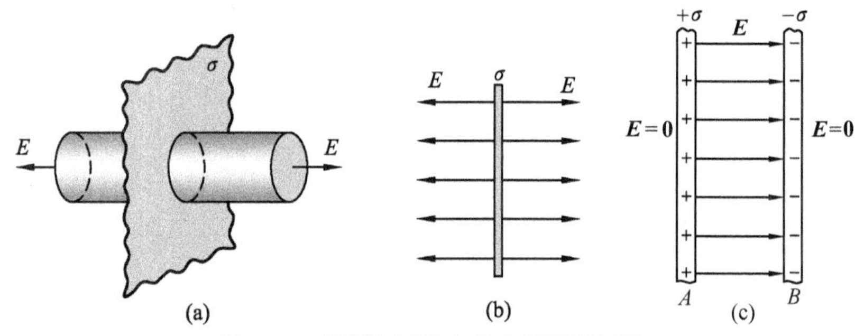

图 9-17 “无限大”均匀带电平面的场强

讨论与思考：如果在高斯面上的电场强度处处为零，能否肯定此高斯面内一定没有净电荷？反过来，如果高斯面内没有净电荷，能否肯定面上所有各点的电场强度都等于零？

9-3 静电场的环路定理 电势

在牛顿力学中，曾经阐明保守力所做的功只与运动物体的始、末位置有关，而与物体运动的路径无关，从而引入一个与位置有关的势能概念.那么，静电场力是否为保守力？

如果静电场力是保守力，那么静电场力所做的功必定只与运动电荷的始、末位置有关，而与电荷运动的路径无关，从而也可以引入一个与位置有关的电势能函数.

一、静电场力所做的功

在力学中我们知道，对于两个质量分别为 M 和 m 的质点，如果质点 m 距质点 M 的距离为 r，则质点 m 受到质点 M 的万有引力为

$$\boldsymbol{F}=-G\frac{Mm}{r^2}\boldsymbol{e}_r$$

如果质点 M 固定在原点，质点 m 经任一路径从 P 点移动到 Q 点，质点 m 距质点 M 的距离由 r_P 变为 r_Q，则万有引力对质点 m 所做的功可表示为

$$W=\int_P^Q \boldsymbol{F}\cdot \mathrm{d}\boldsymbol{l}=\int_P^Q -G\frac{Mm}{r^2}\boldsymbol{e}_r\cdot \mathrm{d}\boldsymbol{l}=-\left[\left(-\frac{GMm}{r_Q}\right)-\left(-\frac{GMm}{r_P}\right)\right]$$

上式表明，引力做功与路径无关，所以万有引力是保守力.

如图 9-18 所示，设有一正电荷 q 位于原点 O，在电荷 q 所产生的电场中，有一试验电荷 q_0 沿任意路径 L 由 P 点移到 Q 点，则根据式(9-1)，静电场力所做的功应为

$$W=\int_P^Q \boldsymbol{F}\cdot \mathrm{d}\boldsymbol{l}=\int_P^Q \frac{qq_0}{4\pi\varepsilon_0 r^2}\boldsymbol{e}_r\cdot \mathrm{d}\boldsymbol{l}$$

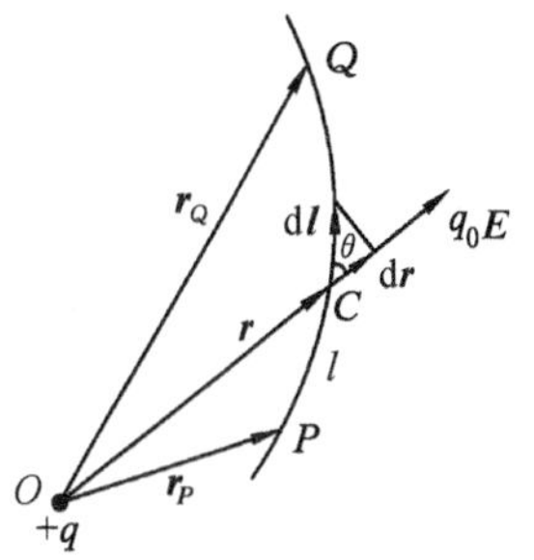

图 9-18 静电场力对试验电荷 q_0 所做的功与路径的形状无关

把上式和万有引力做功的表达式进行比较，可见 $\frac{qq_0}{4\pi\varepsilon_0}$ 对应 $-GMm$，静电场力所做的功可以表示为

$$W=-\left(\frac{q_0 q}{4\pi\varepsilon_0}\frac{1}{r_Q}-\frac{q_0 q}{4\pi\varepsilon_0}\frac{1}{r_P}\right) \tag{9-23}$$

式(9-23)表明：点电荷的静电场力对试验电荷 q_0 所做的功与路径的形状无关，只与试验电荷 q_0 的起点和终点的位置有关，此外它还与试验电荷的大小成正比.

任何一个带电体都可以看成是由许多很小电荷元组成的集合体，每一个电荷元都可以认为是点电荷.由电场强度叠加原理可知，整个带电体在空间产生的电场强度 $\boldsymbol{E}$ 等于各个电荷元产生的电场强度的矢量和，即

$$\boldsymbol{E}=\boldsymbol{E}_1+\boldsymbol{E}_2+\cdots+\boldsymbol{E}_n$$

在电场强度为 $\boldsymbol{E}$ 的电场里，试验电荷如从 P 点移动到 Q 点，电场力所做的总功可以表示为

$$W=q_0\int_P^Q \boldsymbol{E}_1\cdot \mathrm{d}\boldsymbol{l}+q_0\int_P^Q \boldsymbol{E}_2\cdot \mathrm{d}\boldsymbol{l}+\cdots+q_0\int_P^Q \boldsymbol{E}_n\cdot \mathrm{d}\boldsymbol{l}$$

上式中的每一项积分都表示 q_0 在各个点电荷单独产生的电场里从 P 点移动到 Q 点电场力所做的功，都与路径无关，因此电场力所做的总功 W 也必然与路径无关.于是得到结论：**试验电荷 q_0 在任何静电场中移动时，静电场力所做的功只与该试验电荷电荷量的大小和起点、终点的位置有关，而与路径无关.**这就表明，**静电场是保守力场，静电场力是保**

守力.

二、静电场的环路定理

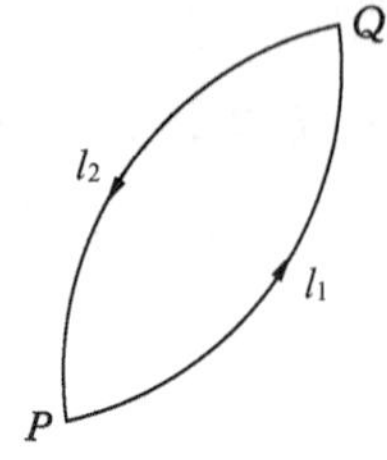

图 9-19 静电场的环路定理

如图 9-19 所示,在静电场中,试验电荷 q_0 从任意一点出发,沿任意闭合路径 l 移动一周,又回到原来的位置,静电场力所做的功为

$$W=\oint_l q_0 \boldsymbol{E}\cdot \mathrm{d}\boldsymbol{l}=q_0\oint_l \boldsymbol{E}\cdot \mathrm{d}\boldsymbol{l}$$

在 l 上任意取两点 P、Q,它们把 l 分成 l_1 和 l_2 两段,所以

$$q_0\oint_l \boldsymbol{E}\cdot \mathrm{d}\boldsymbol{l}=q_0\int_{P\,(l_1)}^{Q}\boldsymbol{E}\cdot \mathrm{d}\boldsymbol{l}+q_0\int_{Q\,(l_2)}^{P}\boldsymbol{E}\cdot \mathrm{d}\boldsymbol{l}$$

因为

$$q_0\int_{Q\,(l_2)}^{P}\boldsymbol{E}\cdot \mathrm{d}\boldsymbol{l}=-q_0\int_{P\,(l_2)}^{Q}\boldsymbol{E}\cdot \mathrm{d}\boldsymbol{l}$$

所以

$$W=q_0\int_{P\,(l_1)}^{Q}\boldsymbol{E}\cdot \mathrm{d}\boldsymbol{l}-q_0\int_{P\,(l_2)}^{Q}\boldsymbol{E}\cdot \mathrm{d}\boldsymbol{l}$$

由于电场力做功与路径无关,故

$$q_0\int_{P\,(l_1)}^{Q}\boldsymbol{E}\cdot \mathrm{d}\boldsymbol{l}=q_0\int_{P\,(l_2)}^{Q}\boldsymbol{E}\cdot \mathrm{d}\boldsymbol{l}$$

于是得到

$$q_0\oint_l \boldsymbol{E}\cdot \mathrm{d}\boldsymbol{l}=0 \tag{9-24}$$

因为试验电荷 q_0 不为零,所以上式可写成

$$\oint_l \boldsymbol{E}\cdot \mathrm{d}\boldsymbol{l}=0 \tag{9-25}$$

上式表明,**在静电场中,电场强度 $\boldsymbol{E}$ 沿任意闭合路径的线积分恒等于零**,这一结论称为**静电场的环路定理**,它与"静电场力做功与路径无关"的表述完全等价.

三、电势能和电势

1. 电势能

任何做功与路径无关的力场,称为保守力场,在这类场中可以引进"势能"的概念,保守力做功等于这个势能增量的负值.在力学中,重力场做功与路径无关,所以重力场是保守力场,我们可以引进重力势能的概念.静电场也是保守力场,从而我们也可以引进电势能及电势的概念.

如果用 E_{pA} 和 E_{pB} 分别表示试验电荷 q_0 在静电场中 A 点和 B 点的电势能,那么试验电荷 q_0 从 A 点移动到 B 点,静电场力对它所做的功可表示为

$$W_{AB}=q_0\int_A^B \boldsymbol{E}\cdot \mathrm{d}\boldsymbol{l}=E_{pA}-E_{pB}=-(E_{pB}-E_{pA}) \tag{9-26}$$

即**静电场力对试验电荷 q_0 所做的功等于试验电荷 q_0 电势能增量的负值(或者说电势能的减少)**.式(9-26)只确定了试验电荷 q_0 在静电场中 A、B 两点间的电势能差,而不能给出试验电荷 q_0 在任一点的电势能值.为了确定电荷在静电场中各点的电势能,需要选定一个参考点,并指定该点的电势能为零.在式(9-26)中,若选 B 点作为参考点,则试验电荷 q_0 在 B 点处的电势能 $E_{pB}=0$,于是有

$$E_{pA}=q_0\int_A^B \boldsymbol{E}\cdot \mathrm{d}\boldsymbol{l} \quad (\boldsymbol{E}_{pB}=0) \tag{9-27}$$

这样,**试验电荷 q_0 在静电场中某点的电势能,在数值上等于把它从该点移到电势能为零处静电场力所做的功.**

在国际单位制中,电势能的单位是焦[耳],符号为 J.

2. 电势

由式(9-26)可知,试验电荷 q_0 在移动过程中,电势能的减少与 q_0 成正比,但它们的比值

$$\frac{E_{pA}-E_{pB}}{q_0}=\int_A^B \boldsymbol{E}\cdot \mathrm{d}\boldsymbol{l}$$

与试验电荷的电荷量 q_0 无关,完全由静电场在 A、B 两点间的状况所决定.我们把 $V_A=\frac{E_{pA}}{q_0}$ 和 $V_B=\frac{E_{pB}}{q_0}$ 分别称为静电场中 A 点和 B 点的**电势**(也称**电位**),而 $\frac{E_{pA}}{q_0}-\frac{E_{pB}}{q_0}$ 称为电场中 A、B 两点间的**电势差**(也称**电压**),并用 $U_{AB}=V_A-V_B$ 来表示,于是

$$U_{AB}=V_A-V_B=\int_A^B \boldsymbol{E}\cdot \mathrm{d}\boldsymbol{l} \tag{9-28}$$

上式表示,**电场中 A、B 两点间的电势差 U_{AB} 在数值上等于单位正电荷从 A 点移动到 B 点静电场力所做的功**.表 9-1 列举了几种常见的电势差(电压).

表 9-1 几种常见的电势差(电压) 单位:V

生物电	10^{-3}	太阳能电池	0.6
干电池	1.5	家用电源	220
电动车电源	12	高压输电线	5.5×10^5

如果已知 A、B 两点间的电势差 $U_{AB}=V_A-V_B$,就可以求出电荷 q 从 A 点移动到 B 点时静电场力所做的功(或电势能的减少),即

$$\begin{aligned} W_{AB}&=q\int_A^B \boldsymbol{E}\cdot \mathrm{d}\boldsymbol{l}=qU_{AB}=q(V_A-V_B)\\ &=-q(V_B-V_A)\end{aligned} \tag{9-29}$$

电场力做的元功可表示为

$$dW = -q\,dV \tag{9-30}$$

在实际应用中，常常知道两点间的电势差，因此式(9-29)是计算电场力做功和计算电势能增减变化的常用公式.一个电子通过加速电势差为1 V的区间，电场力对它做功

$$W = eU = 1.602\times10^{-19}\ \mathrm{J}$$

电子从而获得1.602×10^{-19} J的能量.在现代物理中，常把这个能量值作为一种能量单位，而称之为电子伏特，符号为eV，即

$$1\ \mathrm{eV} = 1.602\times10^{-19}\ \mathrm{J}$$

为了确定某点的电势，必须选择一个电势为零的参考点.在理论上，如果电荷分布在有限空间内，则可选择“无限远”处的电势为零.然而在实际问题中，常选择大地的电势为零.零电势能点的选择与零电势点的选择是一致的，电荷处于电场中电势为零的地方，其电势能也必定为零.如果选择“无限远”处的电势为零，根据式(9-28)，电场中任意一点A的电势可以表示为

$$V_A = V_A - V_\infty = \int_A^\infty \boldsymbol{E}\cdot d\boldsymbol{l} \tag{9-31}$$

上式表明，**电场中某点A的电势等于单位正电荷从A点移动到“无限远”处静电场力所做的功.**

电势是标量.在国际单位制中，电势及电势差的单位是伏特，简称伏，符号为V.

3. 点电荷电场的电势及电势的叠加原理

利用点电荷电场的计算公式(9-3)和电势的定义式(9-31)，可得点电荷电场的电势为

$$V = \int_A^\infty \boldsymbol{E}\cdot d\boldsymbol{l} = \int_r^\infty \frac{1}{4\pi\varepsilon_0}\frac{q}{r^2}dr = \frac{1}{4\pi\varepsilon_0}\frac{q}{r} \tag{9-32}$$

式中，r是点电荷到场点的距离.从上式可以看出，当$q>0$时，$V>0$，且V随着r的增大而减小；当$q<0$时，$V<0$，V随着r的增大而增大，在“无限远”处趋于零.

下面讨论任一点电荷系电场的电势.对于由n个点电荷组成的电荷系，其电场满足电场强度叠加原理：

$$\boldsymbol{E} = \boldsymbol{E}_1 + \boldsymbol{E}_2 + \cdots + \boldsymbol{E}_n$$

$$\begin{aligned} V &= \int_A^\infty \boldsymbol{E}\cdot d\boldsymbol{l} = \int_A^\infty \boldsymbol{E}_1\cdot d\boldsymbol{l} + \int_A^\infty \boldsymbol{E}_2\cdot d\boldsymbol{l} + \cdots + \int_A^\infty \boldsymbol{E}_n\cdot d\boldsymbol{l} \\ &= V_1 + V_2 + \cdots + V_n \end{aligned}$$

式中，V_i为在点电荷q_i独立产生的电场中A点的电势.由点电荷电势的计算公式(9-32)，上式可写为

$$V = \sum_{i=1}^{n} \frac{1}{4\pi\varepsilon_0}\frac{q_i}{r_i} \tag{9-33}$$

式(9-33)表明，**点电荷系电场中某点的电势等于各个点电荷单独存在时在该点产生的电**

势的代数和.这一结论称为**电势叠加原理**.

对于电荷连续分布的带电体，可将其分割为无数电荷元，每个电荷元当成点电荷，其在空间某点产生的电势为

$$dV=\frac{1}{4\pi\varepsilon_0}\frac{dq}{r}$$

整个带电体在空间某点产生的电势，等于各个电荷元在同一点产生电势的代数和.所以式(9-33)的求和号可用积分号代替，即有

$$V=\frac{1}{4\pi\varepsilon_0}\int\frac{dq}{r} \tag{9-34}$$

式中，r 是电荷元 dq 到场点的距离，积分是对带电体的积分.式(9-31)和式(9-34)给出了计算电势的两种方法.

［**例 9-7**］ 求均匀带电球面电场的电势.

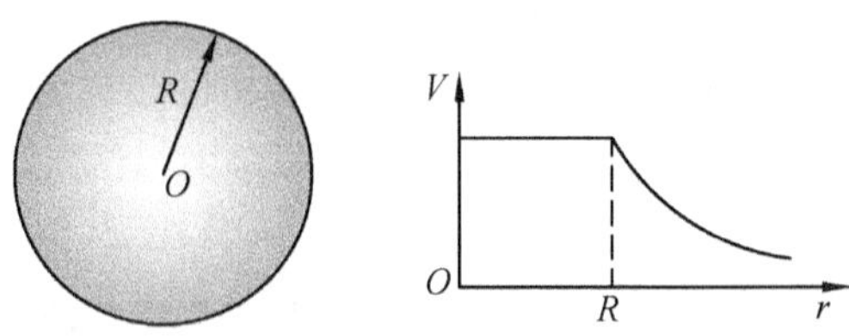

图 9-20 均匀带电球面电场的电势

解 设均匀带电球面的半径为 R，带电荷量为 q.已知均匀带电球面的电场强度分布为

$$E=\begin{cases}\dfrac{q}{4\pi\varepsilon_0 r^2}, & r>R\\ 0, & r<R\end{cases}$$

由式(9-31)，沿径向路径积分，可得带电球面外的电势为

$$V=\int_r^{\infty}E\,dr=\int_r^{\infty}\frac{q}{4\pi\varepsilon_0 r^2}dr=\frac{q}{4\pi\varepsilon_0 r}$$

上式表明，均匀带电球面外的电势，与球面上的电荷全部集中于球心时一样.在球面内，积分需分段进行，考虑到球面内 $E=0$，有

$$V=\int_r^{R}E\,dr+\int_R^{\infty}E\,dr=\int_R^{\infty}\frac{q}{4\pi\varepsilon_0 r^2}dr=\frac{q}{4\pi\varepsilon_0 R}$$

即球面内电势处处相同，都等于球面上的电势.由上述结果可画出均匀带电球面内外的电势分布曲线(图 9-20).

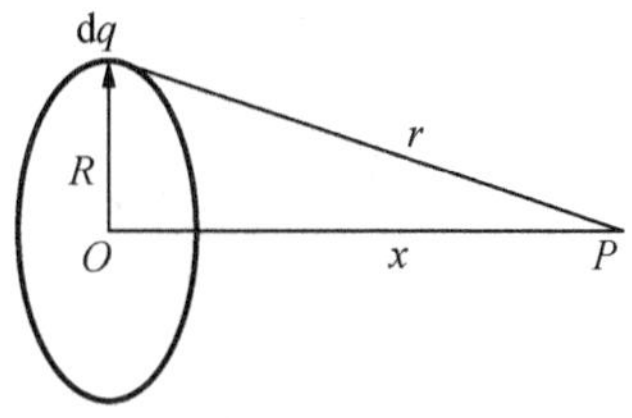

图 9-21 求均匀带电圆环轴线上一点的电势

［**例 9-8**］ 求均匀带电圆环轴线上一点的电势.

解 设圆环半径为 R，均匀带有电荷量 q.在圆环上取一线元 dl，其电荷元为 dq.dq 在轴线上一场点 P 的电势(图 9-21)为

$$dV=\frac{dq}{4\pi\varepsilon_0 r}$$

整个带电圆环在 P 点的电势为

$$V=\int \mathrm{d}V=\oint \frac{\mathrm{d}q}{4\pi\varepsilon_0 r}=\frac{1}{4\pi\varepsilon_0 r}\oint \mathrm{d}q=\frac{q}{4\pi\varepsilon_0 r}$$

由于 $r=\sqrt{R^2+x^2}$,所以

$$V=\frac{q}{4\pi\varepsilon_0\sqrt{R^2+x^2}}$$

四、电场强度和电势梯度

1. 等势面

把电场中电势值相等的点连起来所形成的一系列曲面,称为等势面. 例如,在点电荷产生的电场中,等势面是以点电荷为中心的一系列同心球面.等势面应具有下列性质:

(1) 电荷在等势面上移动时,电场力不做功.如果试验电荷 q_0 在电场中的位移为 $\mathrm{d}\boldsymbol{l}$,对应于此位移的电势增量为 $\mathrm{d}V$,由式(9-30),电场力做的功可以写成

$$\mathrm{d}W=-q_0\mathrm{d}V$$

如果位移 $\mathrm{d}\boldsymbol{l}$ 沿等势面,那么 $\mathrm{d}V=0$,所以电场力做的功也必定为零.

(2) 电场强度与等势面正交,故电场线垂直于等势面.上面已经证明,电荷沿等势面上移动时电场力不做功,也就是 $q_0\boldsymbol{E}\cdot\mathrm{d}\boldsymbol{l}=q_0E\mathrm{d}l\cos\theta=0$,在 E、$\mathrm{d}l$ 不等于零的条件下,一定有 $\cos\theta=0$,即 $\boldsymbol{E}$ 与 $\mathrm{d}\boldsymbol{l}$ 相垂直.因为 $\mathrm{d}\boldsymbol{l}$ 是沿等势面的任意微小位移,所以 $\boldsymbol{E}$ 一定与该处的等势面相垂直.

图 9-22 是一些典型电场的等势面和电场线的图形,图中实线代表电场线,虚线代表等势面,相邻等势面的间距小处,电场强度大,而间距大的地方,电场强度小.

等势面在实际工作中具有重要意义.这是因为电势比电场强度容易计算,即使在没有计算出电场中各点电势的情况下,也可以用实验方法精确地描绘出等势面,进而根据电场强度与该处的等势面相垂直的性质,画出电场线,从而对电场强度有较全面的直观了解.

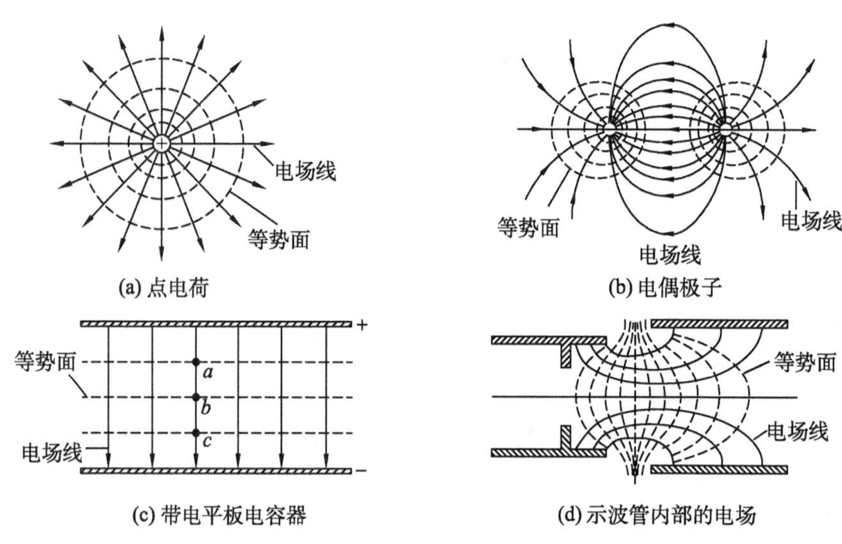

图 9-22　等势面和电场线

2. 电场强度与电势梯度

电场强度与电势都是用来描述同一静电场中各点性质的物理量，两者之间应存在一定的关系.式(9-28)和式(9-31)指明了两者之间的积分形式关系，即已知电场强度分布，可以通过空间积分来求得电势.下面从理论上建立由电势分布求电场强度的关系式.

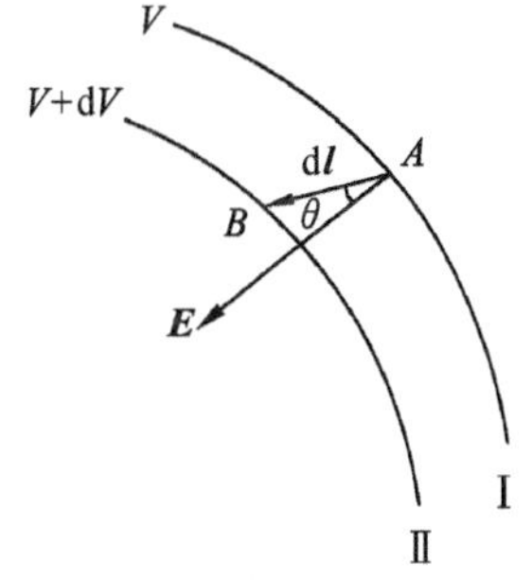

图 9-23　求电场强度和电势

现有一试验电荷 q_0 在电场强度为 $\boldsymbol{E}$ 的静电场中发生位移 $\mathrm{d}\boldsymbol{l}$，由于 $\mathrm{d}l$ 很小，在移动的范围内可以认为电场是匀强的，设 $\mathrm{d}\boldsymbol{l}$ 与 $\boldsymbol{E}$ 之间的夹角为 θ，如图 9-23 所示.如果试验电荷发生位移 $\mathrm{d}\boldsymbol{l}$ 以后，电场力做正功，电势的变化为 $\mathrm{d}V$，则其电势能的改变量为 $q_0\mathrm{d}V$，由式(9-29)知，电场力做功等于电势能的减少，有

$$-q_0\mathrm{d}V=q_0\boldsymbol{E}\cdot\mathrm{d}\boldsymbol{l}=q_0E\mathrm{d}l\cos\theta$$

即

$$-\mathrm{d}V=E\mathrm{d}l\cos\theta$$

从图 9-23 可知，$E\cos\theta$ 就是电场强度 $\boldsymbol{E}$ 在位移 $\mathrm{d}\boldsymbol{l}$ 方向上的分量，用 E_l 表示，因而上式可以写成

$$E_l=-\frac{\mathrm{d}V}{\mathrm{d}l} \tag{9-35}$$

式中，$\frac{\mathrm{d}V}{\mathrm{d}l}$是电势沿位移 $\mathrm{d}\boldsymbol{l}$ 方向上的变化率.式(9-35)表明，电场强度 $\boldsymbol{E}$ 在任意方向上的分量等于电势沿该方向的变化率的负值.图 9-23 为$|\theta|<\frac{\pi}{2}$的情形，因 $\cos\theta>0$，$E_l>0$，由式(9-35)可知，$\frac{\mathrm{d}V}{\mathrm{d}l}<0$；又因位移 $\mathrm{d}l>0$，所以 $\mathrm{d}V<0$，即沿位移方向电势是减少的.而对于$|\theta|>\frac{\pi}{2}$的情形，因 $\cos\theta<0$，有 $E_l<0$，$\frac{\mathrm{d}V}{\mathrm{d}l}>0$，所以 $\mathrm{d}V>0$，即沿位移方向电势增加.

电势沿不同方向的变化率一般不相同.若取 $\mathrm{d}\boldsymbol{l}$ 沿等势面切向，由于等势面上各点的电势相等，所以电势的变化率$\frac{\mathrm{d}V}{\mathrm{d}l}=0$，则电场强度 $\boldsymbol{E}$ 沿此方向的分量为零.由式(9-35)可知，电场强度 $\boldsymbol{E}$ 沿等势面法线的分量为

$$E_\mathrm{n}=-\frac{\mathrm{d}V}{\mathrm{d}l_\mathrm{n}}$$

而已知电场强度 $\boldsymbol{E}$ 垂直于等势面，所以电场强度 $\boldsymbol{E}$ 沿等势面法线的分量等于 E，于是

$$E=-\frac{\mathrm{d}V}{\mathrm{d}l_\mathrm{n}}$$

上式中负号说明，当$\frac{\mathrm{d}V}{\mathrm{d}l_\mathrm{n}}>0$ 时，$E<0$，即 $\boldsymbol{E}$ 的方向总是由高电势指向低电势.如果沿法线位移 $\mathrm{d}\boldsymbol{l}_\mathrm{n}$ 的方向用单位矢量 $\boldsymbol{e}_\mathrm{n}$ 来表示，则可写出矢量式

$$\boldsymbol{E}=-\frac{\mathrm{d}V}{\mathrm{d}l_{\mathrm{n}}}\boldsymbol{e}_{\mathrm{n}} \tag{9-36}$$

一般将$\frac{\mathrm{d}V}{\mathrm{d}l_{\mathrm{n}}}\boldsymbol{e}_{\mathrm{n}}$称为**电势梯度**.电势梯度是一个矢量,它的大小等于电势沿等势面法向的空间变化率,总是指向电势增加的方向.而式(9-36)说明**电场强度与电势梯度大小相等,方向相反**.电势梯度在不同坐标系中有不同的形式,它在直角坐标系中的分量为

$$E_x=-\frac{\partial V}{\partial x},\ E_y=-\frac{\partial V}{\partial y},\ E_z=-\frac{\partial V}{\partial z}$$

于是电场强度与电势的矢量关系式可写成

$$\boldsymbol{E}=-\left(\frac{\partial V}{\partial x}\boldsymbol{i}+\frac{\partial V}{\partial y}\boldsymbol{j}+\frac{\partial V}{\partial z}\boldsymbol{k}\right)=-\frac{\mathrm{d}V}{\mathrm{d}l_{\mathrm{n}}}\boldsymbol{e}_{\mathrm{n}}$$

利用数学上的梯度算符

$$\nabla=\frac{\partial}{\partial x}\boldsymbol{i}+\frac{\partial}{\partial y}\boldsymbol{j}+\frac{\partial}{\partial z}\boldsymbol{k}$$

则电场强度与电势的矢量关系式可简写成

$$\boldsymbol{E}=-\nabla V \tag{9-37}$$

由式(9-35)可以得到电场强度的另一个单位:伏·米$^{-1}$(符号为$\mathrm{V\cdot m^{-1}}$).

总之,电场强度与电势都是用来描述静电场的分布,它们之间的微分和积分的关系如下:

$$\boldsymbol{E}=-\nabla V,\quad V_A=\int_A^{\infty}\boldsymbol{E}\cdot\mathrm{d}\boldsymbol{l}$$

电场强度与电势的微分关系给出了由电势求电场强度的公式.因为电势是标量,用叠加原理来计算比较方便,所以,在实际计算时,常常先求出电势V,然后利用式(9-37)求出电场强度$\boldsymbol{E}$.

[例 9-9] 利用电场强度与电势的关系,求均匀带电圆环轴上一点的电场强度.

解 均匀带电圆环轴上任一点的电势为

$$V=\frac{q}{4\pi\varepsilon_0\sqrt{R^2+x^2}}$$

利用式(9-36),可得

$$E=E_x=-\frac{\partial V}{\partial x}=-\frac{\partial}{\partial x}\left(\frac{q}{4\pi\varepsilon_0\sqrt{R^2+x^2}}\right)$$

$$=\frac{qx}{4\pi\varepsilon_0(R^2+x^2)^{\frac{3}{2}}}$$

这一结果与例 9-1 的计算结果相同.

讨论与思考: 两个不同电势的等势面是否可以相交?同一等势面是否可以与自身相交?

9-4 静电场中的电偶极子

一、外电场对电偶极子的力矩

将电偶极矩为 $\boldsymbol{p}=q\boldsymbol{l}$ 的电偶极子，放置于电场强度为 $\boldsymbol{E}$ 的均匀电场中，$\boldsymbol{l}$ 表示从 $-q$ 到 $+q$ 的有向线段，$\boldsymbol{l}$ 与 $\boldsymbol{E}$ 的夹角为 θ，正负电荷所受到的力分别为 $\boldsymbol{F}_{\pm}=\pm q\boldsymbol{E}$，如图 9-24 所示.根据电场强度的定义，这一对力大小相等，方向相反，所以，电偶极子受到的合力为零.但是，$\boldsymbol{F}_{+}$ 和 $\boldsymbol{F}_{-}$ 的作用线不在同一直线上，它们产生力矩.它们对于中点的力矩方向相同，力臂都是 $\frac{1}{2}l\sin\theta$，因而电偶极子所受的力矩为

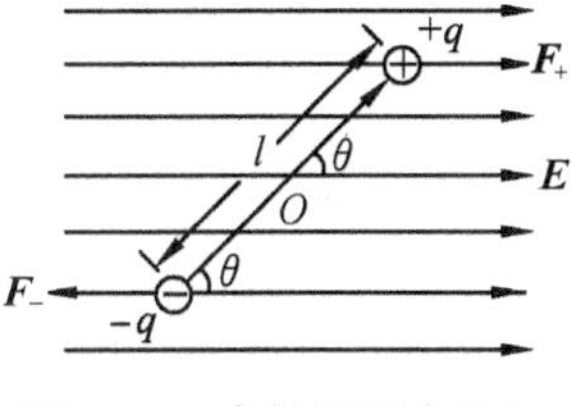

图 9-24 电偶极子在均匀电场中所受的力矩

$$M=qlE\sin\theta=pE\sin\theta$$

上式可用矢量表示为

$$\boldsymbol{M}=\boldsymbol{p}\times\boldsymbol{E} \tag{9-38}$$

式(9-38)表明，当 $\theta=0$，即电偶极矩 $\boldsymbol{p}$ 与电场强度 $\boldsymbol{E}$ 平行时，电偶极子所受力矩为零，电偶极子处于稳定平衡状态；当 $\theta=\pi$，即电偶极矩 $\boldsymbol{p}$ 与电场强度 $\boldsymbol{E}$ 反平行时，电偶极子所受力矩也为零，但电偶极子处于非稳定平衡状态，只要稍微偏离这个位置，电偶极子就会在力矩作用下发生转动；当 $\theta=\pm\frac{\pi}{2}$，即电偶极矩 $\boldsymbol{p}$ 与电场强度 $\boldsymbol{E}$ 垂直时，电偶极子所受力矩最大.力矩的作用总是使电偶极矩 $\boldsymbol{p}$ 转向 $\boldsymbol{E}$ 的方向，如在图示情况下，电偶极子在力矩作用下顺时针转动.

在非均匀电场中，一般电偶极子除了受到力矩作用外，还会同时受到合力的作用，使电偶极子不仅发生转动，而且会发生移动.

二、电偶极子在电场中的电势能

如图 9-24 所示，电偶极矩为 $\boldsymbol{p}=q\boldsymbol{l}$ 的电偶极子处于电场强度为 $\boldsymbol{E}$ 的均匀电场中.设 $+q$ 和 $-q$ 处的电势分别为 V_{+} 和 V_{-}，则 $+q$ 和 $-q$ 在均匀电场中电势能分别为 $W_{+}=qV_{+}$ 和 $W_{-}=-qV_{-}$.$+q$ 和 $-q$ 组成的电荷系(电偶极子)在均匀电场中的电势能为

$$W=W_{+}+W_{-}=q(V_{+}-V_{-})=-qlE\cos\theta=-pE\cos\theta$$

则有

$$W=-\boldsymbol{p}\cdot\boldsymbol{E} \tag{9-39}$$

式(9-39)表明，处于均匀电场中电偶极子的电势能与电偶极矩的方位有关.当 $\theta=0$，即电偶极矩与均匀电场方向一致时，$W=-pE$，即电势能最低，这是稳定平衡位置；当 $\theta=\pi$，即

电偶极矩与均匀电场方向相反时,$W=pE$,此时电势能最高;当$\theta=\pm\frac{\pi}{2}$,即电偶极矩 $\boldsymbol{p}$ 与电场强度 $\boldsymbol{E}$ 垂直时,电势能为零.因为能量越低,系统所处的状态越稳定,所以电场中的电偶极子具有使电偶极矩转向 $\boldsymbol{E}$ 的方向的趋势.

9-5 静电场中的导体

一、静电平衡

通常的金属导体都是以金属键结合的晶体,处于晶格结点上的原子很容易失去外层的价电子,而成为正离子.脱离原子核束缚的价电子可以在整个金属中自由运动,称为自由电子.在不受外电场作用时,自由电子只做热运动,不发生宏观电荷量的迁移,因而整个金属导体的任何宏观部分都呈电中性状态.

当把金属导体放入静电场中,情况将发生变化.金属导体中的自由电子在外电场的作用下,相对于晶格离子做定向运动,从而使导体中的电荷重新分布,这就是静电感应现象.因静电感应现象所产生的电荷,称为感应电荷.因为当导体两端积累了正负感应电荷之后,它们必然在空间激发电场,该电场称为附加电场.空间任意一点的电场强度应为附加电场与原来的外加电场的叠加.在导体内部,附加电场与外加电场方向相反,只要附加电场不足以抵消外加电场,导体内部自由电子的定向运动就不会停止,感应电荷就继续增加,附加电场也将相应增大,直至附加电场完全与外加电场抵消,导体内部的电场为零,即 $\boldsymbol{E}=\mathbf{0}$ 时为止.这时金属导体中自由电子的定向运动也就停止了,这种状态称为**静电平衡**.

静电平衡时,在导体内部任取两点 P 和 Q,因为金属导体内部电场强度为零,所以它们之间的电势差为零,即

$$U_{PQ}=\int_{P}^{Q}\boldsymbol{E}\cdot \mathrm{d}\boldsymbol{l}=0$$

可见,金属导体内部任意两点的电势是相等的.又因为电场线与等势面垂直,所以金属导体表面附近的电场强度必定与该处表面相垂直.

由以上讨论可知,处于静电平衡的金属导体具有以下性质:

(1) **导体内部的电场强度处处为零;**

(2) **整个导体必定是等势体,等势体表面必定是等势面;**

(3) **导体表面附近的电场强度处处与表面垂直.**

二、静电平衡时导体上电荷的分布

在静电平衡时,导体电荷的分布可运用高斯定理进行讨论.在导体内部任取一闭合曲面 S,由于静电平衡时导体内部的电场强度为零,则通过该高斯面的电场强度通量为零,运用高斯定理

$$\oint_{S}\boldsymbol{E}\cdot \mathrm{d}\boldsymbol{S}=\frac{1}{\varepsilon_{0}}\sum_{i=1}^{k}q_{i}$$

于是，该高斯面所包围的电荷的代数和必然为零.因为高斯面是任意取的，所以可得出结论：**导体内部处处没有未抵消的净电荷，电荷只分布在导体的表面.**

对于带有电荷 $+q$ 的**空腔导体**，在导体中取仅仅包围导体内表面的闭合曲面，如图 9-25 所示.根据高斯定理，内表面上所带的总电荷的代数和一定等于零.这可能有两种情形，第一种情形是出现等量异号的电荷，并处于内表面的不同位置上；第二种情形是内表面上电荷量处处都为零.实际上，第一种情形是不可能出现的，因为一旦出现了这种情形，在出现正电荷的地方将发出电场线，此电场线必然终止于出现负电荷的地方，如图 9-25 中箭头所示，这就与处于静电平衡的金属导体是等势体的结论相违背.所以，只能是第二种情形，即**内表面上不存在净电荷，所有净电荷都分布在外表面.**内表面上电荷面密度为零，内表面附近就不会有电场.腔内空间如果存在电场，则这种电场只能在腔内闭合，而根据静电场的环路定理可知，静电场的电场线不可能是闭合的，所以整个腔内空间不可能存在电场.

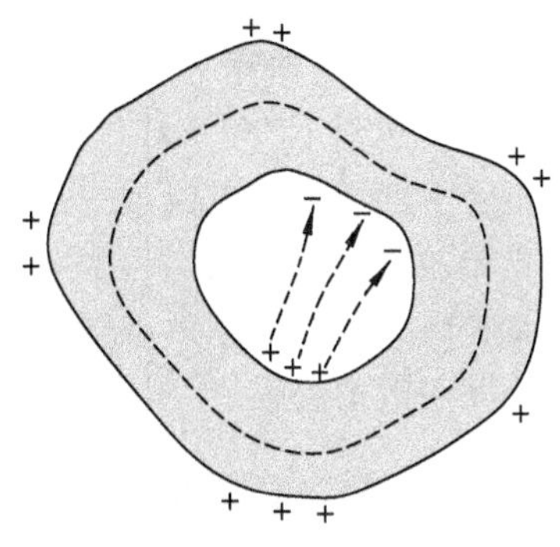

图 9-25 空腔导体

现在讨论带电导体表面的电荷面密度与邻近处电场强度的关系.在带电导体表面上任取一面积元 ΔS，ΔS 取得足够小，以至可以认为它所带电荷的分布是均匀的，电荷面密度是 σ.作一包围 ΔS 的圆柱状闭合面，使其上、下底面的大小都等于 ΔS，并与导体表面相平行，上底面在导体表面外侧，下底面在导体内部，如图 9-26 所示.显然，圆柱侧面与电场强度方向相平行，电通量为零.导体内部电场强度为零，下底面的电通量也为零.所以通过整个圆柱状闭合面的电通量就等于通过圆柱上底面的电通量，由高斯定理，得

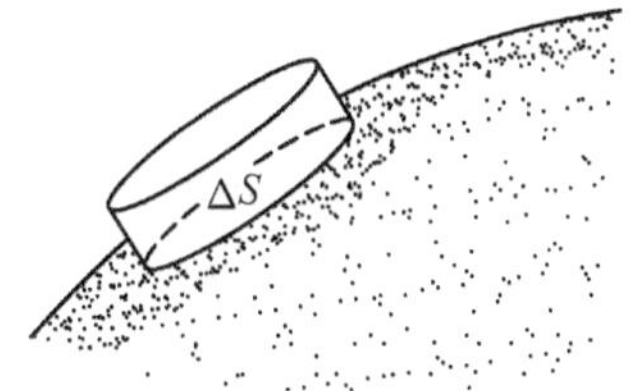

图 9-26 求带电导体表面附近的电场强度

$$\oint_S \boldsymbol{E}\cdot \mathrm{d}\boldsymbol{S}=E\Delta S=\frac{\sigma\Delta S}{\varepsilon_0}$$

即

$$E=\frac{\sigma}{\varepsilon_0} \tag{9-40}$$

上式表示，带电导体表面附近的电场强度与该处的电荷面密度成正比.当导体表面带正电时，电场强度 $\boldsymbol{E}$ 垂直于导体表面向外；当导体表面带负电时，电场强度 $\boldsymbol{E}$ 垂直于导体表面指向导体.

导体表面电荷的分布与导体本身的形状以及附近带电体的状况等多种因素有关.即使对于其附近没有其他导体和带电体，也不受任何外来电场作用的所谓孤立导体来说，导体表面电荷分布与其曲率之间也不存在简单的函数关系.实验表明，导体表面电荷分布有大致的规律，即**表面凸起部尤其是尖端处，电荷面密度和电场强度较大；表面平坦处，电荷面密度和电场强度较小；表面凹陷处，电荷面密度和电场强度很小，甚至为零.**

视频：尖端放电

对于具有尖端的带电导体，因尖端曲率大，分布的电荷面密度也大，在尖端附近的电场也特别强，当场强超过空气击穿场强时，就会发生空气被电离的放电现象，称为**尖端放电**.例如，高压或超高压输电线，由于导线直径小，表面曲率大，表面场强就非常大.在 500 kV 输电线的表面附近，场强能达到 $10^6\ \mathrm{V \cdot m^{-1}}$.因此，围绕电线表面就会发生放电现象.在黑夜中经常能看到输电线被一层蓝色的光晕笼罩着，这种尖端放电现象称为**电晕放电**.由于电晕产生的电能流失称为电晕损耗，所以在高压设备中的电极通常要做成直径较大的光滑球形，输电线也需做得很光滑，还将每根电线分股排成圆柱面配置，以减小其附近的场强.

三、静电的应用

视频：静电感应——静电屏蔽

1. 静电屏蔽

根据导体空腔的性质，我们可以得到这样的结论：在一个导体空腔内部若不存在其他带电体，则无论导体外部电场如何分布，也不管导体空腔自身带电情况如何，只要处于静电平衡，腔内必定不存在电场.另外，如果空腔内部存在电荷量为 $+q$ 的带电体，则在空腔内、外表面必将分别产生 $-q$ 和 $+q$ 的电荷，外表面的电荷 $+q$ 将会在空腔外部空间产生电场，如图 9-27(a)所示.若将导体接地，则由外表面电荷产生的电场将随之消失，于是腔外空间将不再受腔内电荷的影响，如图 9-27(b)所示.

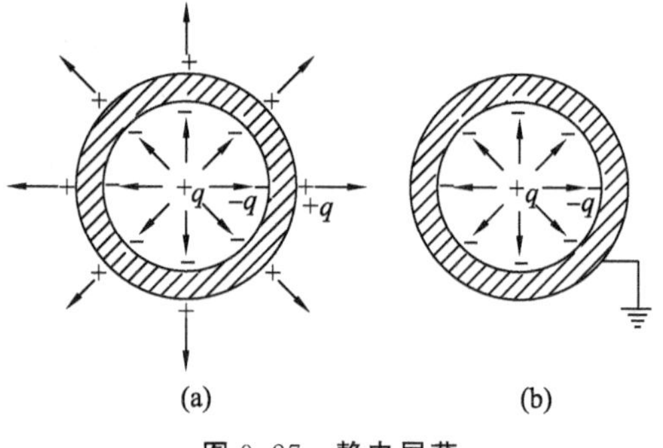

图 9-27 静电屏蔽

利用导体静电平衡的性质，使导体空腔内部空间不受腔外电荷和电场的影响，或者将导体空腔接地，使腔外空间免受腔内电荷和电场的影响，这类问题称为**静电屏蔽**.静电屏蔽在电磁测量和电子技术中有广泛应用.例如，一些高压电器设备用接地的金属外壳封闭起来，这样既进行了静电隔离，又能防止人体触电的危险；常把测量仪器或整个实验室用接地的金属壳或金属网罩起来，使测量免受外部电场的影响.

2. 范德格拉夫静电高压起电机

静电加速器是加速质子、α 粒子、电子等带电粒子的一种装置，静电加速器的高达数百万伏电压主要是靠静电高压起电机来产生的，其中最常用的是范德格拉夫静电高压起电机.范德格拉夫静电高压起电机是利用空腔导体所带电荷总是分布在外表面这一原理做成的，如图 9-28 所示.与直流电源的正

图 9-28 范德格拉夫静电高压起电机

极相连的金属尖端E,由于尖端放电而向用橡胶或丝织物制成的传送带B喷射电荷,携带电荷的传送带由滑轮D带动进入空心导体球A的腔内.金属尖端F与导体球A的内表面相连,当携带正电荷的传送带从尖端F附近经过时,由于静电感应而使F带负电荷,导体球A则带正电荷.由于尖端放电,F上的负电荷与传送带上的正电荷相中和,球A所带的正电荷则分布在外表面.传送带这样周而复始地运行,球A所带的正电荷就越来越多,其电势也随之增高,成为高压正电极.如果金属尖端E与直流电源的负极相连,则将使空心导体球A成为高压负电极.图中C是支撑球A的绝缘支架,放置在尖端E对面的接地金属板起着加强电荷喷射的作用.球A的电势可达2×10^6 V.这种装置是静电加速器的关键部件,主要用于加速带电粒子以进行核反应实验,也用于离子注入技术以制备半导体器件.

3. 静电除尘

静电除尘则是利用高压电线电场放电的一个实际例子.如图9-29所示,这种装置是在一竖直的金属管道B的轴线处悬挂一直径为几毫米的细导线A作为负极,金属管道B接地,在导线与管道间加上40~100 kV的电压,使管道中形成从四周管壁指向中心导线的强电场.位于轴线附近的电场最强,它使空气分子电离为自由电子和正离子.正离子被吸引到带负电的细导线A上并被中和,自由电子又附着在空气中的氧分子上形成O_2^-的负离子,并被吸引向金属管道B,当废气和烟尘流过管道时就俘获O_2^-,并在电场作用下聚积到管壁上,然后通过振动使之落下.这种除尘装置能除去工厂烟囱废气中90%的烟尘和有害物质,同时还能回收许多有价值的金属氧化物.

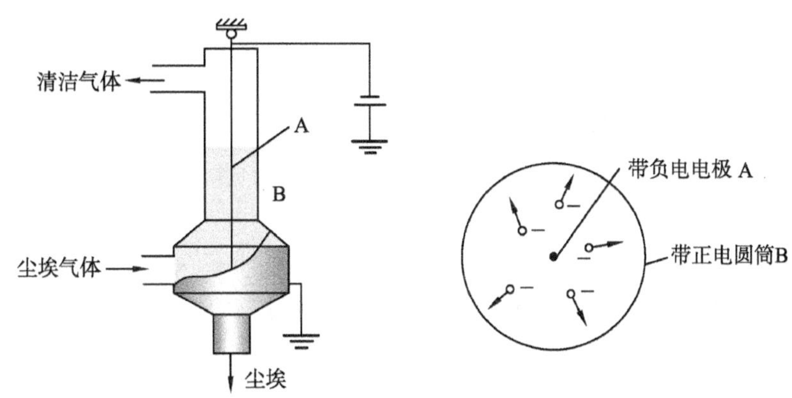

图9-29 静电除尘装置示意图

讨论与思考: 一个孤立导体球带有电荷量Q,当把另一带电体移近这个导体球时,球表面附近的场强将沿什么方向?其上电荷分布是否均匀?其表面是否为等势面?导体球的电势有没有变化?球内任一点的场强有无变化?

9-6 电容 电容器

一、电容器

1. 孤立导体的电容

理论和实验都表明,孤立导体的电势 V 与它所带的电荷量 Q 成正比,这个比例关系式可以写成

$$C=\frac{Q}{V} \tag{9-41}$$

上式中 C 称为**孤立导体的电容**,它只取决于导体的尺寸和形状,而与所带电荷和电势无关.它的物理意义是:**使导体每升高单位电势所需要的电荷量**.例如,在真空中一个半径为 R 并带有电荷量为 Q 的孤立导体球,其电势可以表示为

$$V=\frac{Q}{4\pi\varepsilon_0 R}$$

根据式(9-41),孤立导体球的电容为

$$C=\frac{Q}{V}=4\pi\varepsilon_0 R$$

可见,真空中的孤立导体球的电容正比于它的半径.

在国际单位制中,电容的单位为法,符号是 F,

$$1\ \mathrm{F}=1\ \mathrm{C}\cdot\mathrm{V}^{-1}$$

在实际应用中,常用微法(μF)和皮法(pF),它们之间的关系为

$$1\ \mathrm{F}=10^6\ \mu\mathrm{F}=10^{12}\ \mathrm{pF}$$

2. 电容器

如果带电导体附近有其他导体存在,其电势会受到很大影响.为了消除这种影响,如图 9-30 所示,可用一个封闭的导体壳 B 将导体 A 包围起来,若当 A 带上电荷 $+Q$,由于静电感应,导体壳 B 的内表面将带上电荷 $-Q$,这样可以使由导体 A 及导体壳 B 构成的导体系的电势差 V_A-V_B 不再受到壳外导体的影响,且电势差 V_A-V_B 仍与 Q 成正比.我们把这种由两个导体组成的导体系称为**电容器**.电容器的电容定义为

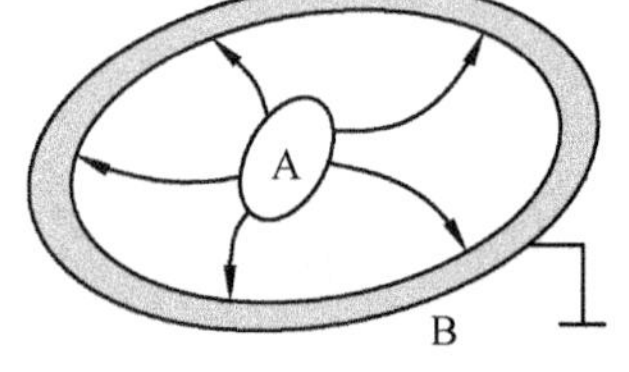

图 9-30 两个导体组成的导体系

$$C=\frac{Q}{V_A-V_B}=\frac{Q}{U} \tag{9-42}$$

组成电容器的两个导体称为电容器的两个极板或电极.电容器的电容只取决于极板的形状、大小和相对位置(电容器的电容还与极板间的电介质有关,本节都把极板间看成真空),与所带电荷量和电势差无关.

实际上对电容器的要求并不像以上定义的那样严格，只要从一极板发出的电场线能够几乎全部终止于另一个极板，那么这两个导体极板就构成了一个电容器.

3. 电容的计算

计算电容器的电容的一般步骤是：先假设两个极板分别带有电荷量$+Q$和$-Q$，求出电场强度，再根据电场强度求两个极板的电势差，最后由两个极板的电荷量和电势差求得电容.

[例 9-10] 如图 9-31 所示，平行板电容器由两块彼此靠得很近的平行金属板组成.金属板的面积为S，两极板内侧距离为d.求此电容器的电容.

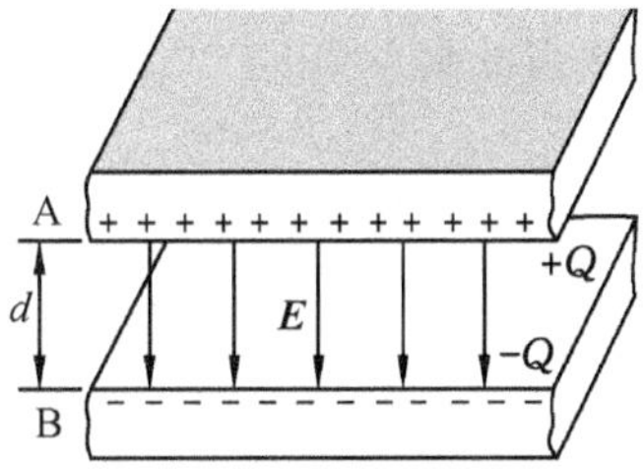

图 9-31 平行板电容器

解 假设两个极板分别带有电荷量$+Q$和$-Q$，在极板间距d远小于板面线度的情况下，可以忽略边缘效应，即把平板看作"无限大"平面，两个极板间的电场可看为匀强电场.极板的电荷面密度为σ，则两个极板间的电场强度大小为

$$E=\frac{\sigma}{\varepsilon_0}=\frac{Q}{\varepsilon_0 S}$$

两个极板间的电势差为

$$U=\int_{\mathrm{A}}^{\mathrm{B}}\boldsymbol{E}\cdot\mathrm{d}\boldsymbol{l}=Ed=\frac{Qd}{\varepsilon_0 S}$$

由定义式(9-42)，得平行板电容器的电容为

$$C=\frac{Q}{U}=\frac{\varepsilon_0 S}{d}$$

从上式可见，平行板电容器的电容与极板面积成正比，与两极板间的距离成反比.电容的大小与电容器是否带电无关，是由电容器本身的结构和形状决定的.

[例 9-11] 球形电容器由两个同心放置的金属球壳组成(图 9-32)，内外球壳的半径分别为R_{A}和R_{B}.求此电容器的电容.

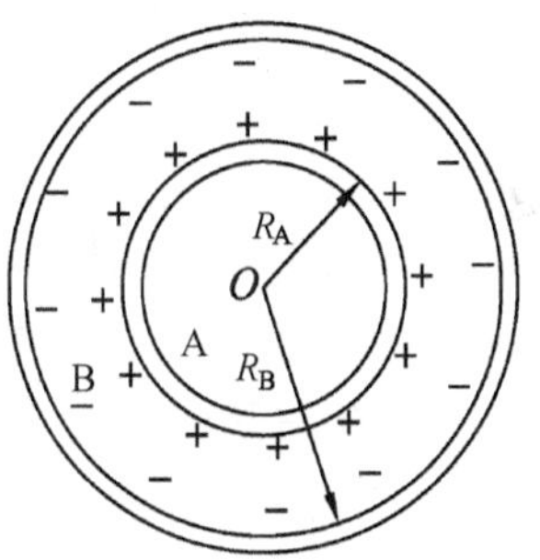

图 9-32 球形电容器

解 设内球壳带电荷量为$+Q$，外球壳带电荷量为$-Q$，内外球壳的电势差为U.由高斯定理，可求得两球壳之间的电场强度的大小为

$$E=\frac{Q}{4\pi\varepsilon_0 r^2}$$

方向沿径向，两球壳之间的电势差为

$$U=\int_l \boldsymbol{E}\cdot\mathrm{d}\boldsymbol{l}=\frac{Q}{4\pi\varepsilon_0}\int_{R_{\mathrm{A}}}^{R_{\mathrm{B}}}\frac{\mathrm{d}r}{r^2}=\frac{Q}{4\pi\varepsilon_0}\left(\frac{1}{R_{\mathrm{A}}}-\frac{1}{R_{\mathrm{B}}}\right)$$

根据式(9-42)，得球形电容器的电容为

$$C=\frac{Q}{U}=4\pi\varepsilon_0\frac{R_{\mathrm{A}}R_{\mathrm{B}}}{R_{\mathrm{B}}-R_{\mathrm{A}}}$$

［例 9-12］ 圆柱形电容器由两块彼此靠得很近的同轴金属圆柱面组成，内外柱面的半径分别为 R_A 和 R_B，如图 9-33 所示.求此电容器的电容.

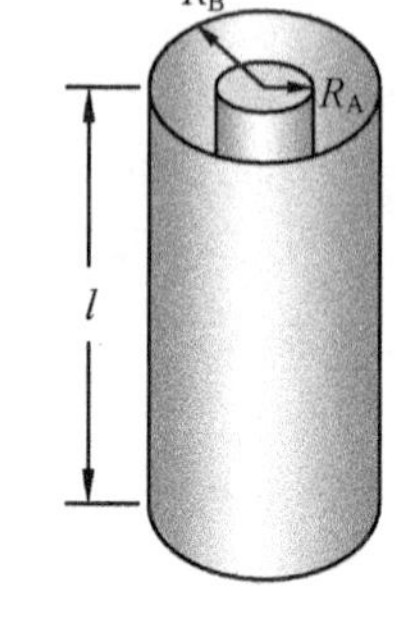

图 9-33 圆柱形电容器

解 因为 $l \gg R_B - R_A$，所以可以忽略柱面两端的边缘效应，认为圆柱面"无限长".设内外圆柱面分别带有 $+Q$ 和 $-Q$ 的电荷量，则单位长度上的电荷 $\lambda = \frac{Q}{l}$.利用高斯定理，可以求得两圆柱面之间的场强的大小为

$$E = \frac{\lambda}{2\pi\varepsilon_0 r} = \frac{Q}{2\pi\varepsilon_0 l}\frac{1}{r}$$

场强的方向沿径向.两圆柱面之间的电势差为

$$U = \int_l \boldsymbol{E} \cdot \mathrm{d}\boldsymbol{l} = \int_{R_A}^{R_B} \frac{Q}{2\pi\varepsilon_0 l}\frac{\mathrm{d}r}{r} = \frac{Q}{2\pi\varepsilon_0 l}\ln\frac{R_B}{R_A}$$

应用式(9-42)，得圆柱形电容器的电容为

$$C = \frac{Q}{U} = \frac{2\pi\varepsilon_0 l}{\ln\frac{R_B}{R_A}}$$

电容器是一种应用非常广泛的电子器件.通常在电容器的两金属极板间充有一层绝缘介质，称为电介质(它的作用见 9-7 节).电介质也可以是空气或真空.电容器的种类按所充的电介质分类，有真空电容器、空气电容器、云母电容器、纸质电容器、油浸纸电容器、陶瓷电容器、电解电容器、聚苯乙烯电容器、钛酸钡电容器等；按电容器的结构形式分类，有固定电容器、可变电容器和微调电容器；等等.但是，常用的各种类型电容器的基本结构相同，都是由两片面积较大的金属导体极板中间夹一层电介质而组成的.目前，在超大规模集成电路中，1 cm^2 可以容纳数以万计的电容器，且随着纳米技术的发展，更加微小的电容器将会出现.电容器的大型化技术也日趋成熟，利用高功率电容器能获得高强度的激光束，为实现人控核聚变提供了条件.

讨论与思考：地球和电离层可当作一个球形电容器，它们之间相距约为 100 km，试估算地球-电离层系统的电容.设地球与电离层之间为真空.

二、电容器的并联和串联

在实际工作中，当一个电容器在电容值或耐压值不符合设计的要求时，可以把几个电容器并联或串联起来使用.下面讨论电容器并联或串联的等效电容的计算方法.

1. 电容器的并联

如图 9-34 所示，电容器并联时，其中每个电容器有一个极板接到共同点 A，而另一个极板接到另一个共同点 B.

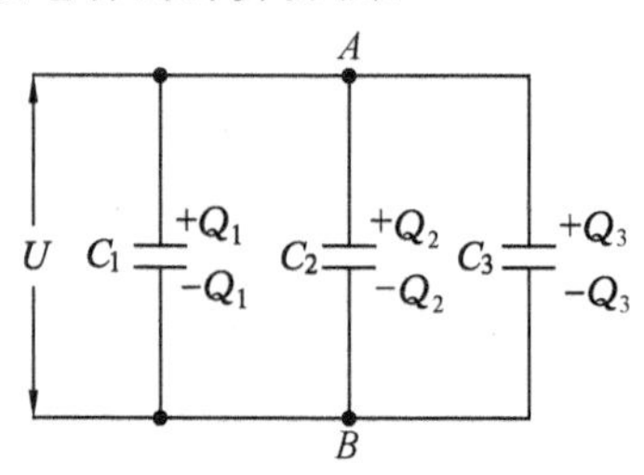

图 9-34 电容器的并联

电容器并联接上电源后，每个电容器两极板上的电压都相同，设这一电压为 U.但是，分配在每个电容器上的电荷量是不同的，分别为

$$Q_1=C_1U,\quad Q_2=C_2U,\quad Q_3=C_3U$$

电容器组所带的总电荷量 Q 为各个电容器所带的电荷量之和，于是

$$Q=Q_1+Q_2+Q_3=(C_1+C_2+C_3)U$$

等效电容 C 是指在电压为 U 时这个电容器所带电荷量也应为 Q，所以

$$C=\frac{Q}{U}$$

由上两式比较可得

$$C=C_1+C_2+C_3$$

即

$$C=\sum_{i=1}^{n}C_i \tag{9-43}$$

故**电容器并联时，其等效电容等于各个电容器的电容之和**.并联后等效电容增加了，但各电容器的电压相等.

2. 电容器的串联

电容器串联时，其中每个电容器只有一个极板与另一个电容器的一个极板相连接，电容器组两端的极板接到电源上，如图 9-35 所示.设这两端的极板的电压为 U，这时各电容器极板所带电荷量相等，每个电容器上的电压分别为

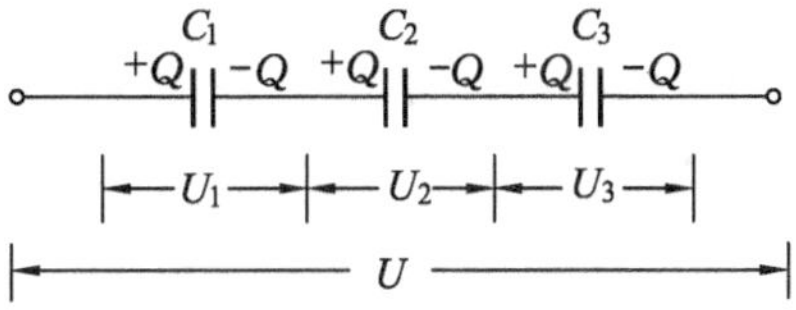

图 9-35 电容器的串联

$$U_1=\frac{Q}{C_1},\quad U_2=\frac{Q}{C_2},\quad U_3=\frac{Q}{C_3}$$

电容器组两端的电压等于各个电容器的电压之和，即

$$U=U_1+U_2+U_3=\left(\frac{1}{C_1}+\frac{1}{C_2}+\frac{1}{C_3}\right)Q$$

等效电容 C 是指在电压为 U 时这个电容器所带电荷量也为 Q，所以串联电容器组的两端电压为

$$U=\frac{Q}{C}$$

比较以上两式，可得

$$\frac{1}{C}=\frac{1}{C_1}+\frac{1}{C_2}+\frac{1}{C_3}$$

即

$$\frac{1}{C}=\sum_{i=1}^{n}\frac{1}{C_i} \tag{9-44}$$

电容器串联后，其等效电容的倒数等于各个电容器的电容的倒数之和.串联后等效电容比每个电容器的电容都小，但每个电容器的电压小于总电压.

讨论与思考：一对相同的电容器，分别串联、并联后连接到相同的电源上，问哪一种情况用手去触及极板较为危险？说明其原因.

9-7　静电场中的电介质

前面我们讨论了静电场中导体的性质,知道了电场可以改变导体上的电荷分布,产生感应电荷;反过来,导体上的电荷又改变着电场的分布.即导体上的电荷和空间的电场相互影响、相互制约,最终达到平衡分布,这种平衡分布是由二者共同决定的.本节将讨论电介质对静电场的影响、电介质的极化机理及电极化强度,并引入电位移的概念,讨论有电介质时的高斯定理.

一、电介质的极化

电介质是由大量电中性的分子组成的绝缘体,在其内部没有能够自由移动的电荷.因而与导体不同,放在外电场中的电介质,其内部场强并不为零.实验证明,如果在带电体的周围充满某种密度均匀和各向同性(即在各个方向上物理性质都相同)的电介质,则电介质内的场强仅为真空时场强 $\boldsymbol{E}_0$ 的$\frac{1}{\varepsilon_r}$倍.ε_r 为大于1的纯数,其值随电介质而异,通常称为电介质的**相对电容率**(又称为**相对介电常数**).几种常见的电介质的相对电容率见表 9-2.

表 9-2　电介质的相对电容率和击穿场强

电介质	相对电容率 ε_r	击穿场强 /(10^6 V·m^{-1})	电介质	相对电容率 ε_r	击穿场强 /(10^6 V·m^{-1})
真空	1	—	普通陶瓷	5.7～6.8	6～20
空气	1.000 590	3	电木	7.6	10～20
水	78	—	聚乙烯	2.3	50
油	4.5	12	聚苯乙烯	2.6	25
纸	3.5	14	二氧化钛	100	6
玻璃	5～10	10～25	氧化钽	11.6	15
云母	3.7～7.5	80～200	钛酸钡	10^2～10^4	3

如在真空中,带有电荷面密度分别为$+\sigma$和$-\sigma$平行板电容器两极板之间的电场强度为$E_0=\frac{\sigma}{\varepsilon_0}$.如果保持两极板的电荷面密度不变,而电容器两极板之间充满均匀和各向同性的电介质,则这时可测出两极板间的场强为

$$E=\frac{E_0}{\varepsilon_r} \tag{9-45}$$

为了解释电介质对电场所产生的影响,必须从电介质的微观结构分析其作用机理.在

电介质分子中，负电荷一般都不集中于一点，然而对于远离该分子的地方，分布在分子中各处的负电荷的作用，与处于某一位置上的一个等效负电荷的作用相同，那么这个位置就称为分子的负电荷中心.同样分子中的正电荷也存在一个正电荷中心.正、负电荷中心相重合的分子，称为**无极分子**，如氢、甲烷、石蜡、聚苯乙烯等物质的分子都属于无极分子.正、负电荷中心不重合的分子，相当于一个电偶极子，称为**有极分子**，如有机玻璃、盐酸、水、聚氯乙烯等物质的分子都属于有极分子.

无极分子电介质在外电场作用下，其分子的正、负电荷中心将沿电场的方向发生相对位移，成为电偶极子，产生分子电矩.这样，在电介质内，如果电介质的密度是均匀的，任一小体积内所含的正负电荷数量相等，所以电荷体密度仍然保持为零，但在与外电场垂直的电介质的两个表面上分别出现正电荷和负电荷，这种电荷称为**极化电荷**或**束缚电荷**，以与**自由电荷**相区别.电介质表面产生极化电荷的现象称为**电介质的极化**.无极分子电介质极化机制称为**电子位移极化**，如图 9-36 所示.

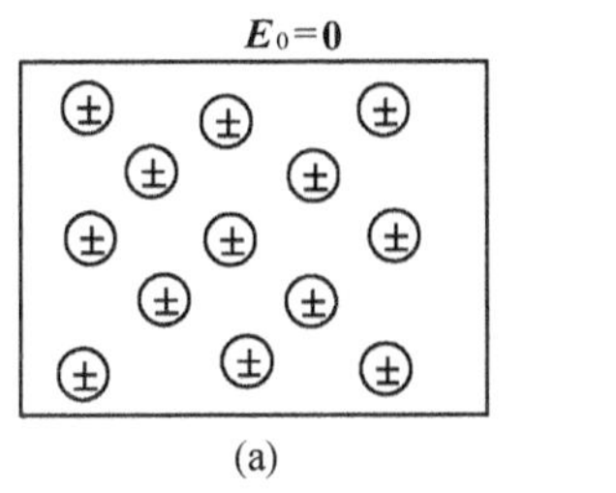

图 9-36 电子位移极化

在有极分子电介质中，每一个分子本来就有一定的电矩，由于热运动，这些电矩的取向是杂乱的，所以宏观上不呈现电性，如图 9-37(a)所示.当受到外电场作用时，分子电矩都受到力矩 $\boldsymbol{M}=\boldsymbol{p}\times\boldsymbol{E}$ 的作用.在此力矩的作用下，电介质中各电偶极子的电矩在一定程度上转向外电场方向，宏观上也表现为电介质表面出现极化电荷，如图 9-37(b)所示.这种极化机制称为**分子取向极化**.

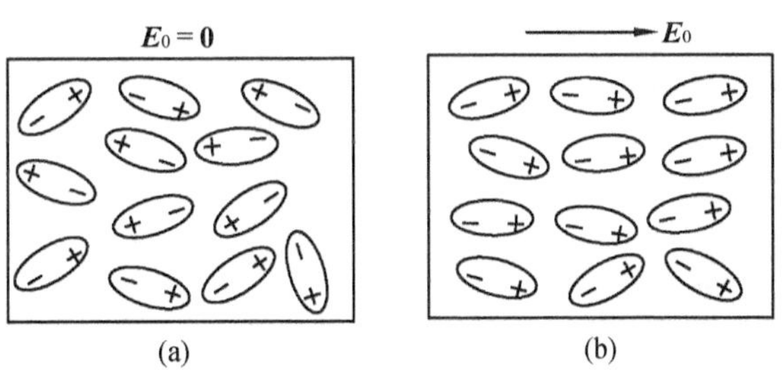

图 9-37 分子取向极化

综上所述，虽然无极分子电介质和有极分子电介质的极化机理在微观上有差异，但宏观效果却是相同的.在对电介质极化进行宏观研究时，有时不去区分这两种极化.应当指出，电介质在外电场中出现的极化电荷与导体中的自由电荷是有区别的，极化电荷不能做宏观移动，它只是在原子或分子的线度范围内做微小的位移，它不能在电介质内自由运动,也不能从电介质内转移出去,每个电荷都被束缚在一个原子或分子中.当外电场被撤销后,极化电荷随之消失,电介质又恢复原状.

二、电介质中的电场 极化电荷与自由电荷的关系

电介质在外电场中极化后出现的极化电荷也要产生电场,这个电场称为附加电场;产生外电场的电荷称为自由电荷.因此,有电介质存在时,空间任一点的电场强度 $\boldsymbol{E}$ 是自由电荷的外电场 $\boldsymbol{E}_0$ 和极化电荷的附加电场 $\boldsymbol{E}'$ 的矢量和,即

$$\boldsymbol{E}=\boldsymbol{E}_0+\boldsymbol{E}' \tag{9-46}$$

一般来说,在电介质内部附加电场 $\boldsymbol{E}'$ 处处和外电场 $\boldsymbol{E}_0$ 的方向相反,导致电介质内部电场强度 $\boldsymbol{E}$ 比原来的 $\boldsymbol{E}_0$ 减弱.

如图 9-38 所示,由两个彼此靠得很近的平行板组成的平行板电容器,两极板上的自由电荷面密度分别为 $+\sigma$ 和 $-\sigma$,自由电荷在两极板间激发的电场强度为 $\boldsymbol{E}_0$,其大小为 $E_0=\dfrac{\sigma}{\varepsilon_0}$.当两极板间充满均匀电介质后,如果两极板上的 $+\sigma$ 和 $-\sigma$ 不变,由于电介质被极化,在电介质的两个垂直于 $\boldsymbol{E}_0$ 的表面上分别出现极化电荷,其电荷面密度分别为 $-\sigma'$ 和 $+\sigma'$.

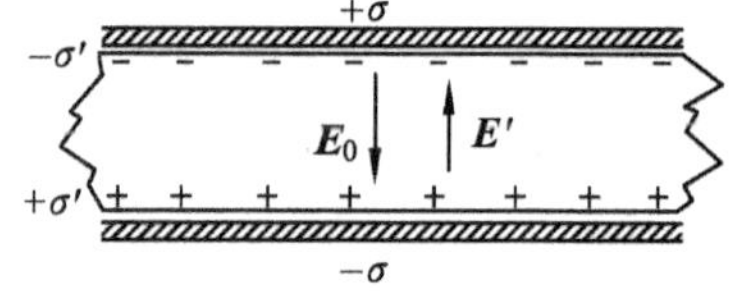

图 9-38 电介质中的电场强度

极化电荷在电介质内部建立电场 $\boldsymbol{E}'$,其数值为 $E'=\dfrac{\sigma'}{\varepsilon_0}$.考虑到 $\boldsymbol{E}'$ 与 $\boldsymbol{E}_0$ 的方向相反及关系式(9-45),可得到电介质中电场强度 E 的大小为

$$E=E_0-E'=\frac{E_0}{\varepsilon_r}$$

$$E'=\left(1-\frac{1}{\varepsilon_r}\right)E_0 \tag{9-47}$$

因而有

$$\sigma'=\left(1-\frac{1}{\varepsilon_r}\right)\sigma \tag{9-48}$$

由 $Q=\sigma S$ 及 $Q'=\sigma' S$,上式也可表示成

$$Q'=\left(1-\frac{1}{\varepsilon_r}\right)Q \tag{9-49}$$

式(9-48)给出了极化电荷面密度 σ' 与自由电荷面密度 σ 的关系.因为 ε_r 总是大于 1,所以 σ' 总是比 σ 要小.

三、电位移 有电介质时的高斯定理

我们以充满均匀电介质的带电平行板为例讨论有电介质时的高斯定理.在图 9-39 中,取一闭合的正柱面为高斯面,高斯面的上下两个平面与极板平行,其中一个平面在电介质内,每个平面的面积为 S.因为极化电荷 Q' 与自

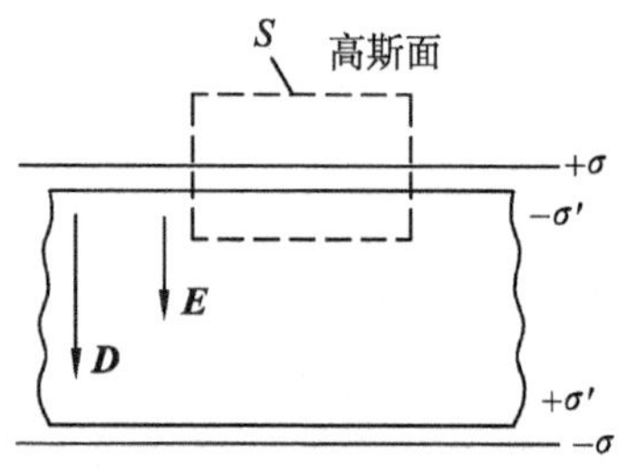

图 3-39 有电介质时的高斯定理

由电荷 Q 产生电场的规律相同,对有电介质存在时,由高斯定理,得

$$\oint_S \boldsymbol{E} \cdot \mathrm{d}\boldsymbol{S} = \frac{1}{\varepsilon_0}(Q - Q') \tag{9-50}$$

根据真空中的高斯定理

$$\oint_S \boldsymbol{E}_0 \cdot \mathrm{d}\boldsymbol{S} = \frac{1}{\varepsilon_0}Q$$

及 $\boldsymbol{E}_0 = \varepsilon_r \boldsymbol{E}$,可得

$$\oint_S \varepsilon_0 \varepsilon_r \boldsymbol{E} \cdot \mathrm{d}\boldsymbol{S} = Q \tag{9-51}$$

在式(9-51)中,右边只包含了自由电荷,而不包含极化电荷,极化电荷的存在体现在左边 ε_r 中.如果令

$$\boldsymbol{D} = \varepsilon_0 \varepsilon_r \boldsymbol{E} = \varepsilon \boldsymbol{E} \tag{9-52}$$

式中 $\varepsilon_0 \varepsilon_r = \varepsilon$ 为电介质的**电容率**(又称**绝对介电常数**).那么式(9-51)可以写为

$$\oint_S \boldsymbol{D} \cdot \mathrm{d}\boldsymbol{S} = Q \tag{9-53}$$

上式即是**有电介质时的高斯定理**.式(9-53)中 $\boldsymbol{D}$ 称为**电位移**,$\oint_S \boldsymbol{D} \cdot \mathrm{d}\boldsymbol{S}$ 是通过任一闭合曲面 S 的电位移通量.在国际单位制中,电位移 D 的单位是库·米$^{-2}$($\mathrm{C \cdot m^{-2}}$).

式(9-53)虽然是从充有均匀电介质的带电平行板导出的,但可以证明它是普遍成立的.引入电位移这一物理量后,电介质高斯定理只与自由电荷有关,因而用式(9-53)处理电介质中的电场问题将会更简单.需要说明的是,电位移通过闭合曲面的通量仅与自由电荷有关,并不等于说电位移本身仅与自由电荷有关.实际上我们根据 $\boldsymbol{D}$ 的定义容易知道,电位移 $\boldsymbol{D}$ 不仅取决于自由电荷 Q,而且取决于电介质的性质及极化电荷.$\boldsymbol{D}$ 只是一个辅助矢量.

由以上所述可知,在电容器极板的电荷量保持不变时,极板间充有电介质时的电场强度 $\boldsymbol{E}$ 是无电介质时的电场强度 $\boldsymbol{E}_0$ 的$\frac{1}{\varepsilon_r}$,即

$$E = \frac{E_0}{\varepsilon_r}$$

然而,这是有条件的,即假定均匀电介质充满电容器或充满电场所在的空间.在满足这个条件的情形下,电容器两极板的电压为

$$U = Ed = \frac{E_0 d}{\varepsilon_r} = \frac{U_0}{\varepsilon_r}$$

根据电容的定义,有

$$C = \frac{Q}{U} = \varepsilon_r \frac{Q}{U_0} = \varepsilon_r C_0$$

这里 Q、U_0 和 C_0 分别表示电容器极板的自由电荷、电容器内无电介质时两极板之间的电压及电容.因此,当电容器中充满均匀电介质后,其电容为真空电容器电容的 ε_r 倍.

电容器的指标有两个,即电容量和耐压能力.在电容器中加入电介质,往往对提高电

容器这两方面的性能都有好处. 首先,电介质可以增大电容量,减小体积.前已看到,电介质可以使电容增大 ε_r 倍. 对相同几何尺寸的电容器,电介质的相对电容率 ε_r 越大,电容量就越大;相同电容量的电容器,相对电容率 ε_r 越大,体积就越小.其次,对提高电容器耐压能力起关键作用的是电介质的击穿场强.电介质在通常条件下是不导电的,但在很强的电场中它们的绝缘性能会遭到破坏,这称为介质的击穿.一种电介质材料所能承受的最大电场强度,称为这种电介质的**击穿场强**,或**介电强度**.表 9-2 中给出了击穿场强的数值.从表中可以看出,多数材料的击穿场强比空气高,所以,在空气电容器中加入其他电介质,有利于提高电容器的耐压能力.

[例 9-13] 一平行板电容器的电容为 100 pF,极板面积为 100 cm²,极板间充满相对电容率为 5.4 的云母电介质,当极板上电势差为 50 V 时,求:

(1) 电容器极板上的自由电荷;

(2) 云母电介质中的场强 E;

(3) 云母电介质面上的极化电荷面密度和极化电荷.

解 (1) 极板上的自由电荷为

$$Q=CU=100\times10^{-12}\times50\ \text{C}=5\times10^{-9}\ \text{C}$$

(2) 设极板间的电位移为 D,根据有电介质时的高斯定理 $\oint_S \boldsymbol{D}\cdot d\boldsymbol{S}=Q$,由图 9-39,可知

$$DS=Q$$

即对平行板电容器,有

$$D=\sigma$$

代入数据,得

$$D=\frac{Q}{S}=\frac{5\times10^{-9}}{100\times10^{-4}}\ \text{C}\cdot\text{m}^{-2}=5\times10^{-7}\ \text{C}\cdot\text{m}^{-2}$$

又因为

$$\boldsymbol{D}=\varepsilon_0\varepsilon_r\boldsymbol{E}$$

所以云母电介质中的场强为

$$E=\frac{D}{\varepsilon_0\varepsilon_r}=\frac{5\times10^{-7}}{5.4\times8.85\times10^{-12}}\ \text{V}\cdot\text{m}^{-1}=1.05\times10^{4}\ \text{V}\cdot\text{m}^{-1}$$

(3) 云母电介质面上的极化电荷面密度为

$$\sigma'=\left(1-\frac{1}{\varepsilon_r}\right)\sigma=\left(1-\frac{1}{\varepsilon_r}\right)D=4.1\times10^{-7}\ \text{C}\cdot\text{m}^{-2}$$

$$Q'=\sigma'S=4.1\times10^{-7}\times100\times10^{-4}\ \text{C}=4.1\times10^{-9}\ \text{C}$$

[例 9-14] 如图 9-40 所示,圆柱形电容器由半径为 R_1 的导线和与它同轴的半径为 R_2 的薄导体圆筒组成,长为 l,其间充满了相对电容率为 ε_r 的电介质.设导线和圆筒单位长度的电荷分别为 $+\lambda$、$-\lambda$,忽略边缘效应.求:

(1) 电介质中的电位移和电场强度;

(2) 电介质内外表面的极化电荷面密度.

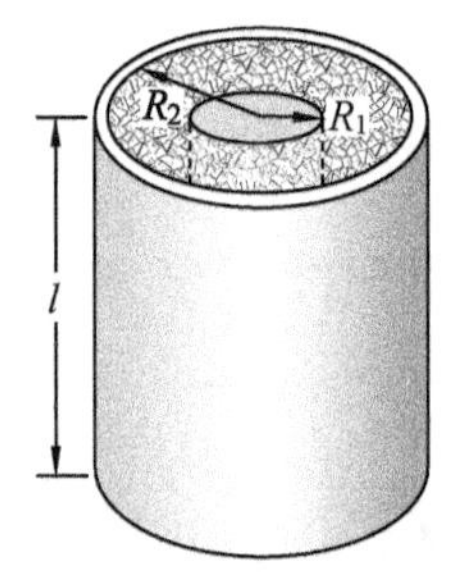

图 9-40 充满电介质的圆柱形电容器

解 (1) 因为电荷分布是柱对称的，所以电介质中的电场也是柱对称的，方向沿柱面的径矢方向.作一与导线同轴的圆柱形高斯面、半径 $R_1<r<R_2$ 的圆柱体，由电介质的高斯定理

$$\oint_S \boldsymbol{D}\cdot \mathrm{d}\boldsymbol{S}=Q$$

可得

$$D\cdot 2\pi rl=\lambda l$$

$$D=\frac{\lambda}{2\pi r}$$

又因 $D=\varepsilon_0\varepsilon_r E$，有

$$E=\frac{D}{\varepsilon_0\varepsilon_r}=\frac{\lambda}{2\pi\varepsilon_0\varepsilon_r r}$$

(2) 电介质内外表面处的自由电荷面密度分别为

$$\sigma_1=\frac{Q}{2\pi R_1 l}=\frac{\lambda}{2\pi R_1}$$

$$\sigma_2=\frac{Q}{2\pi R_2 l}=\frac{\lambda}{2\pi R_2}$$

电介质内外表面处的极化电荷面密度分别为

$$\sigma_1'=\left(1-\frac{1}{\varepsilon_r}\right)\sigma_1=\frac{(\varepsilon_r-1)\lambda}{2\pi\varepsilon_r R_1}$$

$$\sigma_2'=\left(1-\frac{1}{\varepsilon_r}\right)\sigma_2=\frac{(\varepsilon_r-1)\lambda}{2\pi\varepsilon_r R_2}$$

课题研究

空腔内外电场的研究

平行板电容器两极板间充满均匀电介质后电介质中的场强为 $\boldsymbol{E}$，若

(1) 在电介质中挖一针状小空腔，空腔垂直于极板面，见图 9-41(a)；

(2) 在电介质中挖一平行于极板面的扁平圆柱形空腔，见图 9-41(b).

两种情况下空腔中心的点的 $\boldsymbol{E}'$ 和 $\boldsymbol{D}'$ 与电介质中的 $\boldsymbol{E}$ 和 $\boldsymbol{D}$ 的关系如何？

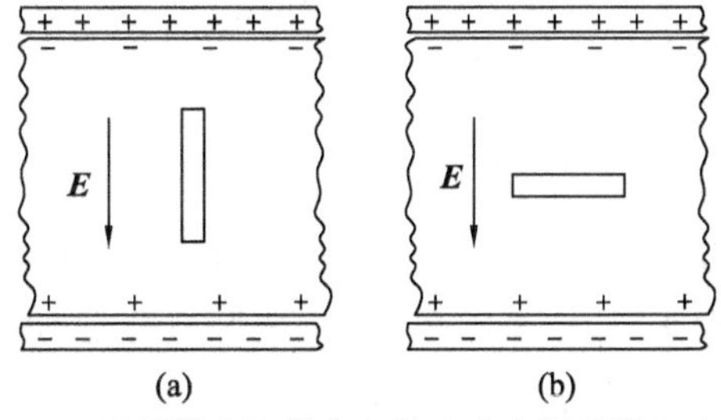

图 9-41 平行板电容器中空腔中心点的场强和电位移

9-8 静电场的能量 能量密度

下面我们将以平行板电容器为例,讨论通过外力做功把其他形式的能量转变为电能的原理,进而从平行板电容器两极板间的电场能量得出静电能的一般公式.

一、电容器的储能

对一个已充电的电容器两极板用导线短路,可以见到放电火花,这说明充电电容器有能量储存.我们分析一下充电过程就可以清楚这些能量的来源.电容为 C 的电容器充电的过程可以设想为,开始两极板都不带电,然后不断把微量电荷 $\mathrm{d}q$ 从一个极板移到另一个极板.在此过程中,当两极板的电荷量分别达 $+q$ 和 $-q$ 时,两极板间的电势差为 u,若继续将电荷量 $\mathrm{d}q$ 从带负电的极板移到带正电的极板,外力因克服静电场力而做的元功为

$$\mathrm{d}W=u\,\mathrm{d}q=\frac{1}{C}q\,\mathrm{d}q$$

最后使两极板分别带有电荷量 $+Q$ 和 $-Q$,两极板间的电压为 $U=\frac{Q}{C}$.在电容器两极板从所带电荷量为零增大到分别带有 $+Q$ 和 $-Q$ 的整个过程中,外力所做的总功为

$$W=\frac{1}{C}\int_0^Q q\,\mathrm{d}q=\frac{1}{2}\frac{Q^2}{C}$$

外力所做的功 W 在数值上等于电容器所具有的能量,故电容器储存的能量为

$$W_e=\frac{1}{2}\frac{Q^2}{C}$$

利用公式 $U=\frac{Q}{C}$,还可得出

$$W_e=\frac{1}{2}\frac{Q^2}{C}=\frac{1}{2}QU=\frac{1}{2}CU^2 \tag{9-54}$$

这就是电容器的储能公式.从上面的讨论可知,在电容器充电的过程中,外力通过克服静电场力做功,把非静电能转换成了电容器的电能.

在实际中通常电容器充电后的电压值都是给定的,从公式 $W=\frac{1}{2}CU^2$ 可以看出,电压一定时电容 C 越大的电容器储能越多.在这个意义上说,电容 C 也反映了电容器储能本领的大小.对同一电容器来讲,电压越高,储能越多.但电压不能超过电容器的耐压值,否则就会把电容器里的电介质击穿而毁坏电容器.

讨论与思考:若空气电容器充电后切断电源,然后加入煤油,那么,电容器的能量是怎样变化的?如果加入煤油时保持电容器一直与电源连接,电容器的能量又是怎样变化的?

二、静电场的能量

在静电学范围内，因为在一切静电现象中，静电场与静电荷是相互依存、无法分离的，我们无法确定带电系统所具有的静电能是由电荷所携带，还是由电荷激发的电场所携带；或者说，能量是定域于电荷还是定域于电场.然而，在随时间变化的电磁波中，电场则可以脱离激发它的电荷和电流而独自传播并携带了能量.太阳光就是一种电磁波，它给大地带来了巨大的能量.大量事实证明，电能是分布于电场中的，即**电能定域在电场中**.既然这样，我们就可以用描述电场的特征量 $\boldsymbol{E}$ 来表示电场的能量.

设平行板电容器极板上所带自由电荷的面密度为 σ，极板间充有相对电容率为 ε_r 的电介质，电场强度可以表示为

$$E=\frac{E_0}{\varepsilon_r}=\frac{\sigma}{\varepsilon}$$

所以，面积为 S 的极板上所带的电荷量可表示为

$$Q=\sigma S=\varepsilon ES \tag{9-55}$$

如果电容器两极板间的距离为 d，则两极板间的电势差可以写为

$$U=Ed \tag{9-56}$$

将式(9-55)和式(9-56)代入式(9-54)，得到

$$W_e=\frac{1}{2}\varepsilon E^2 Sd \tag{9-57}$$

电容器中静电场的能量密度为

$$w_e=\frac{1}{2}\varepsilon E^2=\frac{1}{2}DE \tag{9-58}$$

式(9-58)虽然是从平行板电容器这个特例中求得的，但可以证明，这个公式是普遍成立的，它适用于匀强静电场，也适用于非匀强电场，还适用于变化的电场.这个公式说明，如果电场中某点的电场强度为 $\boldsymbol{E}$，那么该点附近电场的能量密度为 $\frac{1}{2}\varepsilon E^2$.

在真空中，$\varepsilon_r=1$，$\varepsilon=\varepsilon_0$，则式(9-58)成为

$$w_e=\frac{1}{2}\varepsilon_0 E^2$$

一个带电系统的整个电场储存的总能量可用下式计算：

$$W=\int\frac{1}{2}\varepsilon E^2\mathrm{d}V \tag{9-59}$$

式中，$\mathrm{d}V$ 为体积元，积分遍及整个电场空间.

在国际单位制中，电场能量密度 w_e 的单位是焦・米$^{-3}$($\mathrm{J\cdot m^{-3}}$).

[例 9-15] 如图 9-42 所示，有一球形电容器，内外球半径分别为 R_1 和 R_2，两球间充

满电容率为 ε 的电介质，当带电荷为 $\pm Q$ 时，求此电容器所储存的能量.

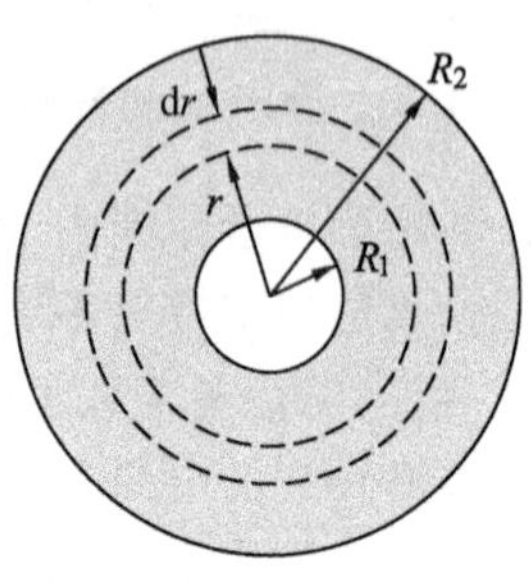

图 9-42　球形电容器所储存的能量

解　如果球形电容器极板上的电荷是均匀分布的，则球壳间的电场强度是对称分布的.利用高斯定理可求得球壳间的电场强度为

$$E=\frac{Q}{4\pi\varepsilon r^2}$$

球壳间的电场能量密度为

$$w_e=\frac{1}{2}\varepsilon E^2=\frac{Q^2}{32\pi^2\varepsilon r^4}$$

取半径为 r、厚度为 $\mathrm{d}r$ 的薄球壳，体积元 $\mathrm{d}V=4\pi r^2\mathrm{d}r$，此体积元中电场的能量为

$$\mathrm{d}W=w_e\mathrm{d}V=\frac{Q^2}{8\pi\varepsilon r^2}\mathrm{d}r$$

球壳间的电场总能量为

$$W=\int_V \mathrm{d}W=\frac{Q^2}{8\pi\varepsilon}\int_{R_1}^{R_2}\frac{1}{r^2}\mathrm{d}r=\frac{Q^2}{8\pi\varepsilon}\left(\frac{1}{R_1}-\frac{1}{R_2}\right)$$

与电容器储能公式 $W=\frac{Q^2}{2C}$ 相比较，可得到球形电容器的电容为

$$C=\frac{4\pi\varepsilon R_1R_2}{R_2-R_1}$$

以上所得的结果与前面所得的结果相符.这里给出了利用能量公式求电容的方法，并且由此也可看出电容器的电场能量是储存于电容器内的电场之中的.

思　考　题

9-1　一个金属球带上正电荷后，该球的质量是增大、减小还是不变？

9-2　判断下列说法是否正确，并说明理由.

(1) 电场中某点场强的方向就是将点电荷放在该点处所受电场力的方向；

(2) 电荷在电场中某点受到的电场力很大，该点的场强 $\boldsymbol{E}$ 一定很大；

(3) 在以点电荷为中心、r 为半径的球面上，场强 $\boldsymbol{E}$ 处处相等.

9-3　在一个带正电的金属球附近，放一个带正电的点电荷 q_0，测得 q_0 所受的力为 F.试问 $\frac{F}{q_0}$ 是大于、等于还是小于该点的场强？如果金属球带负电，则又如何？

9-4　点电荷 q 如果只受电场力的作用而运动，电场线是否就是点电荷 q 在电场中运动的轨迹？

9-5　在正四边形的四个顶点上，放置四个带相同电荷量的同号点电荷，试定性地画出其电场线.

9-6 在高斯定理$\oint_S \boldsymbol{E} \cdot \mathrm{d}\boldsymbol{S} = \frac{q}{\varepsilon_0}$中，在任何情况下电场强度$E$是否完全由该电荷$q$产生？

9-7 一根有限长的均匀带电直线，其电荷分布及所激发的电场有一定的对称性，能否利用高斯定理算出场强来？

9-8 静电场强度沿任意闭合回路的积分$\oint_l \boldsymbol{E} \cdot \mathrm{d}\boldsymbol{l} = 0$，表明了电场线的什么性质？

9-9 比较下列几种情况下A、B两点电势的高低.

(1) 正电荷由A移到B时外力克服电场力做正功；

(2) 正电荷由A移到B时电场力做正功；

(3) 负电荷由A移到B时外力克服电场力做正功；

(4) 负电荷由A移到B时电场力做正功；

(5) 电荷顺着电场线方向由A移动到B；

(6) 电荷逆着电场线方向由A移动到B.

9-10 带正电的物体的电势是否一定是正的？电势等于零的物体是否一定不带电？

9-11 一人站在绝缘地板上，用手紧握静电起电机的金属电极，同时使电极带电，产生10^5 V的电势.试问此人是否安全？这时，如果另一人去接触已带电的电极，是否安全？为什么？

9-12 (1) 已知电场中某点的电势，能否计算出该点的场强？

(2) 已知电场中某点附近的电势分布，能否计算出该点的场强？

9-13 根据场强与电势梯度的关系，分析下列问题.

(1) 在电势不变的空间，电场强度是否为零？

(2) 在电势为零处，场强是否一定为零？

(3) 在场强为零处，电势是否一定为零？

(4) 在均匀电场中，各点的电势梯度是否相等？各点的电势是否相等？

9-14 将一电中性的导体放在静电场中，在导体上感应出来的正负电荷量是否一定相等？这时导体是否是等势体？如果在电场中把导体分开为两部分，则一部分导体上带正电，另一部分导体上带负电，这时两部分导体的电势是否相等？

9-15 如何能使导体满足下列各条件？

(1) 净电荷为零而电势不为零；

(2) 有过剩的正或负电荷，而其电势为零；

(3) 有过剩的负电荷而其电势为正；

(4) 有过剩的正电荷而其电势为负.

9-16 离点电荷q为r的P点的场强为$\boldsymbol{E} = \frac{q}{4\pi\varepsilon_0 r^3}\boldsymbol{r}$，现将点电荷用一金属球壳包围起来，分别讨论$q$在球心或不在球心时$P$点的场强是否改变？若改用金属圆筒包围电荷，$P$点的场强是否改变？(只讨论$P$点在金属球壳及在金属圆筒外的情况)

9-17 将带电导体放在封闭的金属壳内部.

(1) 若将另一带电导体从外面移近金属壳,壳内的电场是否会改变? 金属壳及壳内带电体的电势是否会改变? 金属壳和壳内带电体间的电势差是否会改变?

(2) 若将金属壳内部带电导体在壳内移动或与壳接触,壳外部的电场是否会改变?

(3) 如果壳内有两个带异号等值电荷的带电体,则壳外的电场如何?

9-18 (1) 一导体球上不带电,其电容是否为零?

(2) 当平行板电容器的两极板上分别带上同号等值电荷时,其电容值是否改变?

(3) 当平行板电容器的两极板上分别带上同号不等值电荷时,其电容值是否改变?

9-19 有两个彼此远离的金属球,一大一小,所带电荷同号等量,问这两个球的电势是否相等? 其电容是否相等? 如果用一根细导线把两球相连接,是否会有电荷流动?

9-20 平行板电容器如保持电压不变(接上电源),增大两极板间的距离,则两极板上的电荷、两极板间的电场强度、平行板电容器的电容有何变化?

9-21 (1) 将平行板电容器的两极板接上电源以维持其间电压不变,用相对电容率为 ε_r 的均匀电介质填满两极板间,两极板上的电荷量变为原来的几倍? 电场变为原来的几倍?

(2) 若充电后切断电源,然后再填满电介质,情况又如何?

9-22 (1) 一个带电的金属球壳里充填了均匀电介质,球外是真空,此球壳的电势是否为 $\dfrac{Q}{4\pi\varepsilon_0\varepsilon_r R}$? 为什么?

(2) 若球壳内是真空,球壳外充满"无限大"的均匀电介质,这时球壳的电势是多少? (Q 为球壳上的自由电荷,R 为球壳的半径,ε_r 为电介质的相对电容率)

习　题

9-1 在真空中,两个等值同号的点电荷相距 0.01 m 时的作用力为 10^{-5} N,它们相距 0.1 m 时的作用力多大? 两点电荷所带电荷量是多少?

9-2 在正方形的两个相对的角上各放置一点电荷 Q,在其他两个相对的角上各放置一点电荷 q.如果作用在 Q 上的力为零,求 Q 与 q 的关系.

9-3 1964 年,盖尔曼(M. Gell-mann)等人提出了夸克模型,中子就是由一个带 $2e/3$ 的上夸克和两个带 $-e/3$ 的下夸克构成的.若将夸克作为经典粒子处理(夸克线度约为 10^{-20} m),中子内的两个下夸克之间相距 2.60×10^{-15} m,求它们之间的相互作用力.

9-4 如图所示的电荷分布称为电四极子,它由两个相同的电偶极子组成.证明在电四极子轴线的延长线上离中心为 $r(r\gg l)$ 的 P 点的电场强度为 $E=\dfrac{3Q}{4\pi\varepsilon_0 r^4}$,式中 $Q=2ql^2$ 称为这种电荷分布的电四极矩.

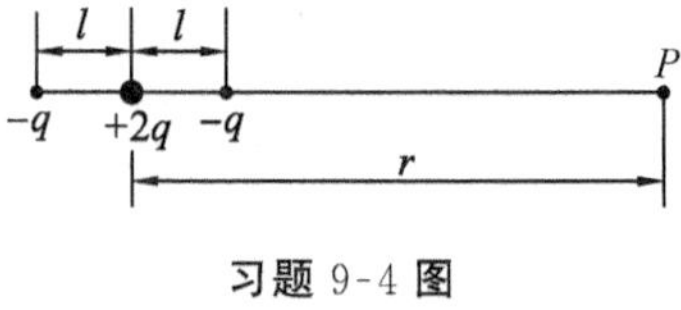

习题 9-4 图

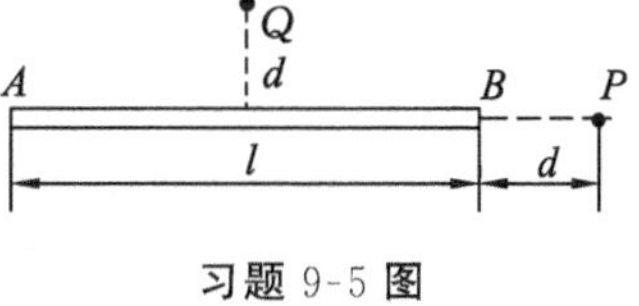

习题 9-5 图

9-5 长 $l=15$ cm 的直导线 AB 上均匀地分布着线密度 $\lambda=6\times10^{-9}$ C·m^{-1} 的电荷，如图所示.求：

(1) 在导线的延长线上与导线一端 B 相距 $d=5$ cm 的 P 点的场强的大小；

(2) 在导线的垂直平分线上与导线中点相距 $d=5$ cm 的 Q 点的场强的大小.

9-6 用细绝缘线弯成半径为 R 的半圆形环，其上均匀地带正电荷 Q，求圆心 O 处的电场强度的大小.

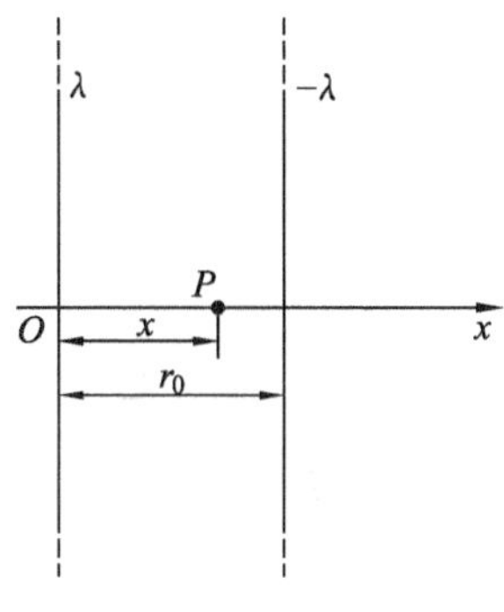

习题 9-7 图

9-7 两条"无限长"平行直导线相距为 r_0，均匀带有等量异号电荷，电荷线密度为 λ，如图所示.求：

(1) 两导线构成的平面上任一点的电场强度(设该点到其中一线的垂直距离为 x)；

(2) 每一根导线上单位长度导线受到另一根导线上电荷作用的电场力.

9-8 三个点电荷分布的位置是：在(0,0)处为 5×10^{-8} C，在(3 m,0)处为 4×10^{-8} C，在(0,4 m)处为 -6×10^{-8} C.计算通过以(0,0)为球心、半径等于 5 m 的球面上的总电场强度通量.

9-9 在半径分别为 10 cm 和 20 cm 的两层假想同心球面中间，均匀分布着电荷体密度 $\rho=10^{-9}$ C·m^{-3} 的正电荷.求离球心 5 cm、15 cm、50 cm 处的电场强度.

9-10 (1) 地球的半径为 6.37×10^{6} m，地球表面附近的电场强度近似为 100 V·m^{-1}，方向指向地球中心，试计算地球所带的总电荷量；

(2) 在离地面 1 500 m 处，电场强度降为 24 V·m^{-1}，方向仍指向地球中心.试计算这 1 500 m 厚的大气层里所带电荷量及平均电荷密度.

9-11 一个半径为 R 的球体内的电荷体密度为 $\rho=kr$，式中 r 是径向距离，k 是常量.求空间场强分布，并画出 E 与 r 的关系曲线.

9-12 半径为 R 的"无限长"直圆柱体内均匀带电，电荷体密度为 ρ，求其电场强度分布，并作 E-r 曲线.

9-13 一个内、外半径分别为 R_1 和 R_2 的均匀带电球壳，总电荷量为 Q_1，球壳外同心罩一个半径为 R_3 的均匀带电球面，球面带电荷量为 Q_2.求其电场分布.

9-14 两个带有等量异号电荷的"无限长"同轴圆柱面，半径分别为 R_1 和 R_2 ($R_2>R_1$)，单位长度上的电荷为 λ.求离轴线为 r 处的电场强度：

(1) $r<R_1$；

(2) $R_1<r<R_2$；

(3) $r>R_2$.

9-15 一电子绕一带均匀电荷的长直导线以 2×10^{4} m·s^{-1} 的匀速率做圆周运动.求带电直线上的电荷线密度(电子的质量 $m_0=9.1\times10^{-31}$ kg，电子的电荷量 $e=1.60\times10^{-19}$ C).

9-16　如图所示,一个半径为 R 的均匀带电半圆环,电荷线密度为 λ,求环心 O 点处的场强.

9-17　如图所示,有三个点电荷 Q_1、Q_2、Q_3 沿一条直线等间距分布,且 $Q_1=Q_3=Q$. 已知其中任一点电荷所受合力均为零,求在固定 Q_1、Q_3 的情况下,将 Q_2 从 O 点移到无穷远处外力所做的功.

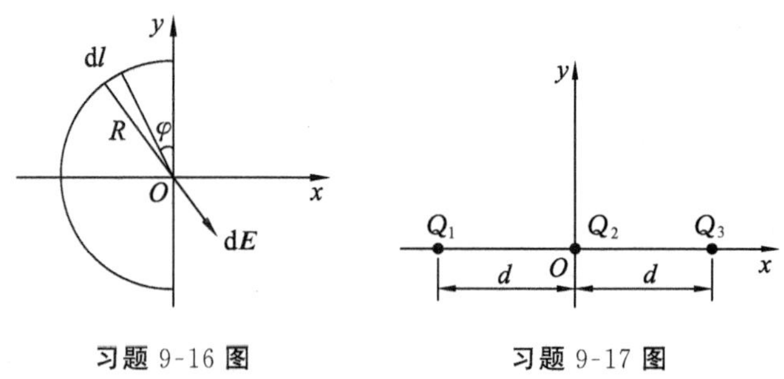

习题 9-16 图　　　　习题 9-17 图

9-18　点电荷 q_1、q_2、q_3、q_4 的电荷量均为 2×10^{-9} C,放置在一正方形四个顶点上,各点距正方形中心 O 的距离均为 5 cm.

(1) 计算 O 点的场强和电势;

(2) 将一试探电荷 $q_0=10^{-8}$ C 从无穷远处移到 O 点,电场力做功多少?

(3) (2) 中 q_0 的电势能改变多少?

9-19　如图所示,在 A、B 两点处放有电荷量分别为 $+q$、$-q$ 的点电荷,AB 间距离为 $2R$,现将另一正试验点电荷 q_0 从 O 点经过半圆弧移到 C 点,求移动过程中电场力所做的功.

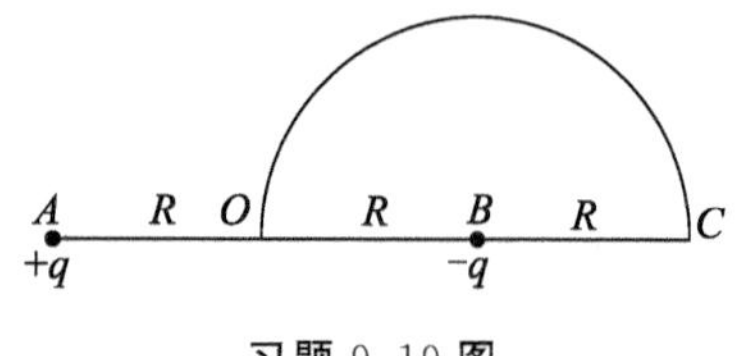

习题 9-19 图

9-20　如图所示,$r=6$ cm,$d=8$ cm,$q_1=6\times10^{-8}$ C,$q_2=-6\times10^{-8}$ C.

(1) 将电荷量为 4×10^{-9} C 的另一点电荷从 A 点移到 B 点,电场力做功多少?

(2) 将此点电荷从 C 点移到 D 点,电场力做功多少?

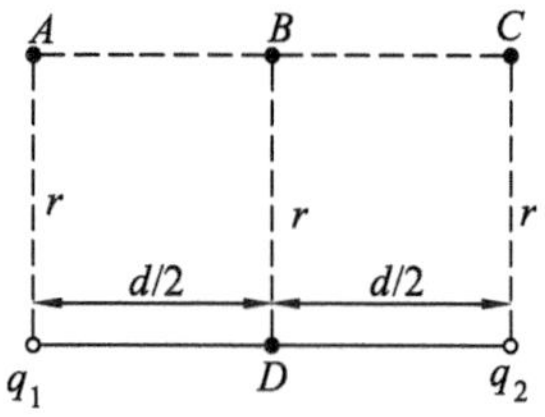

习题 9-20 图

9-21　半径为 1 mm 的球形水滴具有电势 30 V.

(1) 求水滴所带的电荷量;

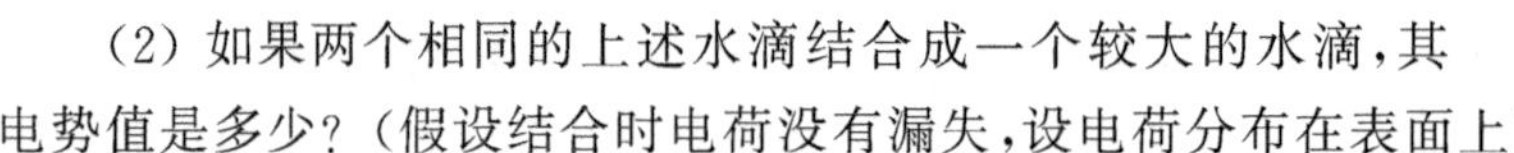

(2) 如果两个相同的上述水滴结合成一个较大的水滴,其电势值是多少?(假设结合时电荷没有漏失,设电荷分布在表面上)

9-22　两个同心球面,半径分别为 10 cm 和 30 cm.小球面均匀带有正电荷 10^{-8} C,大球面带有正电荷 1.5×10^{-8} C.求离球心分别为 20 cm、50 cm 处的电势.

9-23　一电偶极子由 $q_1=1.0\times10^{-6}$C 和 $q_2=-1.0\times10^{-6}$ C 的两个异号点电荷组成,两电荷间的距离 $d=0.2$cm,把该电偶极子放在 $1.0\times10^{5}\,\mathrm{N\cdot C^{-1}}$ 的外电场中,求外电场作用于电偶极子上的最大力矩.

9-24　两个"无限长"的共轴圆柱面($R_1=3.0\times10^{-2}$ m,$R_2=0.10$ m),带有等量异号的电荷,两者的电势差为 450 V.求:

(1) 圆柱面单位长度上所带的电荷;

(2) $r=0.05\ \text{m}$ 处的电场强度.

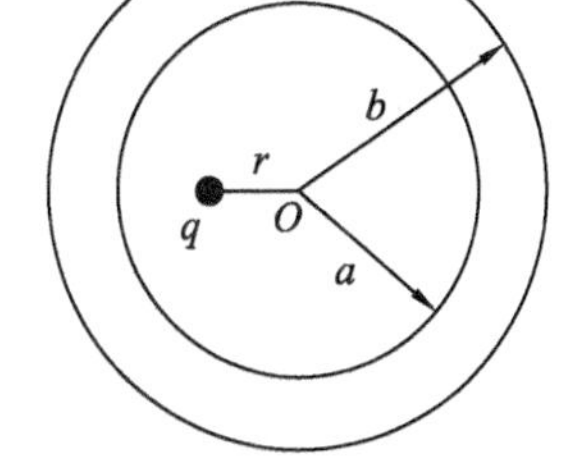

习题 9-25 图

9-25 如图所示,球形金属腔带电荷量 $Q>0$,内半径为 a,外半径为 b,腔内距球心 O 为 r 处有一点电荷 q,求球心的电势.

9-26 半径 $R_1=1.0\ \text{cm}$ 的导体球带有电荷 $q_1=1.0\times 10^{-10}\ \text{C}$,球外有一个内、外半径分别为 $R_2=3.0\ \text{cm}$、$R_3=4.0\ \text{cm}$ 的同心导体球壳,壳上带有电荷 $Q=11\times 10^{-10}\ \text{C}$.

(1) 试计算两球的电势 V_1 和 V_2;

(2) 用导体把球和球壳接在一起后 V_1 和 V_2 分别为多少?

(3) 若外球壳接地,V_1 和 V_2 为多少?

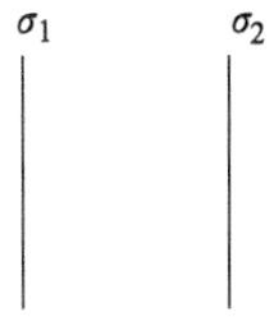

σ_1 σ_2

习题 9-27 图

9-27 如图所示,两个无限大的平行平面都均匀带电,电荷的面密度分别为 σ_1 和 σ_2,试求空间各处的场强.

9-28 如图所示,证明:对于两个"无限大"的平行平面带电导体板来说:

(1) 相向的两面上电荷的面密度总是大小相等而符号相反;

(2) 相背的两面上电荷的面密度总是大小相等而符号相同.

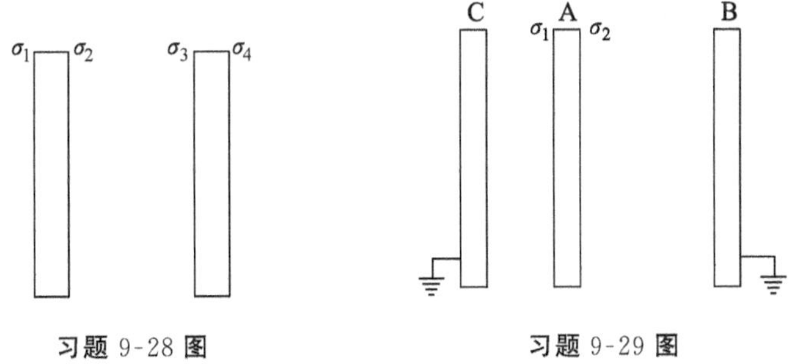

习题 9-28 图　　习题 9-29 图

9-29 三个平行金属板 A、B 和 C 的面积都是 200cm^2,A 和 B 相距 4.0mm,A 与 C 相距 2.0 mm.B、C 都接地,如图所示.如果使 A 板带正电 $3.0\times 10^{-7}\text{C}$,略去边缘效应,问 B 板和 C 板上的感应电荷各是多少?以地的电势为零,则 A 板的电势是多少?

9-30 两条平行的输电线,其导线半径为 3.26 mm,两线中心相距 0.50 m,输电线位于地面上空很高处,因而大地影响可以忽略不计,求输电线单位长度的电容.

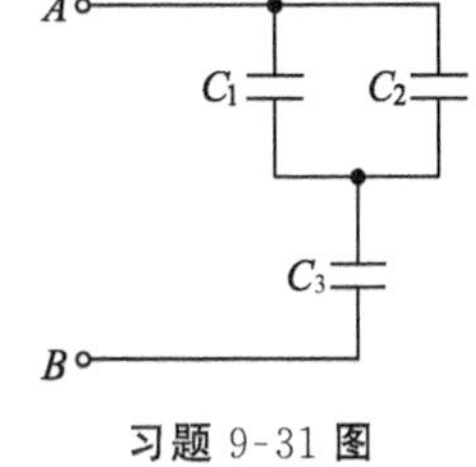

习题 9-31 图

9-31 如图所示,$C_1=10\ \mu\text{F}$,$C_2=5.0\ \mu\text{F}$,$C_3=5.0\ \mu\text{F}$.

(1) 求 A、B 间电容;

(2) 若 A、B 间加上 100 V 的电压,求 C_2 上的电压和电荷量;

(3) 如果 C_1 被击穿,问 C_3 上的电压和电荷量各是多少?

9-32 C_1 和 C_2 两电容器分别标明"200 pF、500 V"和"300 pF、900 V",把它们串联起来后等效电容是多少?如果串联起来后两端加上 1 000 V 的电压,它们是否会被击穿?

9-33 平行板电容器两极板间的距离为 d,保持极板上电荷不变,把相对电容率为 ε_r、厚度为 $\delta(\delta<d)$的玻璃板插入两极板间,求无玻璃板时和插入玻璃板后两极板间电势

差的比.

9-34　一片二氧化钛晶片,其面积为 1.0 cm^2,厚度为 0.10 mm.把平行板电容器的两极板紧贴在晶片两侧(二氧化钛的相对电容率 $\varepsilon_r=100$).

(1) 求电容器的电容;

(2) 当在电容器的两极板间加上 12 V 电压时,极板上的电荷为多少?此时自由电荷和极化电荷的面密度各为多少?

(3) 求电容器内的电场强度.

9-35　一平行板电容器,充电后极板上电荷面密度为 $\sigma_0=4.5\times10^{-5\,\mathrm{C\cdot m^{-2}}}$.现将两极板与电源断开,然后再把相对电容率为 $\varepsilon_r=2.0$ 的电介质插入两极板之间.求此时电介质中的 $\boldsymbol{D}$ 和 $\boldsymbol{E}$.

9-36　两个相同的电容器并联后,用电压为 U 的电源充电后再切断电源,然后在一个电容器中充满相对电容率为 ε_r 的电介质,求此时两极板间的电势差.

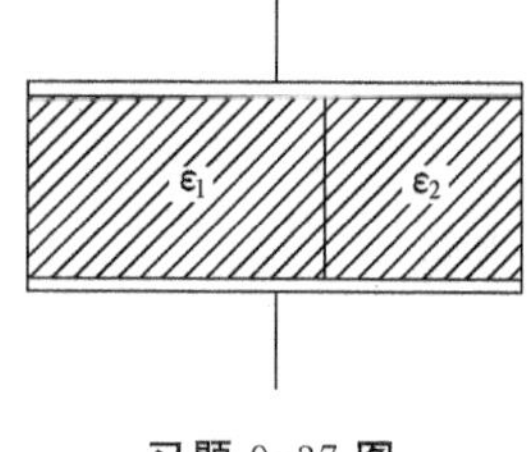

习题 9-37 图

9-37　一个平行板电容器(极板面积为 S,间距为 d)中充满两种介质(如图所示,ε_1、ε_2 分别为两种介质的电容率),设两种介质在极板间的面积比 $S_1/S_2=3$,试计算其电容.

9-38　两个同轴的圆柱面,长度均为 l,半径分别为 R_1 和 $R_2(R_2>R_1)$,且 $l\gg R_2-R_1$,两柱面之间充有介电常数为 ε 的均匀电介质.当两圆柱面分别带等量异号电荷 Q 和 $-Q$ 时,求:

(1) 在半径 r 处($R_1<r<R_2$),厚度为 $\mathrm{d}r$、长为 l 的圆柱薄壳中任一点的电场能量密度和整个薄壳中的电场能量;

(2) 电介质中的总电场能量;

(3) 圆柱形电容器的电容.

9-39　电容 $C_1=4\ \mu\mathrm{F}$ 的电容器在 800 V 的电压下充电,然后切断电源,并将此电容器两极板分别和原来不带电、电容为 $C_2=6\ \mu\mathrm{F}$ 的两极板相连.求:

(1) 每个电容器极板所带的电荷量;

(2) 此电容连接前后的静电场能.

9-40　一平行板空气电容器,极板面积为 S,极板间距为 d,充电至带电 Q 后与电源断开,然后用外力缓缓地把两极板间距拉开到 $2d$.求:

(1) 电容器能量的改变量;

(2) 此过程中外力所做的功,并讨论此过程中的功能转换关系.

文档:热电体及压电体

第10章　恒定磁场

在静止电荷周围存在静电场，如果电荷在运动，那么在其周围还存在磁场，电流是电荷定向移动形成的，所以电流也能产生磁场.本章将在介绍恒定电流之后，主要就恒定电流所激发的磁场——恒定磁场进行研究，着重讨论毕奥-萨伐尔定律、磁场的高斯定理、安培环路定理、洛伦兹力公式、安培定律以及它们的应用.

10-1　恒定电流

一、电流　电流密度

大量电荷有规则的定向运动形成电流.电荷的携带者可以是自由电子、质子、正负离子等，这些带电粒子称为载流子.在金属导体中载流子为自由电子，在半导体中载流子为电子或空穴.载流子定向运动形成的电流称为传导电流，此外，带电物体做机械运动也能形成电流，这种电流叫作运流电流.本章讨论传导电流.我们用单位时间内通过某截面电荷量的多少来衡量电流的大小，即

$$I=\frac{\mathrm{d}q}{\mathrm{d}t} \tag{10-1}$$

习惯上把正电荷定向移动的方向规定为电流的方向.如果导体中的电流不随时间而变化，这种电流叫作恒定电流.电流 I 的单位为安培，符号为 A.

电流只能从整体上反映通过导体某截面电流的大小，但如果电流在粗细不均匀的导线或大块导体中流动时，导体中不同部分的电流的分布是不均匀的.如图 10-1 所示，当电流流过半球形电极时，靠近电极处电流分布较密集，远离电极处电流分布较稀疏.这说明在这种情况下仅用电流的大小来描述电流的流动状况是不够的，为此，引入**电流密度 j 来描述导体中各点的电流分布情况**.

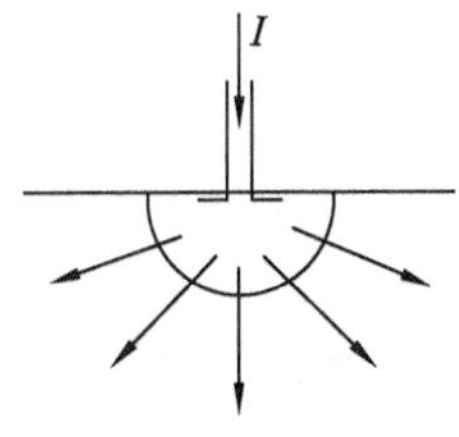

图 10-1　半球形电极附近导体(大地)中电流的分布

电流密度 j 是矢量，它的方向和大小规定如下：导体中任一点的电流密度 j 的方向为该点正电荷的运动方向；j 的

大小等于通过与该点正电荷运动方向垂直的单位面积的电流大小.如图 10-2 所示,若通过 dS 的电流为 dI,按定义,电流密度大小为

$$j=\frac{\mathrm{d}I}{\mathrm{d}S_{\perp}} \tag{10-2}$$

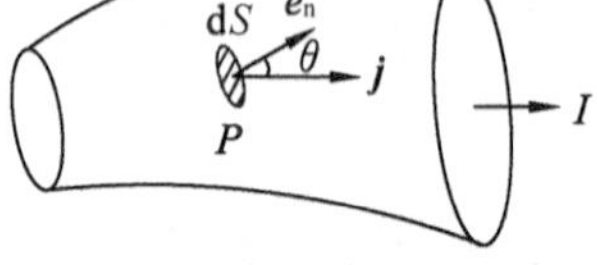

图 10-2　电流密度的引入

电流密度的单位是 A·m^{-2}.式(10-2)也可写成

$$\mathrm{d}I=j\,\mathrm{d}S_{\perp}=j\,\mathrm{d}S\cos\theta=\boldsymbol{j}\cdot\mathrm{d}\boldsymbol{S}$$

这样通过导体中任一面积 S 的电流为

$$I=\int_S \boldsymbol{j}\cdot\mathrm{d}\boldsymbol{S} \tag{10-3}$$

传导电流是电荷(载流子)的定向运动形成的,通常把这种载流子的定向运动称为漂移运动,其运动的平均速度称为漂移速度.可以想象,电流和电流密度必然与载流子的漂移速度存在内在的联系,下面讨论这种关系.

设导体中载流子数密度为 n,每个载流子的电荷量为 q,漂移速度大小均为 v_d.如图 10-3 所示,在导体内任取一垂直于 $\boldsymbol{j}$ 的小面积 ΔS,则在时间 Δt 内,在长为 $v_d\Delta t$、截面积为 ΔS 的柱体内的载流子都要通过截面 ΔS,即有 $nv_d\Delta t\Delta S$ 个载流子通过 ΔS,所以在 Δt 时间内通过 ΔS 的电荷量为 $\Delta q=qnv_d\Delta t\Delta S$,于是通过 ΔS 的电流为

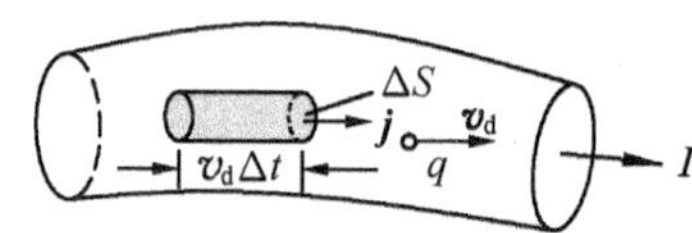

图 10-3　载流子做漂移运动

$$\Delta I=qnv_d\Delta S \tag{10-4}$$

按定义,ΔS 处的电流密度为

$$j=qnv_d \tag{10-5}$$

可见,电流和电流密度均与载流子数密度和漂移速度的大小成正比.

*二、电流的连续性方程　恒定电流条件

式(10-3)是通过任一面积 S 的电流大小,如果 S 是闭合曲面,则可写成

$$I=\oint_S \boldsymbol{j}\cdot\mathrm{d}\boldsymbol{S}$$

上式实际上可理解成流出 S 面的电荷量的时间变化率.如果闭合曲面 S 内包含的电荷量为 q_i,根据电荷守恒定律,流出的电荷量应等于闭合曲面 S 内电荷量的减少,即上式等于 q_i 的减少率,于是

$$\oint_S \boldsymbol{j}\cdot\mathrm{d}\boldsymbol{S}=-\frac{\mathrm{d}q_i}{\mathrm{d}t} \tag{10-6}$$

式(10-6)称为电流的连续性方程.

由电流的连续性方程可以得到恒定电流存在的条件.恒定电流的一个重要性质是通过任意闭合曲面的电流等于零,即

$$I=\oint_S \boldsymbol{j}\cdot\mathrm{d}\boldsymbol{S}=0$$

由式(10-6)可得,$\frac{\mathrm{d}q_i}{\mathrm{d}t}=0$,即当电流为恒定电流时,应满足任意闭合曲面 S 内电荷量不随

时间变化的条件.由于导体内各处都可取作任意闭合曲面,所以任意闭合曲面 S 内电荷量不随时间变化的条件实际上就是导体内电荷分布不随时间变化,而导体内电荷分布不随时间变化,则其产生的电场也不随时间变化,我们把这种电场称为恒定电场.所以可以说,要在导体内形成恒定电流必须在导体内产生恒定电场.

10-2 电源 电动势

从上面的讨论我们知道,要在导体内形成恒定电流必须在导体内产生恒定电场,而要产生恒定电场就必须在导体两端维持恒定的电势差.那么怎样才能维持恒定的电势差呢?我们以带电电容器放电时产生的电流为例来进行讨论.

如图 10-4 所示,开始时电容器两极板 A、B 各自带正负电荷,当用导线连接 A、B 时,就有电流从 A 通过导线流向 B,但这电流是不稳定的,随着两极板上电荷的不断中和而减小,也即随着两极板间的电势差的减小而减小,当两极板间的电势差消失时,电流也就消失了.

但是,如果我们能够设法把正电荷从 B 极板再送到 A 极板,并维持两极板的正负电荷不变,也即维持两极板间恒定的电势差,这样导线中便形成了恒定电流.很显然,把正电荷从负极板 B 送到正极板 A,静电场力是办不到的,这就需要我们提供一个额外的非静电力 $\boldsymbol{F}_k$ 才行.提供非静电力的装置称为**电源**,电源提供非静电力需要消耗能量,所以电源就是把其他形式的能量转化成电能的一个装置.比如火力发电是把热能转化成电能,风力发电是把机械能转化成电能.

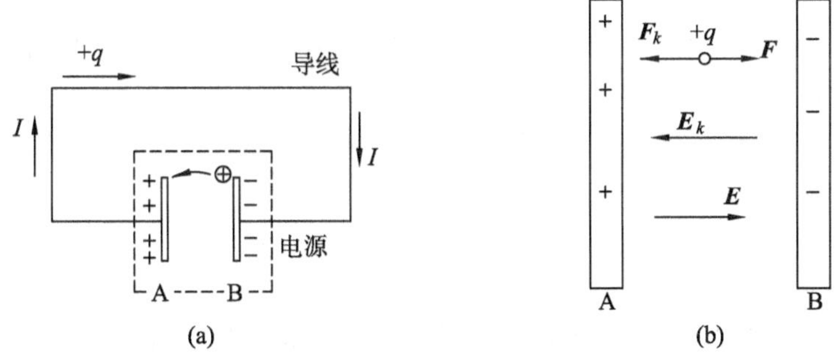

图 10-4 电容器放电产生电流与电源内的非静电力

不同的电源转化能量的能力不同,为此,我们引入**电动势**的概念.**把单位正电荷绕闭合回路一周时,非静电力所做的功叫作电源的电动势**.如果以 $\boldsymbol{E}_k$ 表示非静电场,则非静电力 $\boldsymbol{F}_k=q\boldsymbol{E}_k$,其绕闭合回路一周所做的功为 $W=\oint\boldsymbol{F}_k\cdot\mathrm{d}\boldsymbol{l}=\oint q\boldsymbol{E}_k\cdot\mathrm{d}\boldsymbol{l}$.那么,按定义,电源电动势为

$$\mathscr{E}=\oint\boldsymbol{E}_k\cdot\mathrm{d}\boldsymbol{l} \tag{10-7}$$

在很多情况下,外电路中没有非静电场,非静电场只存在于电源内部(比如图 10-4 的情况),于是

$$\mathscr{E}=\int_{-}^{+}\boldsymbol{E}_k\cdot\mathrm{d}\boldsymbol{l} \tag{10-8}$$

即电源的电动势为单位正电荷从负极经电源内部移至正极时非静电力所做的功.

电动势是标量,但是通常它也是有方向的,我们规定从负极经电源内部到正极的方向为电动势的正方向.

电动势的单位与电势相同,均为伏(V).电源电动势的大小是由电源本身的性质决定的.

10-3 磁场 磁感应强度

一、基本磁现象

远在电现象被发现以前,人们就发现了磁现象.据历史记载,约在公元前 600 年人们就发现天然磁石(Fe_3O_4)能吸铁的现象.我国是世界上最早发现并应用磁现象的国家之一,在 11 世纪(北宋),沈括把指南针用于航海,并发现了地磁偏角.早期磁现象有:磁石具有磁性,具有北极(N)和南极(S),同号磁极相互排斥、异号磁极相互吸引等.磁现象和电现象虽然早已被人们发现,但在很长时期内,电学和磁学的研究是彼此独立的,直到 1820 年,丹麦物理学家奥斯特(H.C.Oersted)发现放在载流导线周围的磁针会受到力的作用而发生偏转,人们才开始逐步认识到磁与电之间存在着本质的联系.以后人们又发现了更多的类似现象.比如:放在磁铁附近的载流导线也会受到磁场力的作用,载流导线之间存在着相互作用,运动电荷会产生磁场,等等.这些现象体现了两个方面的内容:一是电流产生磁场,二是电流也会受到磁场的作用,这些现象说明了磁现象与电荷的运动有着密切的关系.实验和近代理论都证实了一切磁现象起源于电荷的运动,静止电荷周围存在电场,运动电荷周围既有电场又有磁场.

二、磁感应强度

大家都已知道在电流(运动电荷)周围存在磁场,那么我们怎样去描述磁场的性质呢?在研究静电场时,为了描述静电场的性质,我们通过在电场中放置试验电荷 q_0,若其受到的电场力为 $\boldsymbol{F}$,则由 $\boldsymbol{E}=\dfrac{\boldsymbol{F}}{q_0}$ 引入了电场强度.在此,为了描述磁场,我们可以采用类似的方法,在磁场中放置一个通有电流的平面小线圈,如果其中的电流也很小的话,我们把它称为试验线圈,可以通过该试验线圈所受力矩的情况来引入描述磁场性质的物理量.

设试验线圈的面积为 S,线圈中的电流为 I,则定义载流线圈的**磁矩**为

$$\boldsymbol{m}=IS\boldsymbol{e}_{\mathrm{n}} \tag{10-9a}$$

上式中,$\boldsymbol{e}_{\mathrm{n}}$ 表示线圈平面法线方向的单位矢量(由线圈中电流流向按右手螺旋法则确定,

图 10-5).可见,线圈磁矩的大小等于 IS,而它的方向与线圈平面的法线方向相同.显然,线圈磁矩是表征载流线圈本身性质的物理量.

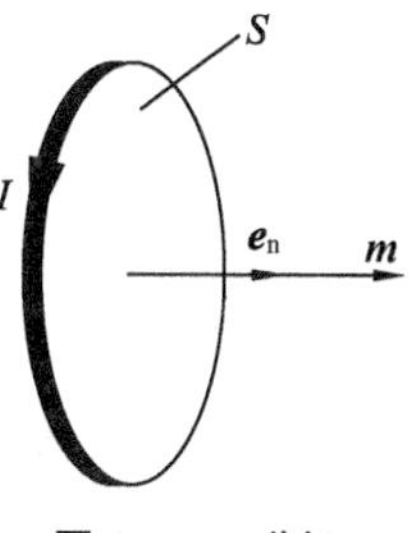

图 10-5 磁矩

如果线圈有 N 匝,这时线圈的磁矩为

$$\boldsymbol{m}=NIS\boldsymbol{e}_n \tag{10-9b}$$

如果把试验线圈放在磁场中的某一点,实验指出,线圈将可能受到力矩的作用,我们称它为磁力矩,这个力矩的形成是由于磁场对电流作用的结果.该磁力矩的大小会因为线圈平面法线方向与磁场方向之间的夹角的不同而不同.比如,当该夹角为 90°时,线圈受到的磁力矩最大,可设为 M_{max},对磁场中给定的点,线圈受到的最大磁力矩 M_{max} 与线圈的磁矩成正比,即

$$M_{max}\propto m$$

进一步的实验表明,比值 $\frac{M_{max}}{m}$ 仅与试验线圈所处的位置有关,即只与该位置的磁场性质有关,显然,$\frac{M_{max}}{m}$ 的大小恰反映了磁场中各点的磁场强弱.正像用电场强度 $\boldsymbol{E}$ 描述静电场的性质那样,在这里,我们引入一个叫做**磁感应强度 $\boldsymbol{B}$** 的物理量来描述磁场的性质,于是,磁感应强度 $\boldsymbol{B}$ 的大小为

$$B\propto\frac{M_{max}}{m}$$

选取适当的比例系数,上式可写成

$$B=\frac{M_{max}}{m} \tag{10-10}$$

上式定义了磁感应强度 $\boldsymbol{B}$ 的大小,我们再来看看 $\boldsymbol{B}$ 矢量的方向.

载流线圈在力矩的作用下会发生转动,直到一定的位置为止,这个位置叫作稳定平衡位置,在此平衡位置,线圈不再受到磁力矩的作用,而处于稳定的状态,我们就把此时线圈平面的法线方向定义为该处的磁感应强度的方向,如图 10-6 所示.

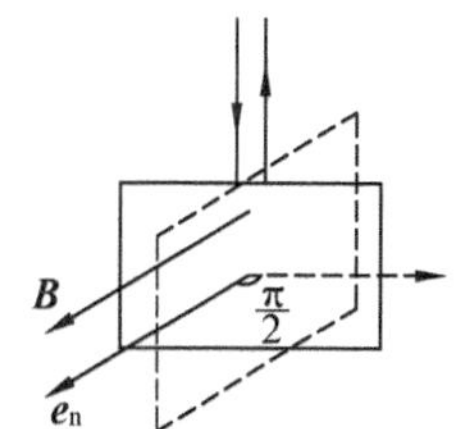

图 10-6 利用试验线圈定义磁感应强度的方向

综上所述,**磁场中某点的磁感应强度 $\boldsymbol{B}$ 的方向与该点处试验线圈在稳定平衡位置时法线方向相同;$\boldsymbol{B}$ 的大小等于试验线圈的单位磁矩所受的最大磁力矩.**

在国际单位制中,磁感应强度的单位为特斯拉,简称特(T),工程上也常用高斯(G)作为磁感应强度的单位,1 T$=10^4$ G.

10-4　毕奥-萨伐尔定律

一、毕奥-萨伐尔定律

在静电场中,为了求出任意带电体所激发的电场,我们从点电荷激发的场强出发,采用微元法,先将带电体分割成许多电荷元,然后求出某电荷元在场点激发的电场强度 d$\boldsymbol{E}$,再应用叠加原理,便可求出任意带电体在场点的电场强度 $\boldsymbol{E}$.与此相似,为了求出任意形状载流导线周围的磁场,我们可以把载流导线看作无穷多小段载流导线的集合,各小段载流导线称为电流元,并以矢量 $I\mathrm{d}\boldsymbol{l}$ 表示,其中,I 是导线中的电流,d$\boldsymbol{l}$ 是线元矢量,沿电流方向.这样,任意形状载流导线在磁场中某点(场点)所激发的磁感应强度 $\boldsymbol{B}$ 就是所有电流元在该点激发的磁感应强度 d$\boldsymbol{B}$ 的矢量和.那么,电流元 $I\mathrm{d}\boldsymbol{l}$ 与它所激发的 d$\boldsymbol{B}$ 之间有怎样的关系呢?

如图 10-7 所示,一任意形状导线中的电流为 I,在其上任取一电流元 $I\mathrm{d}\boldsymbol{l}$,如上所述,就是要找出 $I\mathrm{d}\boldsymbol{l}$ 在 P 点激发的磁感应强度 d$\boldsymbol{B}$ 的数学表达式.设 $I\mathrm{d}\boldsymbol{l}$ 到 P 点的矢量为 $\boldsymbol{r}$,两者之间的夹角为 θ(小于 180°).

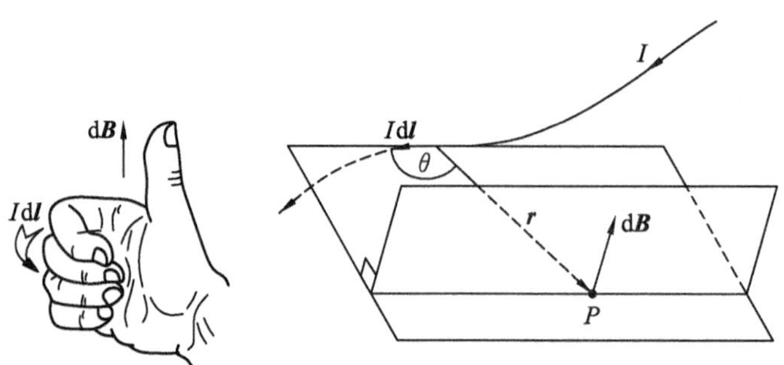

图 10-7　电流元所激发的磁感应强度

1820 年,毕奥(J.B.Biot)和萨伐尔(F.Savart)以实验为基础,研究了电流元激发磁场的规律,拉普拉斯又经过科学抽象得到了电流元 $I\mathrm{d}\boldsymbol{l}$ 在场点 P 所激发的磁感应强度 d$\boldsymbol{B}$ 的大小为

$$\mathrm{d}B=\frac{\mu_0}{4\pi}\frac{I\mathrm{d}l\sin\theta}{r^2}\tag{10-11a}$$

式中,r 是矢量 $\boldsymbol{r}$ 的大小;$\mu_0=4\pi\times10^{-7}\ \mathrm{N\cdot A^{-2}}$,称为**真空磁导率**.

而 d$\boldsymbol{B}$ 的方向垂直于 d$\boldsymbol{l}$ 和 $\boldsymbol{r}$ 组成的平面,指向为由 $I\mathrm{d}\boldsymbol{l}$ 经 θ 角转向 $\boldsymbol{r}$ 时的右螺旋前进方向,即矢积 $I\mathrm{d}\boldsymbol{l}\times\boldsymbol{r}$ 的方向(右手定则,图 10-7).用矢量式表示,则有

$$\mathrm{d}\boldsymbol{B}=\frac{\mu_0}{4\pi}\frac{I\mathrm{d}\boldsymbol{l}\times\boldsymbol{r}}{r^3}\tag{10-11b}$$

式(10-11b)就是**毕奥-萨伐尔定律**.由此,可进一步求得载流导线在 P 点产生的磁感应强度 $\boldsymbol{B}$ 为

$$\boldsymbol{B}=\int \mathrm{d}\boldsymbol{B}=\int \frac{\mu_0}{4\pi}\frac{I\mathrm{d}\boldsymbol{l}\times\boldsymbol{r}}{r^3} \tag{10-12}$$

需要指出的是，毕奥-萨伐尔定律是根据大量实验事实进行分析后得出的结果，不能直接用实验来验证，但用该式计算得到的载流导线产生的磁场与实验结果相符，从而间接证明了式(10-11)的正确性.**应用时应注意：**式(10-12)是矢量积分，若各电流元的 $\mathrm{d}\boldsymbol{B}$ 方向不一致，要在各分量方向上分别求积分，然后再求总的 $\boldsymbol{B}$.

二、毕奥-萨伐尔定律的应用

1. 载流直导线的磁场

如图 10-8 所示，设在真空中有一长为 L 的通有电流 I 的直导线，要计算离直导线距离为 a 的 P 点处的磁感应强度.

我们首先在直导线上任取一电流元 $I\mathrm{d}\boldsymbol{l}$，该电流元到场点 P 的距离为 r，根据毕奥-萨伐尔定律，该电流元在 P 点所激发的磁感应强度 $\mathrm{d}\boldsymbol{B}$ 的大小为

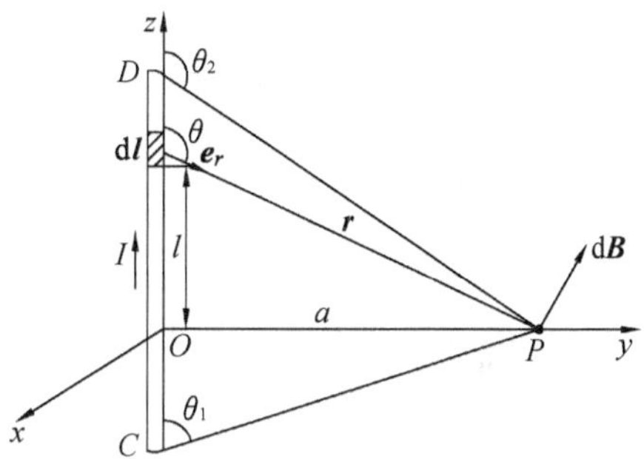

图 10-8 载流直导线附近磁场的计算

$$\mathrm{d}B=\frac{\mu_0}{4\pi}\frac{I\mathrm{d}l\sin\theta}{r^2}$$

而 $\mathrm{d}\boldsymbol{B}$ 的方向由 $I\mathrm{d}\boldsymbol{l}\times\boldsymbol{r}$ 确定，即垂直于纸面向里，可以看到每一个电流元在 P 点激发的 $\mathrm{d}\boldsymbol{B}$ 方向都是一致的，因此，可直接由上式积分求总的磁感应强度的大小，即

$$B=\int_L \mathrm{d}B=\int_L \frac{\mu_0}{4\pi}\frac{I\mathrm{d}l\sin\theta}{r^2}$$

式中 l、r、θ 都是变量，但它们是有联系的，必须统一积分变量，然后才能积分.由图 10-8 可见

$$r=\frac{a}{\sin\theta},\ l=-a\cot\theta,\ \mathrm{d}l=\frac{a\,\mathrm{d}\theta}{\sin^2\theta}$$

注意到积分上、下限分别为 θ_2 和 θ_1，可得 $\boldsymbol{B}$ 的大小为

$$B=\frac{\mu_0 I}{4\pi a}\int_{\theta_1}^{\theta_2}\sin\theta\,\mathrm{d}\theta=\frac{\mu_0 I}{4\pi a}(\cos\theta_1-\cos\theta_2)$$

$\boldsymbol{B}$ 的方向垂直于纸面向里.这是一段有限长度的载流直导线产生的磁场.

如果载流直导线为“无限长”，那么，可近似地取 $\theta_1=0$，$\theta_2=\pi$，这样可得

$$B=\frac{\mu_0 I}{2\pi a}\quad(\text{“无限长”载流直导线})$$

进一步，如果载流直导线为半“无限长”，即导线从 O 点延伸至无穷远，那么，可近似地取 $\theta_1=\frac{\pi}{2}$，$\theta_2=\pi$，因而

$$B=\frac{\mu_0 I}{4\pi a}\quad(\text{“半无限长”载流直导线})$$

2. 圆形载流导线轴线上的磁场

如图 10-9 所示，设在真空中有一半径为 R 的圆形载流导线通以电流 I，要计算轴线

上任一点 P 处的磁感应强度.

在圆上任取一电流元 $I\mathrm{d}\boldsymbol{l}$,建立如图所示的坐标系,该电流元在 P 点激发的磁感应强度 $\mathrm{d}\boldsymbol{B}$ 的大小为

$$\mathrm{d}B=\frac{\mu_0}{4\pi}\frac{I\mathrm{d}l\sin\theta}{r^2}$$

由于 $\theta=90°$,上式成为

$$\mathrm{d}B=\frac{\mu_0}{4\pi}\frac{I\mathrm{d}l}{r^2}$$

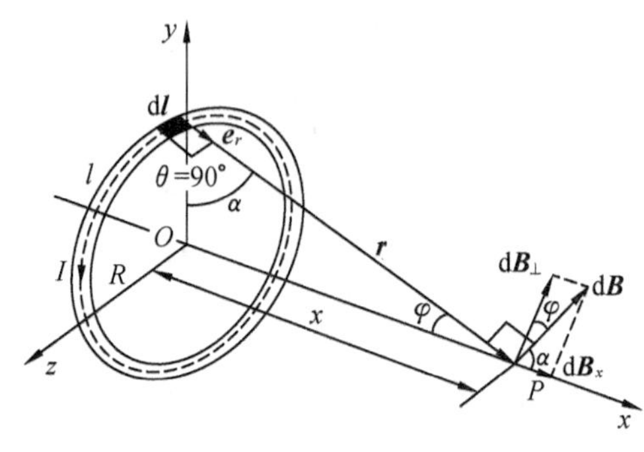

图 10-9 圆形电流轴线上磁场的计算

而 $\mathrm{d}\boldsymbol{B}$ 的方向由 $I\mathrm{d}\boldsymbol{l}\times\boldsymbol{r}$ 确定,由图可见,各电流元在 P 点激发的磁感应强度的方向并不相同,所以不能直接由上式积分求总的 $\boldsymbol{B}$.但我们注意到各 $\mathrm{d}\boldsymbol{B}$ 与轴线成一相等的夹角 α,我们把 $\mathrm{d}\boldsymbol{B}$ 分解成两个分量,一个是平行于轴线的分量 $\mathrm{d}B_x=\mathrm{d}B\cos\alpha$,另一个是垂直于轴线的分量 $\mathrm{d}B_\perp=\mathrm{d}B\sin\alpha$.由于对称关系,所有电流元在 P 点的磁感应强度分量 $\mathrm{d}B_\perp$ 的总和等于 0,所以,P 点的磁感应强度大小为所有电流元的 $\mathrm{d}B_x$ 的代数和,即

$$B=\int_l \mathrm{d}B_x=\int_l \mathrm{d}B\cos\alpha=\int_l \frac{\mu_0}{4\pi}\frac{I\mathrm{d}l}{r^2}\cos\alpha$$

考虑到 $\cos\alpha=\dfrac{R}{r}$,以及 R、r、I 都是常量,可得 $\boldsymbol{B}$ 的大小为

$$B=\frac{\mu_0}{4\pi}\frac{IR}{r^3}\int_0^{2\pi R}\mathrm{d}l=\frac{\mu_0}{2}\frac{R^2 I}{r^3}=\frac{\mu_0}{2}\frac{R^2 I}{(R^2+x^2)^{3/2}}$$

$\boldsymbol{B}$ 的方向沿 x 轴正方向.

根据上式,若 $x=0$,则可求得圆形电流在圆心处的磁感应强度大小为

$$B=\frac{\mu_0 I}{2R}\quad(\text{载流圆环})$$

进一步,一段圆心角为 φ 的圆弧电流在圆心处的磁感应强度大小为

$$B=\frac{\mu_0 I}{2R}\cdot\frac{\varphi}{2\pi}=\frac{\mu_0 I\varphi}{4\pi R}\quad(\text{载流圆弧})$$

若 $x\gg R$,考虑到 $(R^2+x^2)^{3/2}\approx x^3$,以及圆形电流的面积 $S=\pi R^2$,则可近似得到远离圆形电流轴线上某点的磁感应强度大小为

$$B=\frac{\mu_0}{2\pi}\frac{IS}{x^3}$$

考虑到磁矩 $\boldsymbol{m}=IS\boldsymbol{e}_{\mathrm{n}}$,将上式写成矢量式,有

$$\boldsymbol{B}=\frac{\mu_0}{2\pi}\frac{\boldsymbol{m}}{x^3}$$

上式和电偶极子在轴线上一点的场强 $\boldsymbol{E}=\dfrac{1}{2\pi\varepsilon_0}\dfrac{\boldsymbol{p}}{r^3}$ 相似,其中 $\boldsymbol{p}$ 为电偶极子的电矩.

[**例 10-1**] 如图 10-10 所示形状的导线中电流为 I,求在 P 点处产生的磁场.

解 把该电流分成如图所示的三段Ⅰ、Ⅱ以及Ⅲ,各自在 P 点处产生的磁场为 $\boldsymbol{B}_1$、

$\boldsymbol{B}_2$、$\boldsymbol{B}_3$，P 点在Ⅰ段电流的延长线上，故 $B_1=0$，Ⅱ段电流为半圆形电流，P 是其圆心，所以，$B_2=\dfrac{\mu_0 I}{4a}$，方向垂直于纸面向里.

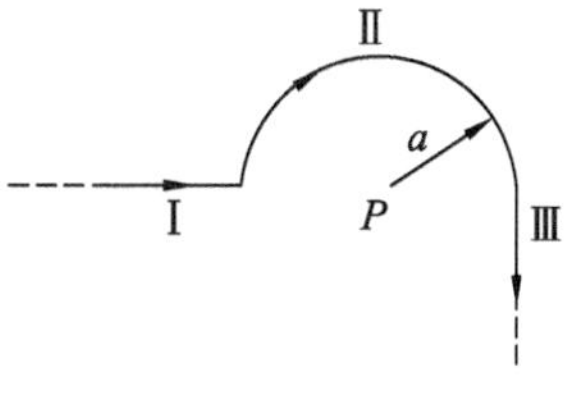

图 10-10 例 10-1 图

对 P 点来说，Ⅲ段电流为“半无限长”直线电流，所以，$B_3=\dfrac{\mu_0 I}{4\pi a}$，方向垂直于纸面向里.

由 $\boldsymbol{B}=\boldsymbol{B}_1+\boldsymbol{B}_2+\boldsymbol{B}_3$，可得 P 点的磁感应强度大小为

$$B=\frac{\mu_0 I}{4a}\left(1+\frac{1}{\pi}\right)$$

方向垂直于纸面向里.

［例 10-2］ 如图 10-11(a)所示，有一“无限长”通电流的扁平铜片，宽度为 a，厚度不计，电流 I 在铜片上均匀分布，求在铜片外与铜片共面，离铜片右边缘为 b 处的 P 点处的磁感应强度 $\boldsymbol{B}$.

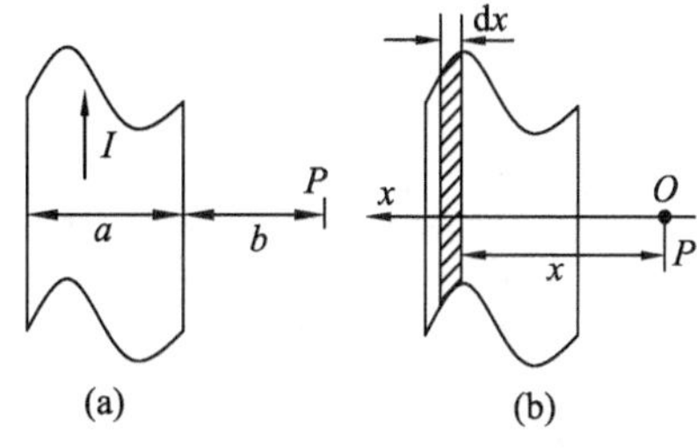

图 10-11 例 10-2 图

解 把“无限长”通有电流的扁平铜片看成由“无限多”个载流细条组成，每个载流细条相当于“无限长”载流直导线，再对这些“无限长”载流直导线的磁场求积分，可求得最后结果.

如图 10-11(b)所示，取离 P 点为 x、宽度为 $\mathrm{d}x$ 的“无限长”载流细条，它的电流为

$$\mathrm{d}I=\frac{I}{a}\mathrm{d}x$$

该载流长条在 P 点产生的磁感应强度大小为

$$\mathrm{d}B=\frac{\mu_0\,\mathrm{d}I}{2\pi x}=\frac{\mu_0 I\,\mathrm{d}x}{2\pi a x}$$

方向垂直于纸面向里.

由于所有载流长条在 P 点产生的磁感应强度的方向都相同，所以载流铜片在 P 点产生的磁感应强度大小为

$$B=\int\mathrm{d}B=\frac{\mu_0 I}{2\pi a}\int_b^{a+b}\frac{\mathrm{d}x}{x}=\frac{\mu_0 I}{2\pi a}\ln\frac{a+b}{b}$$

方向垂直于纸面向里.

［例 10-3］ 半径为 R 的塑料薄圆盘，均匀带电 q，圆盘以角速度 ω 绕通过圆心且垂直于盘面的轴旋转，求圆盘中心处的磁感应强度及圆盘的磁矩.

解 如图 10-12 所示，将薄圆盘分成一系列同心圆环，当圆盘旋转时，一个圆环相当于一个圆电流.对于半径为 r、宽度为 $\mathrm{d}r$ 的圆环，其电流为

$$\mathrm{d}I=\frac{\omega}{2\pi}\sigma 2\pi r\,\mathrm{d}r=\omega\sigma r\,\mathrm{d}r$$

式中，$\sigma=\dfrac{q}{\pi R^2}$ 为圆盘上的电荷面密度.

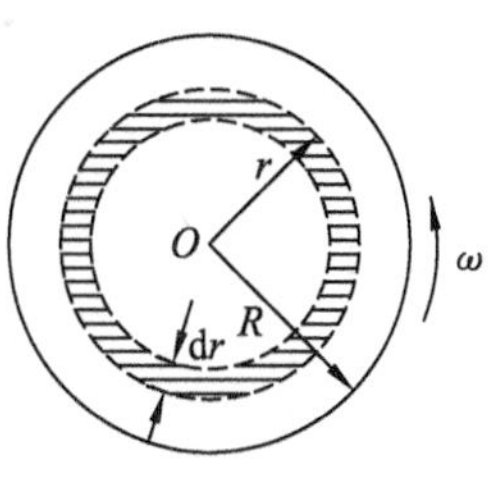

图 10-12 例 10-3 图

利用圆电流在圆心处产生磁场的公式 $B=\frac{\mu_0 I}{2r}$,得到

$$\mathrm{d}B=\frac{\mu_0 \mathrm{d}I}{2r}$$

其方向垂直于盘面向外.每个圆电流产生的磁场方向相同,这样,总磁场的大小为

$$B=\int \mathrm{d}B=\frac{\mu_0 \omega \sigma}{2}\int_0^R \mathrm{d}r=\frac{1}{2}\mu_0 \sigma \omega R=\frac{\mu_0 \omega q}{2\pi R}$$

方向垂直于纸面向外.

一个圆环的磁矩为

$$\mathrm{d}\boldsymbol{m}=\pi r^2 \mathrm{d}I\boldsymbol{e}_{\mathrm{n}}$$

于是总磁矩为

$$\boldsymbol{m}=\int \mathrm{d}\boldsymbol{m}=\int_0^R \pi r^2 \omega \sigma r \mathrm{d}r\boldsymbol{e}_{\mathrm{n}}=\frac{1}{4}\omega qR^2 \boldsymbol{e}_{\mathrm{n}}$$

式中,$\boldsymbol{e}_{\mathrm{n}}$ 是垂直于盘面向外的单位矢量.

三、运动电荷的磁场

按照经典电子理论,导体中的电流是由大量的带电粒子定向运动形成的,所以,前面所描述的电流产生磁场,归根到底在于运动电荷产生了磁场.

研究运动电荷产生的磁场,在理论上就是研究毕奥-萨伐尔定律的微观意义.那么一个带电荷量为 q,以速度 $\boldsymbol{v}$ 运动的带电粒子在其周围产生的磁场是怎样的呢?我们可以从毕奥-萨伐尔定律出发,给出答案.

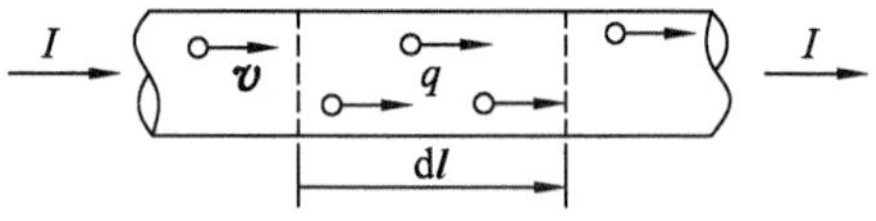

如图 10-13 所示,$I\mathrm{d}\boldsymbol{l}$ 是导线上任取的一段电流元,设在导体的单位体积内有 n 个带电粒子,每个带电粒子所带电荷量为 q,并以速度 $\boldsymbol{v}$ 沿 $I\mathrm{d}\boldsymbol{l}$ 方向做定向匀速运动.如果电流元的横截面积为 S,那么,按式(10-4),有

图 10-13　运动带电粒子形成电流强度的示意图

$$I=qnvS$$

将上式代入毕奥-萨伐尔定律式(10-11),并注意到 $\mathrm{d}\boldsymbol{l}$ 与 $\boldsymbol{v}$ 方向相同,可得

$$\mathrm{d}\boldsymbol{B}=\frac{\mu_0}{4\pi}\frac{qnS\mathrm{d}l\ \boldsymbol{v}\times\boldsymbol{r}}{r^3}$$

式中,$S\mathrm{d}l=\mathrm{d}V$ 是电流元的体积,而 $n\mathrm{d}V=nS\mathrm{d}l=\mathrm{d}N$ 就是电流元内带电粒子的数目.所以,上式可以看成 $\mathrm{d}N$ 个运动的带电粒子产生了磁场 $\mathrm{d}\boldsymbol{B}$,于是,我们得到一个带电荷量为 q、以速度 $\boldsymbol{v}$ 运动的带电粒子产生的磁感应强度 $\boldsymbol{B}$ 为

$$\boldsymbol{B}=\frac{\mathrm{d}\boldsymbol{B}}{\mathrm{d}N}$$

即

$$\boldsymbol{B}=\frac{\mu_0 q}{4\pi}\frac{\boldsymbol{v}\times\boldsymbol{r}}{r^3} \tag{10-13}$$

式中，$\boldsymbol{r}$ 是带电粒子在某时刻到场点的矢径.而磁感应强度 $\boldsymbol{B}$ 的方向为 $q\,\boldsymbol{v}\times\boldsymbol{r}$ 的方向，与 q 的正负相关，如图 10-14 所示.

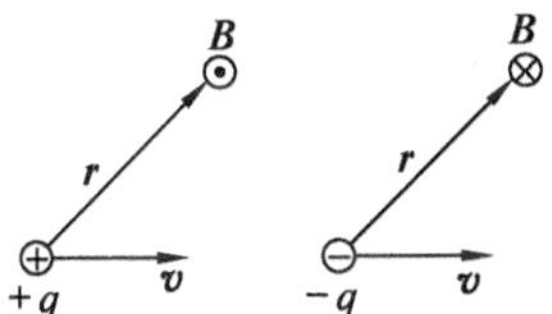

图 10-14 正负运动电荷产生的磁场方向

10-5 磁场的高斯定理

一、磁力线

就像在静电场中用电场线来描绘静电场分布那样，为了形象地反映磁场的分布情况，我们也用一些假想的线来形象地描绘磁场的分布.**我们规定曲线上每一点的切线方向就是该点的磁感应强度 $\boldsymbol{B}$ 的方向，而曲线的疏密程度则表示该点磁感应强度 $\boldsymbol{B}$ 的大小**，这样的线称为**磁力线**或 **$\boldsymbol{B}$ 线**，几种不同形状的电流所激发的磁场的磁力线如图 10-15、图 10-16 所示.

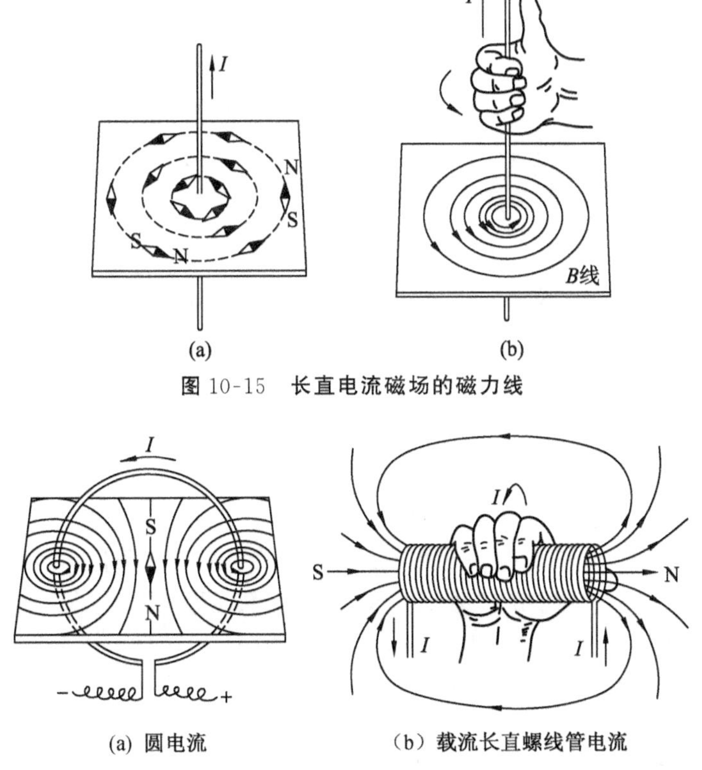

(a) (b)

图 10-15 长直电流磁场的磁力线

(a) 圆电流 (b) 载流长直螺线管电流

图 10-16 圆电流和载流长直螺线管电流磁场的磁力线

我们可以用右手螺旋定则判别电流产生的磁场方向,若拇指指向电流方向,则四指方向即为磁力线的方向(图 10-15);若四指方向为电流方向,则拇指方向为磁力线的方向[图 10-16(a)、图 10-16(b)].

分析这些磁力线的图形,可以看出磁力线具有如下特性:

(1) 磁场中,每一条磁力线都是环绕电流的闭合曲线,没有起点,也没有终点.磁力线的这一特征与静电场中的电场线不同,静电场中的电场线起始于正电荷,终止于负电荷,是一系列有头有尾的曲线,正电荷是源头,负电荷是结尾.

(2) 任何两条磁力线不会相交,因为磁场中任一点的磁场方向是唯一确定的.

为了准确地用磁力线描述磁感应强度 $\boldsymbol{B}$ 的强弱,规定:**通过磁场中某点处垂直于 $\boldsymbol{B}$ 矢量的单位面积的磁力线数目(磁力线数密度)等于该点 $\boldsymbol{B}$ 的数值**.所以,磁场较强的地方,磁力线较密;反之,磁力线较疏.磁力线是人为画出来的,并非磁场中真有这些线存在.

二、磁通量　磁场的高斯定理

在磁场中,通过一给定曲面的磁力线数目,称为通过该曲面的磁通量,用 Φ 表示.

如图 10-17(a)所示,在磁感应强度为 $\boldsymbol{B}$ 的均匀磁场中,有一面积为 S 的平面,该平面的法线方向与磁感应强度方向之间的夹角为 θ.按磁力线的规定,通过 S 面的磁通量,即磁力线数为

$$\Phi = BS_{\perp} = BS\cos\theta \tag{10-14a}$$

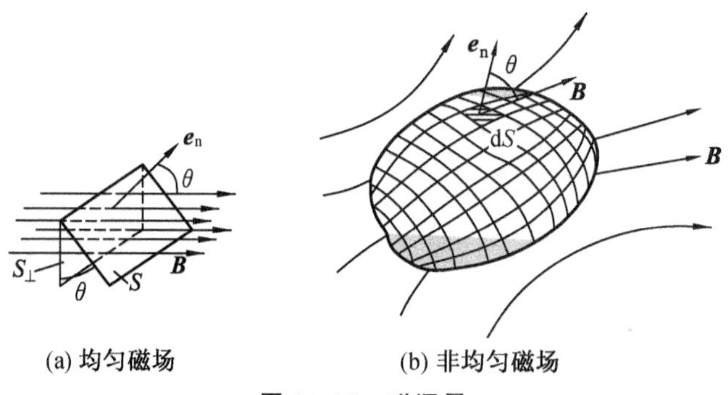

(a) 均匀磁场　(b) 非均匀磁场

图 10-17　磁通量

写成矢量标积的形式:

$$\Phi = \boldsymbol{B} \cdot \boldsymbol{S} \tag{10-14b}$$

式中,$\boldsymbol{S} = S\boldsymbol{e}_n$ 为面积矢量,而 $\boldsymbol{e}_n$ 为它的法线单位矢量.

如果是非均匀磁场,且为任意形状的曲面,磁通量如何计算呢?

如图 10-17(b)所示,在曲面上取面积元 $\mathrm{d}\boldsymbol{S}$,该处的磁感应强度 $\boldsymbol{B}$ 与面积元的法线方向之间的夹角为 θ,则按上述结果,通过面积元 $\mathrm{d}\boldsymbol{S}$ 的磁通量为

$$\mathrm{d}\Phi = B\mathrm{d}S\cos\theta = \boldsymbol{B} \cdot \mathrm{d}\boldsymbol{S}$$

这样,通过任一有限曲面 S 的磁通量为

$$\Phi = \int_S \mathrm{d}\Phi = \int_S \boldsymbol{B} \cdot \mathrm{d}\boldsymbol{S} \tag{10-15}$$

磁通量的单位为韦伯，简称韦，符号为 Wb，1 Wb=1 T·m^2.

对闭合曲面来说，一般规定由内向外为正法线方向，这样，磁力线从闭合曲面穿出，磁通量为正，穿入则为负.由于磁力线是无头无尾的闭合曲线，因此穿入闭合曲面的磁力线数必然等于穿出闭合曲面的磁力线数，所以**通过任一闭合曲面的总磁通量必然为零**，即

$$\oint_S \boldsymbol{B} \cdot \mathrm{d}\boldsymbol{S} = 0 \tag{10-16}$$

上式称为磁场的**高斯定理**，是电磁场理论的基本方程之一，它与静电学中的高斯定理$\oint_S \boldsymbol{E} \cdot \mathrm{d}\boldsymbol{S} = \sum \frac{q}{\varepsilon_0}$相对应，但两者所反映的磁场和静电场的性质有着本质的区别，前者说明**磁场是无源场**，后者说明静电场是有源场.

［例 10-4］ 在均匀磁场 $\boldsymbol{B}$ 中，取一半径为 R 的圆，圆面的法线 $\boldsymbol{n}$ 与 $\boldsymbol{B}$ 成 60°角，如图 10-18(a)所示，则

(1) 通过圆面的磁通量是多少？

(2) 通过以该圆面的圆周为边线的任意曲面 S［图 10-18(b)］的磁通量是多少？

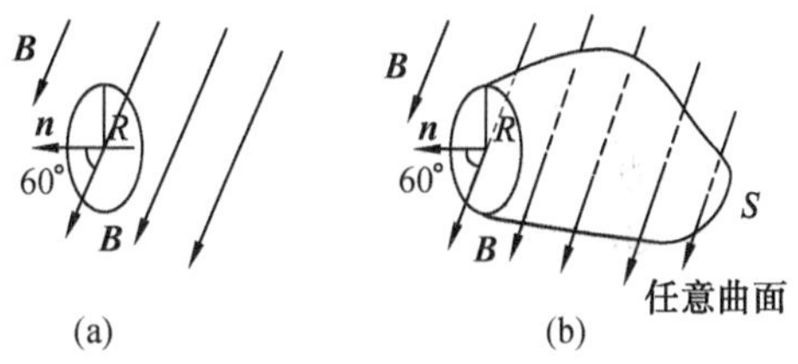

图 10-18 例 10-4 图

解 (1) 由于是均匀磁场，磁通量可写成

$$\Phi = \boldsymbol{B} \cdot \boldsymbol{S} = BS\cos\theta = \pi R^2 B\cos 60^\circ = \frac{1}{2}\pi BR^2$$

(2) 对于由圆面与任意曲面 S 组成的闭合曲面来说，有

$$\Phi = \oint_S \boldsymbol{B} \cdot \mathrm{d}\boldsymbol{S} = 0 = \Phi_{\text{圆面}} + \Phi_{\text{曲面}S}$$

所以

$$\Phi_{\text{曲面}S} = -\frac{1}{2}\pi BR^2$$

10-6 安培环路定理

视频：磁场的安培环路定理

一、安培环路定理

在静电场中，我们知道电场强度沿任一闭合路径的线积分($\boldsymbol{E}$ 的环流)等于零，即$\oint_L \boldsymbol{E} \cdot \mathrm{d}\boldsymbol{l} = 0$，因此，静电场是保守场.现在我们研究的是恒定磁场，那么其**磁感应强度 $\boldsymbol{B}$ 的环流**$\oint_L \boldsymbol{B} \cdot \mathrm{d}\boldsymbol{l}$ 等于多少呢？是否也为 0 呢？恒定磁场是否也是保守场呢？

下面从“无限长”载流直导线产生磁场的特例情况出发说明这些问题.如图 10-19 所示，在与“无限长”载流直导线的垂直平面内，任取一包围导线的闭合曲线 L，该曲线上任

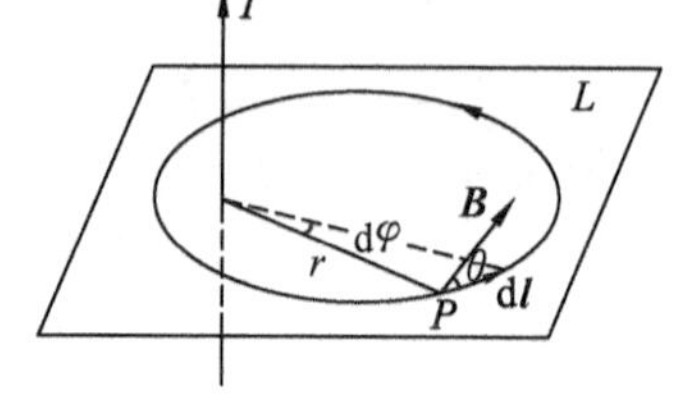

图 10-19 安培环路定理

意点 P 处的磁感应强度 $\boldsymbol{B}$ 的大小为$\dfrac{\mu_0 I}{2\pi r}$,方向如图 10-19 所示,r 为 P 点到导线的垂直距离.由图可知,$\mathrm{d}l\cos\theta = r\mathrm{d}\varphi$,于是,$\boldsymbol{B}$ 以如图所示的绕行方向沿该闭合路径 L 的线积分($\boldsymbol{B}$ 的环流)为

$$\oint_L \boldsymbol{B}\cdot\mathrm{d}\boldsymbol{l} = \oint_L B\cos\theta\,\mathrm{d}l = \oint_L \frac{\mu_0 I}{2\pi r} r\,\mathrm{d}\varphi = \frac{\mu_0 I}{2\pi}\int_0^{2\pi}\mathrm{d}\varphi = \mu_0 I$$

如果积分的绕行方向相反,或电流方向相反,上述积分将变为负值,即

$$\oint_L \boldsymbol{B}\cdot\mathrm{d}\boldsymbol{l} = -\mu_0 I$$

如果闭合路径不包围载流导线,上述积分将等于 0,即

$$\oint_L \boldsymbol{B}\cdot\mathrm{d}\boldsymbol{l} = 0$$

以上讨论尽管是对“无限长”载流直导线的,但其结论具有普遍性,即对任意形状的恒定电流,上述结论都成立.

如果穿过闭合路径的不止一个电流,则只需将等号右边的 I 改成这些电流的代数和 $\sum\limits_i I_i$ 即可.

总结以上各点,可以得到一个普遍规律:**在真空的恒定磁场中,磁感应强度 $\boldsymbol{B}$ 沿任一闭合路径的线积分(即 $\boldsymbol{B}$ 的环流)的值,等于 μ_0 乘以该闭合路径所包围的各电流的代数和,即**

$$\oint_L \boldsymbol{B}\cdot\mathrm{d}\boldsymbol{l} = \mu_0 \sum_i I_i \tag{10-17}$$

这就是安培环路定理,是电流与它所激发磁场之间的基本规律之一.理解该式特别要注意几个字:一是“**真空的恒定磁场**”,指该定理只适用于真空且恒定的磁场,对于非恒定的磁场是不适用的;二是“**任一闭合路径**”,指该路径形状任意,可以选成圆形,也可以选成矩形;三是“**所包围的**”,即 $\boldsymbol{B}$ 的环流仅与穿过闭合路径的电流有关,与其外的电流无关;四是“**代数和**”,指电流流向与积分回路呈右螺旋关系,电流取正值,反之则取负值.

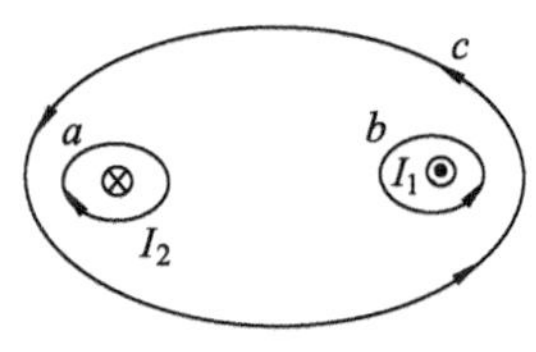

图 10-20

讨论与思考:如图 10-20 所示,I_1、I_2 为“无限长”电流,$I_1 = I_2 = 10$ A,则:(1) 沿 a、b、c 三回路的磁感应强度的环流是多少? (2) $\oint_c \boldsymbol{B}\cdot\mathrm{d}\boldsymbol{l} = 0$,能否说回路 c 上各点的磁感应强度也等于零? (3) a 回路的 $\boldsymbol{B}$ 的环流与 I_1 无关,则我们能否说,a 回路上某点的 $\boldsymbol{B}$ 也与 I_1 无关?

注意:安培环路定理说明了 $\boldsymbol{B}$ 的环流只与穿过环路的电流有关,而与未穿过环路的电流无关,但是环路上任一点的磁感应强度 $\boldsymbol{B}$ 却是所有电流(无论是否穿过环路)激发的场在该点叠加后的总场强.另外,安培环路定理仅适用于闭合的载流导线,而对于任意设想的一段孤立的载流导线是不成立的,因为在恒定的情况下是不可能存在孤立的载流导线的.

上面由安培环路定理可知，$\boldsymbol{B}$ 的环流不一定等于零，表明磁场不是保守场，一般不能引进标量势的概念来描述磁场，这说明磁场和静电场的性质有着本质的区别.

二、安培环路定理的应用

利用毕奥-萨伐尔定律原则上可以求解任意电流产生的磁场问题，但一般计算非常复杂.然而，我们发现当电流分布具有某种对称性时，利用安培环路定理能很简单地求出磁感应强度的分布.下面讨论几个简单的应用.

1. 载流长直螺线管内的磁场

设有绕得很均匀紧密的长直螺线管，通有电流 I，单位长度上的匝数为 n，要求螺线管内任一点 P 处的磁感应强度.可以证明，由于螺线管相当长，管内中间部分的磁场可以看成是均匀磁场，其方向与螺线管的轴线平行，即管内的磁力线是一系列与轴线平行的直线.在管的外侧，磁场很弱，可以忽略不计.

为了计算管内中间部分一点 P 处的磁感应强度，可以通过 P 点作一矩形的闭合回路 $ABCDA$，如图 10-21 所示，则磁感应强度 $\boldsymbol{B}$ 沿此回路的环流为

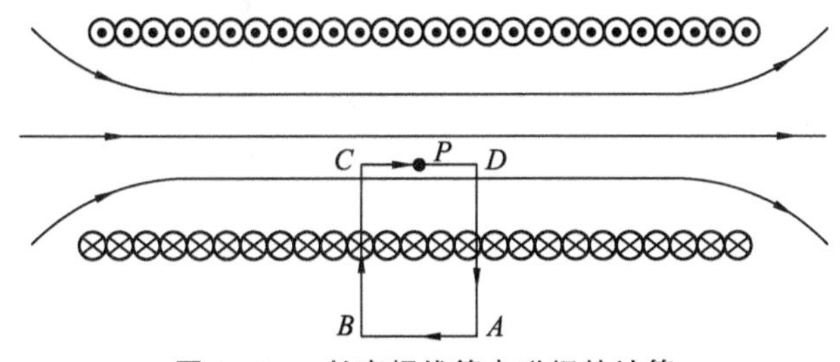

图 10-21 长直螺线管内磁场的计算

$$\oint_L \boldsymbol{B} \cdot \mathrm{d}\boldsymbol{l} = \int_A^B \boldsymbol{B} \cdot \mathrm{d}\boldsymbol{l} + \int_B^C \boldsymbol{B} \cdot \mathrm{d}\boldsymbol{l} + \int_C^D \boldsymbol{B} \cdot \mathrm{d}\boldsymbol{l} + \int_D^A \boldsymbol{B} \cdot \mathrm{d}\boldsymbol{l}$$

对于 AB 段，由于螺线管外 $\boldsymbol{B}=0$，所以 $\int_A^B \boldsymbol{B} \cdot \mathrm{d}\boldsymbol{l} = 0$；对于 BC 和 DA 段，一方面由于螺线管外 $\boldsymbol{B}=0$，另一方面在螺线管内，磁场方向与 BC 和 DA 线段垂直，所以 $\int_B^C \boldsymbol{B} \cdot \mathrm{d}\boldsymbol{l} = 0$，$\int_D^A \boldsymbol{B} \cdot \mathrm{d}\boldsymbol{l} = 0$.

对于 CD 段，线段上各点磁感应强度的方向都与积分路径一致，且大小相等，所以

$$\int_C^D \boldsymbol{B} \cdot \mathrm{d}\boldsymbol{l} = \int_C^D B\,\mathrm{d}l\cos 0^\circ = \int_C^D B\,\mathrm{d}l = B\int_C^D \mathrm{d}l = B\,\overline{CD}$$

根据安培环路定理，上式应等于 μ_0 乘以回路所包围的电流的代数和 $\sum\limits_i I_i$.显然这里 $\sum\limits_i I_i = n\,\overline{CD}I$，于是得到

$$\oint_L \boldsymbol{B} \cdot \mathrm{d}\boldsymbol{l} = B\,\overline{CD} = \mu_0 \sum_i I_i = \mu_0 n\,\overline{CD}I$$

即

$$B = \mu_0 nI$$

2. 载流螺绕环内的磁场

绕在环形管上的一组圆形电流形成螺绕环，如图 10-22 所示.如环上的线圈绕得很紧

密,则磁场几乎全部集中在螺绕环内,环外磁场接近于零.由于对称性,环内磁场的磁力线都是一些同心圆.在同一条磁力线上 $\boldsymbol{B}$ 的大小相等,方向处处沿圆的切线方向,并和环面平行[图 10-22(b)].

为了计算管内某一点 P 处的磁感应强度,可选择通过 P 点的 r 为半径的圆周 L 作为积分回路.由于该圆周为磁力线,故积分回路上任一点处 $\boldsymbol{B}$ 的大小相等,方向与 $\mathrm{d}\boldsymbol{l}$ 方向相同,这样得到 $\boldsymbol{B}$ 的环流为

$$\oint_L \boldsymbol{B}\cdot \mathrm{d}\boldsymbol{l}=\oint_L B\mathrm{d}l=B\oint_L \mathrm{d}l=2\pi r B$$

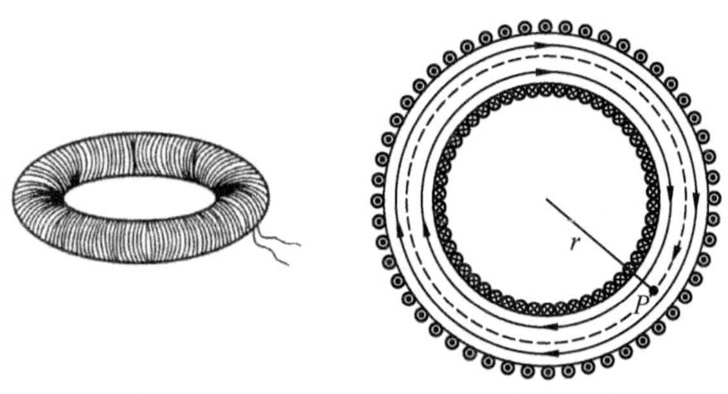

(a) 螺绕环　　(b) 螺绕环内的磁场

图 10-22　螺绕环及其内的磁场

设环上线圈的总匝数为 N,每匝线圈的电流为 I,由安培环路定理,得

$$\oint_L \boldsymbol{B}\cdot \mathrm{d}\boldsymbol{l}=2\pi rB=\mu_0 NI$$

可得

$$B=\frac{\mu_0 NI}{2\pi r}$$

3.“无限长”载流圆柱体内外的磁场

设在半径为 R 的“无限长”直的圆柱形导体中,电流 I 沿轴线方向且均匀地分布在导体的横截面上,如图 10-23 所示.可以证明,当圆柱形导体为“无限长”时,其周围形成的磁场对圆柱体轴线具有对称性,磁力线是在垂直轴线平面内以轴线为中心的同心圆(图 10-18).

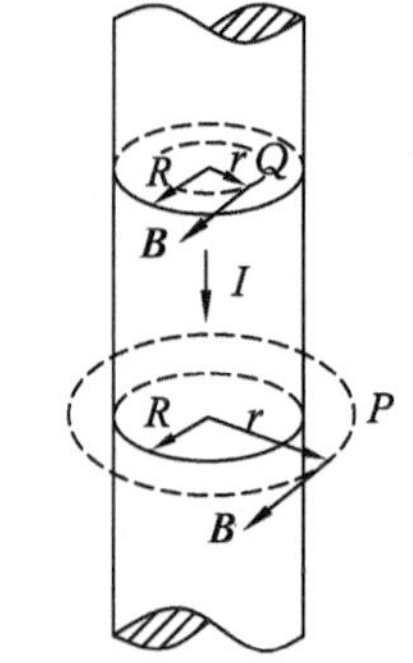

图 10-23　“无限长”载流圆柱体的磁场

首先求圆柱体外某点 P 处的磁场.过 P 点取一半径为 r 的磁力线为积分回路,由于线上任一点的 $\boldsymbol{B}$ 的量值相等,方向与该点 $\mathrm{d}\boldsymbol{l}$ 的方向相同,所以,$\boldsymbol{B}$ 的环流为

$$\oint_L \boldsymbol{B}\cdot \mathrm{d}\boldsymbol{l}=2\pi r B$$

再由安培环路定理,得

$$2\pi rB=\mu_0 I$$

即

$$B=\frac{\mu_0 I}{2\pi r}\quad (r>R)$$

可见“无限长”载流圆柱体外的磁场与长直载流导线产生的磁场相同.

其次再求圆柱体内某点 Q 处的磁场.同样过 Q 点作一半径为 r 的磁力线为积分回

路，则 $\boldsymbol{B}$ 的环流形式仍为

$$\oint_L \boldsymbol{B} \cdot \mathrm{d}\boldsymbol{l} = 2\pi r B$$

由于电流 I 均匀地分布在导体的横截面上，则该回路所包围的总电流为$\frac{\pi r^2}{\pi R^2}I$，于是

$$\oint_L \boldsymbol{B} \cdot \mathrm{d}\boldsymbol{l} = 2\pi r B = \mu_0 \frac{\pi r^2}{\pi R^2} I$$

得

$$B = \frac{\mu_0 I r}{2\pi R^2} \quad (r < R)$$

可见在载流圆柱体的内部，磁感应强度的大小与离开轴线的距离 r 成正比；而在圆柱体外部，磁感应强度的大小与离开轴线的距离 r 成反比.图 10-24 画出了磁感应强度的大小 B 与 r 的关系曲线.

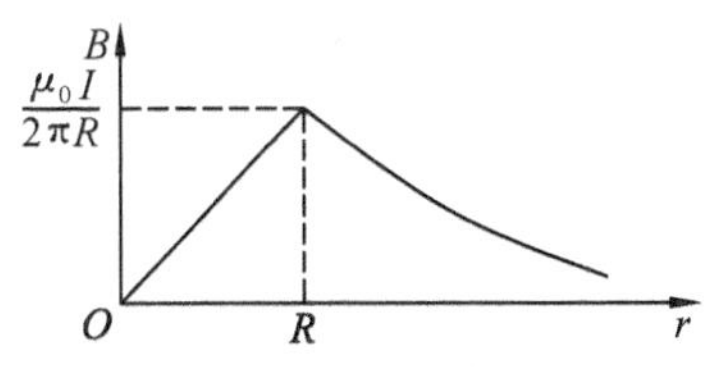

图 10-24 磁感应强度的大小 B 与 r 的关系曲线

通过以上讨论可以看出：利用安培环路定理求解具有某种对称性电流分布的磁场问题时，关键点是，**选取合适的闭合积分路径.**一般情况下，该路径的选择应遵循如下几个原则：一是必须通过场点；二是为简单形状的几何路径；三是要么沿着磁力线，要么与磁力线垂直.

文档：安培环路定理的应用

［例 10-5］ 如图 10-25 所示，一"无限大"导体薄平板垂直于纸面放置，其上有方向指向读者的电流，面电流密度到处均匀，大小为 i，求其磁场分布.

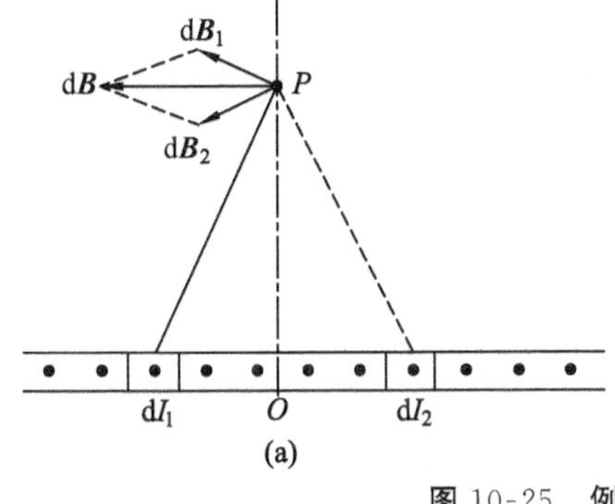

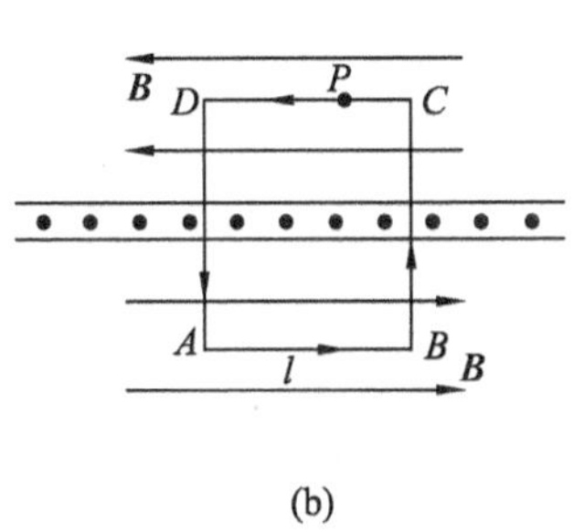

图 10-25 例 10-5 图

解 "无限大"平面电流可看成是由无限多根平行排列的长直电流 $\mathrm{d}I$ 所组成的，先分析任一点 P 处磁场的方向.如图 10-25(a)所示，在以 OP 为对称轴的两侧分别取宽度相等的长直电流 $\mathrm{d}I_1$ 和 $\mathrm{d}I_2$，则 $\mathrm{d}I_1 = \mathrm{d}I_2$，故它们在 P 点处产生的磁感应强度 $\mathrm{d}\boldsymbol{B}_1$ 和 $\mathrm{d}\boldsymbol{B}_2$ 相叠加后的合磁场 $\mathrm{d}\boldsymbol{B}$ 的方向一定平行于电流平面，方向向左.由此可知，整个平面电流在 P 点处产生的合磁场 $\boldsymbol{B}$ 的方向必然平行于电流平面，方向向左.同理，电流平面的下半部空间 $\boldsymbol{B}$ 的方向平行于电流平面，方向向右.又由于电流平面"无限大"，故与电流平面等距离的各点 $\boldsymbol{B}$ 的大小相等.

根据以上所述的磁场分布的特点，过 P 点作矩形回路 $ABCDA$，$\overline{AB} = \overline{CD} = l$，如图

10-25(b)所示.其中 AB 和 CD 两边与电流平面平行,而 BC 和 DA 两边与电流平面垂直且被电流平面等分.所谓面电流密度,为电流平面内垂直于表面电流的单位长度上的电流,于是该回路所包围的电流为 li,由安培环路定理,可得

$$\oint_L \boldsymbol{B}\cdot \mathrm{d}\boldsymbol{l}=\int_A^B \boldsymbol{B}\cdot \mathrm{d}\boldsymbol{l}+\int_B^C \boldsymbol{B}\cdot \mathrm{d}\boldsymbol{l}+\int_C^D \boldsymbol{B}\cdot \mathrm{d}\boldsymbol{l}+\int_D^A \boldsymbol{B}\cdot \mathrm{d}\boldsymbol{l}=\mu_0 li$$

于是

$$2Bl=\mu_0 li$$

$$B=\frac{1}{2}\mu_0 i$$

这一结果说明,在"无限大"均匀平面电流两侧的磁场是均匀磁场,且大小相等,方向相反,其磁力线在"无限远"处闭合,与电流亦构成右手螺旋关系.

[**例 10-6**] 如图 10-26 所示,一"无限长"圆柱形铜导体(磁导率为 μ_0),半径为 R,通有均匀分布的电流 I.今取一矩形平面 S(长为 1 m,宽为 $2R$),位置如图中阴影部分所示,求通过该矩形平面的磁通量.

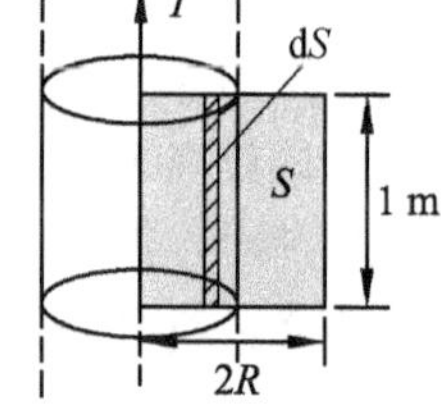

图 10-26 例 10-6 图

解 由安培环路定理可得,在圆柱体内部与导体中心轴线相距为 r 处的磁感应强度的大小为

$$B=\frac{\mu_0 I}{2\pi R^2}r\ (r\leqslant R)$$

在 r 处取如图所示的面积元 $\mathrm{d}S$,$\mathrm{d}S=l\,\mathrm{d}r=\mathrm{d}r$,由于磁感应强度 $\boldsymbol{B}$ 总是垂直于该面积,因而穿过导体内阴影部分平面的磁通量 Φ_1 为

$$\Phi_1=\int \boldsymbol{B}\cdot \mathrm{d}\boldsymbol{S}=\int B\,\mathrm{d}S=\int_0^R \frac{\mu_0 I}{2\pi R^2}r\,\mathrm{d}r=\frac{\mu_0 I}{4\pi}$$

在圆柱形导体外,与导体中心轴线相距为 r 处的磁感应强度的大小为

$$B=\frac{\mu_0 I}{2\pi r}\ (r>R)$$

取与上述类似的面积元,可得穿过导体外阴影部分平面的磁通量 Φ_2 为

$$\Phi_2=\int \boldsymbol{B}\cdot \mathrm{d}\boldsymbol{S}=\int_R^{2R} \frac{\mu_0 I}{2\pi r}\mathrm{d}r=\frac{\mu_0 I}{2\pi}\ln 2$$

则穿过整个矩形平面的磁通量为

$$\Phi=\Phi_1+\Phi_2=\frac{\mu_0 I}{4\pi}+\frac{\mu_0 I}{2\pi}\ln 2$$

课题研究

电磁学中的对称性

对称性是自然界非常普遍的现象.大到宇宙,小到原子、分子,都具有不同程度的对称性.从安培环路定理求解载流体的磁场分布可知,电磁学中的许多问题具有惊人的对称性.利用对称性我们可以不必精确地求解就可以获得一些知识,使得问题简化,甚至一些很难的问题也可以迎刃而解.如果我们能真正体会到对称性方法的精髓,对于我们以后解决一

些复杂的问题是非常有帮助的.请你列举在电磁学中的对称性及其应用.

10-7 磁场对载流导线的作用

安培(A.M.Ampère, 1775—1836),法国物理学家.对电磁理论的建立和发展具有贡献,他提出了物质磁性起源的分子电流假设;从实验总结出安培定律;他对数学和化学也有贡献.

一、安培力

磁场对载流导线的作用力即磁场力,通常称为**安培力**,其基本规律是安培由大量实验结果总结出来的,故称为**安培定律**,内容如下:

位于磁场中某点处的电流元 $I\mathrm{d}\boldsymbol{l}$ 将受到磁场的作用力 $\mathrm{d}\boldsymbol{F}$.**$\mathrm{d}\boldsymbol{F}$ 的大小与电流 I、电流元的长度 $\mathrm{d}l$、磁感应强度 $\boldsymbol{B}$ 的大小以及与 $I\mathrm{d}l$ 和 $\boldsymbol{B}$ 间夹角的正弦成正比**,即

$$\mathrm{d}F = kBI\mathrm{d}l\sin\theta$$

$\mathrm{d}\boldsymbol{F}$ 的方向垂直于 $I\mathrm{d}\boldsymbol{l}$ 与 $\boldsymbol{B}$ 所组成的平面,指向按右手螺旋法则确定,即 **$\mathrm{d}\boldsymbol{F}$ 的方向为 $I\mathrm{d}\boldsymbol{l}\times\boldsymbol{B}$ 的方向**,如图 10-27 所示.式中,θ 为电流元 $I\mathrm{d}\boldsymbol{l}$ 与磁场 $\boldsymbol{B}$ 的夹角.在国际单位制中,$k=1$,把上式写成矢量式,有

$$\mathrm{d}\boldsymbol{F} = I\mathrm{d}\boldsymbol{l}\times\boldsymbol{B} \tag{10-18}$$

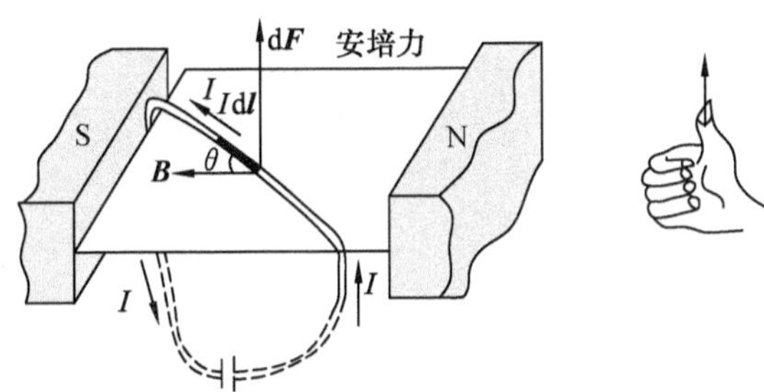

图 10-27 电流元在磁场中所受的安培力

计算一给定载流导线在磁场中所受的安培力时,必须对各个电流元所受的力 $\mathrm{d}\boldsymbol{F}$ 求矢量和,即

$$\boldsymbol{F} = \int_L \mathrm{d}\boldsymbol{F} = \int_L I\mathrm{d}\boldsymbol{l}\times\boldsymbol{B} \tag{10-19}$$

注意: 上式中 $\boldsymbol{B}$ 为电流元 $I\mathrm{d}\boldsymbol{l}$ 处的磁感应强度,积分是矢量积分.

[例 10-7] 长为 l 的直导线中通有电流 I,位于磁感应强度为 $\boldsymbol{B}$ 的均匀磁场中,若电流方向与 $\boldsymbol{B}$ 的夹角为 θ,求该导线所受的安培力.

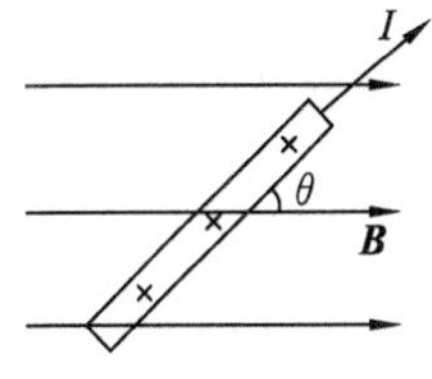

图 10-28 例 10-7 图

解 如图 10-28 所示,因为各电流元所受磁场力的方向一致,可采用标量积分,所以这段载流直导线所受的安培力大小为

$$F=\int_0^l IB\sin\theta\,dl=IBl\sin\theta$$

F 的方向垂直于纸面向内.

[**例 10-8**] 如图 10-29 所示,在 xOy 平面内有一根形状不规则的载流导线,通过的电流为 I,磁感应强度为 $\boldsymbol{B}$ 的均匀磁场与 xOy 平面垂直,求作用在此导线上的磁场力.

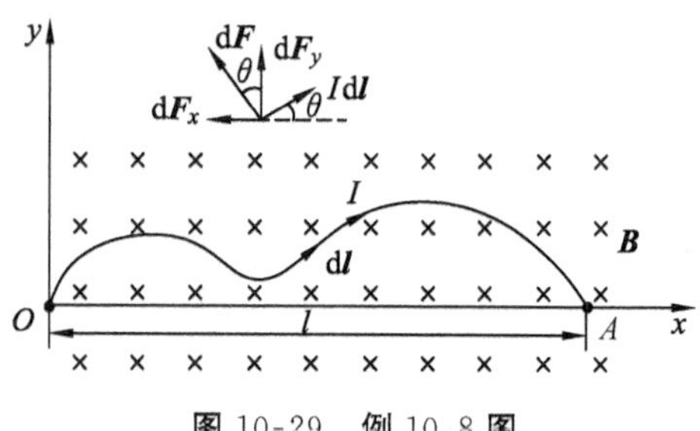

图 10-29 例 10 8 图

解 取如图 10-29 所示的坐标系,导线一端在原点 O,另一端在 x 轴的 A 点上,$\overline{OA}=l$.取电流元 $I\mathrm{d}\boldsymbol{l}$,它所受的力 $\mathrm{d}\boldsymbol{F}=I\mathrm{d}\boldsymbol{l}\times\boldsymbol{B}$,此力沿 Ox 轴和 Oy 轴的分量分别为

$$\mathrm{d}F_x=\mathrm{d}F\sin\theta=BI\,\mathrm{d}l\sin\theta$$

和

$$\mathrm{d}F_y=\mathrm{d}F\cos\theta=BI\,\mathrm{d}l\cos\theta$$

而 $\mathrm{d}l\sin\theta=\mathrm{d}y$,$\mathrm{d}l\cos\theta=\mathrm{d}x$,故上两式分别为

$$\mathrm{d}F_x=BI\,\mathrm{d}y$$

和

$$\mathrm{d}F_y=BI\,\mathrm{d}x$$

由于载流导线是放在均匀磁场中的,因此,整个载流导线所受的磁场力 $\boldsymbol{F}$ 沿 Ox 轴和 Oy 轴的分量分别为

$$F_x=\int\mathrm{d}F_x=BI\int_0^0\mathrm{d}y=0$$

和

$$F_y=\int\mathrm{d}F_y=BI\int_0^l\mathrm{d}x=BIl$$

于是,载流导线所受的磁场力为

$$\boldsymbol{F}=\boldsymbol{F}_y=BIl\boldsymbol{j}$$

讨论与思考: 在均匀磁场中,若导线的始点与终点重合在一起,即载流导线构成一闭合回路,则此闭合回路所受的磁场力为多大?

[**例 10-9**] 如图 10-30 所示,设有两根相距为 a 的"无限长"平行直导线,分别通有同方向的电流 I_1 和 I_2,求两根导线每单位长度所受的磁场力.

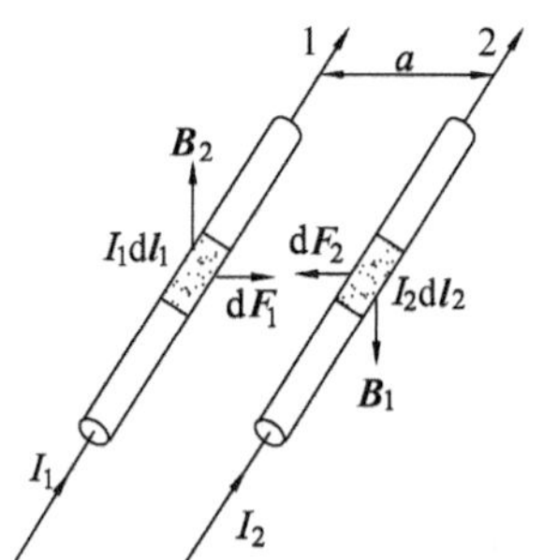

图 10-30 例 10-9 图

解 在导线 2 上取一电流元 $I_2\mathrm{d}\boldsymbol{l}_2$,由毕奥-萨伐尔定律可知,载流导线 1 在 $I_2\mathrm{d}\boldsymbol{l}_2$ 处产生的磁感应强度 $\boldsymbol{B}_1$ 的大小为

$$B_1=\frac{\mu_0 I_1}{2\pi a}$$

$\boldsymbol{B}_1$ 的方向如图所示,垂直于两导线所在的平面.由安培定律,得到电流元 $I_2\mathrm{d}\boldsymbol{l}_2$ 所受安培力的大小为

$$dF_2 = B_1 I_2 dl_2 \sin\theta$$

由于 $d\boldsymbol{l}_2$ 与 $\boldsymbol{B}_1$ 垂直，$\sin\theta=1$，所以上式成为

$$dF_2 = B_1 I_2 dl_2 = \frac{\mu_0 I_1 I_2}{2\pi a} dl_2$$

$d\boldsymbol{F}_2$ 的方向在两导线所在的平面内，垂直于导线 2，并指向导线 1.所以，载流导线 2 每单位长度所受安培力的大小为

$$\frac{dF_2}{dl_2} = \frac{\mu_0 I_1 I_2}{2\pi a}$$

同理可得，载流导线 1 每单位长度所受的安培力的大小为

$$\frac{dF_1}{dl_1} = \frac{\mu_0 I_1 I_2}{2\pi a}$$

方向指向导线 2.由此可知，两平行直导线中的电流流向相同时，两导线通过磁场的作用而相互吸引；如果两导线中的电流流向相反，则两导线通过磁场的作用而相互排斥，斥力与引力大小相等.

在国际单位制中，规定电流的基本单位为安培(A).由上两式可将安培定义如下：放在真空中的两条“无限长”平行直导线，各通有相等的恒定电流，当两导线相距 1 m，每一导线每米长度上受力为 2×10^{-7} N 时，各导线中的电流为 1 A.

课题研究

两电流元之间相互作用的探讨

我们知道，在静电场中，两个静止电荷的库仑力是满足牛顿第三定律的.那么，在恒定磁场中，两电流元之间的相互作用力也满足牛顿第三定律吗？请用计算说明你的结论.

二、载流线圈在磁场中受到的力矩

我们这里仅仅讨论载流线圈处在均匀磁场中的情况.

设在磁感应强度为 $\boldsymbol{B}$ 的均匀磁场中，有一刚性矩形线圈 $ABCDA$，线圈的边长分别为 l_1、l_2，电流为 I，如图 10-31 所示.当线圈磁矩的方向 $\boldsymbol{e}_n$ 与磁场 $\boldsymbol{B}$ 的方向成 φ 角(线圈平面与磁场的方向成 θ 角，$\varphi+\theta=\frac{\pi}{2}$)时，由安培定律知，导线 BC 和 DA 所受的安培力的大小分别为

$$F_1 = BIl_1 \sin(\pi-\theta)$$

$$F_1' = BIl_1 \sin\theta$$

这两个力在同一直线上，大小相等，方向相反，其合力为零.而导线 AB 和 CD 都与磁场垂直，它们所受的安培力分别为 $\boldsymbol{F}_2$ 和 $\boldsymbol{F}_2'$，其大小为

$$F_2 = F_2' = BIl_2$$

如图 10-31(b)所示，$\boldsymbol{F}_2$ 和 $\boldsymbol{F}_2'$大小相等，方向相反，但不在同一直线上，形成一力偶.因此，载流线圈所受的磁力矩为

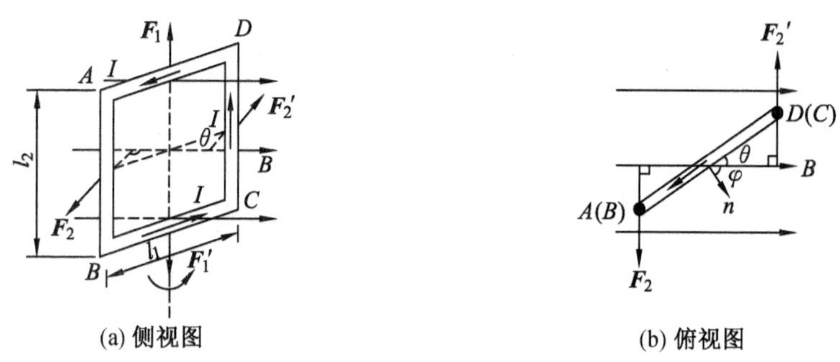

(a) 侧视图 (b) 俯视图

图 10-31 载流线圈在磁场中所受的磁力矩

$$M=F_2\frac{l_1}{2}\cos\theta+F_2'\frac{l_1}{2}\cos\theta=BIl_1l_2\cos\theta=BIS\cos\theta=BIS\sin\varphi$$

或

$$M=BIS\sin\varphi \tag{10-20}$$

式中,$S=l_1l_2$ 表示线圈平面的面积.

前面定义了线圈的磁矩 $\boldsymbol{m}=IS\boldsymbol{e}_n$,将上式写成矢量式,载流线圈所受的**磁力矩**为

$$\boldsymbol{M}=\boldsymbol{m}\times\boldsymbol{B} \tag{10-21}$$

上式不仅对长方形线圈成立,对于在均匀磁场中任意形状的平面线圈也同样成立.甚至对带电粒子沿闭合回路的运动以及带电粒子的自旋所具有的磁矩,计算在磁场中所受的磁力矩时也都可用上述公式.

下面讨论几种情况:

(1) 当磁矩方向与磁感应强度方向相同时(即 $\varphi=0°$),磁力矩为零,线圈处于稳定平衡状态[图 10-32(a)].

(2) 当磁矩方向与磁感应强度方向垂直时(即 $\varphi=90°$),磁力矩最大,这一磁力矩有使 θ 减小的趋势[图 10-32(b)].

(3) 当磁矩方向与磁感应强度方向反平行时(即 $\varphi=180°$)[图 10-32(c)],磁力矩虽然也为零,但这一平衡位置是不稳定的,线圈稍受扰动,它就会在磁力矩的作用下离开这一位置,而转到 $\varphi=0°$的稳定位置上.由此可见,磁场对载流线圈所施的磁力矩,总是促使线圈转到其线圈磁矩方向与磁场方向相同的稳定平衡位置处.

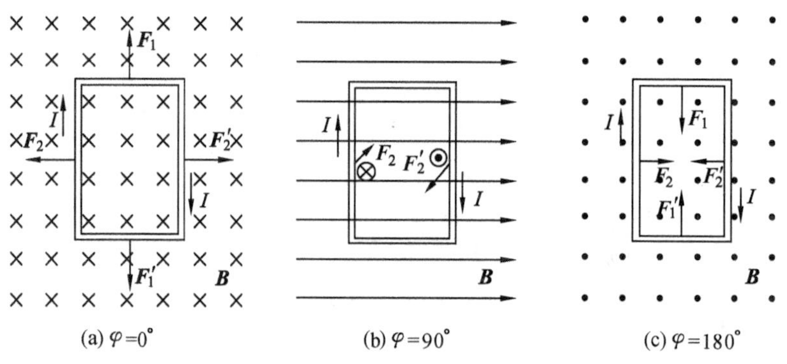

(a) $\varphi=0°$ (b) $\varphi=90°$ (c) $\varphi=180°$

图 10-32 载流线圈的磁矩方向与磁场方向成不同角度时

从上面的讨论可知，平面载流刚性线圈在均匀磁场中，由于只受磁力矩作用，因此只发生转动，而不会发生整个线圈的平动.

文档：磁电式电流计

磁场对载流线圈作用力矩的规律是制成各种电动机和电流计的基本原理.

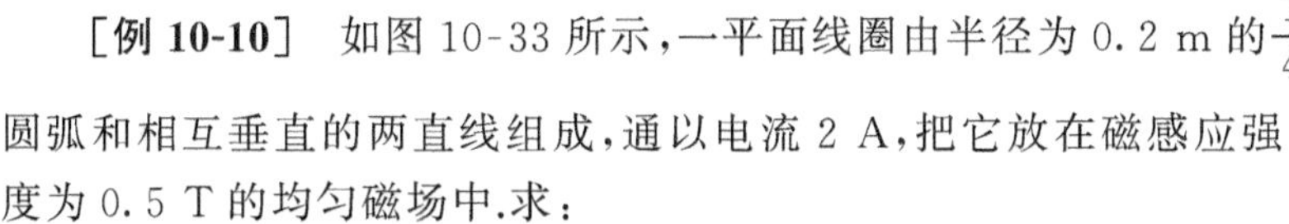

[例 10-10]　如图 10-33 所示，一平面线圈由半径为 0.2 m 的$\frac{1}{4}$圆弧和相互垂直的两直线组成，通以电流 2 A，把它放在磁感应强度为 0.5 T 的均匀磁场中.求：

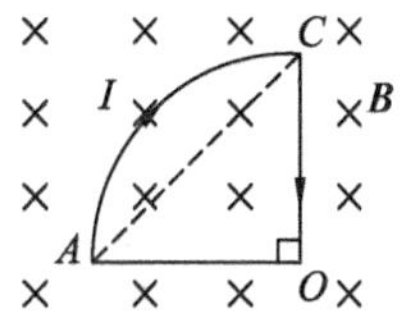

图 10-33　例 10-10 图

(1) 线圈平面与磁场垂直时，圆弧$\overset{\frown}{AC}$段所受的磁场力；

(2) 线圈平面的磁矩；

(3) 当线圈平面从如图 10-33 所示位置按顺时针(从上往下看)转动 30°时线圈所受的磁力矩.

解　(1) 由例 10-8 知，在均匀磁场中，$\overset{\frown}{AC}$通电圆弧所受的磁场力与通有相同电流的$\overline{AC}$直线所受的磁场力相等，故有

$$F_{\overset{\frown}{AC}}=F_{\overline{AC}}=I\sqrt{2}RB=0.283\ \mathrm{N}$$

其方向与 AC 直线垂直，指向左上.

(2) 按定义，线圈的磁矩 $\boldsymbol{m}=IS\boldsymbol{e}_{\mathrm{n}}$，于是，其大小为

$$m=IS=2\pi\times10^{-2}\ \mathrm{A\cdot m^2}$$

方向垂直于纸面向里.

(3) 线圈平面从如图 10-33 所示位置按顺时针(从上往下看)转动 30°，则 $\boldsymbol{m}$ 与 $\boldsymbol{B}$ 成 30°角，这样磁力矩的大小为

$$|\boldsymbol{M}|=|\boldsymbol{m}\times\boldsymbol{B}|=mB\sin30°=1.57\times10^{-2}\ \mathrm{N\cdot m}$$

其方向为竖直向上.

10-8　磁场对运动电荷的作用

本节将研究磁场对运动电荷的磁场力作用和带电粒子在磁场中的运动规律，以及霍尔效应等实际应用的例子.

洛伦兹 (H.A.Lorentz，1853—1928)，荷兰物理学家、数学家.他创立了电子论并定量地解释了塞曼效应，提出洛伦兹变换公式，说明了不同惯性系之间时空坐标变换的基本关系，提出了质量与速度的关系式.

一、洛伦兹力

从安培定律可以推算出每一个运动着的带电粒子在磁场中所受到的力.由安培定律知，任一电流元 $Id\boldsymbol{l}$ 在磁场中，若电流元处的磁感应强度为 $\boldsymbol{B}$，则该电流元所受的安培力

d$\boldsymbol{F}$ 的大小为

$$dF = BI\,dl\sin\theta$$

因为电流可写成

$$I = qnvS$$

式中,S 为电流元的截面积,v 为带电粒子的定向运动速率,q 为带电粒子的电荷量,n 为导体内带电粒子的数密度.由于电流元 $I\mathrm{d}\boldsymbol{l}$ 的方向与正的带电粒子定向运动的方向一致,则上式可写成

$$dF = qvnSB\,dl\sin\theta$$

电流元 $I\mathrm{d}\boldsymbol{l}$ 之所以受到 d$\boldsymbol{F}$ 的作用力,其实是由于每一个定向运动的带电粒子都受到磁场的作用.线元 dl 这一段导体内定向运动的带电粒子数目为 $dN = nS\,dl$,因此每一个定向运动的带电粒子所受到的磁场力 $\boldsymbol{f}$ 的大小为

$$f = \frac{dF}{dN} = qvB\sin\theta \tag{10-22}$$

方向垂直于 $\boldsymbol{v}$ 和 $\boldsymbol{B}$ 组成的平面,指向由 $\boldsymbol{v}$ 经小于 180°的角转向 $\boldsymbol{B}$ 按右手螺旋法则确定,如图 10-34 所示.用矢量式表示为

$$\boldsymbol{f} = q\,\boldsymbol{v} \times \boldsymbol{B} \tag{10-23}$$

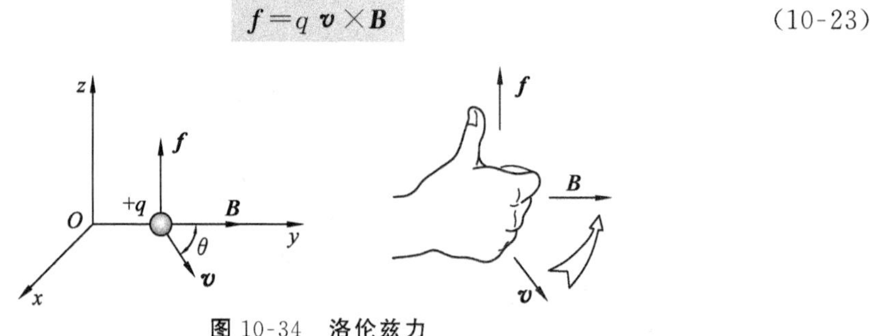

图 10-34　洛伦兹力

磁场对运动电荷作用的力 $\boldsymbol{f}$ 称为**洛伦兹力**.显然洛伦兹力 $\boldsymbol{f}$ 的方向与 q 的正负有关,如果带电粒子带正电荷,则它所受的洛伦兹力 $\boldsymbol{f}$ 的方向与 $\boldsymbol{v}\times\boldsymbol{B}$ 的方向一致;如果粒子带负电荷,则方向相反.

由式(10-23)可以看出,洛伦兹力 $\boldsymbol{f}$ 总是与带电粒子运动速度 $\boldsymbol{v}$ 的方向垂直,即有 $\boldsymbol{f}\cdot\boldsymbol{v}=0$,因此洛伦兹力不能改变运动电荷速度的大小,只能改变速度的方向,使带电粒子的运动路径弯曲.

如果运动的带电粒子同时处在电场和磁场中,则其所受合力为

$$\boldsymbol{F} = q(\boldsymbol{E} + \boldsymbol{v} \times \boldsymbol{B}) \tag{10-24}$$

二、带电粒子在均匀磁场中的运动

设有一均匀磁场,磁感应强度为 $\boldsymbol{B}$,一电荷量为 q、质量为 m 的粒子以速度 $\boldsymbol{v}$ 进入磁场,在磁场中粒子受到洛伦兹力,其运动方程为

$$\boldsymbol{f}=q\,\boldsymbol{v}\times\boldsymbol{B}=m\,\frac{\mathrm{d}\boldsymbol{v}}{\mathrm{d}t} \tag{10-25}$$

下面分三种情况进行讨论.

(1) $\boldsymbol{v}$ 与 $\boldsymbol{B}$ 平行或反平行.

当带电粒子的运动速度 $\boldsymbol{v}$ 与 $\boldsymbol{B}$ 同向或反向时,作用于带电粒子的洛伦兹力等于零.由式(10-25)可知,$\boldsymbol{v}$ 为恒矢量,故带电粒子仍做匀速直线运动,不受磁场的影响.

(2) $\boldsymbol{v}$ 与 $\boldsymbol{B}$ 垂直.

当带电粒子以速度 $\boldsymbol{v}$ 沿垂直于磁场的方向进入一均匀磁场 $\boldsymbol{B}$ 中,如图 10-35 所示,此时洛伦兹力 $\boldsymbol{f}$ 的方向始终与速度 $\boldsymbol{v}$ 垂直,故带电粒子将在 $\boldsymbol{f}$ 与 $\boldsymbol{v}$ 所组成的平面内做匀速圆周运动.洛伦兹力即为向心力,其运动方程为

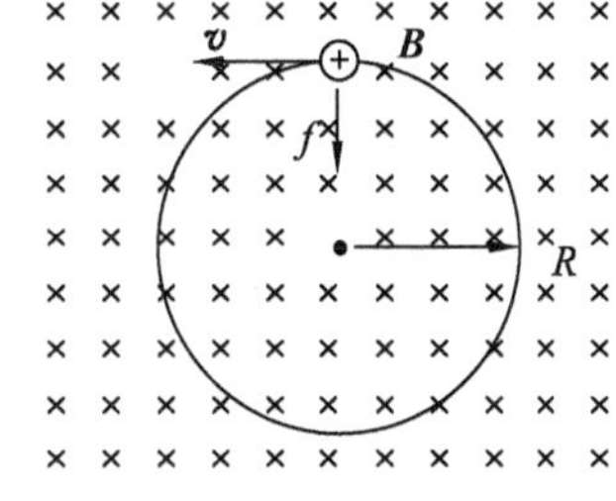

图 10-35 $\boldsymbol{v}$ 与 $\boldsymbol{B}$ 垂直时的运动

$$qvB=m\,\frac{v^2}{R}$$

可求得轨道半径(又称**回旋半径**)为

$$R=\frac{m\boldsymbol{v}}{qB} \tag{10-26}$$

由上式可知,对于一给定的带电粒子(即$\frac{q}{m}$一定),当它在均匀磁场中运动时,其轨道半径 R 与带电粒子的速度值成正比.

由式(10-26)还可求得粒子在圆周轨道上绕行一周所需的时间(即**回旋周期**)为

$$T=\frac{2\pi R}{v}=\frac{2\pi m}{qB} \tag{10-27}$$

T 的倒数即粒子在单位时间内绕圆周轨道转过的圈数,称为带电粒子的**回旋频率**,用 ν 表示为

$$\nu=\frac{1}{T}=\frac{qB}{2\pi m} \tag{10-28}$$

以上两式表明,带电粒子在垂直于磁场方向的平面内做圆周运动时,其周期 T 和回旋频率 ν 只与磁感应强度 B 及粒子本身的质量 m 和所带的电荷量 q 有关,而与粒子的速度及回旋半径无关.也就是说,同种粒子在同样的磁场中运动时,快速粒子在半径大的圆周上运动,慢速粒子在半径小的圆周上运动,但它们绕行一周所需的时间都相同.这是带电粒子在磁场中做圆周运动的一个显著特征.回旋加速器就是根据这一特征设计制造的.

(3) $\boldsymbol{v}$ 与 $\boldsymbol{B}$ 斜交成 θ 角.

当带电粒子的运动速度 $\boldsymbol{v}$ 与磁场 $\boldsymbol{B}$ 成 θ 角时,可将 $\boldsymbol{v}$ 分解为与 $\boldsymbol{B}$ 垂直的速度分量 $v_{\perp}=v\sin\theta$ 和与 $\boldsymbol{B}$ 平行的速度分量 $v_{/\!/}=v\cos\theta$.根据上面的讨论可知,在垂直于磁场的方向,由于具有分速度 $v_{\perp}$,磁场力将使粒子在垂直于 $\boldsymbol{B}$ 的平面内做匀速圆周运动.在平行于磁场的方向上,磁场对粒子没有作用力,粒子以速度分量 $v_{/\!/}$ 做匀速直线运动.这两种运动合成的结果,使带电粒子在均匀磁场中做等螺距的螺旋运动,如图 10-36 所

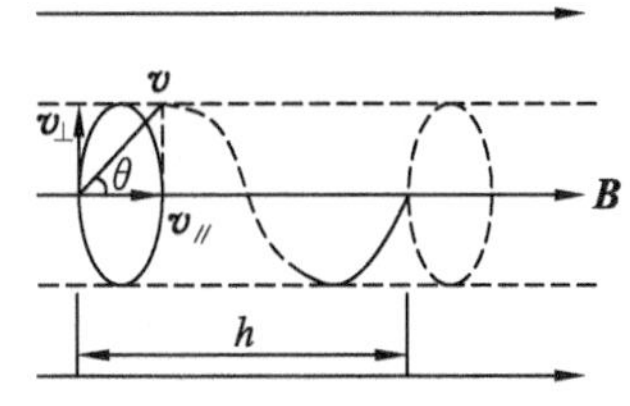

图 10-36 $\boldsymbol{v}$ 与 $\boldsymbol{B}$ 斜交时的运动

示.此时螺旋线的半径为

$$R=\frac{mv_{\perp}}{qB}=\frac{mv\sin\theta}{qB} \tag{10-29}$$

螺旋周期为

$$T=\frac{2\pi R}{v_{\perp}}=\frac{2\pi m}{qB}$$

螺距为

$$h=v_{/\!/}T=v\cos\theta T=\frac{2\pi mv\cos\theta}{qB} \tag{10-30}$$

“磁聚焦”技术正是带电粒子在磁场中做螺旋线运动的重要应用.

三、霍尔效应

视频：霍尔效应

如图 10-37 所示,把一块宽度为 b、厚度为 d 的导电板放在磁感应强度为 $\boldsymbol{B}$ 的磁场中,并在导电板中通以纵向电流,此时在板的横向两侧面 A、A'之间就呈现出一定的电势差 U_{H},这种现象称为**霍尔效应**.它是 1879 年霍尔发现的,所产生的电势差 U_{H} 称为**霍尔电压**,实验表明,霍尔电压与所加的磁场 $\boldsymbol{B}$、电流 I 以及板的厚度 d 有如下关系：

$$U_{\mathrm{H}}=R_{\mathrm{H}}\frac{IB}{d} \tag{10-31}$$

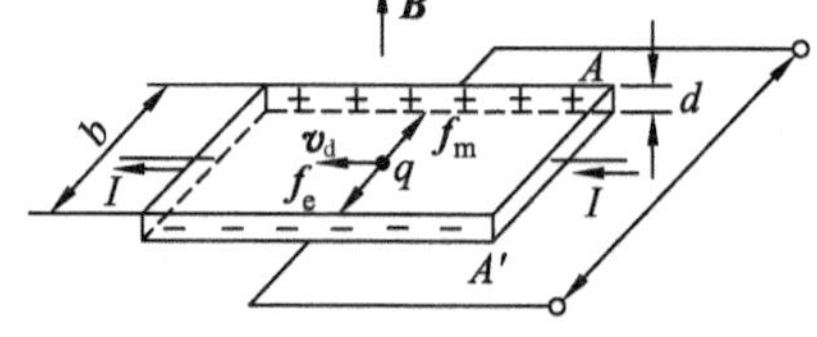

图 10-37　霍尔效应示意图

式中,R_{H} 称为霍尔系数,它与导电材料的性质有关.如果撤去磁场,或者撤去电流,霍尔电压也随之消失.

我们可以用洛伦兹力来解释霍尔效应.在图 10-37 中,设导体板中的载流子为带电荷量为 q 的正电荷,其漂移速度为 $\boldsymbol{v}_{\mathrm{d}}$,加上外磁场 $\boldsymbol{B}$ 后,由于受洛伦兹力 $\boldsymbol{f}_{\mathrm{m}}=q\boldsymbol{v}_{\mathrm{d}}B$ 的作用,载流子将向板的 A 端移动,从而使 A、A'两侧面上分别有正、负电荷的积累.这样便在 A、A'间建立起静电场,于是载流子要受到一个与洛伦兹力方向相反的电场力 $\boldsymbol{f}_{\mathrm{e}}$ 的作用,随着 A、A'上电荷积累的增多,$\boldsymbol{f}_{\mathrm{e}}$ 也不断增大,当电场力增大到与洛伦兹力正好相等时,达到了动态平衡,这时导体板 A、A'两侧面之间的横向电场称为霍尔电场$\boldsymbol{E}_{\mathrm{H}}$,此时它与霍尔电压 U_{H} 的关系为

$$E_{\mathrm{H}}=\frac{U_{\mathrm{H}}}{b}$$

此时电场力与洛伦兹力相等,有

$$qE_{\mathrm{H}}=qv_{\mathrm{d}}B$$

将 E_{H} 代入上式,可得

$$U_{\mathrm{H}}=bv_{\mathrm{d}}B \tag{10-32a}$$

设导体板内单位体积内的载流子数,即载流子数密度为 n,考虑到 v_{d} 与电流 I 之间的关系,有

$$I=qnv_{\mathrm{d}}S=qnv_{\mathrm{d}}bd$$

于是可将式(10-32a)改写为

$$U_{\mathrm{H}}=\frac{IB}{nqd} \tag{10-32b}$$

与式(10-31)比较,可得霍尔系数为

$$R_{\mathrm{H}}=\frac{1}{nq} \tag{10-33}$$

可见 R_{H} 与载流子数密度 n 成反比.

以上我们讨论了载流子带正电荷的情况,所得霍尔电压和霍尔系数亦是正的.如果载流子带负电荷,则产生的霍尔电压便是负的,所以从霍尔电压的正负,可以判断载流子的正负.

在金属导体中,由于自由电子的数密度很大,因而金属导体的霍尔系数很小,相应的霍尔电压也就很弱.在半导体中,载流子数密度要低得多,因而半导体的霍尔系数比金属导体大得多,所以半导体能产生很强的霍尔效应.

现在霍尔效应有多种应用,特别是用于半导体的测试.由测出的霍尔电压的正负可以判断半导体的载流子种类(是电子或是空穴),还可以用式(10-32b)测定载流子数密度.利用半导体材料组成的霍尔元件,可用来测量磁场;测量直流或交流电路中的电流和功率;转换信号,如把直流电流转换成交流电流并对它进行调制,放大直流或交流信号,等等.

霍尔当年的实验是在室温下和较弱的磁场(小于1 T)中完成的.到了20世纪70年代末,科学家在极低温(绝对温度1 K)和非常强的磁场(约30 T)条件下研究半导体材料中的霍尔效应,以便能制造出低噪声的晶体管.

1980年,德国物理学家克利青(K.V. Klitzing)在极低温和强磁场的条件下实验,发现霍尔电阻 $R_{\mathrm{H}}'=\frac{U_{\mathrm{H}}}{I}$ 并不按磁场 B 做线性变化,而是随着磁场 B 的增大做台阶式的变化,即呈量子化的变化,如图10-38所示.按照霍尔效应的量子理论,霍尔电阻 R_{H}' 由下式决定:

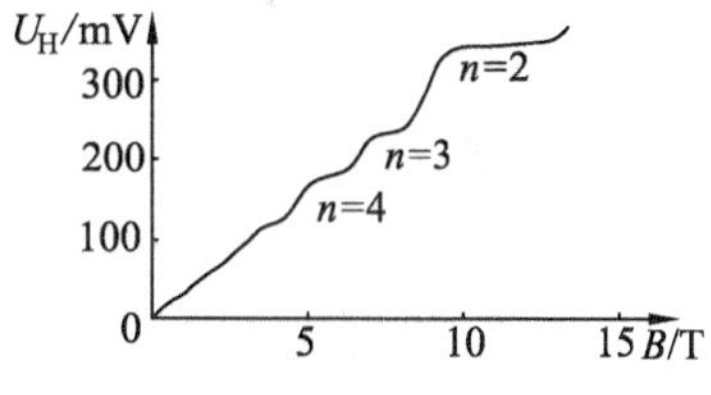

图10-38 霍尔电压的量子化

$$R_{\mathrm{H}}'=\frac{h}{ne^{2}}=\frac{25\ 812.806}{n}\ \Omega(n=1,2,3,\cdots) \tag{10-34}$$

式中,h 为普朗克常量,e 为元电荷.

当 $n=1$ 时的霍尔电阻为25 812.806 Ω.由于量子霍尔电阻可以精确地测定,所以1990年人们把由量子霍尔效应所确定的电阻25 812.806 Ω作为标准电阻.克利青因发现量子霍尔效应,于1985年获诺贝尔物理学奖.

10-9 磁介质中的磁场

一、磁介质 磁化强度

1. 磁介质

在第9章中,我们已经说明了电场和电介质之间的相互作用,由于彼此影响,其结果是电介质在电场的作用下发生极化并激发附加电场,从而使电介质中的电场强度小于真空中的电场强度.与此相似,放在磁场中的磁介质也要和磁场发生相互作用,彼此影响而被磁化,处于磁化状态的磁介质也要激发一个附加磁场,使磁介质中的磁场不同于真空中的磁场.

应当指出的是,磁介质对磁场的影响远比电介质对电场的影响要复杂得多.不同的磁介质在磁场中的表现是很不相同的,假设在真空中某点的磁感应强度为 $\boldsymbol{B}$,放入磁介质后,因磁介质被磁化而建立的附加磁感应强度为 $\boldsymbol{B}'$,那么该点的磁感应强度 $\boldsymbol{B}$ 应为这两个磁感应强度的矢量和,即

$$\boldsymbol{B}=\boldsymbol{B}_0+\boldsymbol{B}'$$

实验表明,附加磁感应强度 $\boldsymbol{B}'$ 的方向和大小随磁介质而异,有一些磁介质磁化后磁感应强度 B 稍大于 B_0,即 $B>B_0$,这类磁介质称为顺磁质,如锰、铬、铂、铝、氧、氮等都属于顺磁性物质;另一些磁介质磁化后使磁介质中的磁感应强度 B 稍小于 B_0,即 $B<B_0$,这类磁介质称为抗磁质,如水银、铜、铋、硫、氯、氢、银、金、锌、铅等都属于抗磁性物质.一切抗磁质以及大多数顺磁质有一个共同点,那就是它们所激发的附加磁场极其微弱,B 和 B_0 相差很小,因此,该类物质也常称为弱磁性物质.此外,还有另一类磁介质,它们磁化后所激发的附加磁感应强度 B' 远大于 B_0,使得 $B\gg B_0$,这类能显著地增强磁场的物质是强磁性物质,称为铁磁质,如铁、镍、钴、钆以及这些金属的合金,还有铁氧体等物质.

关于磁化现象的微观机理,弱磁性物质与强磁性物质有着显著的不同.下面我们首先采用分子电流的概念简单地说明顺磁性及抗磁性的原因,至于铁磁质的磁化机理将在后面介绍.

2. 分子电流与分子磁矩

在无外磁场作用时,分子中任何一个电子都同时参与两种运动,即环绕原子核的轨道运动和电子本身的自旋运动,这两种运动都能产生磁效应.把分子看成一个整体,其中所有电子对外界产生的磁效应的总和可等效成一个圆电流产生的磁效应,这个等效圆电流称为**分子电流**.该分子电流具有的磁矩称为分子固有磁矩或**分子磁矩**,用 $\boldsymbol{m}$ 表示.在无外磁场时,对于顺磁质,$\boldsymbol{m}\neq\boldsymbol{0}$;对于抗磁质,$\boldsymbol{m}=\boldsymbol{0}$.

3. 顺磁质的磁化

对顺磁质而言,虽然每个分子有一定的磁矩,即 $\boldsymbol{m}\neq\boldsymbol{0}$,但在无外磁场时,由于分子的无规则热运动,各个分子磁矩排列的方向是十分纷乱的,对顺磁质内任何一个体积元来

说,其中各分子的分子磁矩的矢量和 $\sum_i \boldsymbol{m}_i = \boldsymbol{0}$,因而对外界不显示磁效应.当顺磁质处在外磁场 $\boldsymbol{B}_0$ 中时,各分子磁矩都要受到磁力矩的作用,其效果是使各分子磁矩的取向都具有转到与外磁场方向相同的趋势,从而对外呈现磁性,即顺磁质被磁化了.由于顺磁质因磁化而出现的附加磁场 $\boldsymbol{B}'$ 与外磁场 $\boldsymbol{B}_0$ 方向相同,于是磁化后磁感应强度 $\boldsymbol{B}$ 加强了.这就是顺磁性的原因.

4. 抗磁质的磁化

在抗磁质中,在无外磁场时,每个分子的磁矩等于零,即 $\boldsymbol{m}=\boldsymbol{0}$,所以自然地对外不呈现磁性.当抗磁质处在外磁场 $\boldsymbol{B}_0$ 中时,这时抗磁质中每个分子所有的电子形成一个整体而绕外磁场进动,这种进动产生了一个附加磁矩 $\Delta\boldsymbol{m}$,$\Delta\boldsymbol{m}$ 的方向与 $\boldsymbol{B}_0$ 的方向相反,大小与 $\boldsymbol{B}_0$ 的大小成正比.这样,抗磁质在外磁场的作用下,在磁体内激发一个和外磁场方向相反的附加磁场 $\boldsymbol{B}'$,于是磁化后磁感应强度 $\boldsymbol{B}$ 减弱了.这就是抗磁性的起源.

应当指出,顺磁质受到外磁场的作用后,也会产生抗磁性,但在通常情况下,多数顺磁质的抗磁性较顺磁性小得多,因而在研究顺磁质的磁化时可以不计抗磁性.

5. 磁化强度

与电介质中引入极化强度一样,我们在此引入**磁化强度**这一物理量来表征磁介质磁化的程度.在被磁化后的磁介质中,任取一体积元 ΔV,该体积元虽小,但其中仍包含有许多分子,在该体积元中所有分子磁矩的矢量和为 $\sum_i \boldsymbol{m}_i$,那么磁化强度定义为

$$\boldsymbol{M} = \frac{\sum_i \boldsymbol{m}_i}{\Delta V} \tag{10-35}$$

即磁化强度为单位体积内分子磁矩的矢量和.

在国际单位制中,磁化强度的单位为安/米,符号为 $\mathrm{A \cdot m^{-1}}$.

二、磁介质中的安培环路定理　磁场强度

*1. 磁化强度与磁化电流的关系

电介质在电场中被极化,出现了极化电荷,产生了附加的电场.磁介质在磁场中被磁化,产生了附加的磁场,其原因也在于在磁介质中出现了因磁化作用而形成的**磁化电流**.

为简单起见,我们选一特例来讨论.如图 10-39 所示,设有一通有电流 I 的"无限长"直螺线管内充满着各向同性的均匀磁介质,电流 I 在螺线管内激发的磁感应强度为 $\boldsymbol{B}$($B=\mu_0 nI$).显然磁介质在磁场 $\boldsymbol{B}$ 中将被磁化,从而使磁介质内的分子磁矩做有规则的排列[图 10-39(b)].从图中可以看出,在磁介质内部各处的分子电流总是方向相反,相互抵消,只有在柱面上形成近似环形电流[图 10-39(c)],这个电流即称为磁化电流,常以 I_s 表示.对于顺磁质,I_s 与 I 方向相同;对于抗磁质,I_s 与 I 方向相反.

在圆柱形磁介质表面上,沿柱体母线方向单位长度上的磁化电流称为磁化电流面密度 j_s,则在长为 l 的磁介质表面上形成的磁化电流为 $I_s=j_s l$,这样在长为 l、截面积为 S 的磁介质里,由于被磁化而具有的磁矩值为 $\sum_i m_i = j_s lS$.由磁化强度定义式,可得磁化电流面密度和磁化强度的关系为

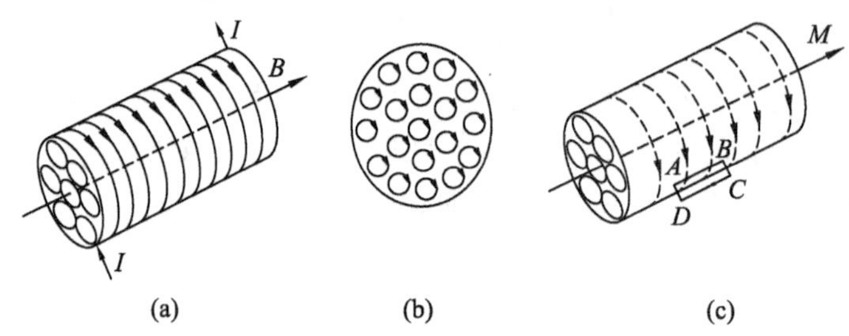

图 10-39 磁化电流与磁化强度

$$M=j_s \tag{10-36}$$

若在如图 10-39 所示的圆柱形磁介质内外作如图 10-39(c)所示的矩形安培环路 $ABCDA$，并设$\overline{AB}=l$.由于在介质内部各点的 $\boldsymbol{M}$ 都沿 AB 方向，大小相等，而在柱外各点 $M=0$.所以，磁化强度 $\boldsymbol{M}$ 沿环路 $ABCDA$ 的线积分为

$$\oint_L \boldsymbol{M}\cdot \mathrm{d}\boldsymbol{l}=M\,\overline{AB}=j_s l=I_s \tag{10-37}$$

式(10-37)就是磁化强度与磁化电流的关系，这里虽从特例情况导出，但却是在任何情况下都普遍适用的关系式.

2. 磁介质中的安培环路定理　磁场强度

前面学习了真空中的安培环路定理，我们完全可以推广到磁介质的情形.考虑到磁介质中存在磁化电流，这样，安培环路定理成为

$$\oint_L \boldsymbol{B}\cdot \mathrm{d}\boldsymbol{l}=\mu_0\left(\sum_i I_i+I_s\right) \tag{10-38}$$

式中，$\boldsymbol{B}$ 为磁介质中的总磁感应强度，$\sum\limits_i I_i$ 为传导电流，I_s 为磁化电流.将式(10-37)代入上式，可得

$$\oint_L \boldsymbol{B}\cdot \mathrm{d}\boldsymbol{l}=\mu_0\sum_i I_i+\mu_0\oint_L \boldsymbol{M}\cdot \mathrm{d}\boldsymbol{l}$$

或写成

$$\oint_L \left(\frac{\boldsymbol{B}}{\mu_0}-\boldsymbol{M}\right)\cdot \mathrm{d}\boldsymbol{l}=\sum_i I_i$$

然后采用与电介质中引进辅助矢量 $\boldsymbol{D}$ 相似的方法，在此引进辅助矢量 $\boldsymbol{H}$，称为磁场强度，定义

$$\boldsymbol{H}=\frac{\boldsymbol{B}}{\mu_0}-\boldsymbol{M} \tag{10-39}$$

这样，便有下列简单的形式：

$$\oint_L \boldsymbol{H}\cdot \mathrm{d}\boldsymbol{l}=\sum_i I_i \tag{10-40}$$

式(10-40)称为有磁介质时的安培环路定理，它说明：**磁场强度 $\boldsymbol{H}$ 沿任意闭合回路的线积分，等于该回路所包围的传导电流的代数和.**

在国际单位制中，磁场强度 $\boldsymbol{H}$ 的单位是安/米，符号为 $\mathrm{A\cdot m^{-1}}$.

式(10-39)表示磁介质中任一点处的磁感应强度 $\boldsymbol{B}$、磁场强度 $\boldsymbol{H}$ 和磁化强度 $\boldsymbol{M}$ 之间的普遍关系,不论磁介质是否均匀,甚至对铁磁性物质都能适用.

实验表明,对于各向同性磁介质,在磁介质中任一点的磁化强度 $\boldsymbol{M}$ 和磁场强度 $\boldsymbol{H}$ 成正比,即

$$\boldsymbol{M}=\chi_{m}\boldsymbol{H} \tag{10-41}$$

式中,比例系数 χ_{m} 只与磁介质的性质有关,称为磁介质的磁化率,将上式代入式(10-39),得

$$\boldsymbol{B}=\mu_{0}(\boldsymbol{H}+\boldsymbol{M})$$

即

$$\boldsymbol{B}=\mu_{0}(1+\chi_{m})\boldsymbol{H}$$

通常令

$$\mu_{r}=1+\chi_{m}$$

$$\mu=\mu_{0}\mu_{r}$$

则

$$\boldsymbol{B}=\mu_{0}\mu_{r}\boldsymbol{H}=\mu\boldsymbol{H} \tag{10-42}$$

μ_{r} 称为**磁介质的相对磁导率**,它是没有单位的纯数,对于各向同性的均匀磁介质,μ_{r} 是恒量.而 μ 称为**磁介质的磁导率**,它的单位与 μ_{0} 相同.对于真空,$\chi_{m}=0$,$\mu_{r}=1$,$\mu=\mu_{0}$,因此,$\boldsymbol{B}=\mu_{0}\boldsymbol{H}$.

磁介质也可按照相对磁导率 μ_{r} 来区分:$\mu_{r}>1$ 为顺磁质;$\mu_{r}<1$ 为抗磁质;$\mu_{r}\gg1$ 为铁磁质.一些磁介质的相对磁导率 μ_{r} 见表 10-1.

表 10-1 几种常见磁介质的相对磁导率(20 ℃,1atm)

材料		$\mu_{r}(>1)$	材料		$\mu_{r}(<1)$	材料		$\mu_{r}(\gg1)$
顺磁质	氧	$1+2.1\times10^{-6}$	抗磁质	铋	$1-16.6\times10^{-6}$	铁磁质	硅钢(96%铁,4%硅)	7×10^{2}
	铝	$1+2.3\times10^{-5}$		氢	$1-9.9\times10^{-9}$		坡莫合金(78%铁,22%镍)	1×10^{5}
	钨	$1+6.8\times10^{-5}$		铜	$1-9.8\times10^{-6}$		纯铁(99.9%铁)	5×10^{3}

因为顺磁质和抗磁质的 χ_{m} 非常小,所以 μ_{r} 差不多接近于 1.但是,对于铁磁质来说,μ_{r} 可达数千;铁磁质的 μ_{r} 不是恒量,还与磁化状态、过程有关.

引入磁场强度 $\boldsymbol{H}$ 这个物理量以后,能够比较方便地处理有磁介质的磁场问题,就像引入电位移 $\boldsymbol{D}$ 后,能够比较方便地处理有电介质的静电场问题一样.比如对于均匀磁介质中磁场分布具有某些对称性的情况,我们可用有磁介质的安培环路定理先求出磁场强度 $\boldsymbol{H}$ 的分布,再根据 $\boldsymbol{B}=\mu\boldsymbol{H}$ 得出磁介质中磁场的磁感应强度的分布,在整个过程中可不考虑磁化电流.

[**例 10-11**] 一根"无限长"直圆柱形铜导线,外包一层相对磁导率为 μ_{r} 的圆筒形磁介质,导线半径为 R_{1},磁介质的外半径为 R_{2},导线内有电流 I 通过,电流均匀分布在横截面上,如图 10-40 所示.求:

(1) 介质内外的磁场强度分布,并画出 H-r 图加以说明(r 是磁场中某点到圆柱轴线的距离);

(2) 介质内外的磁感应强度分布,并画出 B-r 图加以说明.

解 (1)求 H-r 关系.由于电流分布的轴对称性,因而磁场分布也有轴对称性,因此可用安培环路定理求解.选择积分回路 L 为以圆柱轴线为圆心、r 为半径的圆周,由式(10-40),可得

$$\oint_L \boldsymbol{H}\cdot \mathrm{d}\boldsymbol{l}=2\pi rH=\sum_i I_i$$

$$H=\frac{1}{2\pi r}\sum_i I_i$$

当 $r\leqslant R_1$ 时, $H_1=\frac{1}{2\pi r}\frac{I}{\pi {R_1}^2}\pi r^2=\frac{I}{2\pi {R_1}^2}r$

当 $R_1<r<R_2$ 时, $H_2=\frac{I}{2\pi r}$

当 $r\geqslant R_2$ 时, $H_3=\frac{I}{2\pi r}$

图 10-40 例 10-11 图

画出 H-r 曲线,如图 10-41(a)所示.

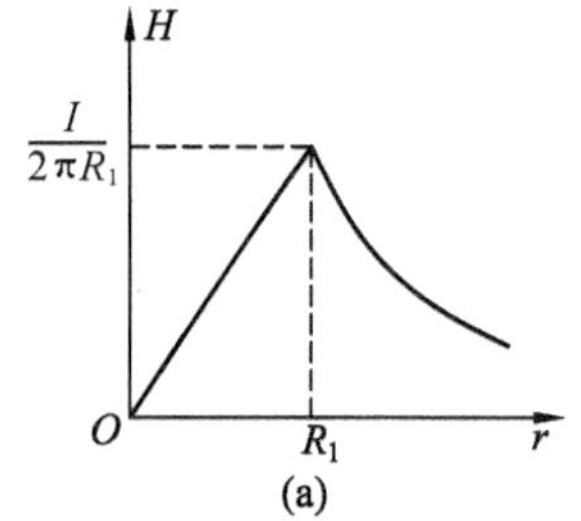

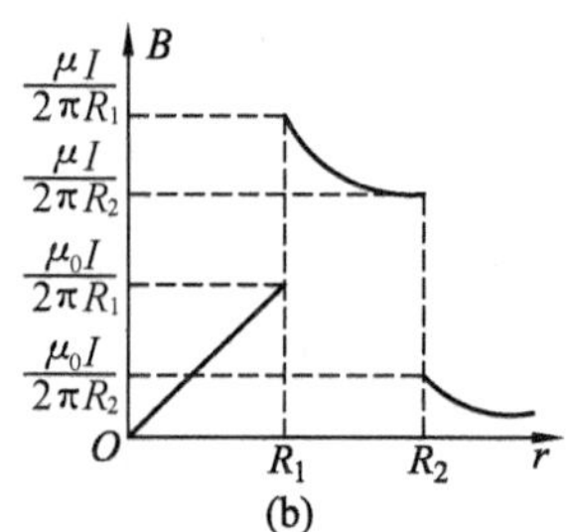

图 10-41 H-r 曲线

(2) 求 B-r 关系.由已求出的磁介质内外的磁场强度分布,再根据 $\boldsymbol{B}=\mu\boldsymbol{H}=\mu_0\mu_r\boldsymbol{H}$ 确定磁介质内外的磁感应强度的分布.

当 $r\leqslant R_1$ 时,该区域在金属导体内,可作为真空处理,$\mu_r=1$,故 $B_1=\mu_0 H_1=\frac{\mu_0 I}{2\pi {R_1}^2}r$.

当 $R_1<r<R_2$ 时,该区域充满相对磁导率为 μ_r 的磁介质,故 $B_2=\mu H_2=\mu_0\mu_r\frac{I}{2\pi r}$.

当 $r>R_2$ 时,该区域为真空,故 $B_3=\mu_0 H_3=\frac{\mu_0 I}{2\pi r}$.

画出 B-r 曲线,如图 10-41(b)所示.可见,在边界 $r=R_1$ 和 $r=R_2$ 处,磁感应强度 B 不连续.

三、铁磁质

铁磁质是一类特殊的磁介质,也是最有用的磁介质,铁、镍、钴和它们的一些合金均属于铁磁质.

1. 磁化曲线

常用如图 10-42 所示的电路来研究铁磁质的磁化特性，以铁磁质作芯的环形螺线管和电源及可变电阻串联成一电路.设螺线管每单位长度的匝数为 n，当线圈中通有大小为 I 的电流时，螺线环内的磁场强度为 $H=nI$，与 H 相应的磁感应强度 B 可通过图中的磁通计来测量.在实验室中，通过改变电阻来具体测量 B 随 H 的变化关系.

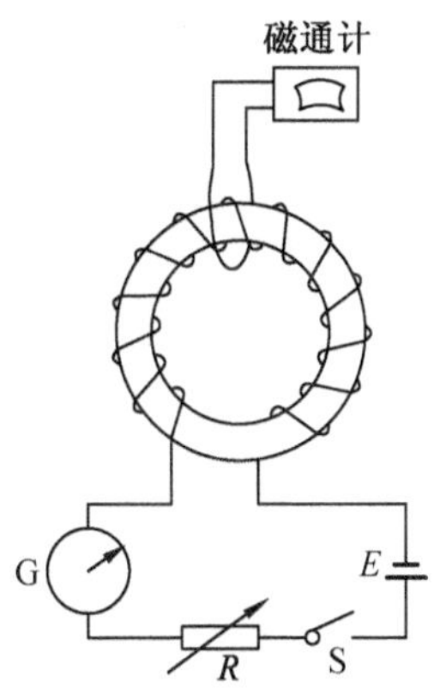

图 10-42 铁磁质的磁化特性的实验示意图

实验结果测得铁磁质内的磁感应强度 B 和磁场强度 H 之间的关系，它们不再是顺磁质和抗磁质内那种简单的正比关系，而是较复杂的函数关系，如图 10-43 所示.开始时 $H=0, B=0$，磁介质处于未磁化状态，之后在增加 H 时，B 也随之增加，不过开始时 B 增加得较慢（0～1 段），接着便急剧地增大（1～2 段），然后又缓慢下来（2～A 段），最后变得十分缓慢（A 之后），即达到了磁化饱和状态，这时的磁感应强度 B_m 叫作饱和磁感应强度.这条曲线叫作起始**磁化曲线**.

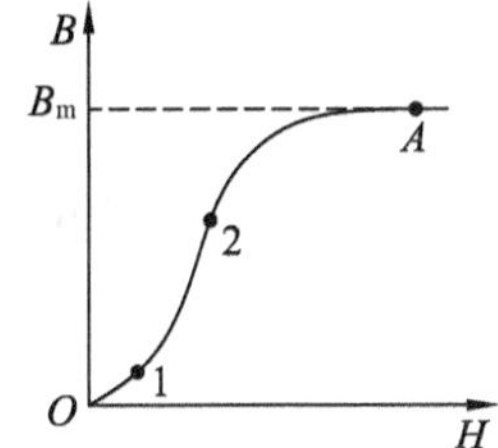

图 10-43 铁磁质的起始磁化曲线

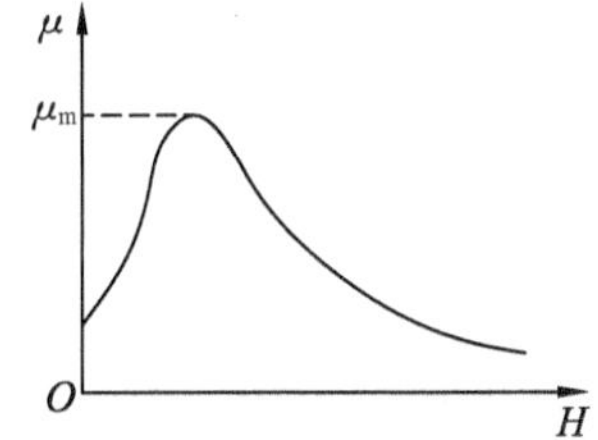

图 10-44 铁磁质的 μ-H 曲线

由图 10-43 可以看出，对于铁磁质，B 和 H 之间不是线性关系，故曲线上各点的斜率即磁导率 μ 是不同的.也就是说，铁磁质的 μ 不再是常量，而是磁场强度的函数，这个函数关系可用图 10-44 所示的曲线表示.由于铁磁质具有很大的磁导率，即 $\mu_r \gg 1$，故在外磁场的作用下，铁磁质中将产生与外磁场同方向、量值很大的磁感应强度.

2. 磁滞回线

铁磁质的磁化在达到饱和状态以后，如果使 H 减小，实验发现，此时 B 值也将减小，但 B 值并不沿原来的起始磁化曲线（OA 曲线）下降，而是沿着另一条曲线 AC 下降，如图 10-45 所示.到 $H=0$ 时，B 没有回到零，磁介质中还保留一定的磁感应强度 B_r，B_r 称为剩余磁感应强度，简称剩磁.到达 C 点以后，按下列顺序，继续改变磁场强度 H：$0 \to -H_c$、$-H_c \to -H_s$、$-H_s \to 0$、$0 \to +H_c$、$+H_c \to +H_s$；相应的磁感应强度 B 将分别沿着曲线 $C \to D$、$D \to A'$、$A' \to C'$、$C' \to D'$、$D' \to A$ 形成闭合曲线.从上述变化过程可以看出，磁感应强度 B 的变化总是落后于磁场强度 H 的变化，这种现象称为磁滞现象，它是铁磁质的重要特性之一.图 10-45 中的闭合曲线 $ACDA'C'D'A$ 称为**磁滞回线**.

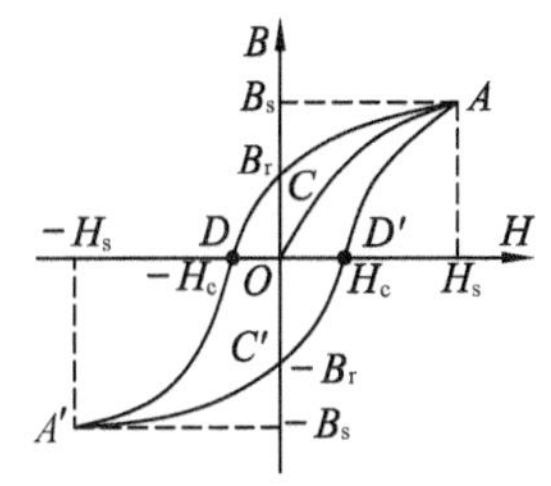

图 10-45 磁滞回线

若要完全消除铁磁质内的剩磁（称为完全退磁），需要加上反向磁场.由图 10-45 可见,在 D 点 $B=0$,即铁磁质完全退磁了,其所需的反向磁场强度 H_c 的量值叫作矫顽力.实用上通常不采用加恒定的反向电流消除剩磁的方法,而是采用施加一个由强变弱的交变磁场,使铁磁质的剩磁逐渐减弱到零.例如,手表、录音机和录像机的磁头、磁带等的退磁大都采用这一方法.

实验指出,铁磁质反复磁化时要发热,这种耗散为热量的能量损失称为磁滞损耗.所损耗的能量与磁滞回线所包围的面积成正比,面积愈大,磁滞损耗的能量也愈多.

3. 磁畴

铁磁性不能用一般顺磁质的磁化理论来解释.因为铁磁质的单个原子或分子并不具有任何特殊的磁性.如铁原子和铬原子的结构大致相同,原子的磁矩也相同,但铁是典型的铁磁质,而铬是普通的顺磁质.可见,铁磁质并不是与原子或分子有关的性质,而是和物质的固体结构有关的性质.

现代理论和实验都证明,在铁磁质中,由于相邻铁原子中的电子存在着非常强的“交换耦合作用”,使得相邻原子中电子的自旋磁矩平行地排列起来,这样就形成了一个一个的自发磁化,并达到饱和状态的微小区域.这些自发磁化的微小区域称为**磁畴**.无外磁场作用时,同一磁畴内的分子磁矩方向一致,但各个磁畴的磁矩方向杂乱无章,磁介质的总磁矩为零,宏观上对外不显磁性,如图 10-46 所示.

图 10-46　磁畴的示意图

为了下面讨论方便,特在图 10-47 中示意地画出四个体积相同的磁畴,它们的取向不同,磁矩恰好抵消,对外不呈现磁性,如图 10-47(a)所示.当加有外磁场时,铁磁质内自发磁化方向和外场相近的磁畴体积将因外场的作用而扩大,自发磁化方向与外场有较大偏离的磁畴体积将缩小,如果磁场还较弱,则磁畴的这种扩大、缩小过程还较缓慢,如图 10-47(b)所示.该过程相当于图 10-43 中磁化曲线的 0～1 段.如外场继续增强,到一定值时,磁畴界壁就以相当快的速度跳跃地移动,直到自发磁化方向与外场偏离较大的那些磁畴全部消失,如图 10-47(c)所示.该过程与图 10-43 中 1～2 段相当,是一不可逆过程(亦即外磁场减弱后,磁畴不能完全恢复到初始的状态).如外场再继续增加,则留存的磁畴逐渐转向外场方向,如图 10-47(d)所示.当所有磁畴的自发磁化方向都和外磁场方向相同时,磁化达到饱和,这相当于图 10-43 中的 2～A 段.

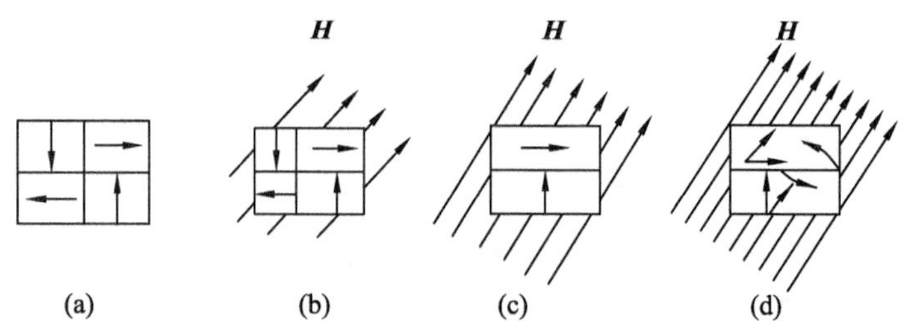

图 10-47　铁磁质的磁化过程

由于铁磁质内存在杂质和内应力,因此磁畴在磁化和退磁过程中作不连续的体积变化和转向时，磁畴不能按原来变化规律逆着退回初始状态，因而出现磁滞现象和剩磁.

铁磁性和磁畴结构的存在是分不开的，当铁磁体受到强烈震动，或在高温下剧烈的热运动使磁畴瓦解时，铁磁体的铁磁性也就消失了.居里(P.Curie)曾发现：对任何铁磁质来说，各有一特定的温度，当铁磁质的温度高于这一温度时，磁畴全部瓦解，铁磁性完全消失而成为普通的顺磁质.这个温度叫做居里点.铁、镍、钴的居里点分别为 770 ℃、358 ℃、1 115 ℃.

4. 铁磁质的分类及其应用

从铁磁质的性质和应用方面来看，按矫顽力的大小可将铁磁质分为软磁材料、硬磁材料和矩磁材料.

软磁材料的矫顽力小($H_c<100\ \text{A}\cdot\text{m}^{-1}$)，剩磁很小，磁滞回线狭长，如图 10-48(a)所示.这种材料容易磁化，也容易退磁，适用于交变电磁场，可用来制造电感元件、变压器、镇流器、继电器等的铁芯.常用的金属软磁材料有工程纯铁、硅钢、坡莫合金等.还有非金属软磁铁氧体，如锰锌铁氧体、镍锌铁氧体等.

硬磁材料的矫顽力较大($H_c>100\ \text{A}\cdot\text{m}^{-1}$)，剩磁较大，磁滞回线肥大，磁滞特性显著，如图 10-48(b)所示.这种材料一旦磁化后，会保留较大的剩磁，且不易退磁，故适合作永久磁体.比如，用于磁电式电表、永磁扬声器、拾音器、电话、录音机、耳机等电器设备.常见的金属硬磁材料有碳钢、钨钢、铝钢等.

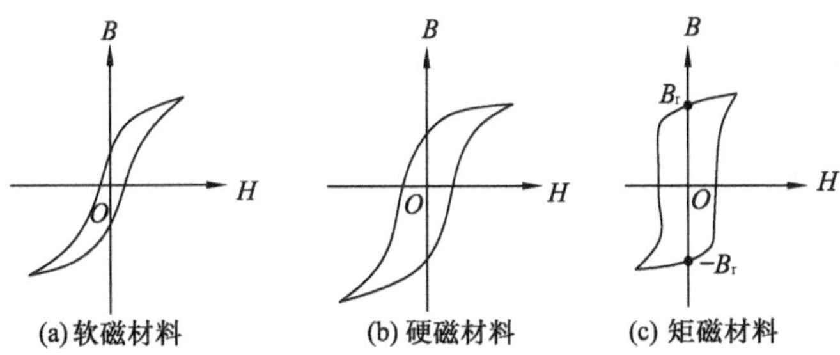

图 10-48 不同铁磁质的磁滞回线

还有一种铁磁质，称为矩磁材料，其特点是剩磁很大，接近于饱和磁感应强度 B_m，而矫顽力小，其磁滞回线接近于矩形，如图 10-48(c)所示.当它被外磁场磁化时，总是处在 B_r 或 $-B_r$ 两种不同的剩磁状态.因此适用于计算机中作储存记忆元件，通常计算机中采用二进制，只有“1”和“0”两个数码，因此可用矩磁材料的两种剩磁状态分别代表两个数码，起到“记忆”的作用.目前常用的矩磁材料有锰-镁铁氧体和锂-锰铁氧体等.

[例 10-12] 在如图 10-42 所示测定铁磁质磁化特性的实验中，设所用的环形螺线管共有 1 000 匝，平均半径为 15.0 cm，当通有 2.00 A 电流时，测得环内的磁感应强度 B 为 1.00 T.求：

(1) 螺线管铁芯内的磁场强度 H 和磁化强度 M；

(2) 该铁磁质的磁导率 μ 和相对磁导率 μ_r.

解 (1) 磁场强度的大小为

$$H=\frac{NI}{2\pi r}=\frac{1\ 000\times 2.00}{2\pi\times 15.0\times 10^{-2}}\ \text{A}\cdot\text{m}^{-1}=2.12\times 10^{3}\ \text{A}\cdot\text{m}^{-1}$$

磁化强度的大小为

$$M=\frac{B}{\mu_0}-H=\left(\frac{1.00}{4\pi\times10^{-7}}-2.12\times10^3\right)\ \mathrm{A\cdot m^{-1}}=7.94\times10^5\ \mathrm{A\cdot m^{-1}}$$

(2) 铁磁质中磁场在上述 H 值时的磁导率为

$$\mu=\frac{B}{H}=\frac{1.00}{2.12\times10^3}\mathrm{H\cdot m^{-1}}=4.72\times10^{-4}\ \mathrm{H\cdot m^{-1}}$$

相对磁导率为

$$\mu_r=\frac{\mu}{\mu_0}=\frac{4.72\times10^{-4}}{4\pi\times10^{-7}}=375$$

思 考 题

10-1 在同一磁力线上,各点 $\boldsymbol{B}$ 的数值是否都相等?为何不把作用于运动电荷的磁场力方向定义为磁感应强度 $\boldsymbol{B}$ 的方向?

10-2 从毕奥-萨伐尔定律能导出"无限长"截流直导线的磁场公式 $B=\frac{\mu_0 I}{2\pi a}$,当考察点无限接近导线时($a\to0$),则 $B\to\infty$,这是没有物理意义的,请解释.

10-3 设图中三导线中的电流 I_1、I_2、I_3 相等,试求沿闭合线 L 的环路积分 $\oint_L \boldsymbol{B}\cdot\mathrm{d}\boldsymbol{l}$ 值.并讨论:

(1) 在 L 闭合线上各点的磁感应强度 $\boldsymbol{B}$ 是否相等?

(2) 在 L 闭合线上各点的 $\boldsymbol{B}$ 是否与 I_3 无关?为什么?

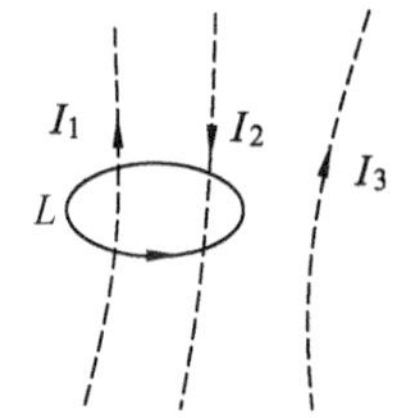

思考题 10-3 图

10-4 用安培环路定理能否求出有限长一段载流直导线周围的磁场?

10-5 由安培环路定理的应用例子可见,只有空间电流分布对称的情况下,该定理才成立.以上看法如有错误,请指出并改正.

10-6 安培力公式 $\mathrm{d}\boldsymbol{F}=I\mathrm{d}\boldsymbol{l}\times\boldsymbol{B}$ 中三个矢量哪两个矢量始终是正交的?哪两个矢量之间可以有任意角度?

10-7 一个弯曲的载流导线在均匀磁场中应如何放置才不受磁场力的作用?

10-8 在一均匀磁场中,有两个面积相等、通有相同电流的线圈,一个是正方形,一个是圆形.这两个线圈所受的磁力矩是否相等?所受的最大磁力矩是否相等?所受的磁场力的合力是否相等?

10-9 一质子束发生了侧向偏转,造成这个偏转的原因可否是电场?可否是磁场?你怎样判断是哪一种场对它的作用?

10-10 两个电子分别以速度 $\boldsymbol{v}$ 和 $2\boldsymbol{v}$ 同时射入一均匀磁场,电子的速度方向与磁场方向垂直,如图所示.经磁场偏转后哪个电子先回到出

思考题 10-10 图

发点？试说明理由.

10-11 在磁场方向和电流方向一定的条件下，导体所受的安培力的方向与载流子的种类有无关系？霍尔电压的正负与载流子的种类有无关系？

习 题

10-1 已知铜的摩尔质量为 63.75 $g \cdot mol^{-1}$，密度为 8.9 $g \cdot cm^{-3}$，在铜导线里，假设每一个铜原子贡献一个自由电子.

(1) 为了技术上的安全，铜线内最大电流密度 $j_m=6.0\ A \cdot mm^{-2}$，求此时铜线内电子的漂移速率；

(2) 在室温下电子热运动的平均速率是电子漂移速率的多少倍？

10-2 有两个同轴导体圆柱面，其半径分别为 3.0 mm 和 9.0 mm，它们的长度均为 20 m，若两圆柱面之间有 10 μA 的电流沿径向流过，求通过半径为 5.0 mm 的圆柱面上的电流密度.

10-3 如图所示，两根直导线互相平行地放置，导线内电流大小相等，均为 $I=10$ A，且方向相同，求图中 C、D 两点的磁感应强度 $\boldsymbol{B}$ 的大小和方向(图中 $r_0=0.010$ m).

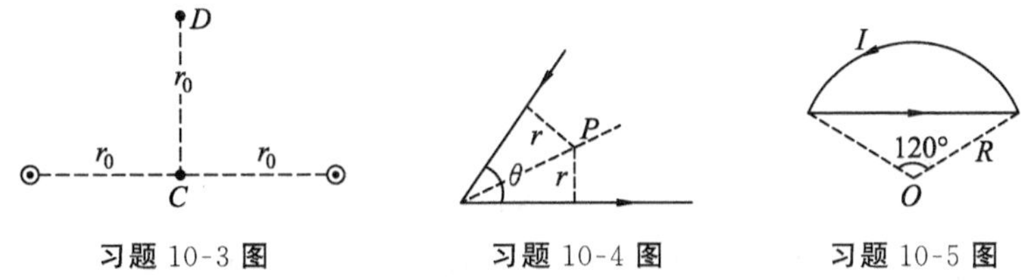

习题 10-3 图　　习题 10-4 图　　习题 10-5 图

10-4 如图所示，一“无限长”直导线通有电流 $I=10$ A，在一处折成夹角 $\theta=60°$的折线，求角平分线上与导线的垂直距离均为 $r=0.1$ cm 的 P 点处的磁感应强度.($\mu_0=4\pi\times 10^{-7}\ H \cdot m^{-1}$)

10-5 如图所示的弓形线框中通有电流 I，求圆心 O 处的磁感应强度.

10-6 已知半径为 R 的载流圆线圈与边长为 a 的载流正方形线圈的磁矩之比为 2∶1，且载流圆线圈在中心 O 处产生的磁感应强度为 B_0，求在正方形线圈中心 O'处的磁感应强度的大小.

10-7 在半径 $R=1$ cm 的“无限长”半圆柱形金属片中，有电流 $I=10$ A 自下而上通过，如图所示.试求圆柱轴线上一点 P 处的磁感应强度的大小.

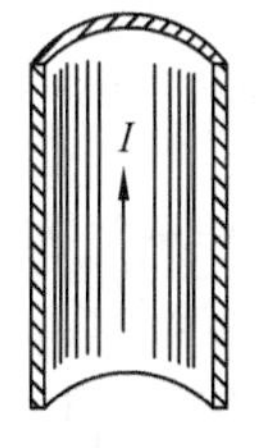

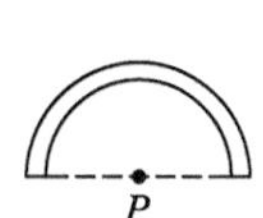

习题 10-7 图

10-8 已知磁感应强度 $B=1.0$ T 的均匀磁场，方向沿 x 轴正方向，如图所示.试求：

(1) 通过图中 $abcd$ 面的磁通量；

(2) 通过图中 $befc$ 面的磁通量；

(3) 通过图中 $aefd$ 面的磁通量.

10-9　如图所示的空心柱形导体,柱的半径分别为 a 和 b,导体内载有电流 I.设电流 I 均匀分布在导体横截面上.证明:导体内部各点($a<r<b$)的磁感应强度 $\boldsymbol{B}$ 的大小由下式给出:

$$B=\frac{\mu_0 I}{2\pi(b^2-a^2)}\frac{r^2-a^2}{r}$$

试以 $a=0$ 的极限情形来检验这个公式.试问 $r\geqslant b$ 时又如何?

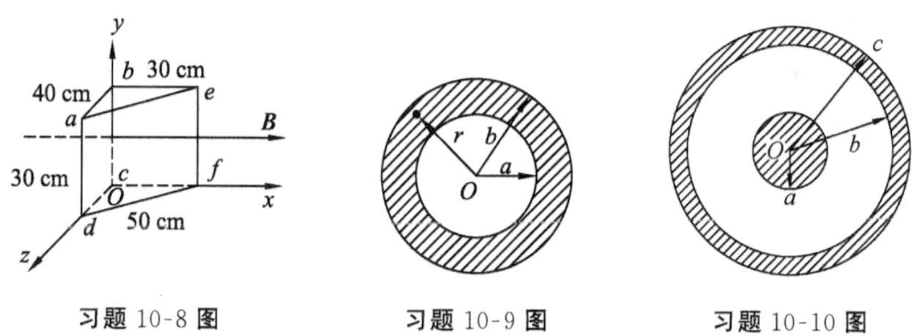

习题 10-8 图　　习题 10-9 图　　习题 10-10 图

10-10　一根很长的同轴电缆,由一导体圆柱(半径为 a)和一同轴的导体圆管(内外半径分别为 b、c)构成,如图所示.使用时,电流 I 从一导体流去,从另一导体流回.设电流都是均匀地分布在导体的横截面上的.求以下各区域的磁感应强度的大小:

(1) 导体圆柱内($r<a$);

(2) 两导体之间($a<r<b$);

(3) 导体圆筒内($b<r<c$);

(4) 电缆外($r>c$).

10-11　有一长直导体圆管,内外半径分别为 R_1 和 R_2,如图所示,它所载的电流 I_1 均匀分布在其横截面上.导体旁边有一绝缘"无限长"直导线,载有电流 I_2,且在中部绕了一个半径为 R 的圆圈.设导体管的轴线与长直导线平行,相距为 d,而且它们与导体圆圈共面,求圆心 O 点处的磁感应强度.

10-12　图中所示的一"无限长"直圆筒,沿圆周方向上的面电流密度(单位垂直长度上流过的电流)为 i,求圆筒内部的磁感应强度.

10-13　设氢原子基态的电子轨道半径为 a_0,如图所示,求由于电子的轨道运动在原子核处(圆心处)产生的磁感应强度的大小和方向.

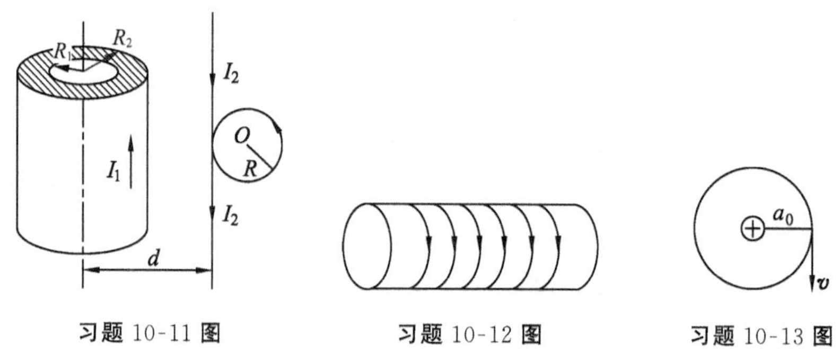

习题 10-11 图　　习题 10-12 图　　习题 10-13 图

10-14 一根半径为 R 的长直导线载有电流 I，作一宽为 R、长为 l 的假想平面 S，如图所示.若假想平面 S 可在导线直径与轴 OO' 所确定的平面内离开 OO' 轴移动至远处.试求当通过 S 面的磁通量最大时 S 平面的位置(设直导线内电流分布是均匀的).

10-15 两平行长直导线相距 $d=40$ cm，每根导线载有电流 $I_1=I_2=10$ A，如图所示.求：

(1) 两导线所在平面内与两导线等距的一点 A 处的磁感应强度；

(2) 通过图中斜线所示面积的磁通量($r_1=r_3=10$ cm，$l=25$ cm).

10-16 通有电流 I 的长直导线在一平面内被弯成如图所示的形状，放于垂直进入纸面的均匀磁场 $\boldsymbol{B}$ 中，求整个导线所受的安培力(R 为已知).

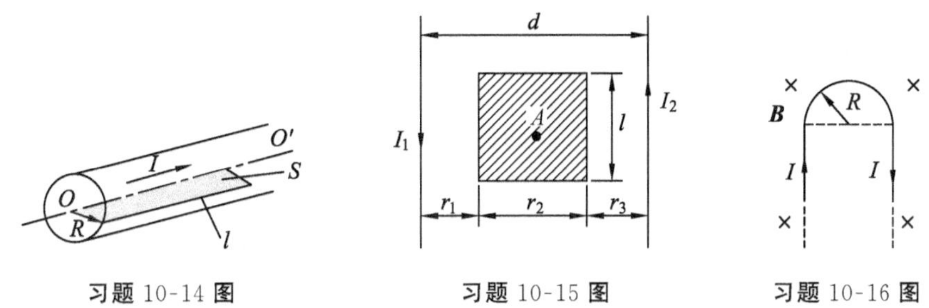

习题 10-14 图　　习题 10-15 图　　习题 10-16 图

10-17 "无限长"直线电流 I_1 与直线电流 I_2 共面，几何位置如图所示.试求直线电流 I_2 受到电流 I_1 磁场的作用力.

10-18 如图所示，在长直导线 AB 内通有电流 $I_1=10$ A，在矩形线圈 $CDEF$ 中通有电流 $I_2=5$ A，AB 与线圈共面，且 CD、EF 都与 AB 平行.已知 $a=9.0$ cm，$b=20.0$ cm，$d=1.0$ cm.求：

(1) 导线 AB 的磁场对矩形线圈每边所作用的力；

(2) 矩形线圈所受的合力和合力矩.

10-19 一平面线圈由半径为 0.2 m 的 $\frac{1}{4}$ 圆弧和相互垂直的两线段组成，通以电流 2 A，把它放在磁感应强度为 0.5 T 的均匀磁场中，求：

(1) 如图所示，线圈平面与磁场垂直时，圆弧 $\overset{\frown}{AC}$ 段所受的磁场力；

(2) 线圈平面的磁矩；

(3) 当线圈平面与磁场成 60°角时线圈所受的磁力矩.

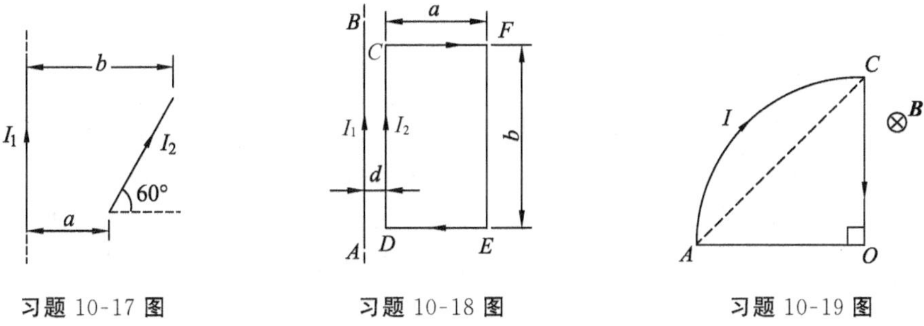

习题 10-17 图　　习题 10-18 图　　习题 10-19 图

10-20 一半径为 R 的“无限长”半圆柱面导体，载有电流 I，并与轴线上的长直导线的电流 I 同向，如图所示.试求轴线上长直导线单位长度所受的磁场力.

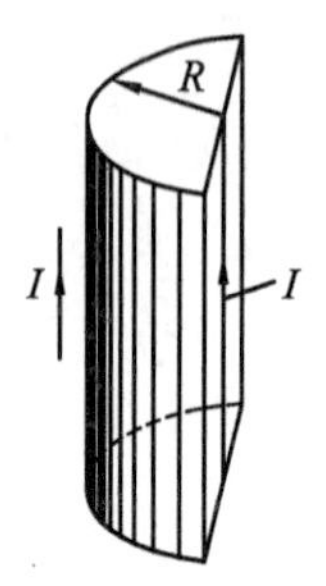

习题 10-20 图

10-21 在一个显像管的电子束中，电子有 1.2×10^{4} eV 的能量，这个显像管安放的位置使电子水平地由南向北运动，地球磁场的垂直分量 $B_{\perp}=5.5\times10^{-5}$ T，并且方向向下.试求：

(1) 电子束的偏转方向；

(2) 电子束在显像管内通过 20 cm 到达屏面时光点的偏转间距.

10-22 在一顶点为 45°的扇形区域内有磁感应强度大小为 B、方向垂直指向纸面内的均匀磁场，如图所示.今有一电子(质量为 m，电荷量为 $-e$)在底边距顶点 O 为 l 的地方，以垂直底边的速度 $\boldsymbol{v}$ 射入该磁场区域，若要使电子不从上边界跑出，电子的速度最大不应超过多少？

10-23 一电子在 $B=20\times10^{-4}$ T 的磁场中沿半径 $R=2.0$ cm 的螺旋线运动，螺距 $h=5.0$ cm，如图所示.

(1) 求该电子的速度大小；

(2) 磁场 $\boldsymbol{B}$ 的方向如何？

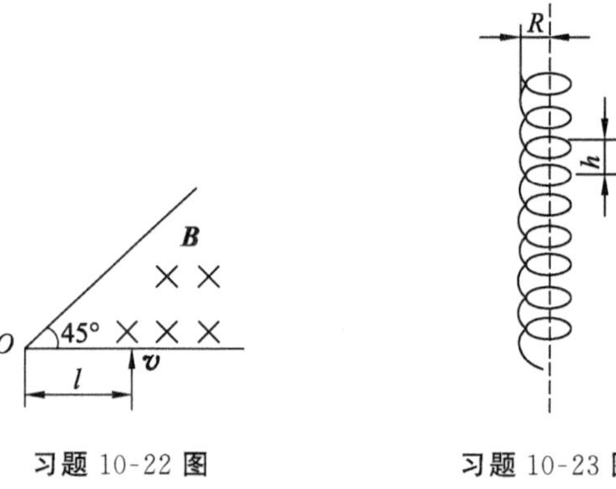

习题 10-22 图　　习题 10-23 图

10-24 从太阳射来的速率为 0.8×10^{7} m·s^{-1}的电子进入地球赤道上空高层范艾伦辐射带中，该处磁场为 4.0×10^{-7} T，此电子回旋轨道半径是多少？若电子沿地球磁场的磁力线进到地磁北极附近，该处的磁场为2.0×10^{-5} T，则其轨道半径又是多少？

10-25 在霍尔效应实验中，一宽为 1.0 cm、长为 4.0 cm、厚为 1.0×10^{-3} cm 的导体，沿长度方向载有 3.0 A 的电流，当磁感应强度大小为 1.5 T 的磁场垂直地通过该导体时，产生 1.0×10^{-5} V 的横向电压.试求：

(1) 载流子的漂移速度大小；

(2) 每立方米的载流子数目.

10-26 如图所示是霍尔血流速度计的原理图，在动脉血管两侧分别安装电极并加以磁场.设血管直径为 2.0 mm，磁场为 0.080 T，毫伏表测出血管上下两端的电压为 0.10 mV，则血流的流速大小为多少？

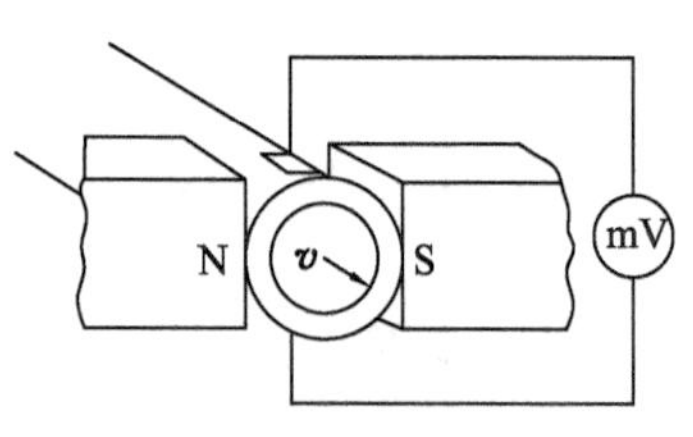

习题 10-26 图

10-27　一根同轴线由半径为 R_1 的长导线和套在它外面的内半径为 R_2、外半径为 R_3 的同轴导体圆筒组成.中间充满磁导率为 μ 的各向同性均匀非铁磁绝缘材料，如图所示.传导电流 I 沿导线向上流去，由圆筒向下流回，在它们的截面上电流都是均匀分布的.求同轴线内外的磁感应强度大小 B 的分布.

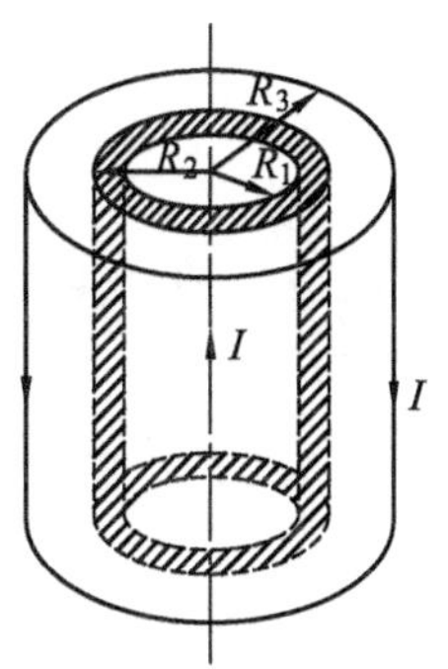

习题 10-27 图

10-28　螺绕环中心周长 $l=10$ cm，环上均匀密绕线圈 $N=400$ 匝，线圈中通有电流 $I=0.1$ A.管内充满相对磁导率 $\mu_r=4\ 200$ 的磁介质.求管内磁场强度和磁感应强度的大小.

10-29　螺绕环内通有电流 20 A，环上所绕线圈共 400 匝，环的平均周长为 40 cm，环内磁感应强度为 1.0 T.试计算：

(1) 磁场强度；

(2) 磁化强度；

(3) 磁化率；

(4) 相对磁导率.

第11章 电磁感应

在前面我们知道电流或运动电荷可以产生磁场.既然电流能产生磁场,那么,磁场是否也能引起电流呢?英国物理学家法拉第用了近十年的时间(1821—1831)终于发现,在一定条件下,磁场也能产生电流,这种电流称为感应电流,这种现象称为电磁感应现象.

电磁感应现象的发现,是电磁学领域中最重大的成就之一.在理论上,它揭示了电与磁相互联系和转化的重要一面,电磁感应定律本身就是麦克斯韦电磁场理论的基本组成部分.在实践上,它为电工学和电子技术奠定了基础,为人类获得巨大而廉价的电能和进入无线电通信的信息时代开辟了道路.本章研究电磁感应现象的基本规律、两类感应电动势(自感与互感)、磁场的能量.

法拉第(M. Faraday,1791－1867),英国物理学家和化学家,电磁理论的创始人之一,他最早引入磁场的思想,发现了电磁感应现象,后又发现电解定律、物质的抗磁性和顺磁性,以及光的偏振面在磁场中的旋转.

11-1 电磁感应定律

一、电磁感应现象

法拉第的实验大体可归纳为两类:一类实验是磁铁与线圈有相对运动时,线圈中产生了电流,如图 11-1 所示;另一类实验是当一个线圈中电流发生变化时,在它附近的其他线圈中也产生了电流,如图 11-2 所示.

对所有的电磁感应实验的分析表明,当穿过一个闭合导体回路(或线圈)的磁通量发生变化时,回路中就出现电流.这里要特别强调,引起电流的原因不是磁通量本身,而是磁通量的变化,磁通量的变化是产生电流的必要条件.该电流称为**感应电流**.

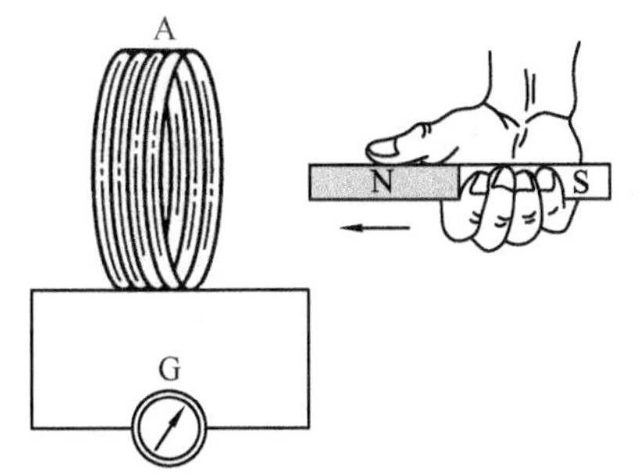

图 11-1 磁铁与线圈有相对运动时电流表的指针发生偏转

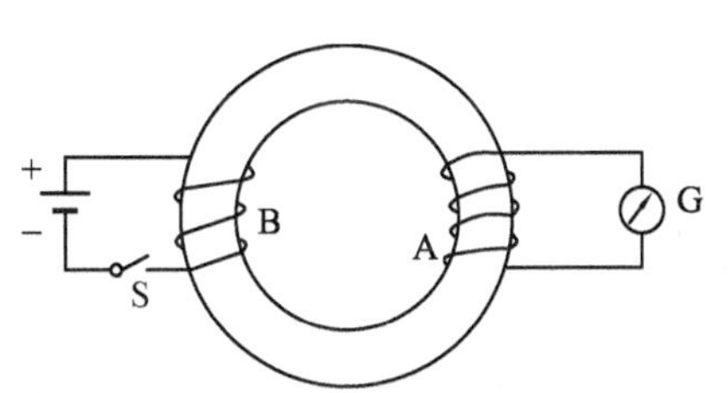

图 11-2 开关 S 闭合和断开的瞬间线圈 A 中电流表指针发生偏转

结论：**当穿过一个闭合导体回路所围面积的磁通量发生变化时，不管这种变化是由于什么原因引起的，回路中就有电流产生**.这种现象称为**电磁感应现象**.

我们知道，在闭合导体回路中出现电流，表明回路中有电动势存在.上述现象表明，由于穿过闭合回路的磁通量发生了变化，在回路中产生了电动势，这种电动势称为**感应电动势**.

二、电磁感应定律

法拉第进一步实验，找到了感应电动势与磁通量变化率之间的定量关系式，即法拉第电磁感应定律：**当穿过闭合回路所围面积的磁通量发生变化时，不论这种变化是由什么原因引起的，回路中都会产生感应电动势，且此感应电动势等于磁通量对时间变化率的负值**，即

$$\mathscr{E}=-\frac{\mathrm{d}\Phi}{\mathrm{d}t} \tag{11-1a}$$

式中，负号反映了感应电动势的方向与磁通量变化的关系.在判定感应电动势的方向时，应先规定回路的绕行正方向.如图 11-3 所示，当穿过回路磁力线的方向和所规定的回路的绕行正方向有右手螺旋关系时，磁通量 Φ 为正.这时如果穿过回路的磁通量增大，$\frac{\mathrm{d}\Phi}{\mathrm{d}t}>0$，则 $\mathscr{E}<0$，这表明此时感应电动势的方向和 L 的绕行方向相反[图 11-3(a)].如果穿过回路的磁通量减小，即$\frac{\mathrm{d}\Phi}{\mathrm{d}t}<0$，则 $\mathscr{E}>0$，这表示此时感应电动势的方向和 L 的绕行方向相同[图 11-3(b)].

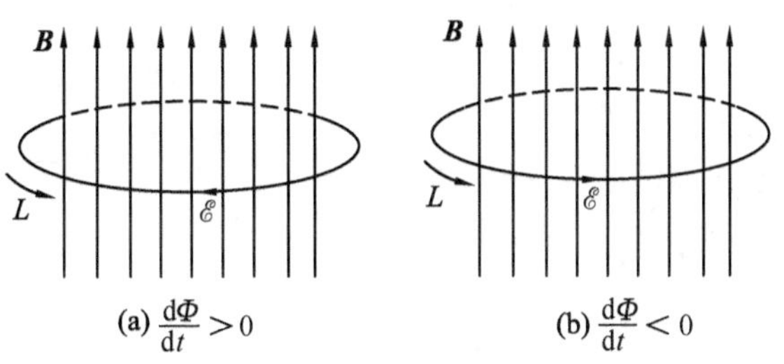

图 11-3 感应电动势方向的确定

上述所讲的闭合回路,并未指定是导体回路,如果是导体回路,则在其中将产生感应电流,其感应电流的方向与 $\mathscr{E}$ 的方向相同.该感应电流又会产生自己的磁场,在图 11-3(a)中,当磁通量增大时,感应电流产生的磁场向下,与原磁场方向相反;在图 11-3(b)中,当磁通量减小时,感应电流产生的磁场向上,与原磁场方向相同.综上所述,式(11-1a)中的负号所表示的感应电动势方向的规律可以表述如下:**感应电动势总具有这样的方向,使它产生的感应电流在回路中产生的磁场去阻碍引起感应电动势的磁通量的变化**,这个规律叫作**楞次定律**,它是由俄国物理学家楞次通过对大量的实验结果进行研究总结后,于1833 年得出的.图 11-3 中所示的感应电动势的方向是符合这一规律的,我们也可以这样说式(11-1a)中的负号是楞次定律的反映.

实际中用到的线圈常常是由许多匝线圈串联而成的,在这种情况下,在整个线圈中产生的感应电动势应为每匝线圈中产生的感应电动势之和.当穿过各匝线圈的磁通量分别为 $\Phi_1,\Phi_2,\cdots,\Phi_n$ 时,总电动势应为

$$\mathscr{E}=-\left(\frac{\mathrm{d}\Phi_1}{\mathrm{d}t}+\frac{\mathrm{d}\Phi_2}{\mathrm{d}t}+\cdots+\frac{\mathrm{d}\Phi_n}{\mathrm{d}t}\right)=-\frac{\mathrm{d}}{\mathrm{d}t}\left(\sum_{i=1}^{n}\Phi_i\right)=-\frac{\mathrm{d}\Psi}{\mathrm{d}t} \tag{11-1b}$$

式中 $\Psi=\sum\limits_{i=1}^{n}\Phi_i$ 是穿过各匝线圈的磁通量的总和,称为穿过线圈的**全磁通**.当穿过各匝线圈的磁通量相等时,N 匝线圈的全磁通为 $\Psi=N\Phi$,称为**磁链**,这时

$$\mathscr{E}=-\frac{\mathrm{d}\Psi}{\mathrm{d}t}=-N\frac{\mathrm{d}\Phi}{\mathrm{d}t} \tag{11-1c}$$

式(11-1)中各量的单位采用国际单位制,Ψ 或 Φ 的单位为韦[伯](Wb),t 的单位为秒(s),$\mathscr{E}$ 的单位为伏[特](V).于是由上式可知

$$1\ \mathrm{V}=1\ \mathrm{Wb/s}$$

对于只有电阻 R 的回路,感应电流为

$$I=\frac{\mathscr{E}}{R}=-\frac{1}{R}\frac{\mathrm{d}\Phi}{\mathrm{d}t} \tag{11-2}$$

在 $t_1\sim t_2$ 的这一段时间内通过回路导线中任一截面的感应电荷量为

$$q=\int_{t_1}^{t_2}I\,\mathrm{d}t=-\frac{1}{R}\int_{\Phi_1}^{\Phi_2}\mathrm{d}\Phi=\frac{1}{R}(\Phi_1-\Phi_2) \tag{11-3}$$

式中,Φ_1 和 Φ_2 分别是时刻 t_1 和 t_2 通过回路的磁通量.上式表明,在一段时间内通过导线任一截面的电荷量与这段时间内导线所包围面积的磁通量的变化量成正比,而与磁通量变化的快慢无关.常用的测量磁感应强度的磁通计(又称高斯计)就是根据这个原理制成的.

[例 11-1] 如图 11-4 所示,空间分布着均匀磁场 $B=B_0\sin\omega t$.一旋转半径为 r、长为 l 的矩形导体线圈以匀角速度 ω 绕与磁场垂直的轴 OO' 旋转,$t=0$ 时,线圈的法向 $\boldsymbol{e}_\mathrm{n}$ 与 $\boldsymbol{B}$ 之间的夹角 $\phi_0=0$.求线圈中的感应电动势.

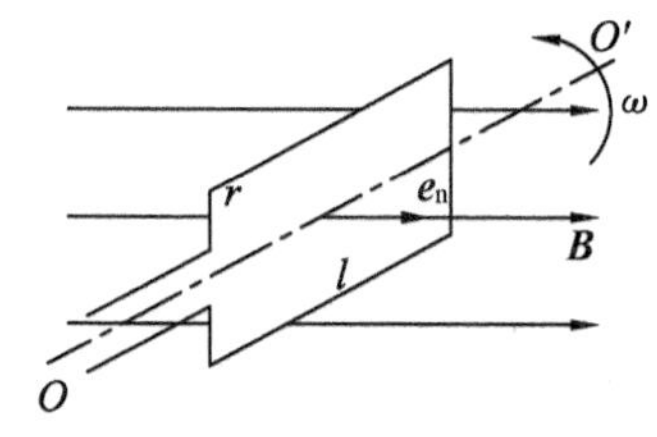

图 11-4 例 11-1 图

解 设 ϕ 表示 t 时刻 $\boldsymbol{n}$ 与 $\boldsymbol{B}$ 之间的夹角,则

$$\phi=\omega t+\phi_0=\omega t$$

所以,t 时刻通过矩形导体线圈的磁通量为

$$\Phi=\boldsymbol{B}\cdot\boldsymbol{S}=BS\cos\omega t=B_0\sin\omega t\,2rl\cos\omega t=B_0 rl\sin 2\omega t$$

线圈中的感应电动势为

$$\mathscr{E}=-\frac{\mathrm{d}\Phi}{\mathrm{d}t}=-2\omega B_0 rl\cos 2\omega t$$

可见 $\mathscr{E}$ 随时间作周期性变化.当 $\mathscr{E}>0$ 时,表示感应电动势的方向与 $\boldsymbol{e}_\mathrm{n}$ 成右手螺旋关系;当 $\mathscr{E}<0$ 时,表示 $\mathscr{E}$ 的方向与 $\boldsymbol{e}_\mathrm{n}$ 成左手螺旋关系.后面我们将看到,这个感应电动势既有动生电动势,又有感生电动势.另外,当 $\boldsymbol{B}$ 是不随时间变化的恒定磁场时,本例则体现了交流发电机的基本原理.

文档:发电机与第二次工业革命

[例 11-2] 如图 11-5 所示,长直电流 I 旁有一与它共面的长方形平面,如果电流 $I=I_0\mathrm{e}^{-2t}$,求长方形线框中的感应电动势.

解 取如图所示的面积元 $\mathrm{d}S=l\mathrm{d}r$,它与导线相距 r,该处的 $B=\dfrac{\mu_0 I}{2\pi r}$.

通过长方形线框的磁通量为

$$\Phi=\int\boldsymbol{B}\cdot\mathrm{d}\boldsymbol{S}=\int B\mathrm{d}S=\int_a^{a+b}\frac{\mu_0 I}{2\pi r}l\,\mathrm{d}r=\frac{\mu_0 lI}{2\pi}\ln\frac{a+b}{a}$$

图 11-5 例 11-2 图

$$\mathscr{E}=-\frac{\mathrm{d}\Phi}{\mathrm{d}t}=-\frac{\mu_0 l}{2\pi}\cdot\ln\frac{a+b}{a}\cdot\frac{\mathrm{d}I}{\mathrm{d}t}=\frac{\mu_0 lI_0\mathrm{e}^{-2t}}{\pi}\ln\frac{a+b}{a}=\frac{\mu_0 lI}{\pi}\ln\frac{a+b}{a}$$

11-2 动生电动势和感生电动势

法拉第电磁感应定律指出,不论什么原因,只要使穿过回路的磁通量发生变化,回路中就会有感应电动势产生,由磁通量的定义 $\Phi=\int\boldsymbol{B}\cdot\mathrm{d}\boldsymbol{S}=\int B\cos\theta\,\mathrm{d}S$ 可知,引起磁通量变化的因素有三个:(1) 回路面积;(2) 回路面积在磁场中的取向;(3) 磁感应强度.根据引起磁通量变化因素的不同,我们通常把由于回路所围面积的变化或面积取向变化而引起的感应电动势,叫作**动生电动势**;而把由于磁感应强度变化而引起的感应电动势,叫作**感生电动势**.下面分别讨论这两种电动势.

一、动生电动势

动生电动势的产生,可以用洛伦兹力来解释.如图 11-6 所示,长为 l 的导体棒与导轨所构成的矩形回路 $ABCD$ 平放在纸面内,均匀磁场 $\boldsymbol{B}$ 垂直于纸面向里.当导体 CD 以速度 $\boldsymbol{v}$ 沿导轨向右滑动时,导体棒内的自由电子也以速度 $\boldsymbol{v}$ 随之向右运动.电子受到的洛伦兹力为

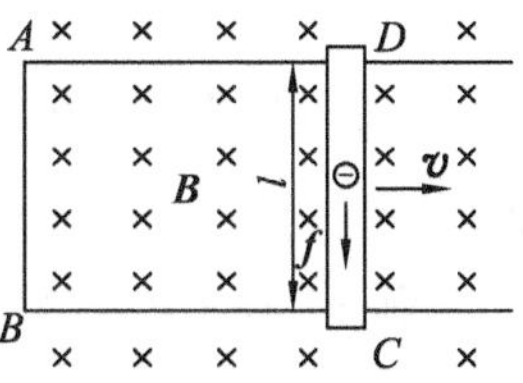

图 11-6 动生电动势的形成

$$f=(-e)\boldsymbol{v}\times\boldsymbol{B}$$

$\boldsymbol{f}$ 的方向从 D 指向 C.在洛伦兹力作用下,自由电子向下做定向运动.如果导轨是导体,在回路中将产生 $ABCD$ 方向的电流;如果导轨是绝缘体,则洛伦兹力将使自由电子在 C 端积累,使 C 端带负电而 D 端带正电,在 CD 棒上产生自上而下的静电场.静电场对电子的作用力从 C 指向 D,与电子所受洛伦兹力方向相反.当静电力与洛伦兹力达到平衡时,CD 间的电势差达到稳定值,D 端电势比 C 端电势高.由此可见,这段运动导体棒相当于一个电源,它的非静电力就是洛伦兹力.

我们已经知道,把单位正电荷从负极通过电源内部移动到正极非静电力所做的功定义为电动势,即 $\mathscr{E}=\int_{-}^{+}\boldsymbol{E}_k\cdot\mathrm{d}\boldsymbol{l}$.在动生电动势的情形中,作用在单位正电荷上的非静电力是洛伦兹力,于是得到相应的非静电场 $\boldsymbol{E}_k$ 为

$$\boldsymbol{E}_k=\frac{\boldsymbol{f}}{-e}=\boldsymbol{v}\times\boldsymbol{B}$$

根据电动势定义,得动生电动势为

$$\mathscr{E}_{CD}=\int_C^D(\boldsymbol{v}\times\boldsymbol{B})\cdot\mathrm{d}\boldsymbol{l} \tag{11-4}$$

式(11-4)提供了计算任意形状导线在磁场中运动时产生动生电动势的一个方法,**应用时必须注意**:(1) 式(11-4)中 $\boldsymbol{v}$ 和 $\boldsymbol{B}$ 是 $\mathrm{d}\boldsymbol{l}$ 处的速度和磁感应强度.(2) 应先求($\boldsymbol{v}\times\boldsymbol{B}$),然后求标积($\boldsymbol{v}\times\boldsymbol{B}$)·$\mathrm{d}\boldsymbol{l}$.(3) 积分限从 C 到 D 与 $\mathscr{E}_{CD}$ 下标 CD 统一,若计算结果为正,$\mathscr{E}_{CD}>0$,D 端电势高;反之,$\mathscr{E}_{CD}<0$,C 端电势高.

[例 11-3] 一根长为 L 的铜棒,在磁感应强度为 $\boldsymbol{B}$ 的均匀磁场中,以角速度 ω 在垂直于磁场的平面内匀角速转动(图 11-7),求铜棒的感应电动势.

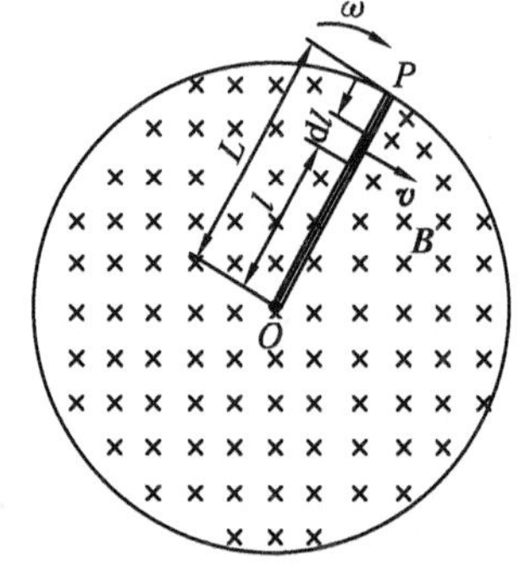

图 11-7 例 11-3 图

解 在铜棒上距 O 为 l 处取一小段 $\mathrm{d}\boldsymbol{l}$,方向从 O 指向 P,其速度大小为 $v=\omega l$,并且 $\boldsymbol{v}$、$\boldsymbol{B}$ 与 $\mathrm{d}\boldsymbol{l}$ 相互垂直(图 11-7),于是 $\mathrm{d}l$ 两端的动生电动势为

$$\mathrm{d}\mathscr{E}=(\boldsymbol{v}\times\boldsymbol{B})\cdot\mathrm{d}\boldsymbol{l}=Bv\mathrm{d}l=Bl\omega\mathrm{d}l$$

铜棒两端之间的动生电动势为各线元产生的电动势之和,即

$$\mathscr{E}_{OP}=\int_O^P\mathrm{d}\mathscr{E}=\int_O^L Bl\omega\,\mathrm{d}l=\frac{1}{2}B\omega L^2$$

由于 $\mathscr{E}_{OP}>0$,所以感应电动势的方向为由 O 指向 P, P 端电势高.

讨论与思考:如果图 11-7 中棒旋转点不在 O 点,而在棒中间距 O 点的 $\frac{L}{3}$ 处,结果又如何?

[例 11-4] 如图 11-8 所示,一长直导线中通有电流 I,在其附近有一共面且与导线垂直的长为 l 的金属棒 CD,以速度 $\boldsymbol{v}$ 平行于长直导线做匀速运动,如棒的近导线一端距离导线为 d,求金属棒中的动生电动势.

解 由于金属棒处在通电导线的非均匀磁场中,因此必须将金属棒分成很多线元

dx，这样在 dx 上的磁场可以看作是均匀的，其磁感应强度的大小为

$$B=\frac{\mu_0 I}{2\pi x}$$

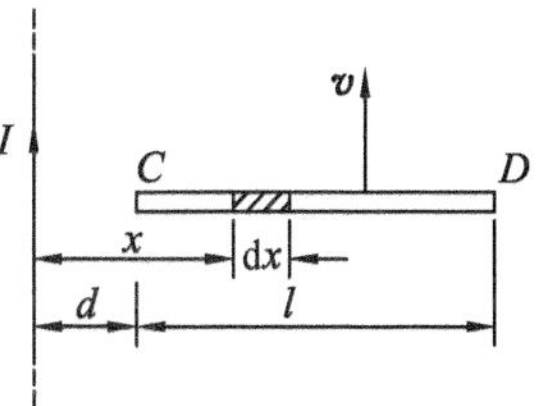

图 11-8 例 11-4 图

式中，x 为线元 dx（方向从 C 指向 D）与长直导线间的距离.根据动生电动势的公式，可知 dx 小段上的动生电动势为

$$d\mathscr{E}=(\boldsymbol{v}\times\boldsymbol{B})\cdot d\boldsymbol{x}=-Bv\,dx=-\frac{\mu_0 Iv}{2\pi x}dx$$

上式中出现负号是因为 $\boldsymbol{v}\times\boldsymbol{B}$ 的方向与 $d\boldsymbol{x}$ 的方向相反.这样，金属棒中的总电动势为

$$\mathscr{E}_{CD}=\int_C^D d\mathscr{E}=-\int_d^{d+l}\frac{\mu_0 Iv}{2\pi x}dx=-\frac{\mu_0 I}{2\pi}v\ln\frac{d+l}{d}$$

$\mathscr{E}_{CD}<0$，说明 $\mathscr{E}$ 的方向从 D 指向 C，也就是说，C 点的电势比 D 点的电势高.

讨论与思考：在图 11-8 中把金属棒 CD 换成与 I 共面的半圆周的金属环（金属环的两端点为 C、D），结果如何？

二、感生电动势和感生电场

一个静止的导体回路，当它包围的磁场发生变化时，穿过它的磁通量也会发生变化，这时回路中就会产生感应电动势.这样产生的感应电动势称为感生电动势.感生电动势和磁通量变化率之间的关系仍由法拉第电磁感应定律式（11-1）表示.

如上所述，产生动生电动势的非静电力是洛伦兹力，那么，产生感生电动势的非静电力是什么力呢？由于导体回路不动，所以它不可能像在动生电动势中那样是洛伦兹力.麦克斯韦在分析了一些电磁感应现象以后，提出了如下假设：变化的磁场在其周围空间要激发一种电场，这个电场叫作**感生电场**，用符号 $\boldsymbol{E}_r$ 表示，这个感生电场就是产生感生电动势的非静电场.感生电场与静电场一样都对电荷有力的作用.它们之间的不同之处是：静电场是由静止电荷激发产生的，感生电场则是由变化的磁场所激发的；静电场的电场线起始于正电荷，终止于负电荷，而感生电场的电场线是闭合的，是一系列无头无尾的闭合曲线，所以感生电场也称为有旋电场.

由电动势的定义式 $\mathscr{E}=\oint\boldsymbol{E}_r\cdot d\boldsymbol{l}$，再根据法拉第电磁感应定律，有

$$\mathscr{E}=\oint\boldsymbol{E}_r\cdot d\boldsymbol{l}=-\frac{d\Phi}{dt} \tag{11-5}$$

式（11-5）反映出感生电场与静电场的不同.对静电场，$\oint\boldsymbol{E}\cdot d\boldsymbol{l}=0$，即电场强度沿任一闭合回路的环流恒为零，所以静电场是保守场.式（11-5）说明，感生电场沿任一闭合回路的环流不恒等于零，这就是说，感生电场不是保守场.

注意：式（11-5）不管是对导体回路，还是对其他回路都是成立的.考虑到磁通量 $\Phi=\int_S\boldsymbol{B}\cdot d\boldsymbol{S}$，所以感生电动势可表示为

$$\mathscr{E}=\oint\boldsymbol{E}_r\cdot d\boldsymbol{l}=-\frac{d}{dt}\int_S\boldsymbol{B}\cdot d\boldsymbol{S}$$

当回路不动时,它所围的面积不随时间而变化,因此,上式可写成

$$\oint \boldsymbol{E}_{\mathrm{r}} \cdot \mathrm{d}\boldsymbol{l} = -\int_S \frac{\partial \boldsymbol{B}}{\partial t} \cdot \mathrm{d}\boldsymbol{S} \tag{11-6}$$

式中,$\frac{\partial \boldsymbol{B}}{\partial t}$是闭合回路所围面积内某点的磁感应强度随时间的变化率.式(11-6)表明,只要存在变化的磁场,就一定会有感生电场;而且$\frac{\partial \boldsymbol{B}}{\partial t}$与$\boldsymbol{E}_{\mathrm{r}}$在方向上遵从左手螺旋关系.

文档:感生电场的电场线

[例 11-5] 在半径为 R 的圆柱形空间有均匀磁场 $\boldsymbol{B}$,如图 11-9 所示.若 $\boldsymbol{B}$ 随时间变化,且$\frac{\mathrm{d}\boldsymbol{B}}{\mathrm{d}t}>0$,试求任意半径 r 处涡旋电场 $\boldsymbol{E}_{\mathrm{r}}$ 的大小.

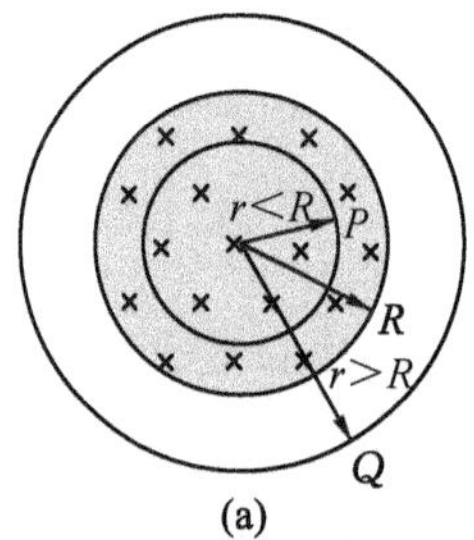

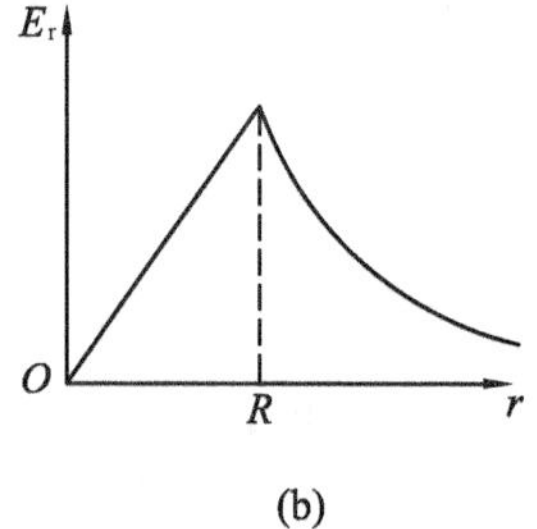

图 11-9 例 11-5 图

解 作半径为 r 的圆,如图 11-9(a)所示,由对称性可知,圆周上各点的涡旋电场 $\boldsymbol{E}_{\mathrm{r}}$ 的大小相等,方向与圆周相切,为逆时针方向,即涡旋电场的电场线在此题中为一系列同心圆.

(1) 当 $r \leqslant R$ 时,通过过 P 点的圆形回路的磁通量 $\Phi=\pi r^2 B$,代入式(11-5),得

$$E_{\mathrm{r}} \cdot 2\pi r = -\frac{\mathrm{d}\Phi}{\mathrm{d}t} = -\pi r^2 \frac{\mathrm{d}B}{\mathrm{d}t}$$

$$E_r = -\frac{r}{2}\frac{\mathrm{d}B}{\mathrm{d}t}$$

式中,“-”号表示涡旋电场反抗磁场的变化.

(2) 当 $r>R$ 时,通过过 Q 点的圆形回路的磁通量 $\Phi=\pi R^2 B$,代入式(11-5),得

$$E_{\mathrm{r}} \cdot 2\pi r = -\frac{\mathrm{d}\Phi}{\mathrm{d}t} = -\pi R^2 \frac{\mathrm{d}B}{\mathrm{d}t}$$

得

$$E_{\mathrm{r}} = -\frac{R^2}{2r}\frac{\mathrm{d}B}{\mathrm{d}t}$$

可见在圆柱形磁场中,E_{r} 与 r 成正比,而在磁场外,E_{r} 与 r 成反比,图 11-9(b)画出了涡旋电场 $\boldsymbol{E}_{\mathrm{r}}$ 的大小随 r 的变化曲线.

讨论与思考:在图 11-9(a)中,以 r 为半径分别放置一金属圆环和半圆环,C、D 是直径与圆环的两交点,则金属圆环和半圆环中的感应电动势及 C、D 两点间的电势差各是多少?

感生电动势与动生电动势的相对性

在图 11-1 中磁铁与线圈有相对运动时，电流表的指针发生了偏转.若处在线圈参照系上，线圈中的电动势可看成是感生电动势；但若处在磁铁参照系上，则可看成是动生电动势.如何理解？

三、电子感应加速器 涡电流

1. 电子感应加速器

作为感生电动势的一个重要应用，我们讨论电子感应加速器.它的结构如图 11-10 所示.

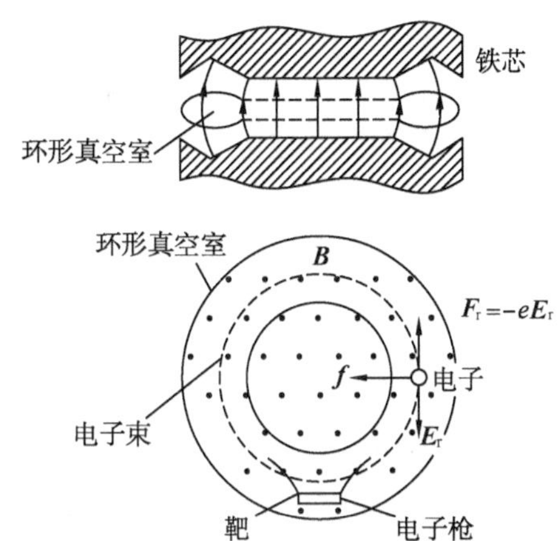

图 11-10 电子感应加速器

在电磁铁的两磁极间放置一个环形真空室.电磁铁线圈中通以交变电流，在两磁极间产生交变磁场.交变磁场又在真空室内激发涡旋电场，电子由电子枪注入环形真空室时，在磁场施加的洛伦兹力和涡旋电场的电场力共同作用下电子做加速圆周运动.由于磁场和涡旋电场都是周期性变化的，只有在涡旋电场的方向与电子绕行方向相反时，电子才能得到加速，所以每次电子束注入并得到加速后，要在涡旋电场的方向改变之前把电子束引出使用.容易分析得出，电子得到加速的时间最长只是交变电流周期 T 的四分之一.这个时间虽短，但由于电子束注入真空室时初速度相当大，所以在加速的短短时间内，电子束已在环内加速绕行了几十万圈.小型电子感应加速器可把电子加速到 0.1～1 MeV，用来产生 X 射线.大型的加速器能量可达数百兆电子伏特，用于科学研究.

视频：涡电流

2. 涡电流

在一些电器设备中，常常遇到大块的金属导体在磁场中运动或者处在变化的磁场中，此时，金属内部也会有感生电流.这种在金属导体内部自成闭合回路的电流称为涡电流.由于在大块金属中电流流经的横截面积很大、电阻很小，所以涡电流可能达到很大的数值.

利用涡电流的热效应可以给金属导体加热.如高频感应冶金炉就是把难熔或贵重的金属放在陶瓷坩埚里，坩埚外面套上线圈，线圈中通以高频电流.利用高频电流激发的交变磁场在金属中产生的涡电流的热效应把金属熔化.在真空技术方面，也广泛利用涡电流给待抽真空仪器内的金属部分加热，以清除附在其表面的气体.

大块金属导体在磁场中运动时，导体上产生涡电流.反过来，有涡电流的导体又受到磁场的安培力的作用.根据楞次定律，安培力阻碍金属导体在磁场中的运动，这就是电磁阻尼原理.一般的电磁测量仪器中，都设计有电磁阻尼装置.

文档：涡电流与电磁炉

涡电流的产生,当然要消耗能量,最后变为焦耳热.在发电机和变压器的铁芯中就有这种能量损失,称为涡流损耗.为了减少这种损失,我们可以把铁芯做成层状,层与层之间用绝缘材料隔开,以减少涡电流.一般变压器铁芯均做成叠片式就是这个道理.另外,为减小涡电流,应增大铁芯电阻,所以常用电阻率较大的硅钢(矽钢)做铁芯材料.

一段柱状的均匀导体通过直流电流时,电流在导体的横截面上是均匀分布的.然而,交流电流通过柱状导体时,由于交变电流激发的交变磁场会在导体中产生涡电流,涡电流使得交变电流在导体的横截面上不再均匀分布,而是越靠近导体表面处电流密度越大.这种交变电流集中于导体表面的效应称为趋肤效应.严格地解释趋肤效应必须求解电磁场方程组.由于趋肤效应,使得我们在高频电路中可以用空心导线代替实心导线.在工业应用方面,利用趋肤效应可以对金属表面进行淬火.

11-3 自感和互感

在实际电路中,磁场的变化常常是由于电流的变化引起的,因此,把感生电动势直接和电流的变化联系起来是有重要实际意义的.自感和互感现象的研究就是要找出这方面的规律.

一、自感

当一个电流回路的电流 I 随时间变化时,通过回路自身的全磁通也发生变化,因而回路自身也产生感生电动势(图 11-11).这就是**自感现象**,这时产生的感生电动势称为**自感电动势**.

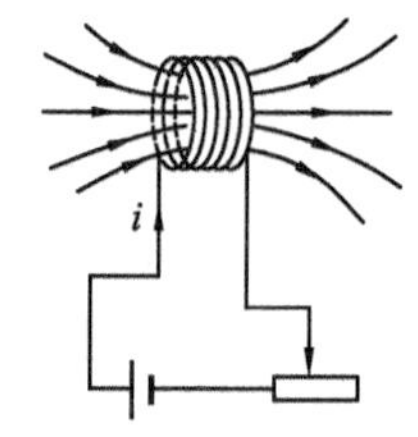

图 11-11 自感现象

根据毕奥-萨伐尔定律,电流 I 在空间任意点激发的磁感应强度与 I 成正比,因此,穿过回路自身的全磁通也与 I 成正比,即

$$\Psi=LI \tag{11-7}$$

或

$$L=\frac{\Psi}{I}$$

式中,比例系数 L 称为回路的自感系数(简称**自感**).可见,某回路的自感等于回路中电流为 1 个单位时穿过此回路所围面积的全磁通.实验表明,自感系数 L 只与回路的形状、大小、线圈的匝数以及周围磁介质的分布有关.

在国际单位制中,自感系数的单位是亨利,简称亨,用符号 H 表示.由式(11-7)可知,1 H=1 Wb/A.由于亨的单位比较大,实用上常用毫亨(mH)与微亨(μH)作为自感系数的单位.

根据电磁感应定律,在 L 一定的条件下,由式(11-7)可求得自感电动势为

$$\mathscr{E}_L=-\frac{\mathrm{d}\Psi}{\mathrm{d}t}=-L\,\frac{\mathrm{d}I}{\mathrm{d}t} \tag{11-8}$$

式(11-8)中负号是楞次定律的数学表示.在图11-11中,回路的正方向一般取电流I的方向.当电流增大时,即$\frac{dI}{dt}>0$时,由式(11-8)知$\mathscr{E}_L<0$,说明自感电动势的方向与电流方向相反;当$\frac{dI}{dt}<0$时,$\mathscr{E}_L>0$,说明自感电动势的方向与电流方向相同.由此可知自感电动势总是起阻碍回路本身电流变化的作用.

通常,自感系数由实验测定,只是在某些简单的情形下才可由定义式计算出来.

在工程技术和日常生活中,自感现象的应用是很广泛的,在日光灯上装置的镇流器和无线电技术、电工中使用的扼流圈是利用自感效应的常见实例.

[**例11-6**] 计算长直螺线管的自感.设其横截面积为S,长度为l,线圈的总匝数为N,管中充满相对磁导率为μ_r的磁介质.

解 设长直螺线管通有电流I,则管内的磁场可近似看作是均匀的,磁感应强度B的大小为

$$B=\mu_0\mu_r nI$$

n为单位长度线圈匝数,B的方向可看成与螺线管的轴线平行.所以穿过管内的全磁通为

$$\Psi=N\Phi=N\mu_0\mu_r nIS=\mu_0\mu_r n^2 lSI$$

由自感系数的定义式(11-7),得长直螺线管的自感为

$$L=\mu_0\mu_r n^2 V$$

式中,$V=Sl$为长直螺线管的体积.从结果看出,长直螺线管的自感与单位长度的匝数、相对磁导率等因素有关,也即与其自身的性质有关,与是否通有电流没有关系.

[**例11-7**] 一根电缆由同轴的两个薄壁金属管构成,半径分别为R_1和$R_2(R_2>R_1)$,其间充满磁导率为μ的磁介质.电缆中电流由内管流走,由外管流回.试求这种电缆单位长度的自感系数.

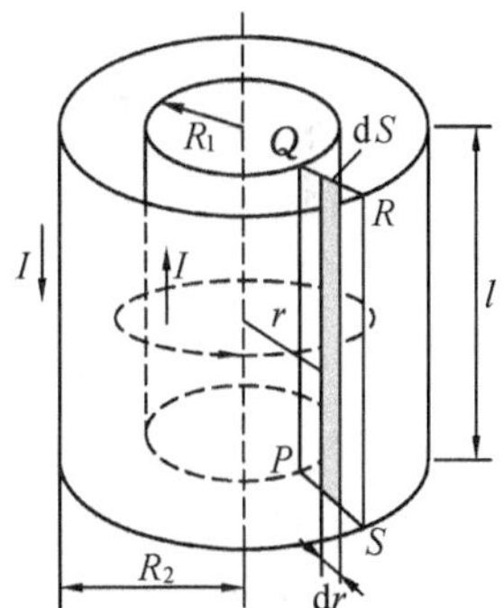

图11-12 例11-7图

解 这种电缆可视为单匝回路,如图11-12所示,其磁通量即为通过任一纵截面的磁通量.以I表示通过的电流,则在两管壁间距轴r处的磁感应强度为

$$B=\frac{\mu I}{2\pi r}$$

如图11-12所示,在两圆筒之间取一长为l的截面,在其上取一面积元dS,$dS=l\,dr$,由于$\boldsymbol{B}$垂直于dS,所以通过该纵截面的磁通量为

$$\Phi=\int_S \boldsymbol{B}\cdot d\boldsymbol{S}=\int_{R_1}^{R_2} Bl\,dr=\int_{R_1}^{R_2}\frac{\mu I}{2\pi r}l\,dr=\frac{\mu Il}{2\pi}\ln\frac{R_2}{R_1}$$

由自感系数的定义,可得单位长度电缆的自感系数为

$$L_0=\frac{\Phi}{Il}=\frac{\mu}{2\pi}\ln\frac{R_2}{R_1}$$

二、互感

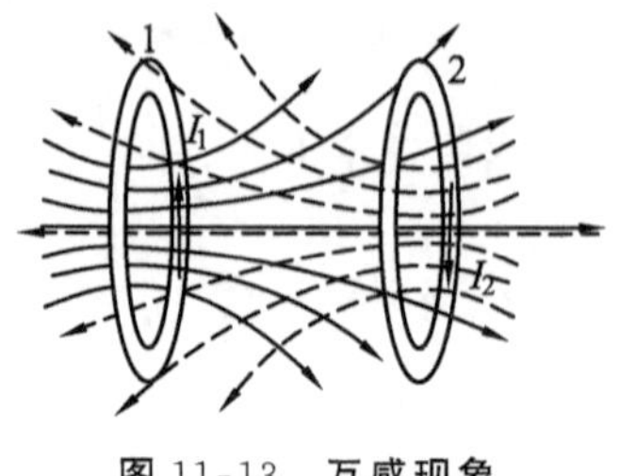

图 11-13　互感现象

设有两个邻近的导体回路(图 11-13),其中分别通有电流,则任一回路中电流所产生的磁力线将有一部分通过另一个回路所包围的面积.当其中任意一个回路中的电流发生变化时,通过另一个导体回路所围面积的磁通量也随之变化,因而在另一个回路中将产生感生电动势.这种由于一个回路中的电流变化而在邻近另一个回路中产生感生电动势的现象,称为**互感现象**,这时产生的感生电动势称为**互感电动势**.

若回路 1 中电流 I_1 所激发的磁场通过回路 2 的全磁通为 Ψ_{21},根据毕奥-萨伐尔定律,电流 I_1 在空间任意点激发的磁感应强度与 I_1 成正比.因此穿过回路 2 的全磁通 Ψ_{21} 也与 I_1 成正比,即

$$\Psi_{21}=M_{21}I_1$$

式中,M_{21}是比例系数.

同理,回路 2 中电流 I_2 所激发的磁场穿过回路 1 的全磁通 Ψ_{12},应与 I_2 成正比,所以有

$$\Psi_{12}=M_{12}I_2$$

式中,M_{12}是比例系数.

理论和实验表明,对于任意形状的两个导体回路,总是有 $M_{21}=M_{12}$,因此统一用符号 M 来表示,它反映了两个相邻回路各自在另一回路中产生互感电动势的能力.我们把 M 称为这两个导体回路的互感系数,简称**互感**,于是有

$$\Psi_{21}=MI_1,\Psi_{12}=MI_2 \tag{11-9}$$

或

$$M=\frac{\Psi_{21}}{I_1},M=\frac{\Psi_{12}}{I_2}$$

从上式可看出,两个回路之间的互感系数等于其中一个回路中单位电流激发的磁场通过另一回路所围面积的全磁通.它的大小取决于两个回路的几何形状、相对位置、它们各自的匝数以及周围磁介质的分布.

互感的单位和自感的单位相同,都是亨(H).

由电磁感应定律,在 M 一定的条件下,由式(11-9)可求得回路 1 中电流 I_1 发生变化时回路 2 中引起的互感电动势为

$$\mathscr{E}_{21}=-\frac{\mathrm{d}\Psi_{21}}{\mathrm{d}t}=-M\frac{\mathrm{d}I_1}{\mathrm{d}t} \tag{11-10a}$$

同理,当回路 2 中的电流 I_2 发生变化时回路 1 中引起的互感电动势为

$$\mathscr{E}_{12}=-\frac{\mathrm{d}\Psi_{12}}{\mathrm{d}t}=-M\frac{\mathrm{d}I_2}{\mathrm{d}t} \tag{11-10b}$$

式(11-10)中负号表示,在一个回路中所引起的互感电动势要反抗另一个线圈中电流的变化.

互感现象是在一些电器及电子线路中时常遇到的现象，有些电器利用互感现象把电能从一个回路输送到另一个回路中去，如变压器及感应圈等；有时互感现象也会带来不利的效果，如收音机各回路之间、电话线与电力输送线之间会因互感现象产生有害干扰.了解了互感现象的物理本质，就可以设法改变电器间的布置，以尽量减小回路间相互磁耦合的影响.

互感通常用实验方法测定，但对于一些简单的情形，仍能计算求得.

[例 11-8]　计算两同轴长直螺线管的互感.如图 11-14 所示，设两个同轴长直螺线管长度均为 l，半径分别为 r_1 和 r_2（且 $r_1<r_2$），匝数分别为 N_1 和 N_2.

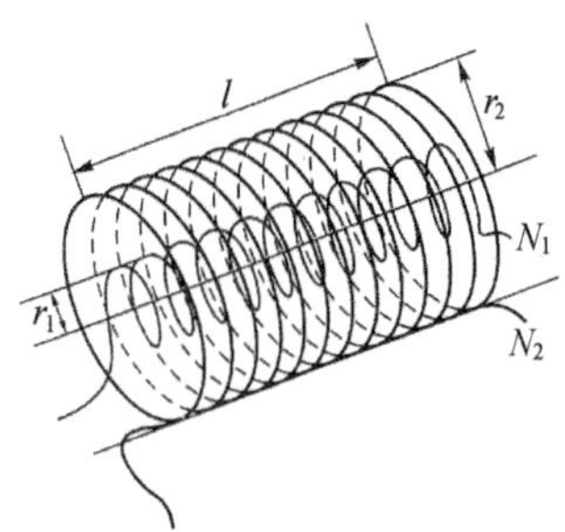

图 11-14　例 11-8 图

解　设有电流 I_1 通过半径为 r_1 的螺线管，此螺线管内的磁感应强度为

$$B_1=\mu_0 n_1 I_1=\mu_0 \frac{N_1}{l}I_1$$

考虑到螺线管是密绕的，所以在两螺线管之间的区域内的磁感应强度为零.于是通过半径为 r_2 的螺线管的全磁通为

$$\Psi_{21}=N_2B_1(\pi r_1{}^2)=N_2\frac{\mu_0 N_1 I_1}{l}(\pi r_1{}^2)=\frac{\mu_0 N_1 N_2}{l}\pi r_1{}^2 I_1$$

由式(11-9)，可得

$$M_{21}=\frac{\Psi_{21}}{I_1}=\frac{\mu_0 N_1 N_2}{l}\pi r_1{}^2$$

我们还可以设电流 I_2 通过半径为 r_2 的螺线管，用同样的方法可计算出互感 M_{12}，结果为

$$M_{12}=M_{21}=M=\frac{\mu_0 N_1 N_2}{l}\pi r_1{}^2$$

对于两个大小、形状和相对位置确定的线圈它们的互感是确定的.

[例 11-9]　如图 11-15 所示，两同心共面线圈，半径分别为 r_1 和 r_2（且 $r_1\ll r_2$），求两个回路的互感.若小线圈中电流为 $I=kt$，k 为正的常量，求变化磁场在大圆环内激发的感生电动势.

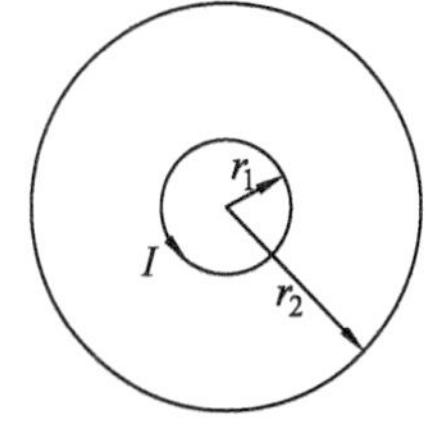

图 11-15　例 11-9 图

解　给线圈 1 一个电流 I_1，计算它通过线圈 2 的磁链 Ψ_{21}，也可以给线圈 2 一个电流 I_2，计算它通过线圈 1 的磁链 Ψ_{12}，由此计算互感

$$M=\frac{\Psi_{21}}{I_1}=\frac{\Psi_{12}}{I_2}$$

但给线圈 1 一个电流 I_1，不能解析地得到线圈平面内除圆心外任意点的磁感应强度，更别谈磁链 Ψ_{21} 了.反过来，给线圈 2 一个电流 I_2，虽然也不能解析地得到线圈平面内除圆心外任意点的磁感应强度，但由于 $r_1\ll r_2$，可以认为小线圈内各点磁感应强度近似相等，等于线圈 2 中的电流 I_2 在圆心处产生的磁场 B_2.这样分析以后，有

$$M=\frac{\Psi_{12}}{I_2}=\frac{B_2\pi r_1{}^2}{I_2}$$

其中

$$B_2=\frac{\mu_0 I_2}{2r_2}$$

所以

$$M=\frac{\mu_0 \pi r_1^{\ 2}}{2r_2}$$

再根据实际情况,有

$$\mathscr{E}_{21}=-\frac{\mathrm{d}\Psi_{21}}{\mathrm{d}t}=-M\frac{\mathrm{d}I_1}{\mathrm{d}t}=-\frac{\mu_0 \pi r_1^{\ 2}}{2r_2}k$$

式中,负号表示大线圈中感生电动势的方向与小线圈中电流的方向相反.

11-4 RL 电路和RC 电路

将一个从 0 突变到 V 的阶跃电压加到阻值为 R 的纯电阻上,则电流随电压同步变化,从 0 突变到$\frac{V}{R}$.将一个阶跃电压加到线圈与电阻串联或电容与电阻串联的电路上,电路中的电流有一个变化过程,最后达到稳定状态,此过程称为暂态过程.本节将研究这两种电路暂态过程的特点和规律.

一、RL 电路

如图 11-16 所示,一个自感为 L 的线圈与电阻 R 串联后接在电源电动势为 $\mathscr{E}$ 的电路上,当开关 S_1 接通而 S_2 断开时,回路上的电压方程为

$$\mathscr{E}+\mathscr{E}_L-IR=0$$

式中,$\mathscr{E}_L$ 代表自感电动势,其方向阻碍电流的增加:

$$\mathscr{E}_L=-L\frac{\mathrm{d}I}{\mathrm{d}t}$$

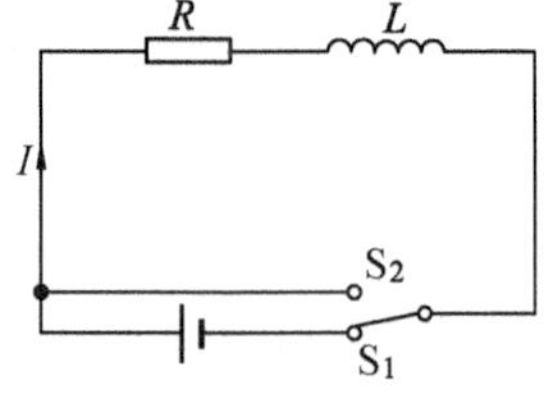

图 11-16　RL 电路

所以

$$\mathscr{E}-L\frac{\mathrm{d}I}{\mathrm{d}t}-IR=0 \tag{11-11}$$

对上式两边求积分,并注意初始条件:$t=0$ 时,$I=0$,于是有

$$\int_0^I \frac{\mathrm{d}I}{\frac{\mathscr{E}}{R}-I}=\int_0^t \frac{R}{L}\mathrm{d}t$$

积分并整理后得

$$I=\frac{\mathscr{E}}{R}(1-\mathrm{e}^{-\frac{R}{L}t}) \tag{11-12}$$

式(11-12)反映的是 RL 电路接通电源后电路中的电流随时间的变化情况,其变化曲线如图 11-17(a)所示.由此可见,接通电源后,由于自感电动势的存在,电流不能立刻达到最大

值 $I_0=\frac{\mathscr{E}}{R}$，而是按指数规律上升，最后达到稳定.电流增长的快慢由 $\tau=\frac{L}{R}$ 决定，它被称为 RL 电路的时间常量.当 $t=\tau=\frac{L}{R}$ 时

$$I=\frac{\mathscr{E}}{R}\left(1-\frac{1}{e}\right)=0.63\frac{\mathscr{E}}{R}=0.63I_0$$

即电路中的电流达到稳定值的 63%.当 $t=5\tau$ 时，$I=0.994I_0$，即经过 5τ 这段时间后，便可以认为电流已达到稳定值.

当上述电路中的电流达到稳定值 $I_0=\frac{\mathscr{E}}{R}$ 后，迅速使开关 S_2 接通而同时断开开关 S_1，于是，回路中电压方程为

$$-L\frac{\mathrm{d}I}{\mathrm{d}t}-IR=0$$

考虑到 $t=0$ 时，$I=I_0=\frac{\mathscr{E}}{R}$，积分并整理后可得

$$I=\frac{\mathscr{E}}{R}\mathrm{e}^{-\frac{R}{L}t} \tag{11-13}$$

式(11-13)是 RL 电路切断电源后电路中电流随时间的变化情况，其变化曲线如图 11-17(b)所示.由此可见，当撤去电源后，电路中电流按指数规律衰减，衰减的快慢也是由时间常量 $\tau=\frac{L}{R}$ 决定的.当 $t=\tau=\frac{L}{R}$ 时，$I=\frac{\mathscr{E}}{R}\mathrm{e}^{-1}=0.37I_0$，即电流下降到 $\frac{\mathscr{E}}{R}$ 的 37%.

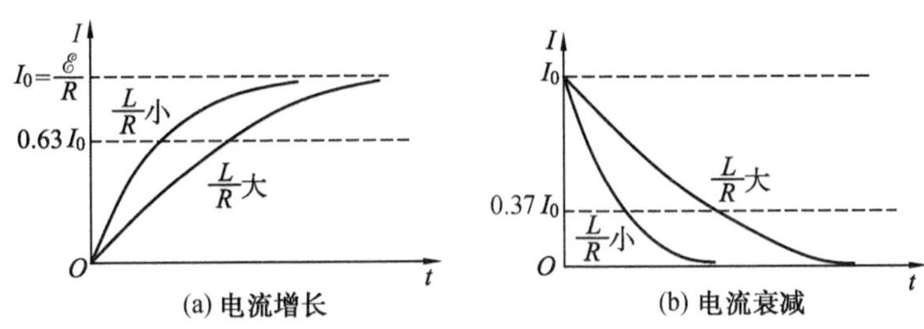

图 11-17 RL 电路中电流的变化

如在断开电源时，不接通 S_2，这时在 S_1 两端之间的空气隙具有很大的电阻，电路中电流骤然下降为零，$\frac{\mathrm{d}I}{\mathrm{d}t}$ 的量值很大，在线圈中将产生很大的自感电动势，所形成的高压加在 S_1 两端之间的空气隙上，可能造成火花放电甚至引起火灾.为了避免由此造成的事故，通常可用逐渐增加电阻的方法来断开电路，使电路中的电流慢慢变小.

二、RC 电路

如图 11-18 所示，一个电容为 C 的电容器与电阻 R 串联后接在电源电动势为 $\mathscr{E}$ 的电路中，如开关 S_1 接通而 S_2 断开时，回路上的电压方程为

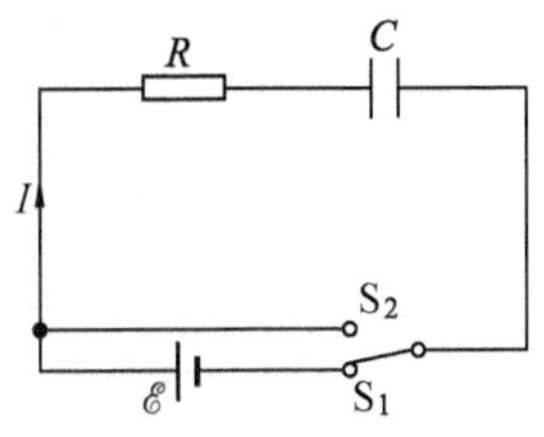

图 11-18 RC 电路

$$\mathscr{E}-\frac{q}{C}-IR=0$$

式中,q 为 t 时刻电容器极板上所带的电荷量,I 是同一时刻电路中的电流.利用 $I=\frac{dq}{dt}$,得

$$\mathscr{E}-\frac{q}{C}-R\frac{dq}{dt}=0 \tag{11-14}$$

考虑到 $t=0$ 时,$q=0$,积分并整理后可得

$$q=C\mathscr{E}(1-e^{-\frac{1}{RC}t}) \tag{11-15}$$

$$u_C=\frac{q}{C}=\mathscr{E}(1-e^{-\frac{1}{RC}t}) \tag{11-16}$$

$$I=\frac{dq}{dt}=\frac{\mathscr{E}}{R}e^{-\frac{1}{RC}t} \tag{11-17}$$

式(11-15)反映的是 RC 电路接通电源后电路中电容器上的电荷量随时间的变化情况,其变化曲线如图 11-19(a)所示.由此可见,接通电源后,电容器上的电荷量不能立刻达到最大值 $q_0=C\mathscr{E}$,而是按指数规律上升,最后达到稳定值.电荷量增长的快慢由 $\tau=RC$ 决定,它被称为 RC 电路的时间常量.当 $t=\tau=RC$ 时,有

$$q=C\mathscr{E}\left(1-\frac{1}{e}\right)=0.63C\mathscr{E}=0.63q_0$$

即电容器上的电荷量达到稳定值的 63%.当 $t=5\tau$ 时,$q=0.994q_0$,即经过 5τ 这段时间后,便可以认为电荷量已达到稳定值.

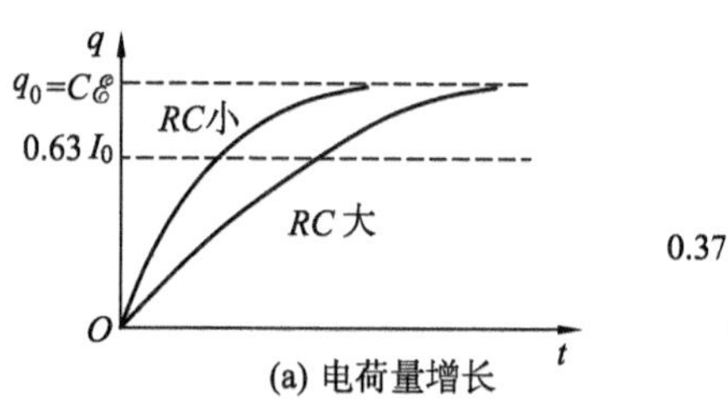

(a) 电荷量增长

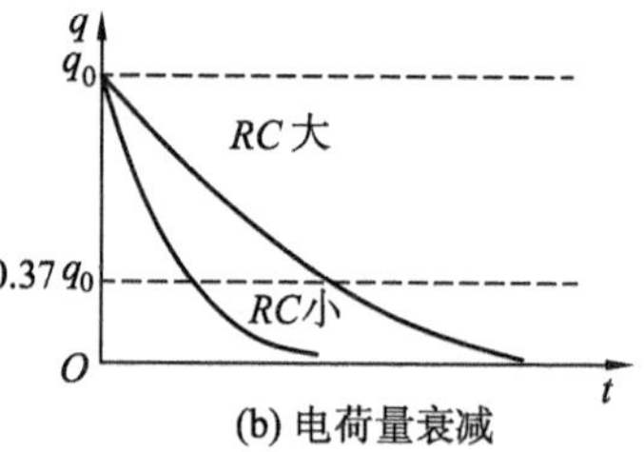

(b) 电荷量衰减

图 11-19 RC 电路中电荷量的变化

当上述电路中的电荷量达到稳定值 $q=q_0=C\mathscr{E}$ 后,在迅速使开关 S_2 接通的同时断开开关 S_1,于是,回路中的电压方程为

$$\frac{q}{C}+R\frac{dq}{dt}=0$$

考虑到 $t=0$ 时,$q=C\mathscr{E}$,积分并整理后可得

$$q=C\mathscr{E}e^{-\frac{1}{RC}t} \tag{11-18}$$

式(11-18)是 RC 电路切断电源后电路中电荷量随时间的变化情况,其变化曲线如图 11-19(b)所示.由此可见,当撤去电源后,电路中电容器极板上的电荷量按指数规律衰减,衰减的快慢也是由时间常量 $\tau=RC$ 决定的.当 $t=\tau=RC$ 时,

$$q=C\mathscr{E}e^{-1}=0.37q_0$$

即电荷量下降到 $C\mathscr{E}$ 的 37%.

11-5　磁场的能量

在前面关于静电场的研究中，我们知道电场具有能量，电场的能量密度为 $w_e=\frac{1}{2}\varepsilon E^2$，电场的能量存在于电场中，电容器是储存电场能量的器件.现在研究的是磁场，我们将看到，磁场也具有能量.

我们以 RL 电路为例，讨论回路中电流增长过程中能量的转化情况，并以此说明磁场的能量.

如图 11-20 所示，当合上开关 S 时，电路中的电流由零逐渐增大，最后电流达到稳定值.在电流增大的过程中，线圈中会产生自感电动势，它会阻碍磁场的建立.由闭合电路欧姆定律[见式(11-11)]，有

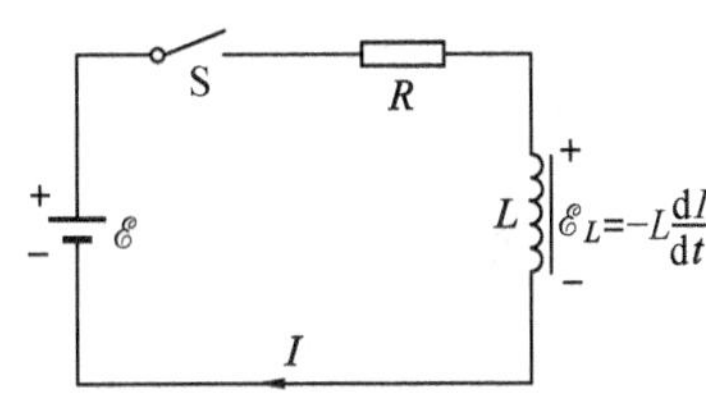

图 11-20　自感线圈中磁能的建立

$$\mathscr{E}=L\frac{\mathrm{d}I}{\mathrm{d}t}+RI$$

上式两边同时乘以 $I\mathrm{d}t$，有

$$\mathscr{E}I\,\mathrm{d}t=LI\,\mathrm{d}I+RI^2\,\mathrm{d}t$$

若在 $t=0$ 时，$I=0$，到 t 时刻，电流增长到 I，则上式的积分为

$$\int_0^t \mathscr{E}I\,\mathrm{d}t=\frac{1}{2}LI^2+\int_0^t RI^2\,\mathrm{d}t \tag{11-19}$$

式中，左端为电源在时间 t 内所做的功，也即电源供给的能量；右端的积分为这段时间内回路中的导体所放出的焦耳热，而 $\frac{1}{2}LI^2$ 则为电源反抗自感电动势所做的功，由于当电路中的电流从零增大到 I 时，电感线圈中伴随着电流的磁场也正在逐渐增强，且没有其他变化，所以电源因反抗自感电动势所做的功而消耗的能量，显然在建立磁场的过程中转换成了磁场的能量.因此从能量守恒的角度来看，电源供给的能量一部分转换成了热能消耗在电阻上，另一部分则转换成了线圈中的**磁场能量**储存在线圈中.

所以，对自感为 L 的线圈来说，当其电流为 I 时所具有的磁能，即**自感磁能**为

$$W_m=\frac{1}{2}LI^2 \tag{11-20}$$

上述讨论了自感线圈储存磁能的情况，像电场能一样，磁能是存在于任意磁场中的，在电场中可用电场强度来表示电场能量，在此也能用磁感应强度来表示磁场能量.为简单起见，我们以长直螺线管为例进行讨论.在上节中我们已求出长直螺线管的自感系数 $L=\mu n^2V$，当其通有电流 I 时，螺线管中的磁感应强度为 $B=\mu nI$，把它们代入式(11-20)，可得螺线管内的磁场能量为

$$W_m=\frac{1}{2}LI^2=\frac{1}{2}\mu n^2V\left(\frac{B}{\mu n}\right)^2=\frac{1}{2}\frac{B^2}{\mu}V$$

由于长直螺线管的磁场集中于管内，其体积为 V，并且管内磁场基本均匀，所以管内的**磁场能量密度**为

$$w_m=\frac{1}{2}\frac{B^2}{\mu} \tag{11-21}$$

w_m 的单位为 $J\cdot m^{-3}$.上式表明，磁场的能量与磁感应强度的二次方成正比.对于均匀的磁介质，由于 $B=\mu H$，上式可写成

$$w_m=\frac{1}{2}\frac{B^2}{\mu}=\frac{1}{2}\mu H^2=\frac{1}{2}BH \tag{11-22}$$

此式虽然是从一个特例中推出的，但是可以证明它对磁场普遍有效.利用它可以求得某一磁场所储存的总能量为

$$W_m=\int_V w_m \mathrm{d}V=\int_V \frac{1}{2}BH\,\mathrm{d}V$$

此式的积分应遍及整个磁场分布的空间.

［**例 11-10**］ 求如图 11-21 所示的"无限长"圆柱形同轴电缆长为 l 的一段中磁场的能量及自感.设内、外金属圆筒的半径分别为 R_1 和 $R_2(R_2>R_1)$，电缆通有电流 I，两导体之间磁介质的磁导率假设为 μ.

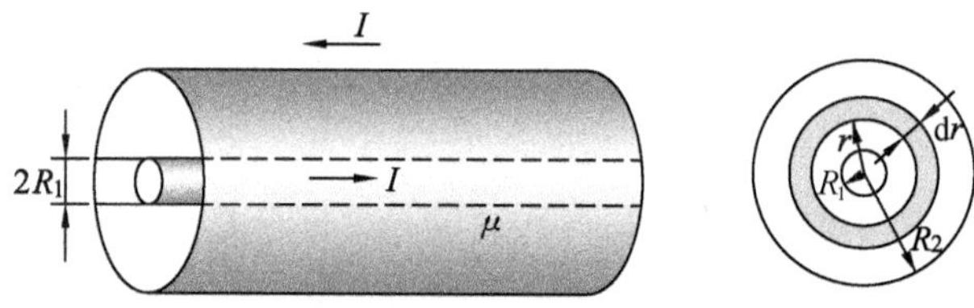

图 11-21　**例** 11-10 **图**

解　设在同轴电缆中通有图示方向的电流，若在圆筒间充满磁导率为 μ 的磁介质，则由安培环路定理可求得电缆外面磁场强度为零，这样，只有圆筒间存在磁场.由安培环路定理，可得在圆筒间离轴线距离为 r 处的磁场强度为

$$H=\frac{I}{2\pi r}$$

则

$$B=\frac{\mu I}{2\pi r}$$

由式(11-22)，可得圆筒间 r 处的磁场能量密度为

$$w_m=\frac{1}{2}BH=\frac{\mu I^2}{8\pi^2 r^2}$$

在半径为 $r\sim r+\mathrm{d}r$、长为 l 的圆柱壳空间的磁能为

$$dW_m = \frac{\mu I^2}{8\pi^2 r^2} 2\pi r l \, dr = \frac{\mu I^2 l}{4\pi} \frac{dr}{r}$$

对上式积分,可求得储存在圆筒间的总磁能为

$$W_m = \int_V w_m dV = \frac{\mu I^2 l}{4\pi} \int_{R_1}^{R_2} \frac{dr}{r} = \frac{\mu I^2 l}{4\pi} \ln \frac{R_2}{R_1}$$

由磁能公式(11-20),可求得

$$L = \frac{2W_m}{I^2} = \frac{\mu l}{2\pi} \ln \frac{R_2}{R_1}$$

而单位长度的圆柱形同轴电缆的自感为

$$L_0 = \frac{\mu}{2\pi} \ln \frac{R_2}{R_1}$$

它只与电缆的结构及介质情况有关.这个结果与例 11-7 完全相同.

思 考 题

11-1 将铜片放在磁场中,如图所示.若将铜片从磁场中拉出或推进,则受到一阻力的作用,试解释这个阻力的来源.

11-2 当我们把条形磁铁沿铜质圆环的轴线插入铜环中时,铜环中有感应电流和感应电场吗?如用塑料圆环替代铜质圆环,环中仍有感应电流和感应电场吗?

11-3 让一根磁铁棒顺着一根竖直放置的内部铜管的空间下落,设铜管足够长.试说明即使空气的阻力可以忽略不计,磁铁棒最终也将达到一个恒定速率下降.

11-4 如图所示是一种汽车上用的车速表原理图.永久磁铁与发动机的转轴相连,磁铁的旋转使铝质圆盘 A 受到力矩的作用而偏转.当圆盘所受力矩与弹簧 S 的反力矩平衡时,指针 P 即指出车速的大小.请说明这种车速表的工作原理.

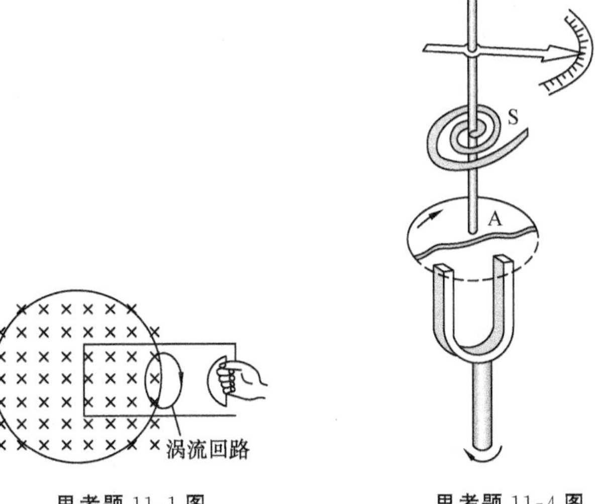

思考题 11-1 图　　思考题 11-4 图

11-5　一半径为 R、以角速度 ω 绕垂直轴匀速旋转的金属圆盘放置在均匀磁场中,磁场 $\boldsymbol{B}$ 的方向沿着转轴,如图所示.问 O 点到 a 点的电动势等于多少?它等于 O 点到 b 点的电动势吗?如果从 O 点到 a 点画一曲线,则沿此曲线从 O 点到 a 点的电动势又是多少?O 点与 a 点哪点电势高?

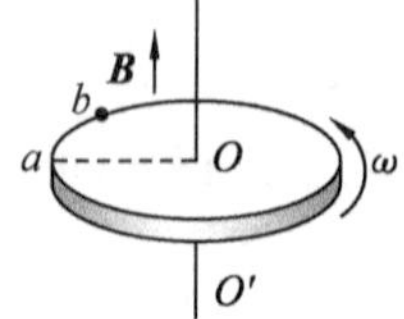

思考题 11-5 图

11-6　当扳断电路时,开关的两触头之间常有火花发生,如在电路里串接一电阻小、电感大的线圈,在扳断开关时火花就发生得更厉害,为什么?

11-7　用电阻丝绕成的标准电阻要求没有自感,问怎样绕制方能使线圈的自感为零,试说明其理由.

11-8　有两个半径相接近的线圈,问如何放置方可使其互感最小?如何放置可使其互感最大?

11-9　如图所示,均匀磁场被限制在半径为 R 的圆柱体内,且其中磁感应强度随时间的变化率 $\frac{\mathrm{d}B}{\mathrm{d}t}=$ 常量.试问:在回路 L_1 和 L_2 上各点的 $\frac{\mathrm{d}B}{\mathrm{d}t}$ 是否均为零?各点的 $\boldsymbol{E}_{\mathrm{r}}$ 是否均为零?$\oint_{L_1}\boldsymbol{E}_{\mathrm{r}}\cdot\mathrm{d}\boldsymbol{l}$ 和 $\oint_{L_2}\boldsymbol{E}_{\mathrm{r}}\cdot\mathrm{d}\boldsymbol{l}$ 各为多少?

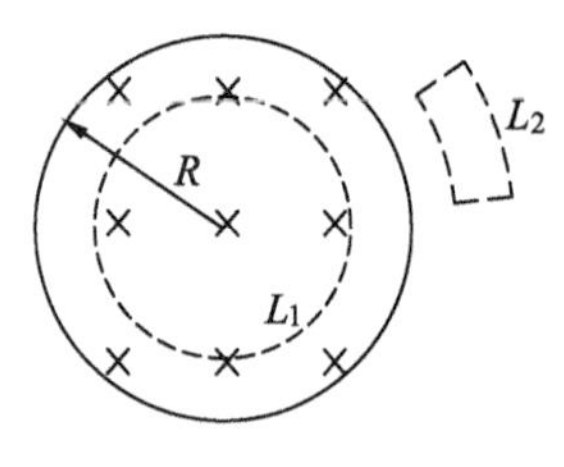

思考题 11-9 图

习　题

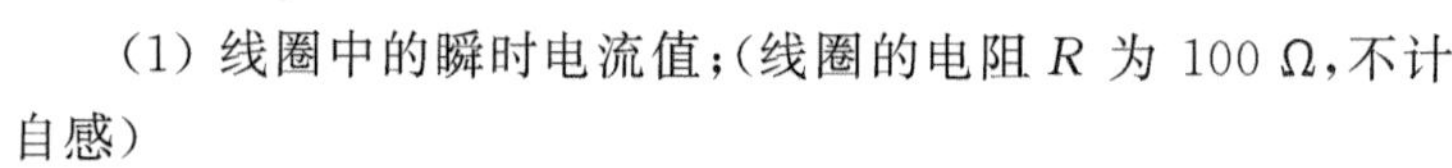

11-1　一半径 $r=10$ cm 的圆形回路放在 $B=0.5$ T 的均匀磁场中,回路平面与 $\boldsymbol{B}$ 垂直,当回路半径以恒定速率 $\frac{\mathrm{d}r}{\mathrm{d}t}=50\ \mathrm{cm\cdot s^{-1}}$ 收缩时,求开始收缩时回路中感应电动势的大小.

11-2　如图所示,有一半径 $r=10$ cm 的多匝圆形线圈,匝数 $N=100$,置于均匀磁场 $\boldsymbol{B}$ 中($B=0.5$ T).圆形线圈可绕通过圆心的轴 O_1O_2 转动,转速 $n=600\ \mathrm{r\cdot min^{-1}}$.求圆线圈自图示的初始位置转过 $\frac{1}{2}\pi$ 时,

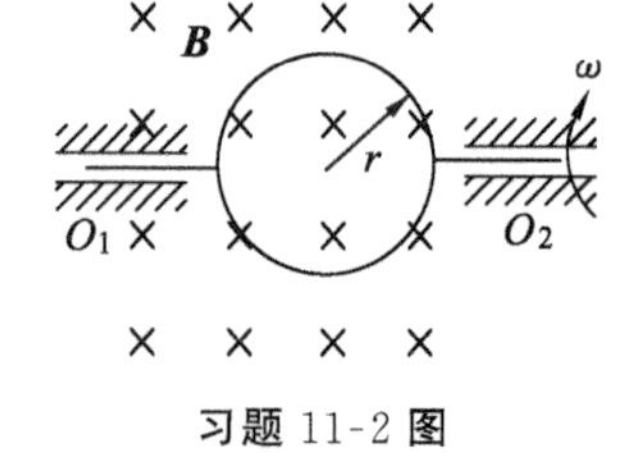

习题 11-2 图

(1) 线圈中的瞬时电流值;(线圈的电阻 R 为 100 Ω,不计自感)

(2) 圆心处的磁感应强度.($\mu_0=4\pi\times10^{-7}\ \mathrm{H\cdot m^{-1}}$)

11-3　如图所示,在马蹄形磁铁的中间 A 点处放置一半径 $r=1$ cm、匝数 $N=20$ 匝的小线圈,且线圈平面法线平行于 A 点处的磁感应强度.今将此线圈移到足够远处,在这期间若线圈中流过的总电荷为 $Q=\pi\times10^{-5}$ C,试求 A 点处的磁感应强度的大小.(已知线

习题 11-3 图

圈的电阻 $R=20\ \Omega$，线圈的自感忽略不计)

11-4 电荷 Q 均匀分布在半径为 a、长为 L $(L \gg a)$ 的绝缘薄壁长圆筒表面上，圆筒以角速度 ω 绕中心轴线旋转.一半径为 $2a$、电阻为 R 的单匝圆形线圈套在圆筒上，如图所示.若圆筒转速按照 $\omega=\omega_0(1-t/t_0)$ 的规律(ω_0 和 t_0 是已知常数)随时间线性地减小，求圆形线圈中感应电流的大小和流向.

11-5 如图所示，把一半径为 R 的半圆形导线 CD 置于磁感应强度为 $\boldsymbol{B}$ 的均匀磁场中，当导线 CD 以匀速率 v 向右移动时，求导线中感应电动势 $\mathscr{E}$ 的大小.哪一端电势较高？

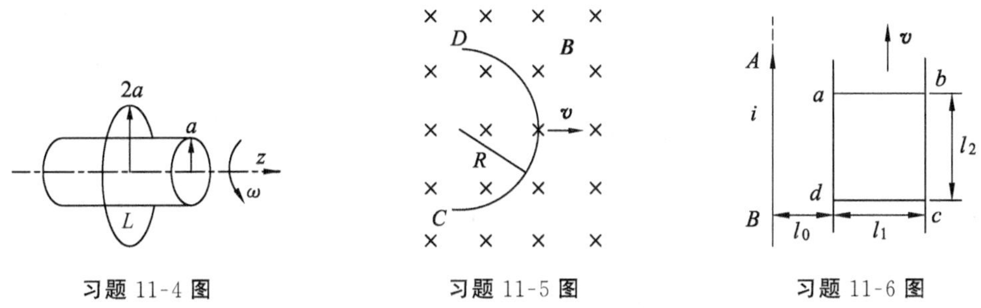

习题 11-4 图　　习题 11-5 图　　习题 11-6 图

11-6 如图所示，长直导线中电流为 i，矩形线框 $abcd$ 与长直导线共面，且 $ad \parallel AB$，dc 边固定，ab 边沿 da 及 cb 以速度 $\boldsymbol{v}$ 无摩擦地匀速平动.$t=0$ 时，ab 边与 cd 边重合.设线框自感忽略不计.

(1) 如 $i=I_0$，求 ab 中的感应电动势，a、b 两点哪点电势高？

(2) 如 $i=I_0\cos\omega t$，求 ab 边运动到图示位置时线框中的总感应电动势.

11-7 如图所示，一长直导线通有电流 I，其旁共面地放置一匀质金属梯形线框 $abcda$.已知：$da=ab=bc=L$，两斜边与下底边的夹角均为 $60°$，d 点与导线相距 l.今线框从静止开始自由下落 H 高度，且保持线框平面与长直导线始终共面，求：

(1) 下落高度为 H 的瞬间线框中的感应电流；

(2) 该瞬时线框中电势最高处与电势最低处之间的电势差.

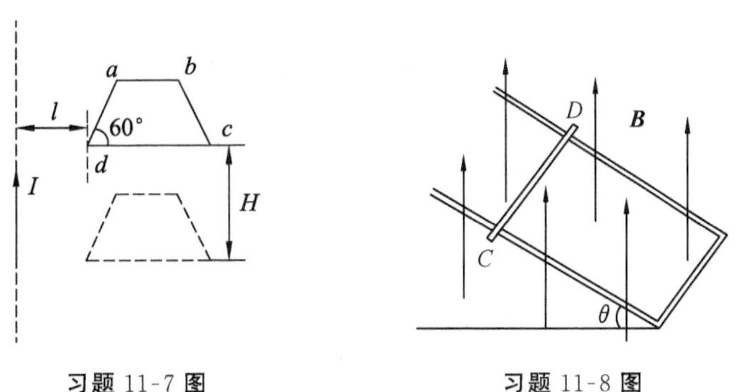

习题 11-7 图　　习题 11-8 图

11-8 如图所示，一长为 l、质量为 m 的导体棒 CD，其电阻为 R，沿两条平行的导电轨道无摩擦地滑下，轨道的电阻可忽略不计，轨道与导体构成一闭合回路.轨道所在的平面与水平面成 θ 角，整个装置放在均匀磁场中，磁感应强度 $\boldsymbol{B}$ 的方向铅直向上.求：

(1) 导体在下滑时速度的大小随时间的变化规律；

(2) 导体棒 CD 的最大速度值.

11-9　如图所示,一根长为 L 的金属细杆 ab 绕竖直轴 O_1O_2 以角速度 ω 在水平面内旋转.O_1O_2 在离细杆 a 端 $\frac{L}{5}$ 处.若已知地磁场在竖直方向的分量为 $\boldsymbol{B}$.求 ab 两端间的电势差.

11-10　求长度为 L 的金属杆在均匀磁场 $\boldsymbol{B}$ 中绕平行于磁场方向的定轴 OO' 转动时的动生电动势.已知杆相对于均匀磁场 $\boldsymbol{B}$ 的方位角为 θ,杆的角速度为 ω,转向如图所示.

11-11　两相互平行"无限长"的直导线载有大小相等、方向相反的电流,长度为 b 的金属杆 CD 与两导线共面且垂直,相对位置如图所示.CD 杆以速度 $\boldsymbol{v}$ 平行于直导线向上运动,求 CD 杆中的感应电动势,并判断 C、D 两端哪端电势较高?

11-12　如图所示,一长直导线中通有电流 I,有一垂直于导线、长度为 l 的金属棒 AB 在包含导线的平面内,以恒定的速度 $\boldsymbol{v}$ 沿与棒成 θ 角的方向移动.开始时,棒的 A 端到导线的距离为 a,求任意时刻金属棒中的动生电动势,并指出棒哪端的电势高.

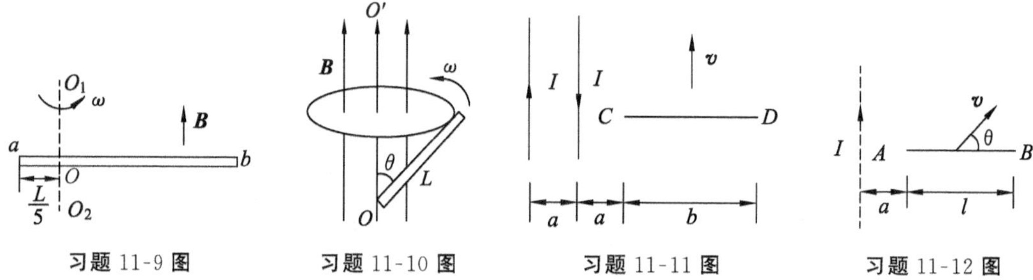

习题 11-9 图　　习题 11-10 图　　习题 11-11 图　　习题 11-12 图

11-13　在匀强磁场 $\boldsymbol{B}$ 中,导线 $\overline{OM}=\overline{MN}=a$,$\angle OMN=120°$,$OMN$ 整体可绕 O 点在垂直于磁场的平面内逆时针转动,如图所示.若转动角速度为 ω,

(1) 求 OM 间电势差 U_{OM};

(2) 求 ON 间电势差 U_{ON};

(3) 指出 O、M、N 三点中哪点电势最高.

11-14　如图所示,半径为 a 的长直螺线管中有 $\frac{\mathrm{d}B}{\mathrm{d}t}>0$ 的磁场,一直导线弯成等腰梯形的闭合回路 $ABCDA$,总电阻为 R,上底为 a,下底为 $2a$.求:

(1) AD 段、BC 段和闭合回路中的感应电动势;

(2) B、C 两点间的电势差.

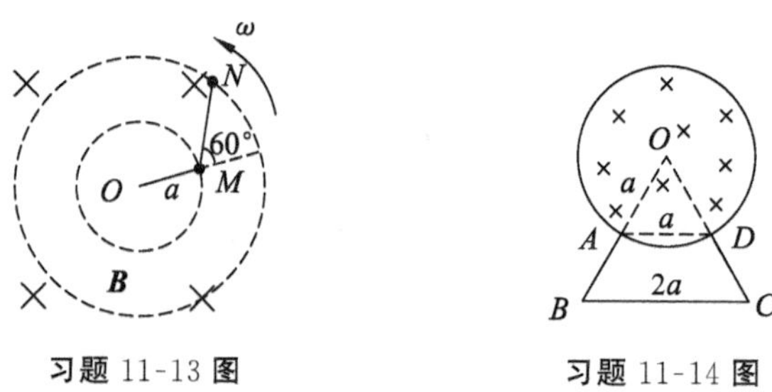

习题 11-13 图　　习题 11-14 图

11-15 两根平行长直导线，横截面的半径都是 a，中心相距为 d，两导线属于同一回路，设两导线内部的磁通可忽略不计.证明：这样一对导线长度为 l 的一段自感为

$$L=\frac{\mu_0 l}{\pi}\ln\frac{d-a}{a}$$

11-16 一空心长直螺线管，长为 0.50 m，横截面积为 10.0 cm^2，若螺线管上密绕线圈 5 000 匝.问：

(1) 自感为多大？

(2) 若其中电流随时间的变化率为 10 $A\cdot s^{-1}$，自感电动势的大小和方向如何？

11-17 如图所示，一"无限长"直导线分别放置在一矩形线圈旁边[图(a)]及轴线上[图(b)]，并与该矩形线圈共面.矩形线圈长为 a=20 cm，宽为 b=10 cm，由 200 匝表面绝缘的导线绕成.求图(a)和图(b)两种情况下，矩形线圈与长直导线的互感.

11-18 如图所示，一面积为 4.0 cm^2、共 50 匝的小圆形线圈 D，放在半径为 20 cm、共 200 匝的大圆形线圈 C 的正中央，此两线圈同心且同平面.设线圈 D 内各点的磁感应强度可看作是相同的.求：

(1) 两线圈的互感；

(2) 当线圈 C 中电流的变化率为 −50 $A\cdot s^{-1}$ 时，线圈 D 中感应电动势的大小和方向.

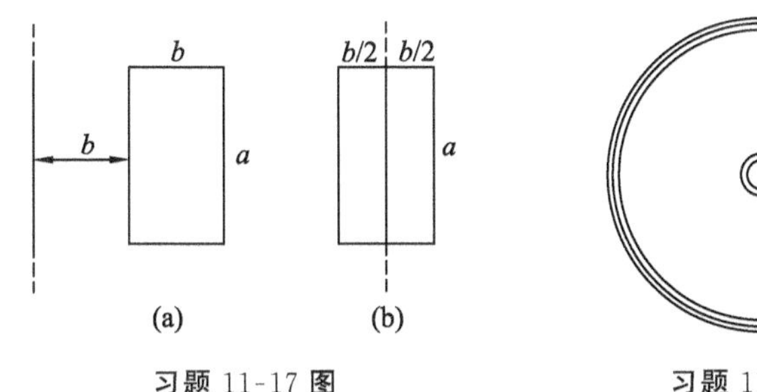

习题 11-17 图

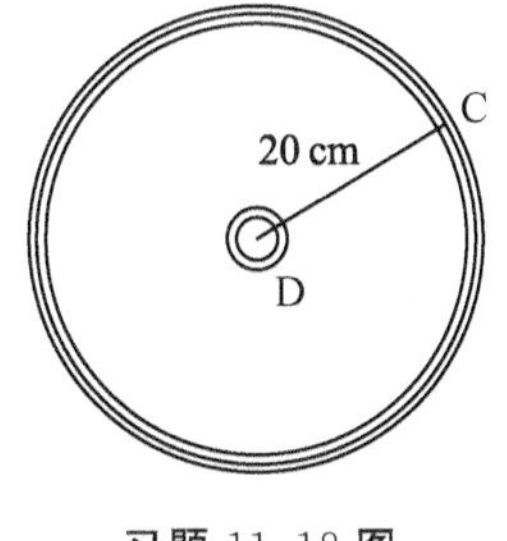

习题 11-18 图

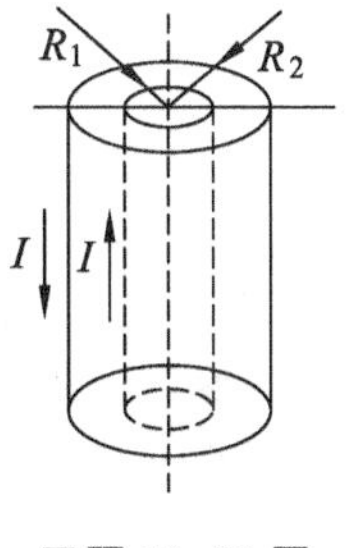

习题 11-20 图

11-19 一"无限长"直导线，截面各处的电流密度相等，总电流为 I.试证：每单位长度导线内所储存的磁能为 $\frac{\mu_0 I^2}{16\pi}$.

11-20 如图所示，一同轴电缆由中心导体圆柱和外层导体圆筒组成，两者半径分别为 R_1 和 R_2，导体圆柱的磁导率为 μ_1，筒与圆柱之间充以磁导率为 μ_2 的磁介质.电流 I 可由中心圆柱流出，由圆筒流回.求每单位长度电缆的自感系数.

11-21 一矩形截面的螺绕环如图所示，共有 N 匝.

(1) 求此螺线环的自感系数；

(2) 若导线内通有电流 I，求环内的磁能.

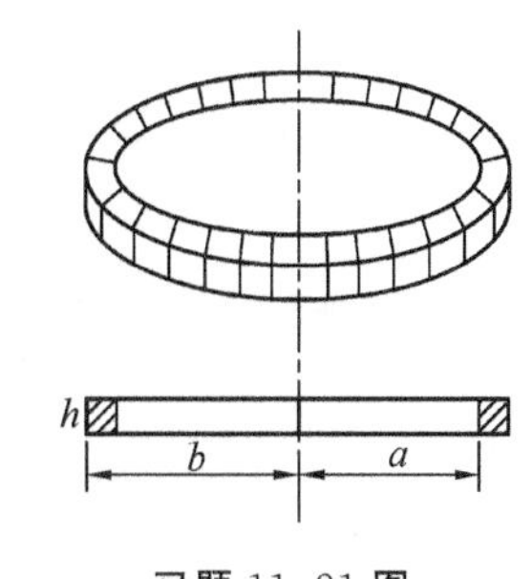

习题 11-21 图

11-22 如图所示，螺绕环 C 中充满了铁磁质，管的截面积 S 为 2.0 cm^2，沿环每厘米绕有 100 匝线圈，通有电流 $I_1=8.0\times10^{-2}$ A.在环上再绕一线圈 D，共 10 匝，其电阻为 0.10 Ω.今将开关 S 突然开启，测得线圈 D 中的感应电荷为 4.0×10^{-3} C.求：当

螺绕环中通有电流 I_1 时,铁磁质中磁感应强度的大小和铁磁质的相对磁导率 μ_r.

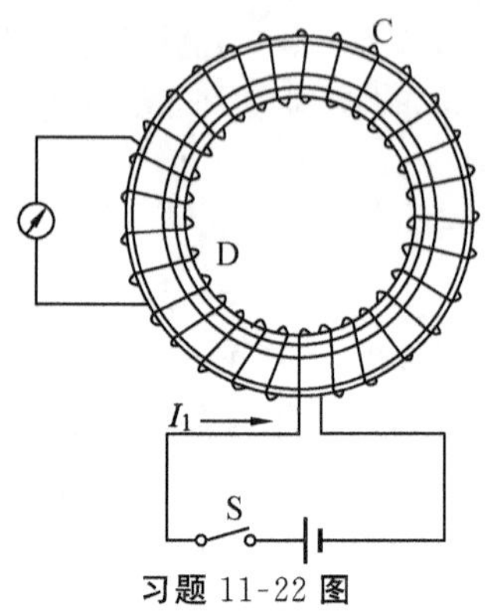

习题 11-22 图

11-23 一电感为 2.0 H、电阻为 10 Ω 的线圈突然接到电动势 $\mathscr{E}=50$ V、内阻不计的电源上,在接通电源 0.1 s 时,求:

(1) 磁场总储存能量的增加率;

(2) 线圈中产生焦耳热的功率;

(3) 电源放出能量的功率.

11-24 将电阻为 3.0×10^6 Ω 的电阻器、电容为 1.0 μF 的电容器以及电动势为 5.0 V 的电源串联成一电路.试求在该电路接通后 1.0 s 时下列各量:

(1) 电容器上电荷量增加的速率;

(2) 电容器内储存能量的速率;

(3) 电阻器上产生焦耳热的功率;

(4) 电源所供给的功率.

第 12 章　电磁场和电磁波

麦克斯韦系统地总结了从库仑到法拉第等人的电磁学说的全部成就，并在此基础上提出了“涡旋电场”和“位移电流”的假说.他指出：不仅变化的磁场可以产生(涡旋)电场，而且变化的电场也可以产生磁场.在相对论出现之前，麦克斯韦就揭示了电场和磁场的内在联系，把电场和磁场统一为电磁场，并归纳出了电磁场的基本方程——麦克斯韦方程组，建立了完整的电磁场理论体系.1864 年，麦克斯韦从他建立的电磁理论出发预言了电磁波的存在，并论证了光是一种电磁波.1888 年，赫兹(H.R. Hertz)利用振荡器，在实验上证实了麦克斯韦的这一预言.麦克斯韦的电磁理论，对科学技术和社会生产力的发展起了重大的推动作用.

12-1　位移电流　麦克斯韦方程组

一、位移电流

在 10-7 节中，我们讨论了恒定电流磁场中的安培环路定理，在恒定条件下，无论载流回路周围是真空还是磁介质，安培环路定理都可以写成

$$\oint_L \boldsymbol{H} \cdot \mathrm{d}\boldsymbol{l} = \sum I_c = \int_S \boldsymbol{j}_c \cdot \mathrm{d}\boldsymbol{S} \tag{12-1}$$

其中 $\sum I_c$ 是穿过以闭合回路 L 为边界的任意曲面的传导电流，等于传导电流密度 j_c 在 S 面上的通量.

现在要问如果在非恒定条件下，安培环路定理式(12-1)是否仍然成立呢？我们分析如图 12-1 所示的电容器充电电路.电容器的充放电过程显然是非恒定过程，导线中的传导电流 I_c 是随时间变化的，而在两极板之间的绝缘介质中是没有传导电流的.如果我们围绕导线取一闭合回路 L，并以 L 为边界作两个曲面 S_1 和 S_2，其中 S_1 与导线相交，而 S_2 穿过两极板之间的绝缘介质，则有

$$\int_{S_1} \boldsymbol{j}_c \cdot \mathrm{d}\boldsymbol{S} = I_c \tag{12-2a}$$

$$\int_{S_2} \boldsymbol{j}_c \cdot \mathrm{d}\boldsymbol{S} = 0 \tag{12-2b}$$

将这两个式子应用于式(12-1),就会得到两个相互矛盾的结果,即在恒定电流情况下正确的安培环路定理,在非恒定电流情况下就不正确了.问题的关键是,在非恒定电流电路中,传导电流不再连续了.面对这样的矛盾,科学史上通常有两种解决的方法:一是通过实验去建立新的理论;二是提出合理假设,修正原理论,并最终由实验验证.麦克斯韦提出位移电流的假设,通过第二条途径很好地解决了上述矛盾.

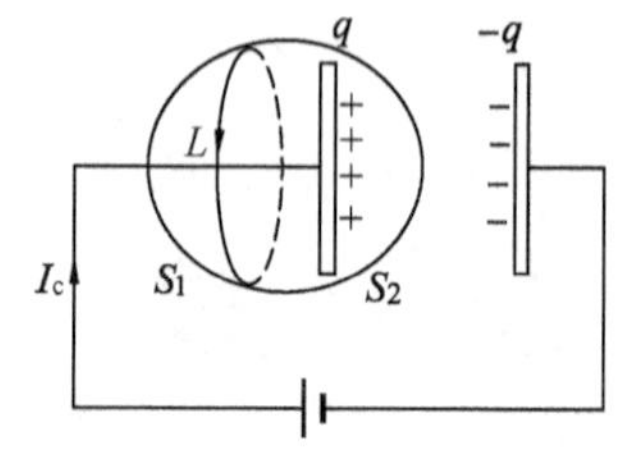

图 12-1 含电容器电路中传导电流不连续

仔细分析图 12-1 所示的电路,当电容器充电(或放电)时,导线中的电流 I_c 在电容器极板处被截断了,但是,电容器两极板上的电荷量 q 和电荷面密度 σ 都随时间而变化,与此同时,在电容器两极板之间虽然没有自由电荷、传导电流,但其间的电位移 D 也在随时间而变化.

在图 12-2 所示的电容器放电电路中,设某一时刻电容器极板上的电荷面密度为 σ,板的面积为 S,在放电过程中的任一瞬时,按照电荷守恒定律,导线中的电流应等于极板上电荷量的变化率,即

$$I_c=\frac{dq}{dt}=S\frac{d\sigma}{dt}$$

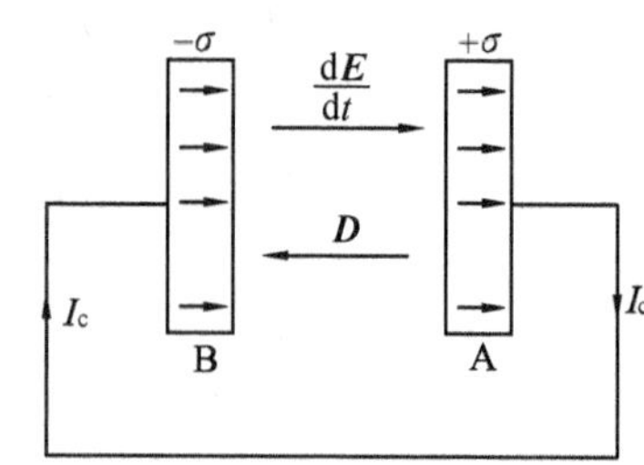

图 12-2 位移电流

同时,两极板间的电场 E(或 D)也随时间发生变化.由电场一章可知,极板间该时刻的电位移矢量大小 $D=\sigma$,代入上式得

$$I_c=S\frac{d\sigma}{dt}=S\frac{dD}{dt}=\frac{d\Psi}{dt} \tag{12-3}$$

上式中 $\Psi=DS$ 是电位移通量,可以看出:导线中的电流 I_c 等于极板上的 $S\frac{d\sigma}{dt}$,又等于极板间的 $S\frac{dD}{dt}$,放电时,电场减弱,$\frac{dD}{dt}$的方向与电场方向相反,但与导线中的电流方向一致.可见,传导电流与极板间的电场变化是相联系的,或者可视为,电路中电流借助于电容器内的电场变化而保持连续.基于此,麦克斯韦大胆地提出了一个假设:变化的电场也是一种电流,并令

$$\boldsymbol{j}_d=\frac{d\boldsymbol{D}}{dt} \tag{12-4a}$$

$$I_d=\frac{d\Psi}{dt} \tag{12-4b}$$

式中,$\boldsymbol{j}_d$ 和 I_d 分别称为**位移电流密度**和**位移电流**.上述定义说明,电场中某点的位移电流密度等于该点电位移的时间变化率,通过电场中某截面的位移电流等于通过该截面电位移通量的时间变化率.按照麦克斯韦位移电流的假设,在有电容器的电路中,在电容器极板表面中断了的传导电流 I_c,可以由位移电流 I_d 继续下去,两者一起构成电流的连续性.

就一般性质来说,麦克斯韦认为电路中可同时存在传导电流 I_c 和位移电流 I_d,它们

之和

$$I=I_c+I_d$$

称为**全电流**.

位移电流 I_d 不仅使全电流成为连续,而且麦克斯韦假设它在磁效应方面也和传导电流等效,即它们都按同一规律在周围空间激发涡旋磁场,麦克斯韦运用这种思想把从恒定电流总结出来的磁场规律推广到一般情况,即既包括传导电流也包括位移电流所激发的磁场.他指出:在磁场中沿任一闭合回路 L,H 的线积分在数值上等于穿过该闭合回路所包围的任意曲面的传导电流和位移电流的代数和,即

$$\oint_L \boldsymbol{H}\cdot \mathrm{d}\boldsymbol{l}=I=I_c+I_d \tag{12-5a}$$

或

$$\oint_L \boldsymbol{H}\cdot \mathrm{d}\boldsymbol{l}=I=\int_S\left(\boldsymbol{j}_c+\frac{\partial \boldsymbol{D}}{\partial t}\right)\cdot \mathrm{d}\boldsymbol{S} \tag{12-5b}$$

这个方程称为**全电流安培环路定理**.

把上式用到图 12-1 中 S_2 面的情况:

$$\oint_L \boldsymbol{H}\cdot \mathrm{d}\boldsymbol{l}=I_d=S\frac{\mathrm{d}D}{\mathrm{d}t}$$

如前所述,$S\dfrac{\mathrm{d}D}{\mathrm{d}t}=\dfrac{\mathrm{d}q}{\mathrm{d}t}=I_c$,因而这个结论和取 S_1 面的结果是一致的,这不仅解决了前述的矛盾,而且式(12-5)必然与电荷守恒定律吻合,若$\dfrac{\partial D}{\partial t}=0$,则回到恒定电流磁场时的环路定理.

由此可见,位移电流的引入深刻揭示了电场和磁场的内在联系和依存关系,反映了自然现象的对称性.法拉第电磁感应定律说明变化的磁场能激发涡旋电场,位移电流的论点则说明变化的电场能激发涡旋磁场,两种变化的场永远互相联系着,形成了统一的电磁场.麦克斯韦的位移电流假设的实质在于,它说明了位移电流与传导电流一样都是激发磁场的源,其核心是变化的电场可以激发磁场.但是,位移电流与传导电流仅仅在激发磁场这一点上是相同的,在本质上位移电流是变化着的电场,而传导电流则是自由电荷的定向运动;此外,传导电流在通过导体时会产生焦耳热,而导体中的位移电流则不会产生焦耳热.高频情况下介质的反复极化会放出大量的热,这是位移电流热效应的原因.但这与传导电流通过导体时放出的焦耳热不同,遵从完全不同的规律.

二、麦克斯韦方程组的积分形式

麦克斯韦把电磁现象的普遍规律概括为四个方程式,通常称之为**麦克斯韦方程组**.

(1) 通过任意闭合面的电位移通量等于该曲面所包围的自由电荷的代数和,即

$$\oint_S \boldsymbol{D}\cdot \mathrm{d}\boldsymbol{S}=\sum q_0$$

注意:上式在电荷和电场都随时间变化时仍然成立,这意味着尽管这时电场与电荷之间的关系不像静电场那样由库仑平方反比定律决定,但任一闭合面的 D 通量与闭合面内自由

电荷的电荷量之间的关系仍遵从高斯定理.

(2) 电场强度沿任意闭合回路的线积分等于穿过闭合回路所包围的任意曲面的磁通量对时间变化率的负值,即

$$\oint_L \boldsymbol{E} \cdot \mathrm{d}\boldsymbol{l} = -\oint_S \frac{\partial \boldsymbol{B}}{\partial t} \cdot \mathrm{d}\boldsymbol{S}$$

这里的电场 $\boldsymbol{E}$ 包括自由电荷产生的库仑电场和由变化磁场所产生的涡旋电场.

(3) 通过任意闭合曲面的磁通量恒等于零,即

$$\oint_S \boldsymbol{B} \cdot \mathrm{d}\boldsymbol{S} = 0$$

这里的 $\boldsymbol{B}$ 包括恒定磁场和非恒定磁场.

(4) 磁场强度沿任意闭合回路的线积分等于穿过该回路所包围的曲面的全电流,即

$$\oint_L \boldsymbol{H} \cdot \mathrm{d}\boldsymbol{l} = \int_S \left(\boldsymbol{j}_c + \frac{\partial \boldsymbol{D}}{\partial t}\right) \cdot \mathrm{d}\boldsymbol{S}$$

前面我们已对此作了详细论述.

归纳起来,可得麦克斯韦方程组的积分形式为

$$\begin{cases} \oint_S \boldsymbol{D} \cdot \mathrm{d}\boldsymbol{S} = \sum q_0 \\ \oint_L \boldsymbol{E} \cdot \mathrm{d}\boldsymbol{l} = -\int_S \frac{\partial \boldsymbol{B}}{\partial t} \cdot \mathrm{d}\boldsymbol{S} \\ \oint_S \boldsymbol{B} \cdot \mathrm{d}\boldsymbol{S} = 0 \\ \oint_L \boldsymbol{H} \cdot \mathrm{d}\boldsymbol{l} = \int_S \left(\boldsymbol{j}_c + \frac{\partial \boldsymbol{D}}{\partial t}\right) \cdot \mathrm{d}\boldsymbol{S} \end{cases} \tag{12-6}$$

从上面的论述中我们看到,麦克斯韦理论不但提出了涡旋电场、位移电流这样的概念,还包括了从特殊情况(静电场和恒定磁场)向一般非恒定情况的假设性推广.它的正确性被一系列理论与实验吻合得很好的事实而证实.

在有介质存在时,$\boldsymbol{E}$ 和 $\boldsymbol{B}$ 都与介质的特性有关,因此上述麦克斯韦方程组是不完备的,还需要再补充描述介质的下述方程:

$$\begin{gathered} \boldsymbol{D} = \varepsilon_0 \varepsilon_r \boldsymbol{E} = \varepsilon \boldsymbol{E} \\ \boldsymbol{B} = \mu_0 \mu_r \boldsymbol{H} = \mu \boldsymbol{H} \\ \boldsymbol{j} = \sigma \boldsymbol{E} \end{gathered} \tag{12-7}$$

式中,ε、μ、σ 分别是介质的介电常数、磁导率以及电导率.

麦克斯韦方程组的形式既简洁又优美,全面地反映了电场和磁场的基本性质,并把电磁场作为一个整体,用统一的观点阐明了电场和磁场之间的联系.因此麦克斯韦方程组是对电磁场基本规律所作的总结性、统一性的简明而完美的描述.

12-2 电　磁　波

一、电磁波的产生和传播

视频：电磁波的产生和传播
电磁波谱

由麦克斯韦方程组可知，当空间某区域内存在一个非线性的变化电场时，在邻近区域内将引起变化的磁场；这变化的磁场又在较远的区域内引起新的变化的电场，如图 12-3 所示.这种变化的电场和变化的磁场交替产生、由近及远，以有限速度在空间传播的过程称为**电磁波**.

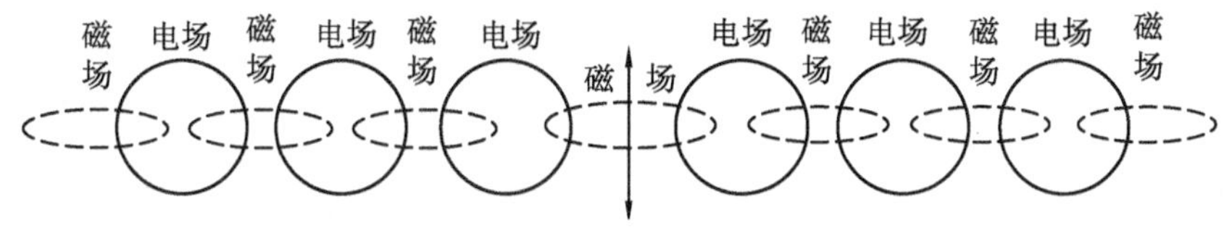

图 12-3　电磁波的形成

产生电磁波的装置称为**波源**.电磁波波源的基本单元为**振荡电偶极子**，即电矩作周期性变化的电偶极子，其振荡电偶极矩为

$$p=ql=ql_0\cos\omega t=p_0\cos\omega t \tag{12-8}$$

式中 $p_0=ql_0$ 是电矩振幅，ω 为圆频率.

式(12-8)表明，振荡电偶极子中的正负电荷相对其中心处做简谐运动，由于电磁场是以有限速度传播的，因此空间各点电场的变化滞后于电荷位置的变化，即空间某点 P 处在 t 时刻的电场线应与 $t-\Delta t$ 时刻电荷位置决定的该点处的场强相对应.

如图 12-4(b)所示，图中过 P 点的电场线应与 12-4(a)中电荷位置所决定的 P 点的场强相对应.因此，在正负电荷靠近的 t 时刻，空间的电场线形状如图 12-4(b)所示.而当两个电荷相重合时，电场线闭合，如图 12-4(c)所示.此后，闭合电场线(它代表涡旋电场)便脱离振子，而正、负电荷向相反方向运动，如图 12-4(d)所示.电偶极子不断振荡，形成的涡旋状电场线不断向外传播.同时，由于振荡电偶极子随时间变化的非线性关系，必然激起变化的涡旋磁场.后者又会激起新的涡旋电场，彼此互相激发，形成偶极子周围的电磁场.由麦克斯韦方程组推导可得：振荡电偶极子在各向同性介质中辐射的电磁波，在远离电偶极子的空间任一点处($r\gg l$)，t 时刻的电场 $\boldsymbol{E}$ 和磁场 $\boldsymbol{H}$ 的量值分别为

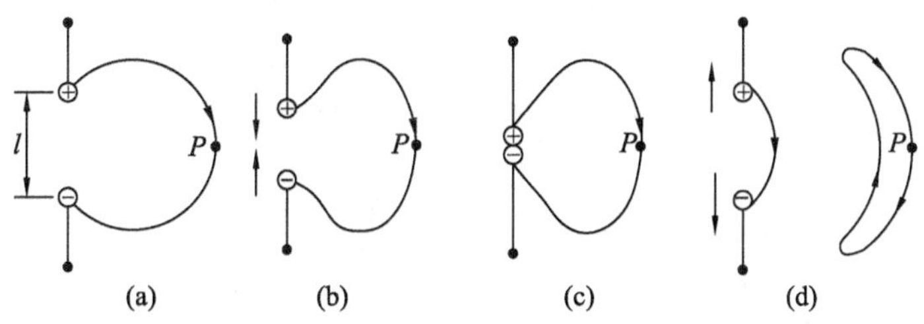

图 12-4　振荡电偶极子近区的电场线

$$E(r,t)=\frac{\omega^2 p_0 \sin\theta}{4\pi\varepsilon u^2 r}\cos\omega\left(t-\frac{r}{u}\right) \tag{12-9a}$$

$$H(r,t)=\frac{\omega^2 p_0 \sin\theta}{4\pi u r}\cos\omega\left(t-\frac{r}{u}\right) \tag{12-9b}$$

式(12-9a)和(12-9b)是**球面电磁波方程式**，$u=\frac{1}{\sqrt{\varepsilon\mu}}$为电磁波在该介质中的波速.如图 12-5 所示，$r$ 是矢径 $\boldsymbol{r}$ 的量值，电偶极子位于中心，偶极矩 $\boldsymbol{p}=q\boldsymbol{l}$，$\theta$ 为 $\boldsymbol{r}$ 与 $\boldsymbol{p}$ 之间的夹角.$\boldsymbol{E}$、$\boldsymbol{H}$、$\boldsymbol{u}$ 分别沿经线和纬线以及 $\boldsymbol{r}$ 的方向.

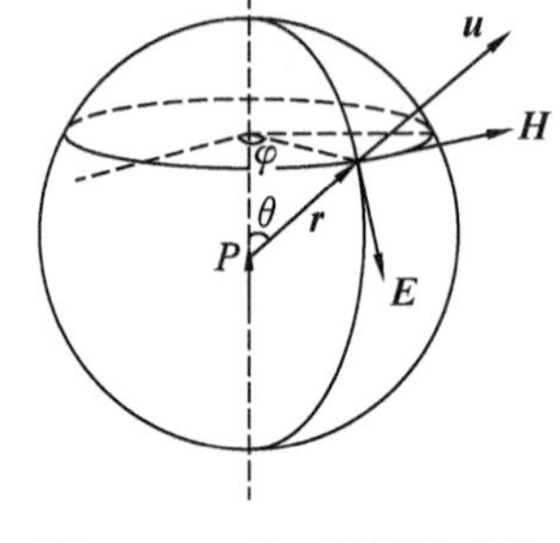

图 12-5　$r\gg l$ 区域形成的球面电磁波

在更加远离电偶极子的地方，因 r 很大，在通常研究的范围内 θ 角的变化很小，$\boldsymbol{E}$、$\boldsymbol{H}$ 可看成振幅恒定的矢量.因此，式(12-9a)和(12-9b)可写成如下形式：

$$E=E_0\cos\omega\left(t-\frac{r}{u}\right) \tag{12-10a}$$

$$H=H_0\cos\omega\left(t-\frac{r}{u}\right) \tag{12-10b}$$

即在远离电偶极子的地方，电磁波可看作**平面电磁波**，如图 12-6 所示.

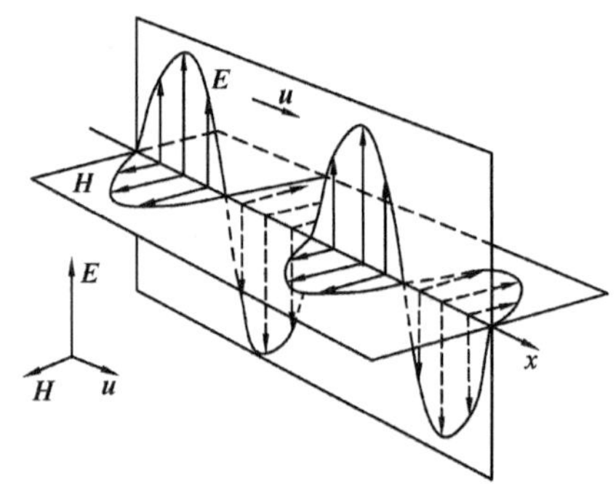

图 12-6　r 很大时形成的平面电磁波

二、平面电磁波的特性

根据以上讨论，可将平面电磁波的特性归纳如下：

(1) $\boldsymbol{E}$ 和 $\boldsymbol{H}$ 互相垂直，且均与传播方向垂直，即 $\boldsymbol{E}\perp\boldsymbol{H}$ 且 $\boldsymbol{E}\perp\boldsymbol{u}$，$\boldsymbol{H}\perp\boldsymbol{u}$.平面电磁波是横波.

(2) $\boldsymbol{E}$ 和 $\boldsymbol{H}$ 分别在各自平面上振动，这一特性称为偏振性，电偶极子辐射的**电磁波是偏振波**.

(3) $\boldsymbol{E}$ 和 $\boldsymbol{H}$ 同相位，且 $\boldsymbol{E}\times\boldsymbol{H}$ 的方向在任意时刻都指向波的传播方向，即波速 $\boldsymbol{u}$ 的方向.

(4) 在同一点 $\boldsymbol{E}$ 和 $\boldsymbol{H}$ 的量值间关系为 $\sqrt{\varepsilon}E=\sqrt{\mu}H$.

(5) 电磁波的波速 $u=\frac{1}{\sqrt{\varepsilon\mu}}$，即 u 只由媒质的介电常量和磁导率决定，在真空中

$$u=c=\frac{1}{\sqrt{\varepsilon_0\mu_0}}=2.997\,9\times10^8\ \mathrm{m\cdot s^{-1}}$$

由于理论计算结果和实验测定的真空中的光速相符，因此肯定光波是一种电磁波.

三、电磁波的能量

电场和磁场都具有能量，随着电磁波的传播，就有能量的传播，这是电磁波的主要性质之一.电磁波所携带的能量称为**辐射能**.显然，辐射能传播的速度和方向就是电磁波传播的速度和方向.**单位时间内通过垂直于传播方向的单位面积的辐射能**，称为**能流密度**或**辐射强度**.

设电磁波以波速 $\boldsymbol{u}$ 传播，为了计算电磁波的空间某点 P 处的能流密度，我们在 P 点取一垂直于传播方向的微小面积 $\mathrm{d}A$，并以 $\mathrm{d}A$ 为底、$\mathrm{d}l$ 为高作一小的长方体，如图 12-7 所示.如果电磁场的能量密度为 w，则这小长方体中的电磁场能量为 $w\mathrm{d}A\,\mathrm{d}l$，在介质不吸收电磁场能量的条件下，小长方体中的能量通过 $\mathrm{d}A$ 所需的时间为 $\mathrm{d}t=\frac{\mathrm{d}l}{u}$.所以按定义，$P$ 点处的能流密度 S 为

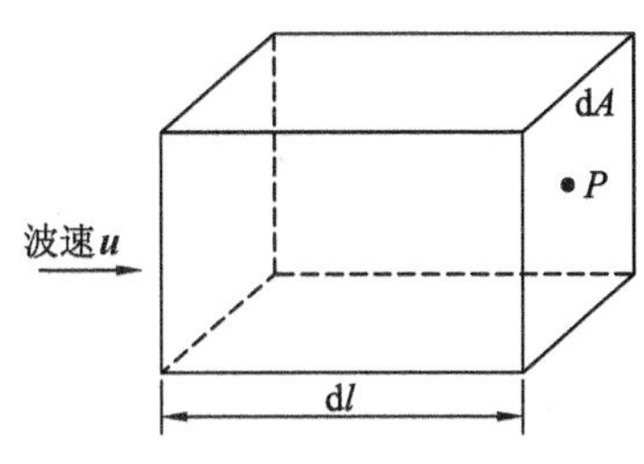

图 12-7 能流密度的计算

$$S=\frac{w\,\mathrm{d}A\,\mathrm{d}l}{\mathrm{d}A\,\mathrm{d}t}=wu \tag{12-11}$$

因为电磁场既包含了电场又包含了磁场，所以，w 是电场能量密度 w_e 与磁场能量密度 w_m 的和，即

$$w=w_e+w_m=\frac{1}{2}\varepsilon E^2+\frac{1}{2}\mu H^2 \tag{12-12}$$

将上式代入式(12-11)，得

$$S=\frac{u}{2}(\varepsilon E^2+\mu H^2)$$

考虑到 $u=\frac{1}{\sqrt{\varepsilon\mu}}$ 及 $\sqrt{\varepsilon}E=\sqrt{\mu}H$，得

$$S=EH \tag{12-13a}$$

由于辐射能的传播方向就是电磁波的传播方向，所以，辐射能的传播方向、$\boldsymbol{E}$ 的方向和 $\boldsymbol{H}$ 的方向三者必相互垂直，且成右手螺旋关系(图 12-8)，这样将式(12-13a)写成矢量关系，有

$$\boldsymbol{S}=\boldsymbol{E}\times\boldsymbol{H} \tag{12-13b}$$

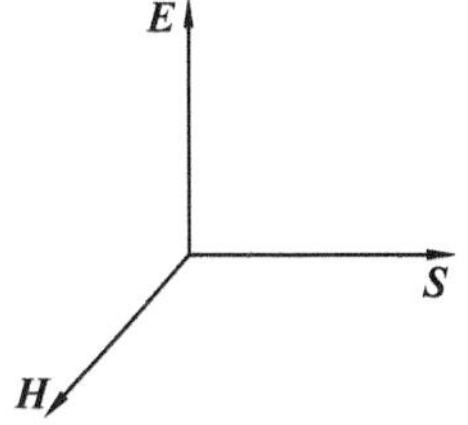

图 12-8 坡印廷矢量

式中，$\boldsymbol{S}$ 为电磁波的能流密度矢量，也叫作**坡印廷矢量**.

不难证明，对平面电磁波，能流密度的平均值为

$$\bar{S}=\frac{1}{2}E_0H_0$$

式中，E_0 和 H_0 分别是电场强度和磁场强度的振幅.考虑到 $\sqrt{\varepsilon}E_0=\sqrt{\mu}H_0$，显然，$\bar{S}$ 与 $E_0{}^2$

或 H_0^2 成正比,即波的强度与振幅的平方成正比,这与机械波是相似的.

四、电磁波谱

我们将电磁波按波长或频率的顺序排列成谱,该谱被称为**电磁波谱**.图 12-9 是按频率和波长两种标度绘制的电磁波谱.

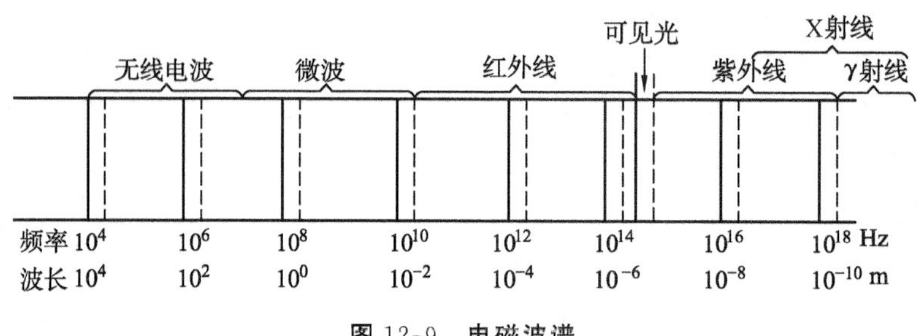

图 12-9 电磁波谱

电磁波在本质上相同,但不同波长范围的电磁波的产生方法各不相同.① 无线电波是利用电磁振荡电路通过天线发射的,波长在 $10^4 \sim 10^{-2}$ m 范围内(包括微波在内).② 炽热的物体、气体放电等是原子中外层电子的跃迁所发射的电磁波.其中波长在 $0.4\times10^{-6} \sim 0.77\times10^{-6}$ m 范围内的电磁波,称为可见光,能引起视觉;波长在 $0.77\times10^{-6} \sim 0.4\times10^{-4}$ m 范围内的电磁波,称为红外线,不能引起视觉,但热效应特别显著;波长在 $5.0\times10^{-9} \sim 0.4\times10^{-6}$ m 范围内的电磁波,称为紫外线,不能引起视觉,但容易产生强烈的化学反应和生理作用(杀菌)等.③ 当快速电子射到金属靶时,会引起原子中内层电子的跃迁而产生射线,其波长在 $0.4\times10^{-10} \sim 5.0\times10^{-9}$ m 范围内,它的穿透力强,工业上用于金属探伤和晶体结构分析,医疗上用于透视、拍片等.(4) 当原子核内部状态改变时会辐射出 γ 射线,其波长在 10^{-10} m 以下,穿透本领比 X 射线更强,用于金属探伤、原子核结构分析等.

表 12-1 表示各种无线电波的波段划分及主要用途.

表 12-1 各种无线电波的范围和用途

波段	波长/m	频率/kHz	主要用途
长波	30 000～3 000	$10 \sim 10^2$	电报通信
中波	3000～200	$10^2 \sim 1.5\times10^3$	无线电广播
中短波	200～50	$1.5\times10^3 \sim 6\times10^3$	电报通信、无线电广播
短波	50～10	$6\times10^3 \sim 3\times10^4$	电报通信、无线电广播
超短波(米波)	10～1.0	$3\times10^4 \sim 3\times10^5$	无线电广播电视、导航
分米波	1～0.1	$3\times10^5 \sim 3\times10^6$	电视、雷达、导航
微波(厘米波)	0.1～0.01	$3\times10^6 \sim 3\times10^7$	电视、雷达、导航
毫米波	0.01～0.001	$3\times10^7 \sim 3\times10^8$	雷达、导航、其他专门用途

思　考　题

12-1　什么叫作位移电流？什么叫作全电流？位移电流和传导电流有什么不同？

12-2　一平行板电容器充电以后断开电源，然后缓慢拉开电容器两极板的间距，则拉开过程中两极板间的位移电流为多大？若电容器两端始终维持恒定电压，则在缓慢拉开电容器两极板间距的过程中两极板间有无位移电流？若有位移电流，则它的方向怎样？

12-3　试写出与下列内容相应的麦克斯韦方程的积分形式：

(1) 电场线起始于正电荷，终止于负电荷；

(2) 磁力线无头无尾；

(3) 变化的电场伴有磁场；

(4) 变化的磁场伴有电场.

习　　题

12-1　圆柱形电容器内外导体截面半径分别为 R_1 和 $R_2(R_1<R_2)$，中间充满介电常数为 ε 的电介质，当两极板间的电压随时间的变化$\dfrac{\mathrm{d}U}{\mathrm{d}t}=k$ 时(k 为常量)，求介质内距圆柱轴线为 r 处的位移电流密度.

12-2　如图所示，电荷 $+q$ 以速度 $\boldsymbol{v}$ 向 O 点运动，$+q$ 到 O 点的距离为 x，在 O 点处作半径为 a 的圆平面，圆平面与 $\boldsymbol{v}$ 垂直.求通过此圆的位移电流.

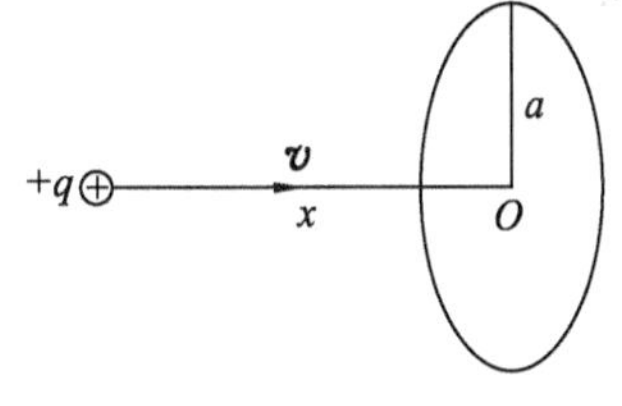

习题 12-2 图

12-3　半径 $R=0.10\ \mathrm{m}$ 的两块圆板构成平行板电容器，放在真空中，今对电容器匀速充电，使两极板间电场的变化率为$\dfrac{\mathrm{d}E}{\mathrm{d}t}=1.0\times10^{13}\ \mathrm{V\cdot m^{-1}\cdot s^{-1}}$.求两极板间的位移电流，并计算电容器内离两圆板中心连线 $r(r<R)$处的磁感应强度 B_r 以及 $r=R$ 处的磁感应强度 B_R.

12-4　一广播电台的辐射功率是 10 kW，假定辐射场均匀分布在以电台为中心的半球面上.

(1) 求距离电台 $r=10\ \mathrm{km}$ 处的坡印廷矢量的平均值；

(2) 若在上述距离处的电磁波可看作平面波，求该处的电场强度和磁场强度的振幅.

12-5　氦-氖激光器发出的圆柱形激光束，功率为 10 mW，光束截面直径为2 mm，求该激光的最大电场强度和磁感应强度.

文档：电磁动能武器简介
等离子体　磁约束

第13章 光 学

光学是物理学的一个重要组成部分,也是近代物理和现代科学技术的前沿阵地之一,有着宽广的发展前途.人类对光的研究经历了一个漫长的历史时期.中华民族的祖先最早开展了光学的研究,早在春秋战国时期,墨翟(公元前468—376年)和他的学生在所著的《墨经》中就记载了光的直线传播、光的反射,以及平面镜、球面镜的反射成像.墨翟以后的近两千年光学经历了一个漫长的缓慢发展时期,研究内容是几何光学中的一些基本知识,以光的直线传播为基础,研究光在透明介质中的传播规律.17世纪是光学发展史上的一个重要时期,在这段时间内,科学家们不仅开始从实验上对光学进行研究,而且也着手进行已有光学知识的系统化、理论化的工作.17世纪初,琼森(Z.Jonsen)和李普希(H.Lippershey)、伽利略和开普勒(J.Kepler)等人发明了用于天象观测的望远镜,冯特纳(P.Fontana)发明了第一架显微镜.17世纪上半叶,1621年,斯涅耳(W.Snell)和笛卡儿(R.Descartes)导出了反射和折射定律的数学表示式,奠定了几何光学的基础.17世纪后半叶,人们开始进行关于光的本性的讨论,并存在着争论.牛顿提出光的微粒说,认为光是从光源射出的一种微粒流,利用微粒说可以说明光的直线传播、光的反射和折射,但在说明折射时,认为光在水中的速度要大于空气中的速度,无法正确解释牛顿环的成因以及后来人们发现的光的干涉、衍射现象.惠更斯反对牛顿的微粒说,提出了光的波动说,利用波动说也能说明反射和折射现象,认为光在水中的速度要小于在空气中的速度,而且还解释了方解石的双折射现象.但惠更斯的波动说本身并不完善,加上牛顿的崇高威望,光的微粒说在17世纪到18世纪的一百多年中一直居于统治地位.

视频:光的传播

1801年,英国人托马斯·杨(T.Young)第一个进行了双针孔(后来改为双缝)实验,显示了光的干涉现象,这是导致光的波动说被普遍承认的一个决定性实验,具有重要的历史意义.随后菲涅耳(A.J.Fresnel)等人完成了几个新的干涉实验,从而为光的波动说奠定了坚实的实验基础.菲涅耳还提出了子波相干的思想,对惠更斯原理作了补充,发展形成了惠更斯-菲涅耳原理.用此原理不仅圆满地解释了光在各向均匀同性介质中的直线传播,而且解释了光的衍射现象.后来,马吕斯(E.L.Malus)、托马斯·杨、菲涅耳和阿拉戈(D.F.J.Arago)等人对光的偏振现象做了进一步的研究,从而确认光具有横波的偏振性.关于光在水和空气中的速度问题,直到1850年,也就是牛顿提出微粒说之后200年,才分别由傅科(J. B. L.Foucault)和斐索(A.H.L.Fizeau)解决.1873年,麦克斯韦发表了《电磁学通论》,预言了电磁波的存在. 1886年,赫兹用实验证实了电磁波的存在,并证明电磁波以光速传播，奠定了光的电磁理论的基础，从此光的波动性和光是电磁波已普遍为人们所接受.

19 世纪末，人们通过对黑体辐射、光电效应和康普顿效应的研究，又无可怀疑地证实了光的量子性，形成了一种具有崭新内涵的微粒学说.面对各有坚实实验基础的波动说和微粒说，人们对光的本性的认识又向前迈进了一大步，即承认光具有波粒二象性.由于光具有波粒二象性，所以对光的全面描述需运用量子力学的理论，根据光的量子性从微观过程上研究光与物质相互作用的学科叫作量子光学.

20 世纪 60 年代激光的发现使光学的发展又获得了新的活力.激光技术与相关学科相结合，导致了光全息技术、光信息处理技术、光纤技术等研究领域的飞速发展，非线性光学、傅里叶光学等现代光学分支逐渐形成，促进了物理学及其相关学科的不断发展.

光学是研究光的本性、光的传播以及光与物质相互作用的科学.光学既是物理学中最古老的学科之一，又是目前发展迅速、非常活跃的新的学科领域.按照光学发展的历史和研究方法的不同，光学可分为几何光学、波动光学、量子光学和近代光学四大部分.本章主要讨论波动光学.波动光学是根据光的波动性研究光的传播规律的光学分支，主要内容有光的干涉、衍射、偏振等及其应用.

光学作为物理学的一个重要分支，研究光学的方法也必须符合认识论的规律，即在观察和实验的基础上，进行分析、归纳、综合、提高，而后提出假设，形成理论，再经过实践检验，光的本性理论认识的过程就是不断实践、理论、再实践、再理论的过程，是认识不断提高和完善的过程.通过本章的学习，不仅要掌握有关光学的基础知识，而且希望学习科学家的思维和方法，树立辩证唯物主义的世界观.

13-1 光的传播的基本概念

一、光与电磁波

按照麦克斯韦电磁场理论，电磁波在真空中的传播速度为

$$c=\frac{1}{\sqrt{\varepsilon_0\mu_0}} \tag{13-1}$$

式中，ε_0 为真空中的介电常数，μ_0 为真空磁导率.由实验测得 $\varepsilon_0=8.854\ 188\times10^{-12}\ \mathrm{C^2\cdot N^{-1}\cdot m^{-2}}$，$\mu_0=4\pi\times10^{-7}\ \mathrm{H\cdot m^{-1}}$.因此，$c$ 的数值是仅与电磁学公式中的比例系数有关的一个普适常量，$c=2.997\ 924\ 58\times10^{8}\ \mathrm{m\cdot s^{-1}}$.此数值与实验测量得到的光在真空中的传播速度很接近，于是麦克斯韦认为光是某一波段的电磁波，由此产生光的电磁理论.光的电磁理论的确立，不仅把光学和电磁学这两门学科联系了起来，而且推动了光学和整个物理学的发展.光速的测量是物理学中的一个十分重要的课题，三百多年来，有很多科学工作者用不同的方法进行测量.早在 1676 年丹麦天文学家罗默(O.Römer)用光行差的方法测定了光速，1849 年斐索用旋转齿轮法，1851 年傅科用旋转镜法，1933 年迈

克耳孙(A.A.Michelson)、皮斯(F.G.Pease)和皮尔孙(F.Pearson)用旋转棱镜法,1941 年安德森(W.C.Anderson)用克尔盒调制器法,1950 年埃森(L.Essen)用微波谐振腔法均进行了光速的测量.此后还有很多科学家用不同的方法对光速进行过测量.1970 年后采用激光测速法,其精确度提高约 100 倍,1980 年贝尔德(Baird)等用稳频氦-氖激光器测得真空中的光速为$(2.997\,924\,581\times10^{8}\pm1.9)\,\mathrm{m\cdot s^{-1}}$.这个数值与式(13-1)计算的结果非常接近,同时也为麦克斯韦电磁场理论提供了有力的证据.

电磁波的频率或波长的范围很宽.习惯上,把能够引起视觉的电磁波称为可见光.可见光在整个电磁波中只占一个很窄的波段.可见光的波长常用微米(μm)、纳米(nm)作单位,其波长范围为 400~770 nm,对应的频率范围为$7.5\times10^{14}\sim3.9\times10^{14}$ Hz,只有这一频率范围内的电磁波才能够引起人们的视觉.光的颜色由光的频率所决定,不同频率的光波产生不同的色彩效果,可见光的光谱分布见表 13-1.在可见光附近,波长比红光长的波称为红外线,比紫光短的波称为紫外线.单一频率的光称为单色光.光波通常是指可见光,有时也把红外光和紫外光包括在光波范围内.

表 13-1 可见光光谱

光谱	波长/nm	频率/(10^{14} Hz)
红	770~630	3.9~4.8
橙	630~590	4.8~5.0
黄	590~560	5.0~5.3
绿	560~490	5.3~6.1
青	490~450	6.1~6.7
蓝	450~435	6.7~6.9
紫	435~390	6.9~7.7

二、光源和光波

根据光的电磁理论,光波是变化的电场和磁场在空间的传播.实验表明,能够引起眼睛视觉效应和感光材料感光作用的是光波中的电场,所以光学中常用电场强度矢量 $\boldsymbol{E}$ 代表光波,并把 $\boldsymbol{E}$ 矢量称为光矢量.通常所讲的光波是指其光矢量随时间和空间呈周期性的变化.

在第 6 章和第 12 章中,我们已经分别讨论了机械波和电磁波,两种波可以用相同的波函数来描述,所不同的只是前者描述了质点的位移随时间和空间的变化规律,后者描述了电场和磁场矢量随时间和空间的变化规律,显然描述光矢量的波函数也有相同的形式.平面光波的波函数为

$$\boldsymbol{E}=\boldsymbol{E}_0\cos\left[2\pi\left(\nu t-\frac{r}{\lambda_n}\right)+\varphi_0\right] \tag{13-2}$$

式中,$|\boldsymbol{E}_0|$是光矢量的振幅,ν 是光振动的频率,λ_n 是光在折射率为 n 的介质中传播时的波长,φ_0 是波源点的初相位.如果在所讨论的问题中光矢量的方向相同或者无需考虑光矢

量的方向时,可用标量波函数描述光振动.

1. 光强

人眼或感光仪器所检测到的光的强弱是能流密度的时间平均值,定义为**光强**

$$I=\sqrt{\frac{\varepsilon}{\mu}}\,\overline{E^2}\propto n\,\overline{E^2} \tag{13-3}$$

式中,n 是介质的折射率.通常我们关心的是光强度的相对分布,在光传播的空间内任一点的光强,可用该点光矢量振幅的平方表示,即

$$I=E_0{}^2 \tag{13-4}$$

2. 光源的发光机理

波动的基本特征是干涉、衍射现象,在第 6 章中已经指出:由频率相同、振动方向相同、相位相同或相位差保持恒定的两个波源所发出的波是相干波,在两相干波相遇的区域内,由于波的叠加,使有些点的振动始终加强,有些点的振动始终减弱或完全抵消,即产生干涉现象.两个频率相同的音叉在房间里振动,就可以发现房间里有些位置的声振动始终很强,而另一些位置的声振动始终很弱.但对于光波,情况有所不同.例如,教室内的两盏日光灯照射在墙面或桌面上,并不能发现有光强分布不均的干涉现象,即使在房间里放着两个发光频率相同的钠光灯,在它们所发出的光所能照到的区域,也观察不到干涉现象,这是什么原因呢?要弄清楚这个问题,需要讨论光源的发光机理.

常用的光源分为两类:普通光源和激光光源,普通光源包括热光源(由热激发而发光,如白炽灯、太阳)、冷光源(由化学能、电能或光能激发,如日光灯、气体放电管)等,各种光源的激发方式不同,辐射机理也不相同.式(13-2)表示的光波是理想的平面光波,这种波以一定的速度传播,沿传播方向在空间无限延伸,在传播区域中任一点,振动可以无限制地持续下去.机械波波源的振动可以持续较长时间,振动在空间传播能够延伸较大范围,因此在一定范围内,可以用式(13-2)近似表示这种波.但是对一般普通光源来说,并不能发出这种光波.普通光源是由大量分子或原子构成的,发光是发光体的原子或分子进行的微观过程,在通常情况下原子或分子大多处于低能量的基态,在热能的激发下跃迁到高能量的激发态,当它从激发态返回到较低能量状态时,就把多余的能量以光波的形式辐射出来,这便是热光源的发光.这些分子或原子间歇地向外发光,一次发光时间极短,仅持续大约 $10^{-10}\sim10^{-8}$ s,因而一次发光只能形成一列长度有限的光波,称为光波列,如图 13-1 所示.设单个原子或分子一次发光持续的时间为 Δt,真空中的光速为 c,则真空中波列的长度为

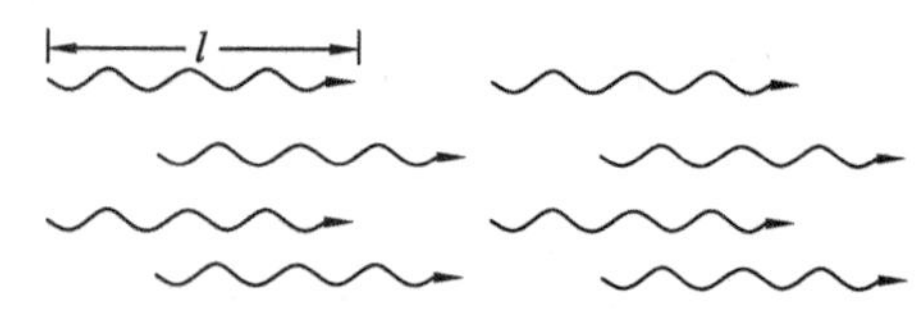

图 13-1 普通光源所发出的光波波列

$$l=c\Delta t \tag{13-5}$$

一个原子经过一次跃迁发光后可以再次被激发到较高能级,要间隔若干时间才能进行再次发光,因此原子或分子发光具有间歇性,时间间隔是随机的.一般说来,即使是同一个分子或原子,在不同时刻所发出光波列的频率相同,振动方向和初相位不会都相同.普通光

源中大量原子或分子，各自相互独立地发出一个个波列，它们的辐射是偶然的，彼此间没有任何联系.因此在同一时刻，各原子或分子所发的光相互独立，振动方向和相位等可以各不相同.从整体上说，两个普通光源或者同一光源的不同部分发出的光并不满足相干条件.20 世纪 60 年代发展起来的激光光源的发光机理与普通光源有很大的差别，激光光源中不同原子可以发出频率相同、振动方向相同和初相位相同的光波.我们把满足干涉条件的光波称为相干光，能产生相干光的光源称为相干光源.

三、相干叠加和非相干叠加

设有两个光源 S_1、S_2，如图 13-2 所示，所发出光的频率相同、光矢量 $\boldsymbol{E}$ 方向相同，光的振幅和光强分别为 E_{10}、E_{20} 和 I_1、I_2，它们在空间某处 P 相遇.为简单起见，讨论两光波在同一种介质中传播的情况.设 P 点合成光矢量的振幅为 E，即

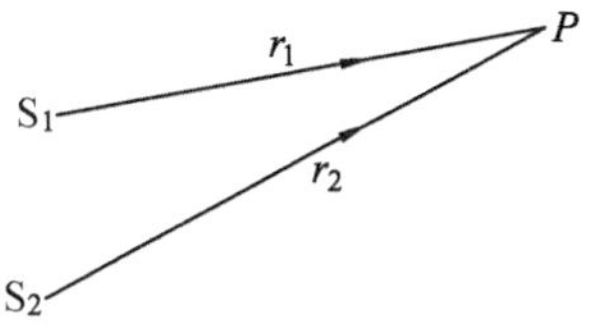

$$E^2=E_{10}{}^2+E_{20}{}^2+2E_{10}E_{20}\cos\Delta\varphi$$

图 13-2 两光波在空间相遇

取人眼或感光仪器所检测的反应时间为 τ，在 τ 时间内，光强的时间平均值 I 可表示为

$$\begin{aligned}I=\overline{E^2}&=\frac{1}{\tau}\int_0^\tau(E_{10}{}^2+E_{20}{}^2+2E_{10}E_{20}\cos\Delta\varphi)\,\mathrm{d}t\\&=I_1+I_2+2\sqrt{I_1I_2}\ \frac{1}{\tau}\int_0^\tau\cos\Delta\varphi\,\mathrm{d}t\end{aligned}\tag{13-6}$$

式中，$\Delta\varphi$ 为两光振动在 P 点的位相差，即

$$\Delta\varphi=\varphi_2-\varphi_1-\frac{2\pi}{\lambda}(r_2-r_1)$$

φ_1、φ_2 是光源 S_1 和 S_2 振动的初相位，$\Delta\varphi$ 由两部分组成：$\varphi_2-\varphi_1$ 是两光源的初相位差，$\frac{2\pi}{\lambda}(r_2-r_1)$随 P 点的空间位置变化而变化.如果光源 S_1、S_2 是两个独立光源(或者是同一光源的不同部位)，$\varphi_2-\varphi_1$ 是“瞬息万变”的随机量，由于 τ 远大于光振动的周期，在 $0\sim\tau$ 时间内，$\varphi_2-\varphi_1$ 可以机会均等地取 $0\sim2\pi$ 之间的一切数值，$\int_0^\tau\cos\Delta\varphi\,\mathrm{d}t=0$，故

$$I=I_1+I_2\tag{13-7}$$

这种波的叠加称为**非相干叠加**.如果 $\varphi_2-\varphi_1$ 不随时间变化，$\Delta\varphi$ 只随 P 点的空间位置变化，对时间而言是常量，$\frac{1}{\tau}\int_0^\tau\cos\Delta\varphi\,\mathrm{d}t=\cos\Delta\varphi$，则在空间相遇的 P 点处合成后的光强为

$$I=I_1+I_2+2\sqrt{I_1I_2}\cos\Delta\varphi\tag{13-8}$$

对于两波相遇区域的不同位置，其相对光强的大小将由这些位置的相位差决定，即空间各处光强分布将由干涉项 $2\sqrt{I_1I_2}\cos\Delta\varphi$ 决定，将会出现有些地方始终加强($I>I_1+I_2$)，有些地方始终减弱($I<I_1+I_2$).这种波的叠加称为**相干叠加**.若 $I_1=I_2=I_0$，则合成后的光强为

$$I=4I_0\cos^2\frac{\Delta\varphi}{2} \tag{13-9}$$

当 $\Delta\varphi=\pm 2k\pi$ 时，光强最大（$I=4I_0$），称干涉相长，这些位置是亮纹中心；当 $\Delta\varphi=\pm(2k-1)\pi$ 时，光强最小（$I=0$），称干涉相消.两光相干叠加时光强随相位差 $\Delta\varphi$ 变化的情况如图 13-3 所示.

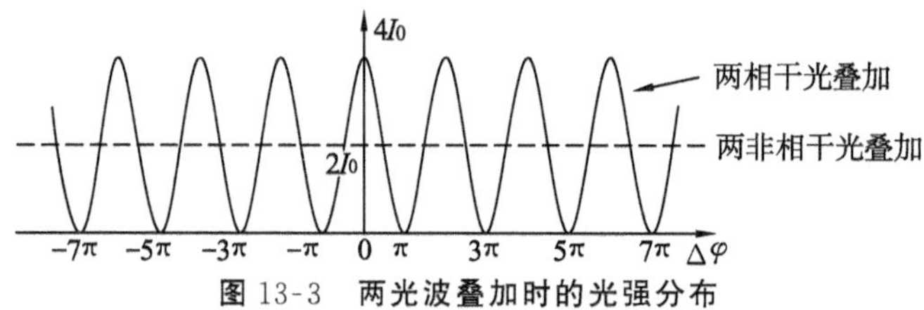

图 13-3 两光波叠加时的光强分布

四、获得相干光的方法

根据以上讨论可知，要产生光的干涉现象，首先必须要得到相干光，怎样才能获得两束相干光呢？可以设想用某种方法，将普通光源上同一发光点上同一原子或分子发出的同一波列“一分为二”，分为两列，它们的频率和初相位必然相同，让其经历不同的传播路径再会合，相位差只与经历的路径有关，对时间而言恒定不变，只要传播方向的夹角不很大，振动方向基本上相互平行，从而满足相干条件，可得到式（13-8）的光强分布.对于同一发光点，尽管有许多个原子，每个原子又在不同时间发出不同波列，但只要发光的频率相同，“一分为二”的方法相同，两条传播路径各自相同，在同一叠加点上相位差 $\Delta\varphi$ 必然相同，每个波列“一分为二”后得到的干涉的光强分布与式（13-8）相同.大量的波列干涉后再进行光强相加的结果，使光强最大处变得更大，光强最小处仍然最小，干涉图样的形状不变.获得相干光的具体方法有两种：分波阵面法和分振幅法.前者根据惠更斯原理，从同一波面上取不同的两部分作为次级波源，产生相干光，如下面将要讨论的双缝干涉；后者利用光在透明介质薄膜表面的反射和折射将同一光束分割成两束或多束相干光，如后面要介绍的薄膜干涉等.

五、几何光学的基本定律

1. 几何光学的基本定律

撇开光的波动本性，而仅以光的直线传播性质为基础，研究光在透明介质中的传播，称为几何光学，在几何光学中用一条表示光的传播方向的几何线来代表光，并称这条线为**光线**.借助于光线的概念，由实际观察和直接实验得到的几个基本定律，构成几何光学的理论基础，其要点表述如下：

（1）光的直线传播定律：在均匀介质中，光沿直线传播.即在均匀介质中，光线为一直线.

（2）光的独立传播定律：来自不同方向或不同物体发出的光线在空间相遇而相交时，

对每一光线的独立传播不发生影响.

(3) 光的反射和折射定律：当光线由一介质进入另一介质时，光线在两个介质的分界面上被分为反射光线和折射光线，对于这两条光线的进行方向，可分别由反射定律和折射定律来表述.

反射定律 如图 13-4 所示，入射光线 AB、分界面上 B 点的法线 NB 和反射光线 BC，三者在同一平面内，并且反射光线与法线间的夹角 i'（反射角）等于入射光线与法线间的夹角 i（入射角），即

$$i'=i \tag{13-10}$$

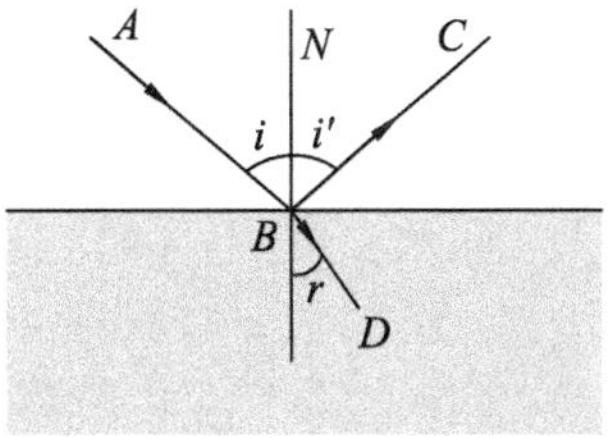

图 13-4 光的反射和折射定律

折射定律 入射光线 AB、分界面上 B 点的法线 NB 和折射光线 BD，三者在同一平面内，并且入射角 i 的正弦与折射角 r（折射光线和法线间的夹角）的正弦之比是一个与角 i 和 r 的大小无关的常数，这个常数取决于两介质的光学性质及光的波长，即

$$\frac{\sin i}{\sin r}=\frac{n_2}{n_1} \tag{13-11}$$

其中常数 n_1 和 n_2 分别为第一介质和第二介质的绝对折射率（以下简称折射率），它们的定义为

$$n_1=\frac{c}{v_1},\ n_2=\frac{c}{v_2} \tag{13-12}$$

式中，c 为真空中的光速，v_1 和 v_2 分别为第一介质和第二介质中的光速.

应该指出：由于光的直线传播性对于光的实际行为只具有近似的意义，所以拿它作为基础的几何光学，就只能应用于有限范围和给出近似的结果.在所研究的对象中，若其几何尺寸远远大于所用光波的波长（如对有一定大小的透镜或面镜，研究由它们成像的物距和像距等），则由几何光学可以获得与实际基本相符的结果；反之，当其几何尺寸可以跟波长相比（如透镜或面镜的孔径非常小，或者虽然透镜和面镜有一定的大小，但研究的问题是"像点"的细微结构）时，则由几何光学所获得的结果将与实际有显著的差别，甚至相反.在后一种情况下，必须撇开光的直线传播的概念，而采用以光的波动性质为基础的波动光学来研究，几何学是波动光学在一定条件下的近似.尽管如此，由于几何光学在应用上的简便，以及在实际上并不总需要严格的解，所以它仍是研究光传播问题的有力工具.

2. 透镜成像公式

早在 11 世纪人们就开始对透镜和球面镜的成像规律进行了研究，根据几何光学的基本定律，在一定的近似条件下，这类光学元件用于成像时，物像共轭关系满足高斯成像公式：

$$\frac{f'}{s'}+\frac{f}{s}=1 \tag{13-13}$$

式中，s 为物距，s'为像距，f 和 f'分别为物方焦距和像方焦距，图 13-5 是薄透镜成像光路示意图.透镜的两表面一般为共轴球面（也可以一面为平面，另一面为球面），两球面的半

径分别记为 r_1、r_2，两球面间为透明介质，折射率记为 n_L，两球面顶点间的距离称为透镜的厚度，对于薄透镜，其厚度远小于球面的半径和焦距.通常考虑透镜在空气中，薄透镜的物方焦距 f 和像方焦距 f' 为

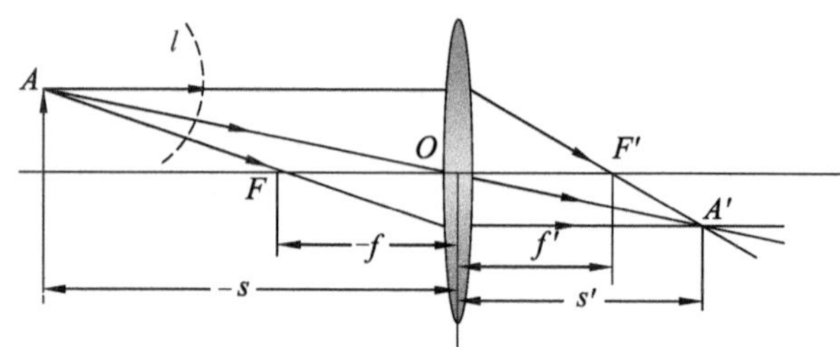

图 13-5　薄透镜成像光路图

$$f'=-f=\frac{1}{(n_L-1)\left(\frac{1}{r_1}-\frac{1}{r_2}\right)} \tag{13-14}$$

式(13-14)称为磨镜者公式，应用此式，式(13-13)变为

$$\frac{1}{s'}-\frac{1}{s}=\frac{1}{f'} \tag{13-15}$$

这就是常用的薄透镜成像公式.在运用上述公式计算时应遵循以下正负号规则：以透镜的中心 O 为起点，入射光线自左向右，当物点、像点、物方和像方焦点以及两球面的曲率中心在 O 点的右侧时，s、s'、f、f'以及 r_1、r_2 的数值为正；反之，在左侧时则为负，在图上出现的长度只用正值.如在图 13-5 中，物点 A 在 O 点左侧，计算时物距 s 为负值，图中标记物距 $-s$ 为正值；像点 A'在 O 点右侧，像距 s'为正值，图中标记 s'.

六、光程　费马原理

1. 光程

我们知道，干涉现象的产生取决于两束相干光波的相位差.当两相干光的初相位相等($\varphi_2=\varphi_1$)且在真空中传播时，它们在相遇处叠加时的相位差仅取决于两束光传播的几何路程之差.但是，在介质中传播，特别是通过不同的介质时，如光从空气透入薄膜，这时，两相干光间的相位差就不能单纯由它们的几何路程之差来决定.为此，下面介绍光程与光程差的概念.

单色光在线性介质中传播，频率恒定不变，总是等于光源的频率 ν.若光在折射率为 n 的介质中传播，速度 $v=\frac{c}{n}$，由波速、波长与频率的关系可知，在介质中的波长 $\lambda_n=\frac{c}{n\nu}=\frac{\lambda_0}{n}$，这里 λ_0 是频率为 ν 的光波在真空中的波长.若光在介质中传播的几何路程为 r，那么相应的相位变化为$\frac{2\pi}{\lambda_n}r=\frac{2\pi}{\lambda_0}nr$.由此可见，当光在不同的介质中传播时，即使传播的几何路程相同，相位变化还是不同的，相位的变化由介质的折射率 n 与几何路程 r 的乘积 nr 来确定.我们把光在介质中所经过的几何路程 r 和该介质的折射率 n 的乘积 nr 叫作**光程**，记

为$[L]$.当光经历几种介质时,光程为

$$[L]=\sum n_i r_i$$

由于$nr=c\dfrac{r}{v}=ct$,因此光程可认为是在相同时间内光在真空中通过的路程.引进光程的概念后,我们就可将光在介质中经过的路程折算为光在真空中的路程,这样便可统一用真空中的波长比较两束光经历不同介质时所引起的相位改变.当两相干光源的初相位相等($\varphi_2=\varphi_1$)时,无论两光波在何种介质中传播,若用Δ表示两光束到达P点的光程差,则两束光在P点的相位差为

$$\Delta\varphi=\frac{2\pi}{\lambda_0}\Delta \tag{13-16}$$

这是考虑光的干涉问题时常用的一个基本关系式.应该注意,引进光程后,不论光在什么介质中传播,上式中的波长均是光在真空中的波长.

这样,对于有相同初相位的两相干光源发出的两相干光,相干叠加得到最大光强和最小光强的条件为

$$\Delta=\begin{cases}\pm k\lambda_0, & k=0,1,2,\cdots \quad \text{干涉相长}\\ \pm(2k-1)\dfrac{\lambda_0}{2}, & k=1,2,\cdots \quad \text{干涉相消}\end{cases} \tag{13-17}$$

2. 费马原理

早在1657年,费马(Fermat)借助光程的概念提出了费马原理,费马原理指出:光在指定的两点间传播,光沿光程为极值(包括极大值、极小值和恒定值)的路径传播.也就是说,光以某种方式从空间一点传播到另一点,所经过的路径不能是任意的,可能的路径是光程为极值的路径,其中光程为极大值或为极小值的路径只有一条路径;如果有多条或者无数条可能的路径,这些路径的光程一定相同.

从费马原理可以直接推出几何光学的几个基本定律,即光的直线传播定律、折射定律和反射定律.遵循光的直线传播定律的路径是光程为极小值的路径,图13-4中光从A点经分界面反射传播到C点遵循反射定律的路径以及从A点经分界面折射传播到D点遵循折射定律的路径都是光程为极小值的路径.在光学成像问题中,光波从物点发出沿不同的路径、经过光学仪器的折射(或反射)聚焦于像点的路径有无数条,这些路径的光程相等,这就是物点与像点间的等光程性原理.

图13-5中光从物点A发出的许多条光线(图中只画出了三条光线,实际上可以有无数条)通过透镜聚焦于像点A',这些光线的光程是相等的,以A点为圆心作任意半径的圆弧l(等相位波面),圆弧l上任意一点到像点A'的光程也应该是相等的.把A点移到"无限远"处,则透镜左侧的光线相互平行,通过透镜聚焦,像点A'移到像方焦平面上,圆弧l变成与入射光线垂直的平面.由此容易理解:在如图13-6所示的两种情况中,图13-6(a)对应于物点在光轴上"无限远"处,成像于F';图13-6(b)对应于物点在光轴外"无限远"处,成像于F_H'.在两图中任取一个垂直于平行光束的平面,在平面上任取点A、B、C、D、

E,各点到 F'(或 F_H')点的光程相等.这种现象也被表述为透镜并不引起附加光程差,这一点在薄膜干涉以及光的衍射中计算光程差时很重要.

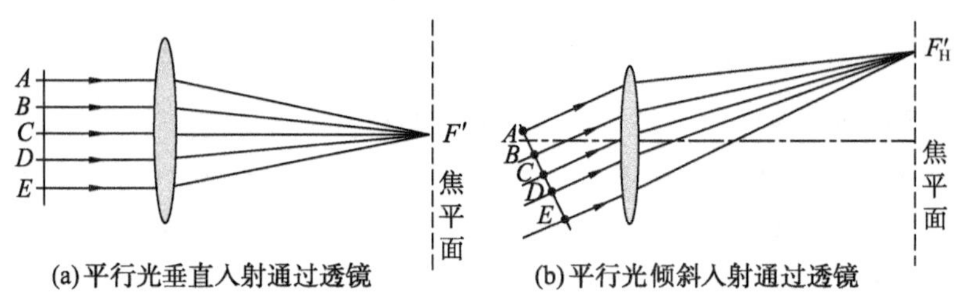

图 13-6 透镜不引起附加光程差

13-2 杨氏双缝干涉实验

托马斯·杨(T. Young,1773—1829),出生于英国米菲尔顿城的一个富裕家庭,少年时代就表现出非凡的才能,2 岁能够读书,9 岁能自制简单的物理仪器,14 岁已经掌握了牛顿的微分法.由于受他叔父的影响,托马斯·杨选择学医,于 1796 年获哥廷根大学医学博士学位.他继承了他叔父的大笔遗产,经济上完全独立,得以全身心投入物理学的研究.在物理学领域,他的贡献主要有:证明眼睛适应不同距离是靠改变眼球水晶体的曲度;解释颜色的感觉和色盲现象;建立了三原色原理;认为声和光都是波;认为光的颜色和不同频率的声音类似;在 1801 年发表的一篇报告中阐述了著名的杨氏干涉实验,发展了惠更斯的光学理论,形成了波动光学的基本原理,提出了光波的频率和波长的概念,并以此解释牛顿环现象.后人为了纪念他对弹性力学的贡献,把纵向弹性模量称为杨氏弹性模量.

一、杨氏双缝干涉

1801 年,英国科学家托马斯·杨首先用实验获得了两列相干的光波,观察到了光的干涉现象,第一次把光的波动学说建立在牢固的实验基础上.

杨氏实验最初的装置如图 13-7(a)所示,在普通单色扩展光源(如钠光灯)前面,放置一个开有小孔 S 的屏 Σ_1,再放置一个开有两个小孔 S_1 和 S_2 的屏 Σ_2,就可以在较远的接收屏 H 上观测到如图 13-7(b)所示的干涉图样.后来为了提高干涉条纹的亮度,把屏 Σ_1 和 Σ_2 上的小孔 S、S_1 和 S_2 都换成互相平行的狭缝.实验中通常使 S 到 S_1 和 S_2 的距离相等,S_1 和 S_2 间的距离为 d,接收屏 H 与 Σ_1、Σ_2 平行,Σ_2 到 H 的距离为 D,$D \gg d$ 时,在接收屏上得到明暗相间的、等间距的平行直条纹.

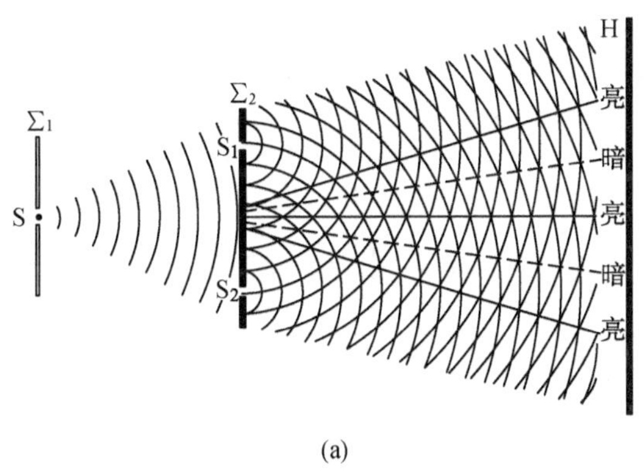

(a)

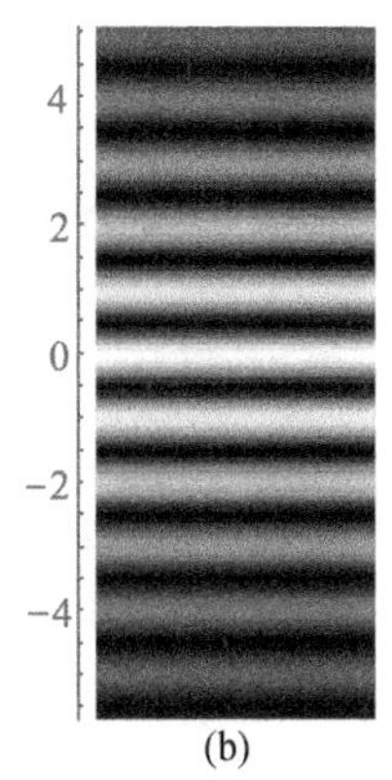

(b)

图 13-7 杨氏双缝干涉实验装置和干涉图样

我们先来说明这一实验中获得相干光的方法.小孔 S 可看作是发射球面波的点光源，发出球面波，小孔 S_1、S_2 处于该球面波的同一波面上，根据惠更斯原理，S_1、S_2 又可以作为两个子波源，发出次级波，这些次级波来自同一波源 S，必然满足频率相同的条件；由于 S_1 和 S_2 间的距离 d 很小，S_1 和 S_2 发出次级波传播到接收屏上某点 P，其传播方向接近相同，光矢量的振动方向垂直于传播方向，因此，在 P 点的振动方向也就接近相同；当 S 到 S_1 的距离和 S 到 S_2 的距离相等时，子波的初始相位相同，两子波在 P 点的相位差只与传播的光程差有关，满足了相位差恒定的要求.因此，这样的两列光波完全满足相干条件.这种获得相干光的方法叫作分波阵面法.

下面来分析屏幕上的光强分布.建立如图 13-8 所示的坐标系，yOz 平面在相干光源 S_1 和 S_2 的中垂面上，设 $P(x,y,0)$ 点到 S_1 和 S_2 的距离分别为 r_1 和 r_2，光波传播空间的折射率 $n=1$，两光波到达 P 点的光程差为

$$\Delta=r_2-r_1$$

$$r_1{}^2=D^2+\left(x-\frac{d}{2}\right)^2+y^2,r_2{}^2=D^2+\left(x+\frac{d}{2}\right)^2+y^2$$

两式相减，得

$$r_2{}^2-r_1{}^2=(r_2+r_1)(r_2-r_1)=2dx$$

因为 $D\gg d$，当 x、y 不大时(称为远场近轴条件)，$r_2+r_1\approx 2D$，故

$$2D\Delta=2dx,$$

即

$$\Delta=d\,\frac{x}{D} \tag{13-18}$$

从图 13-8 中也可以看出，$\Delta=r_2-r_1\approx d\sin\alpha\approx d\,\dfrac{x}{D}$，将式(13-18)代入干涉相长和干涉相消条件式(13-17)，即可得到接收屏上明暗中心的位置分别为

$$x=\begin{cases}\pm k\,\dfrac{D}{d}\lambda_0, & k=0,1,2,\cdots \quad \text{亮条纹中心}\\[2ex] \pm(2k-1)\dfrac{D\lambda_0}{2d}, & k=1,2,\cdots \quad \text{暗条纹中心}\end{cases} \tag{13-19}$$

其中 k 称为干涉级,$k=0$ 的明条纹称为零级明条纹或中央亮条纹,$k=1,2,\cdots$ 的明条纹分别称为第 1 级、第 2 级……明条纹.$k=1,2,\cdots$ 的暗条纹分别称为第 1 级、第 2 级……暗条纹.

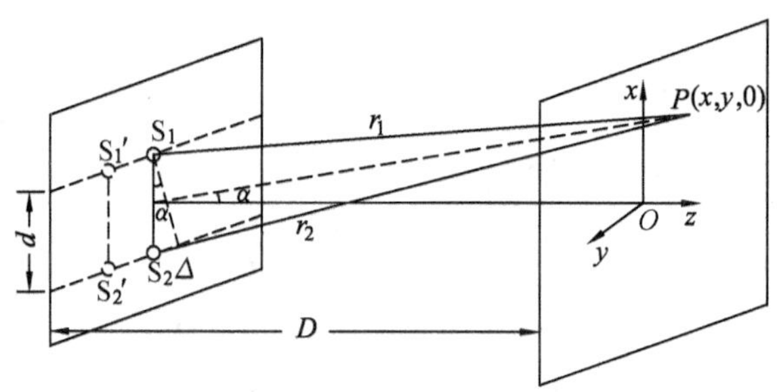

图 13-8 杨氏双缝干涉光程的计算

当 $I_1=I_2=I_0$ 时,把式(13-18)和式(13-16)代入式(13-9),可得接收屏上的光强分布为

$$I=4I_0\cos^2\frac{\pi xd}{\lambda_0 D} \tag{13-20}$$

两条相邻明条纹或两条相邻暗条纹中心间的距离称为干涉条纹的间距.由式(13-19),可以得到干涉条纹间距 Δx 的计算式如下:

$$\Delta x=\frac{D\lambda_0}{d} \tag{13-21}$$

从以上讨论可以看出,双孔干涉条纹是平行于 y 轴的平行直条纹,光强的分布与 y 无关,如果沿 y 方向平移双孔 S_1、S_2,干涉图样不会发生变化.也就是说,在图 13-8 中,把双孔 S_1、S_2 平移到 S_1'、S_2'处,产生的干涉图样与 S_1、S_2 相同.保持 d 不变,沿 y 方向把双孔延伸为双缝,干涉条纹的形状不变,条纹的亮度增大,光强分布的形式不变.

综上所述,在远场近轴条件下,杨氏双缝干涉的条纹有如下特点:(1) 屏上的干涉条纹是明暗交替排列,垂直于 S_1、S_2 连线方向(亦即平行于 y 轴)的平行直条纹;(2) 条纹是等间距的,条纹的间距 Δx 的大小与干涉级次 k 无关,与入射光的波长 λ_0 及双缝到接收屏间的距离 D 成正比,与双缝的间距 d 成反比.

利用杨氏双缝干涉实验,测出干涉条纹间距 Δx 的值以及 D 和 d 的值,根据式(13-21)可求出光波的波长.

[例 13-1] 双缝干涉实验中,已知屏到双缝的距离为 1.0 m,双缝间距为0.3 mm,屏上第 2 级明条纹($k=2$)到中央明条纹($k=0$)的距离为 4 mm.

(1) 屏上干涉条纹的间距为多少?

(2) 求所用光波的波长.

解 (1) 根据题意,第 2 级明条纹的中心在 $x=4$ mm 处,由于屏上干涉条纹是等间距的,因此条纹间距为

$$\Delta x=\frac{x}{2}=2\ \text{mm}$$

(2) 已知 $D=1.0\ \text{m}$, $d=0.3\ \text{mm}$.由式(13-21),得

$$\lambda_0=\frac{\Delta x d}{D}=\frac{2\times10^{-3}\times0.3\times10^{-3}}{1}\ \text{m}=6\times10^{-7}\ \text{m}=600\ \text{nm}$$

[例 13-2] 如图 13-9 所示,用很薄的云母片($n=1.58$)覆盖在双缝装置的一条缝上,光屏上原来的中心明条纹处这时被第 5 级亮条纹所占据.已知入射光的波长 $\lambda_0=580\ \text{nm}$.

(1) 求云母片的厚度;

(2) 求覆盖云母片后零级亮条纹的位置.

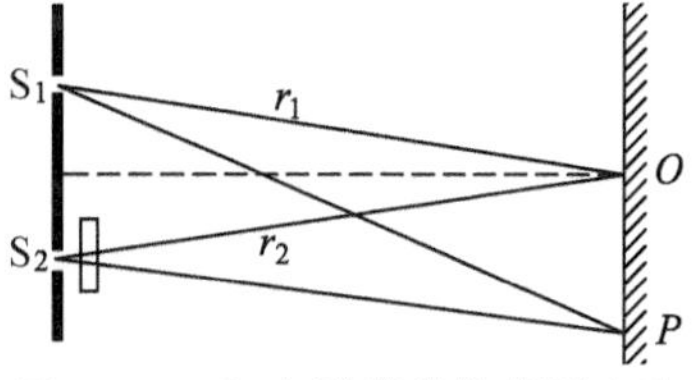

图 13-9 加介质薄片的杨氏实验

解 (1) 未覆盖云母片时,光屏上 O 点是零级亮条纹,$r_1=r_2$,光程差为零.现在 S_2 处覆盖厚度为 t 的云母片,O 点处变为第 5 级亮条纹,说明双缝到中心 O 点的光程差变为 $5\lambda_0$.下面我们来讨论这一光程差.S_2 到 O 点的光程分为两部分,一部分是在空气中传播的光程 r_2-t,另一部分是介质云母片中的光程 nt,两相干光的光程差为

$$\Delta=(r_2-t+nt)-r_1=(n-1)t=5\lambda_0$$

$$t=\frac{5\lambda_0}{n-1}=\frac{5\times580}{0.58}\ \text{nm}=5\ 000\ \text{nm}=5\ \mu\text{m}$$

(2) 由于覆盖了云母片后,零级亮条纹将下移到 P 点处,P 点处的光程差为

$$\Delta=(r_2-t+nt)-r_1=(r_2-r_1)+(n-1)t=0$$

$$r_2-r_1=-(n-1)t=x\,\frac{d}{D}$$

$$x=-\frac{(n-1)tD}{d}=-\frac{5\lambda_0 D}{d}=-5\Delta x$$

这就是说,覆盖云母片后,原来的零级亮条纹变成第 5 级亮条纹,零级亮条纹下移到原来的第 5 级亮条纹的位置.从解题过程可以看出:覆盖云母片后,光程差改变了 $\delta\Delta=(n-1)t$,干涉条纹移动了 $\frac{\delta\Delta}{\lambda}$ 条,或者说干涉条纹的级次改变了 $\frac{\delta\Delta}{\lambda}$ 级,也就是说,光程差每改变一个波长,干涉级次就改变一级.这也提供了一种测量透明介质折射率的方法.

讨论与思考: 根据式(13-20),杨氏双缝实验的干涉图样是明暗相间的平行直条纹,亮条纹的光强大小分布相同,而在实验中干涉条纹不是很清晰,暗条纹光强不为零,而且只能在接收屏中央观察到有限几条干涉条纹(图 13-7),边缘条纹强度很小,模糊不清,原因何在?

这一问题是一个比较复杂的问题,因为在上述讨论中,导出式(13-20)时,使用了多个理想化条件:(1) 光源 S 是没有宽度的理想线(或点)光源;(2) 光源是理想的单色光源,发出光波的波列长度为"无限长";(3) 双缝(或双孔)S_1、S_2 是理想的线(或点).在实际实验中上述理想化条件都不能得到完全满足,必然会影响实验结果,在实验中,我们只能努力去接近这些条件,以尽量减小影响.

(1) 光源 S 的宽度对干涉条纹的影响.为了说明光源宽度的影响,我们先讨论两个线

光源照明双缝的情况.如图 13-10 所示,光源 S 在双缝 S_1、S_2 的对称轴上,同前面已经讨论过的一样,光源 S 发出的光波经双缝 S_1 和 S_2 分为两束,由于 $a=b$,$r_1=r_2$,O 点是零级干涉亮条纹的中心.在光源 S 上方有一线光源 S′,S′和 S 是两个独立的光源,发出的光波不能相干叠加,但 S′发出的光波被双缝 S_1 和 S_2 分为两束光波也能产生相干叠加,将产生与光源 S 相同的干涉图样.由于$a'\neq b'$,对光源 S′而言,O 点不是零级干涉亮条纹的中心.对接收屏上的 P 点,如果 $a'+r_1=b'+r_2$,则 P 点是零级干涉亮条纹的中心,因此,两个光源 S 和 S′在接收屏上产生两组相互错开的干涉图样,这两组干涉图样将会产生非相干的光强叠加.除非 P 点恰好是光源 S 产生的 k 级干涉亮条纹的中心,产生"亮条纹"+"亮条纹"、"暗条纹"+"暗条纹"的情况之外,两组干涉图样在接收屏上叠加的结果是最暗的条纹光强不为零,明、暗条纹差别缩小,给干涉图样的清晰程度带来影响.由图 13-10 可以看出,只有当 S′和 S 间的距离及双缝间的距离与双缝到光源的距离相比很小时,$\Delta_0=b'-a'$很小,使两组干涉图样错开的距离很小,这种影响才会很小,否则,干涉图样会变得模糊.在杨氏双缝实验中,当光源 S 有一定的宽度时,将光源分为多个线光源,每个线光源产生一组干涉图样,多组干涉图样在接收屏上非相干叠加;当光源的宽度较大时,就会造成干涉图样模糊.只有当光源的宽度很小时,才能获得清晰的干涉图样,称这一特性为空间相干性.

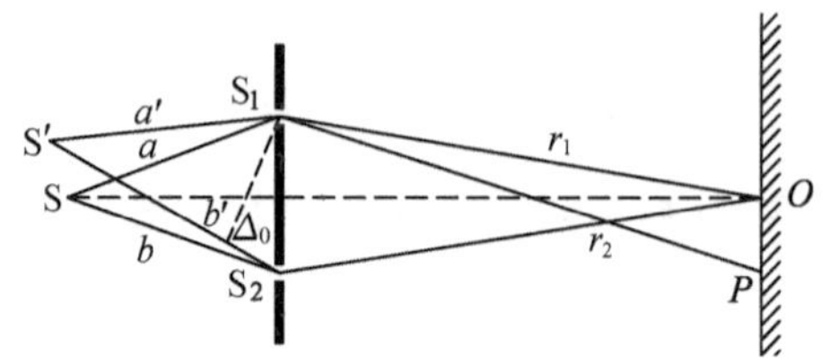

图 13-10　光源宽度对干涉条纹的影响

(2) 光源的单色性对干涉条纹的影响.如果线光源 S 包含不同波长的复色光,照明双缝时,不同波长的光不能产生干涉,但同一波长的光被双缝分为两相干光,会在接收屏上产生一组干涉图样.多种波长的光产生多组干涉图样,将在接收屏上产生非相干的光强叠加.当光源 S 是理想的线光源时,不同波长的零级亮条纹中心重合.利用式(13-19)容易计算,波长为 λ_1 和 λ_2 的两种单色光波产生的 k 级干涉亮条纹中心错开的距离为

$$x_{\lambda_2}-x_{\lambda_1}=k\frac{D}{d}(\lambda_2-\lambda_1)$$

干涉级次 k 愈大(离开零级亮条纹愈远),错开的距离愈大.因此,复色光照明时,零级亮条纹附近的干涉条纹是清晰的,远离零级亮条纹处的干涉条纹将会变得模糊.普通单色光源发出的光波实际上是以某一波长 λ_0 为中心的复色光,波长范围为$\left(\lambda_0-\frac{\Delta\lambda}{2},\lambda_0+\frac{\Delta\lambda}{2}\right)$,$\Delta\lambda$ 愈小,说明光源的单色性愈好.用普通单色光源照明双缝时,在接收屏上接收到的是多个理想单色光波产生的多组干涉图样,产生非相干的光强叠加.在零级亮条纹附近,多组"亮条纹"+"亮条纹"="亮条纹"、"暗条纹"+"暗条纹"="暗条纹",条纹清晰,且干涉亮条纹强度较大;远离零级亮条纹,各组干涉图样亮条纹中心相互错开,某一波长亮条纹中心可能落在另一波长的暗条纹上,非相干的干涉图样叠加,条纹模糊.这就是图13-7中远离接收屏中央干涉条纹模糊的原因.

从上一节讨论的普通光源发光机理中,我们知道,普通光源发出波列长度 l 是有限的，如果相干光波的光程差大于波列长度，那么同一波列分裂为两部分并经历不同的路径传播后不可能再相遇，因此也就不可能产生相干叠加.在图 13-7 中，接收屏上离开接收屏中央距离越远处，光程差越大，这同样可以说明图 13-7 中远离接收屏中央干涉条纹变得模糊.因此，波列长度 l 又称为相干长度，l 越长说明光源的相干性越好.在数学上，应用傅里叶变换可以证明，波列的长度 l 与表征光源单色性好坏的 $\Delta\lambda$ 之间的关系为 $l=\frac{\lambda_0^{\ 2}}{\Delta\lambda}$.$\Delta\lambda$ 越小，光源的单色性越好，相干长度 l 越长，相干性越好.这样，上述两种解释也可以统一起来.

关于双缝 S_1、S_2 的宽度对干涉条纹的影响，待学习 13-9 节以后，由读者自己解释.

二、其他分波阵面法产生干涉

1. 菲涅耳双面镜

杨氏实验装置中用两个狭缝(或两个小孔)从光源的波面上取出两个相干子波源，子波的面积很小，光能的利用率不高，干涉条纹的亮度小，加大狭缝的宽度，则会使问题变得十分复杂，干涉条纹反而会变得不清晰.后来，菲涅耳提出另一种获得相干光束的方法.如图 13-11 所示，一对紧靠在一起的夹角 θ 很小的平面镜 M_1 和 M_2 构成菲涅耳双面镜.狭缝光源 S 与两镜面的交棱 C 平行，于是从光源 S 发出的光，经 M_1 和 M_2 反射后成为两束相干光波，在它们的重叠区域内的屏幕上就会出现等距的平行干涉条纹.光源 S 对平面镜 M_1 和 M_2 成两个虚像 S_1 和 S_2，不考虑平面镜反射对光程的影响，S 发出的光波经平面镜 M_1 反射到达屏幕的光程与 S_1 到达屏幕的光程相等.同理，S 经平面镜 M_2 反射到达屏幕的光程与 S_2 到达屏幕的光程相等.屏幕上的干涉条纹就如同由虚光源 S_1 和 S_2 发出的相干光波所产生的，S_1 和 S_2 相当于杨氏实验中的双缝，因此，可利用杨氏双缝干涉的结果计算这里的明暗条纹的位置及条纹间距.

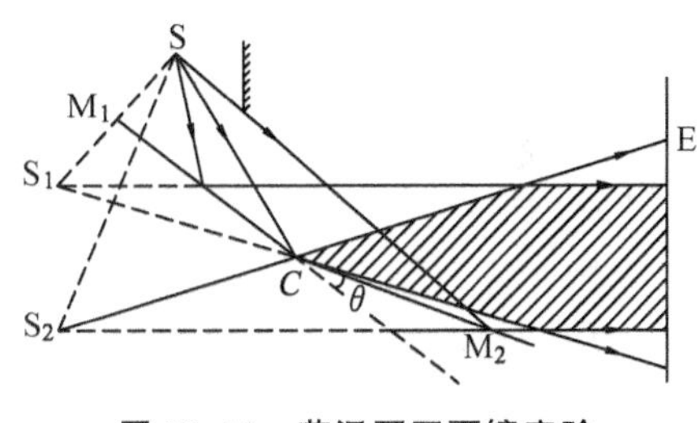

图 13-11 菲涅耳双面镜实验

2. 洛埃镜

洛埃(H. Lloyd)镜的装置如图 13-12 所示，它只用了一个平面镜.从狭缝 S 发出的光，一部分直接射向屏幕 E，另一部分以接近 90°的入射角掠射到镜面 ML 上，然后反射到屏幕 E 上，S′是 S 对平面镜成的虚像，S 和 S′同样构成一对相干光源，于是在屏上叠加区域内出现明暗相间的等间距的干涉条纹.

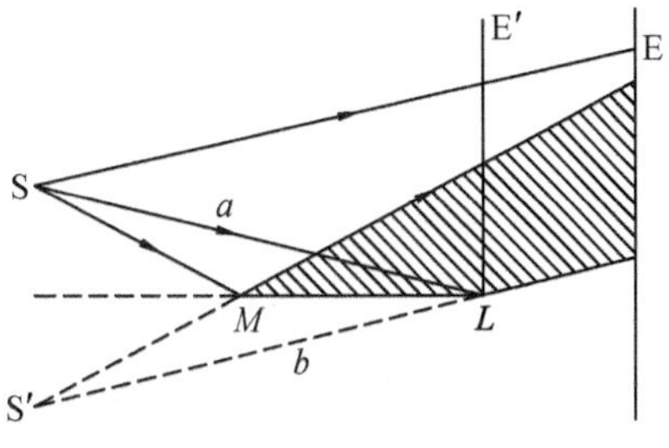

图 13-12 洛埃镜实验

从表面上，屏上叠加区域的干涉条纹与杨氏实验相同，但实际上有很重要的不同，这就是把图 13-12 的 S 和 S′看作是杨氏实验中的双缝 S_1、S_2，根据杨氏实验计算，在屏幕上应该是亮条纹处实验结果却变成了暗条纹，暗条纹处却变成了亮条纹.在实验中通过平移屏幕 E 到平面镜的右端 L 处就可看出这一点.因为

$a=b$,则在 L 处应是明条纹,但实验事实是暗条纹.分析两相干光波的来源即可发现,其中一束光波是通过平面镜反射到达屏幕的,另一束是由光源直接射向屏幕的,如果光波在从空气射向玻璃并反射时反射光的相位跃变了 π,则这一实验现象就得到了圆满的解释.

进一步的实验表明,在掠射(入射角接近 90°)或正射(入射角接近 0°)情况下,光由光疏(折射率较小)介质射向光密(折射率较大)介质界面时,反射光有相位 π 的突变.由于这一相位跃变相当于附加了半个波长的光程,故常称之为"半波损失".但光从光密介质射向光疏介质界面时,在反射中不产生"半波损失",而且在任何情况下,透射光均没有"半波损失".在麦克斯韦电磁波理论中也证明了这一结论.在一般情况下,光线倾斜地入射到两介质的界面时,反射光的相位变化是复杂的,很难笼统地说是否有"半波损失".

讨论与思考:为什么在菲涅耳双面镜的分析中不考虑平面镜反射对光程的影响?

13-3 薄膜干涉

视频:薄膜干涉

薄膜干涉现象在日常生活和生产技术中经常见到.如马路上的油膜在雨后日光的照射下呈现彩色条纹、高级照相机镜面上见到的彩色花纹等都是日光的薄膜干涉图样.

一、薄膜干涉中的相干光

如图 13-13(a)所示,设薄膜的折射率为 n_2,上下两表面为 M_1、M_2,M_1 上方的折射率为 n_1,M_2 下方的折射率为 n_3.设单色光源 S 上一点发出的光波在 M_1 表面上 A 点的入射角为 i,此光在 A 点分为反射光波(1)和折射光 AB,折射角为 r.在 M_2 表面上的 B 点又分为反射光和折射光,反射光 BC 射到 M_1 表面上 C 点又分为反射光和折射光,如此往复多次折反,在 M_1 的上方得到光波(1)、(2)、(3)、(4)……(为简单起见,都称它们为反射光),在 M_2 的下方得到光波(1)′、(2)′、(3)′、(4)′……(称它们为透射光).光波(1)、(2)、(3)、(4)……因出自光源中的同一点 S,所以它们是相干光,光波(1)′、(2)′、

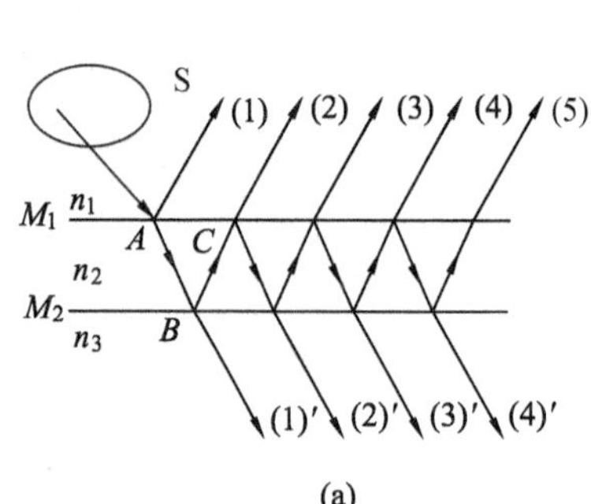

(a)

F
P
i
D
M1
A
r
C
d
M2
B

(b)

图 13-13 薄膜干涉

(3)′、(4)′……也是相干光波.光的电磁场理论表明,当 n_1、n_2、n_3 相差不大时,反射光波中(1)和(2)的振幅相差不大,(3)、(4)……各光波的振幅远小于光波(1),并依次按几何级数减小;(1)′、(2)′、(3)′、(4)′……也依次按几何级数减小.为了简单起见,在薄膜干涉中通常只讨论反射光的干涉,并把它近似看作反射光波(1)、(2)的干涉.

我们来计算光波(1)、(2)的光程差,如图 13-13(b)所示,薄膜的上下两表面为 M_1、M_2 且互相平行,膜的厚度为 d,反射光波(1)、(2)互相平行,在无穷远处或透镜的焦平面上 P 点相遇产生干涉.过 C 点作线段 CD 垂直于光线 AD,根据透镜的物像之间的等光程原理,D 到 P 与 C 到 P 的光程相等,光程差分为两部分:一部分是光经过不同路径产生的光程差 Δ_1,另一部分是光在界面上反射时因半波损失而产生的光程差 Δ_2.

$$\Delta=\Delta_1+\Delta_2$$

$$\Delta_1=n_2(AB+BC)-n_1 AD$$

$$AB=BC=\frac{d}{\cos r},AD=AC\sin i=2d\tan r\sin i$$

$$\Delta_1=\frac{2d}{\cos r}(n_2-n_1\sin r\sin i)$$

根据折射定律:$n_1\sin i=n_2\sin r$,上式写成

$$\Delta_1=2n_2 d\cos r=2d\sqrt{n_2{}^2-n_1{}^2\sin^2 i}$$

Δ_2 取$\frac{\lambda_0}{2}$和 0 两种可能值,由界面 M_1、M_2 的物理性质决定,即由 M_1、M_2 两边的折射率的大小决定.当 $n_1<n_2$、$n_2>n_3$ 或 $n_1>n_2$、$n_2<n_3$ 时,薄膜上、下表面反射的(1)、(2)两光波只有一列光波有半波损失,应有 $\Delta_2=\frac{\lambda_0}{2}$;当 $n_1<n_2<n_3$ 时,两光波都有半波损失,当 $n_1>n_2>n_3$ 时,两光波都没有半波损失,这两种情况都有 $\Delta_2=0$.

对于放在空气中的介质薄膜,$n_1=n_3=1$,则属于 $n_1<n_2$、$n_2>n_3$ 的情况;而介质中的空气膜(如下一节将要讨论的劈尖、牛顿环),属于 $n_1>n_2$、$n_2<n_3$ 的情况,这两种情况下都有 $\Delta_2=\frac{\lambda_0}{2}$.总光程差为

$$\Delta=2d\sqrt{n_2{}^2-n_1{}^2\sin^2 i}+\frac{\lambda_0}{2} \tag{13-22}$$

$$2d\sqrt{n_2{}^2-n_1{}^2\sin^2 i}+\frac{\lambda_0}{2}=k\lambda_0,k=1,2,\cdots,\text{干涉加强(明条纹)} \tag{13-23a}$$

$$2d\sqrt{n_2{}^2-n_1{}^2\sin^2 i}+\frac{\lambda_0}{2}=\left(k-\frac{1}{2}\right)\lambda_0,\quad k=1,2,\cdots,\text{干涉减弱(暗条纹)} \tag{13-23b}$$

当光垂直入射($i=0$)时,$\Delta_1=2n_2 d$,

$$2dn_2+\frac{\lambda_0}{2}=k\lambda_0,k=1,2,\cdots,\text{干涉加强} \tag{13-24a}$$

$$2dn_2+\frac{\lambda_0}{2}=\left(k-\frac{1}{2}\right)\lambda_0,\ k=1,2,\cdots,\text{干涉减弱} \tag{13-24b}$$

在透射光中也有干涉现象，Δ_1 的计算对透射光仍然适用.但应注意：透射光之间的附加光程差与反射光之间的附加光程差产生的条件恰好相反，当反射光之间有$\frac{\lambda_0}{2}$的附加光程差时，则透射光之间就没有附加光程差；反之，若反射光之间没有附加光程差时，透射光之间就有$\frac{\lambda_0}{2}$的附加光程差.所以对同样的入射光来说，当反射方向的干涉加强时，透射方向的干涉便减弱；反之亦然.

从光程差的计算中可见，对于光学厚度(n_2d)均匀的薄膜来说，光程差随入射光线的倾角 i 而变.因此，不同入射倾角的光形成不同的干涉明条纹或暗条纹，相应地具有相同的入射倾角(入射方向可能不同)的光形成同一干涉条纹，这种干涉称为**等倾干涉**.当薄膜上下两表面不平行(夹角很小)或者说薄膜的光学厚度不均匀时，保持照明光的入射角不变，则薄膜上下两反射光的光程差由薄膜的光学厚度决定，薄膜厚度相同处的两反射光的光程差相同，形成同一条干涉条纹，我们把这种干涉称为**等厚干涉**.

二、增透膜和增反膜

一般说来，光射到光学元件表面时，其能量要分成反射与透射两部分，于是透射过来的光能(强度)或反射出的光能都要相对原光能减少.例如，一个由六个透镜组成的高级照相机，因光的反射而损失的能量约占入射光的一半.因此在现代光学仪器中，为了减少光能在光学元件表面上的反射损失，常在镜面上镀一层均匀的氟化镁(MgF_2)等材料制成的透明薄膜(图 13-14)，以增强其透射率.这种能使透射增强的薄膜称为**增透膜**.

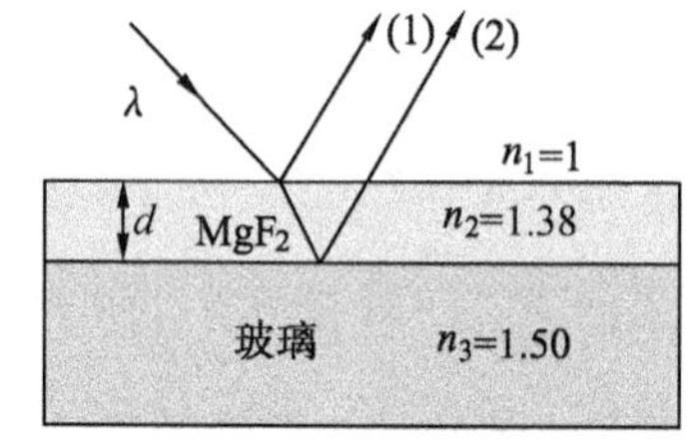

图 13-14　增透膜

在有些光学系统中，又要求某些光学元件具有较高的反射本领.例如，激光器中谐振腔的反射镜要求对某种频率的单色光的反射率在 99%以上.为了增强反射能量，常在玻璃表面上镀上另一种高折射率透明薄膜，利用薄膜两表面反射光的光程差满足干涉相长条件，从而使反射光增强，这种薄膜称为**增反膜**.但是单层增反膜增加反射率很有限，远不能达到反射率 99%的要求，为了达到具有高反射率的目的，常在玻璃表面交替镀上折射率高低不同的多层介质膜.

[例 13-3]　在一光学元件的玻璃(折射率 $n_3=1.50$)表面上镀一层厚度为 d、折射率为 $n_2=1.38$ 的氟化镁薄膜，为了使入射白光中对人眼最敏感的黄绿光($\lambda_0=550$ nm)反射最小，试求薄膜的厚度.

解　如图 13-14 所示，由于 $n_1<n_2<n_3$，氟化镁薄膜的上、下表面反射的两列光均有半波损失，则 $\Delta_2=0$.设光线垂直入射($i=0$)，则两列反射光的光程差为 $\Delta=2n_2d$.要使黄绿光反射最小，即两光干涉相消，于是

$$\Delta=2n_2d=(2k+1)\frac{\lambda_0}{2}$$

薄膜厚度为

$$d=\frac{(2k+1)\lambda_0}{4n_2}=\frac{(2k+1)\times 550\ \text{nm}}{4\times 1.38}=(2k+1)\times 0.1\ \mu\text{m}$$

讨论与思考：根据上式，对于 $\lambda_0=550$ nm 的单色光而言，k 取任一正整数，都可以使两界面上的反射光干涉减弱.但在实际应用中照明光是白光，波长分布有一定范围，k 取较大整数时，对增透有何影响？增透膜的最佳厚度应是多少？

13-4 劈尖干涉 牛顿环

本节我们将讨论光线入射在厚度不均匀的薄膜上所产生的干涉现象，即等厚干涉现象，在实际问题中应用较多的是空气劈尖和牛顿环，故下面专门加以讨论.

一、劈尖干涉

两块平面玻璃片 G_1 和 G_2，将它们的一端互相叠合，另一端垫入一薄纸片或一细丝，如图 13-15 所示，则在两玻璃片间就形成一个劈尖形的空气膜，称为**空气劈尖**.两玻璃片叠合端的交线称为空气膜的棱边，空气膜上下两表面的夹角 θ 称为劈尖楔角.楔角 θ 很小，玻璃片的厚度远大于空气膜的厚度.

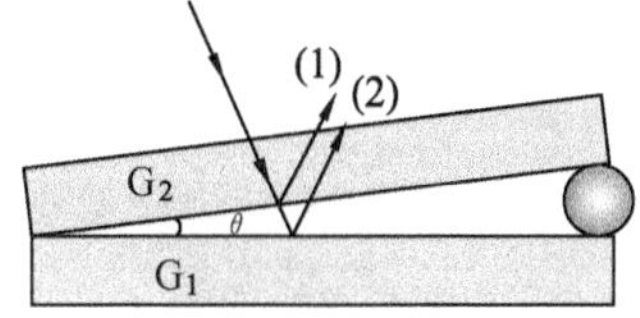

图 13-15 **劈尖**

当单色平行光(入射角相同)通过玻璃片照射空气劈时，就可在劈尖表面观察到明暗相间的干涉条纹，这是由空气膜的上、下表面反射出来的两列光波叠加干涉形成的.为简单起见，只讨论单色平行光垂直照射(入射角 $i_1=0$)的情况.由于 θ 很小(图中为了显示清楚，θ 被放大了)，在劈尖上、下表面处反射光线都可以看作垂直于劈尖表面，它们在劈尖表面附近相遇并相干叠加，由于空气的折射率比玻璃的折射率小(为了使我们讨论的结果能够用于介质薄膜，在这里把空气的折射率记为 n)，劈尖下表面的反射光有附加光程差 $\frac{\lambda_0}{2}$.考虑劈尖上厚度为 d 处，总光程差为

$$\Delta=2nd+\frac{\lambda_0}{2}$$

式中，λ_0 是光波在真空中的波长.于是两表面反射光的干涉产生明、暗条纹的条件为

$$2nd+\frac{\lambda_0}{2}=k\lambda_0,\ k=1,2,\cdots,\text{明条纹} \tag{13-25a}$$

$$2nd+\frac{\lambda_0}{2}=\left(k+\frac{1}{2}\right)\lambda_0,\ k=0,1,2,\cdots,\text{暗条纹} \tag{13-25b}$$

由此可见，凡劈尖上厚度相同的地方，两反射光的光程差都相等，都与一定干涉级次 k 的明条纹或暗条纹相对应，这就是等厚干涉条纹的特点.

讨论与思考：在图 13-15 中，玻璃片 G_1 的上、下表面和玻璃片 G_2 的上、下表面都有反射光,为什么我们只讨论空气薄膜上、下表面的两反射光的干涉?

实际观察薄膜干涉的实验装置如图 13-16(a)所示,图中 M 为倾斜 45°角放置的半透明半反射平面镜,L 为透镜,T 为显微镜.单色光源 S 发出的光经透镜 L 后成为平行光,经 M 反射后垂直射向劈尖(入射角 $i=0$).自空气劈尖上、下两面反射的光相互干涉,从显微镜 T 中可观察到明暗交替、均匀分布的干涉条纹,也可用眼睛(相当于透镜和屏幕)直接观察到,如图 13-16(b)所示.

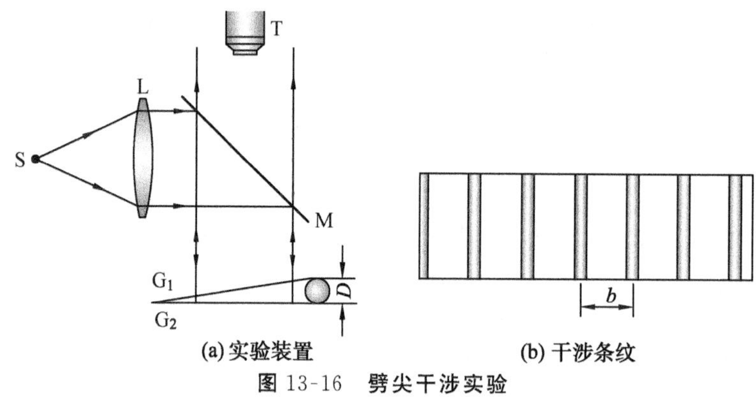

图 13-16 劈尖干涉实验

设第 k 级明条纹处薄膜的厚度为 d_k,第 $k+1$ 级明条纹处薄膜的厚度为 d_{k+1},由式(13-25a),容易得到

$$d_{k+1}-d_k=\frac{\lambda_0}{2n}=\frac{\lambda_n}{2} \tag{13-26}$$

式中,λ_n 是劈尖介质中的波长.式(13-26)说明两相邻明条纹处薄膜的厚度差为$\frac{\lambda_n}{2}$;同理,两相邻暗条纹处薄膜的厚度差也为$\frac{\lambda_n}{2}$.在劈尖处($d=0$)是零级干涉暗条纹,邻近劈尖的第 1 条明条纹($k=1$)处薄膜的厚度为$\frac{\lambda_n}{4}$,由干涉条纹的级次分布可得出薄膜的厚度.图 13-16(b)中相邻两暗条纹(或明条纹)的中心间距 b 称为劈尖干涉的条纹宽度.

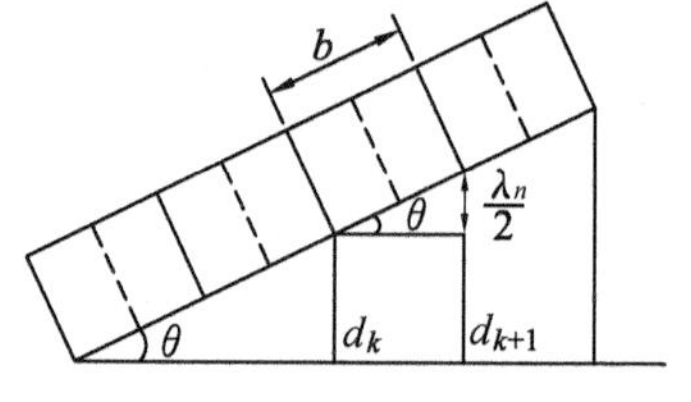

图 13-17 劈尖干涉条纹宽度

由于 θ 很小,从图 13-17 可以看出

$$b\theta=d_{k+1}-d_k=\frac{\lambda_0}{2n}$$

得

$$b=\frac{\lambda_0}{2n\theta}=\frac{\lambda_n}{2\theta} \tag{13-27}$$

如果在图 13-15 中,已知一端垫入薄纸片的厚度(或细丝的直径)D 和玻璃的长度为 L,则有

$$\theta=\frac{D}{L}$$

又可得

$$b=\frac{\lambda_0 L}{2nD} \tag{13-28}$$

可见,条纹是等宽度的.若已知劈尖的长度 L、光在真空中的波长 λ_0 和劈尖介质的折射率 n,测出相邻暗条纹(或明条纹)间的距离 b,就可由式(13-28)计算出 D.

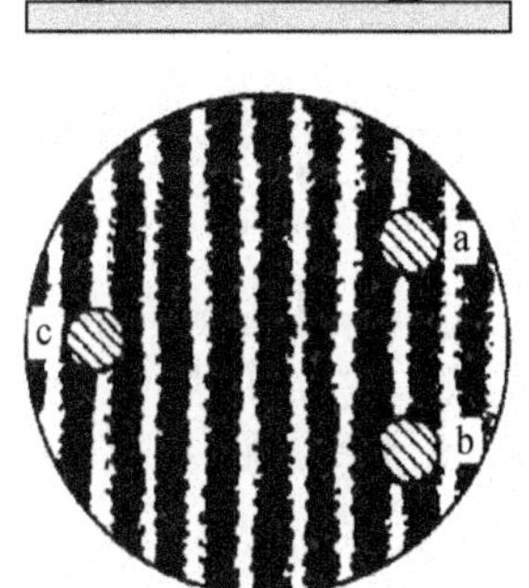

图 13-18 用劈尖干涉测量小球的直径

[例 13-4] 如图 13-15 所示,两玻璃片的一边相互接触,另一边夹两个直径为 d_1 的标准小球 a、b,形成空气劈尖,用波长为 $\lambda_0=600$ nm 的单色光垂直于空气劈表面照射,在小球位置恰好是第 20 级干涉明条纹.若再在靠近两玻璃片相互接触的一边放上另一直径为 d_2 的小球 c,在小球 c 和小球 a(或 b)之间有 5 条干涉明条纹,且各个小球位置处恰好都是干涉明条纹,如图 13-18 所示.求小球的直径 d_1 和 d_2.

解 由空气膜上、下表面反射的光相遇干涉,在薄膜表面上看到干涉条纹,空气的折射率 $n=1$,根据产生明纹的条件

$$2d_1+\frac{\lambda_0}{2}=k_1\lambda_0$$

在这里,$k_1=20$,则

$$d_1=\left(k_1-\frac{1}{2}\right)\frac{\lambda_0}{2}=\left(20-\frac{1}{2}\right)\frac{600\ \text{nm}}{2}$$
$$=5\ 850\ \text{nm}=5.85\ \mu\text{m}$$

加上小球 c 以后,小球 a、b 处薄膜的厚度不变,干涉级次 k_1 不变.根据题意和图 13-18,小球 c 处的干涉级次 $k_2=k_1\pm6$,则

$$d_2=d_1+(k_2-k_1)\frac{\lambda_0}{2}=d_1\pm3\lambda_0$$

显然,$d_2>d_1$ 时取"+",$d_2<d_1$ 时取"-",从图 13-18 看,好像是 $d_2<d_1$,但是在实际实验中不可能用人眼直接判断 d_1 和 d_2 哪个大哪个小.因此,本题的答案有两种可能,即

$$d_2=d_1+3\lambda_0=7.65\ \mu\text{m}$$

或者

$$d_2=d_1-3\lambda_0=4.05\ \mu\text{m}$$

在实验中怎样判断 d_1 和 d_2 哪个大,留给读者思考.

劈尖干涉在实际中有许多应用,下面举两个例子.

1. 干涉膨胀仪

由上述讨论可知,如将空气劈的上表面(或下表面)往上(或往下)平移 $\frac{\lambda_n}{2}$ 的距离(参见思考题 13-9),即薄膜的厚度增大(或减小)$\frac{\lambda_n}{2}$,则光线在劈尖两表面反射光的光程差就要增加(或减少)一个 λ_n,这时,劈尖表面的干涉条纹都要发生明—暗—明(或暗—明—暗)的变化,好像干涉条纹在水平方向上移动了一条,如果数出在视场中移过条纹的数目,就能测得劈尖表面上、下移动的距离.干涉膨胀仪就是利用这个原理制成的,图 13-19 是它的结构示意图.它由膨胀系数很小的石英制成套框,框内放置一上表面磨成稍微倾斜的样品,框顶放一平板玻璃,这样在玻璃和样品之间构成一空气劈尖.套框的线膨胀系数很小,

可以忽略不计,所以空气劈尖的上表面不会因温度变化而移动.当样品受热膨胀时,劈尖下表面的位置升高,使干涉条纹发生了移动,测出条纹移过的数目,就可算得劈尖下表面位置的升高量,即工件受热膨胀的伸长量,从而可求出样品的线膨胀系数.

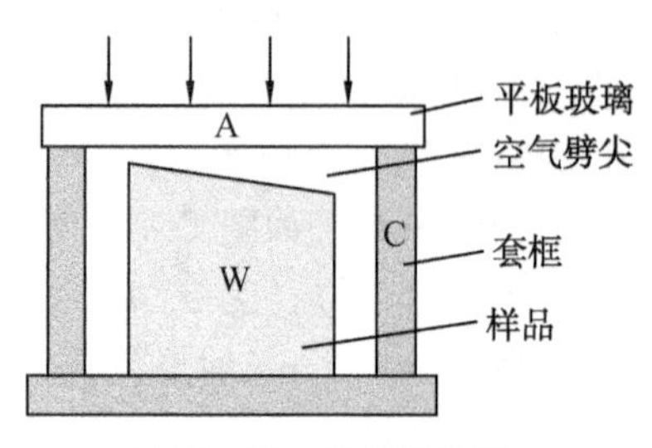

图 13-19　干涉膨胀仪

[例 13-5]　在如图 13-19 所示的干涉膨胀仪中,以波长为 λ_0 的单色光自玻璃板 A 垂直照射在空气劈上,将产生等厚干涉条纹.设温度为 t_0 时,样品的高度为 L_0,当温度升高到 t 时,样品的高度增为 L.在这一过程中,观察到视场中某点干涉条纹移过的数目为 N.不计套框 C 的线膨胀,求样品的线膨胀系数 β.

解　设温度为 t_0 时,视场中某点是第 k 级干涉暗条纹,该点处空气层的厚度为 d_k,则

$$d_k=k\frac{\lambda_0}{2}$$

当温度升高到 t 时,样品的高度增加 $\Delta L=L-L_0$,空气层的厚度则减小 ΔL.视场中干涉条纹移过 N 条,则干涉条纹的级次减小 N,空气层的厚度变为 d_{k-N},即

$$d_{k-N}=(k-N)\frac{\lambda_0}{2}$$

$$\Delta L=d_k-d_{k-N}=N\frac{\lambda_0}{2}$$

根据线膨胀系数 β 的定义:$\beta=\frac{\Delta L}{L_0}\cdot\frac{1}{t-t_0}$,可得

$$\beta=\frac{N\lambda_0}{2L_0(t-t_0)}$$

2. 光学元件表面的检查

如果玻璃片的表面是严格的几何平面,即劈尖的表面是严格的平面,则在劈尖薄膜上的干涉条纹是平行于棱边的一系列明暗相间的、等间距的直条纹,每一条明条纹(或暗条纹)都代表一条等厚线.如果玻璃片的表面不平整,则干涉条纹将在凹凸不平处发生弯曲.所以劈尖干涉可用于检查光学材料表面的平整度.在图 13-15 中,若 G_2 为透明标准平板,其平面是理想的光学平面,G_1 为待验平板,若待验平板的表面也是理想的光学平面,其干涉条纹是一组间距为 b 的平行的直线[图 13-20(a)];若待验平板的平面凹凸不平,则干涉条纹将出现弯曲或畸变,如图 13-20(b)所示.根据条纹弯曲的方向,可判断待检平板在该处是凹还是凸,测出条纹弯曲的最大畸变量 b' 的大小,则可求出凹的深度或凸的高度.在图 13-20(b)中,干涉条纹向劈尖的棱边方向弯曲,说明 G_1 表面有一条垂直于棱边凹纹,因为同一条等厚干涉条纹对应相同的膜厚度,在同一条干涉条纹上(如图中 A 点所在的条纹),弯向棱边部分和直线部分(B 处)所对应的膜厚度应该相等.如果 G_1 是理想的平面,靠近棱边的 A 处空气膜的厚度应小于 B 处的厚度.而现在同一条纹上近棱边处(A 处)

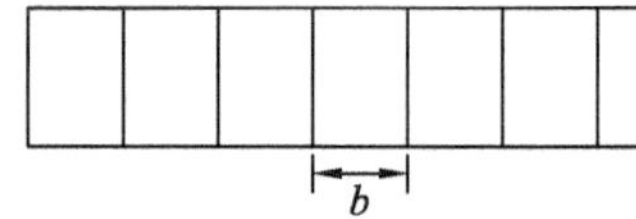

(a) 待验平面为理想平面

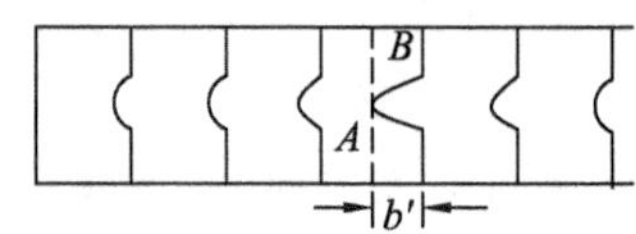

(b) 待验平面凹凸不平

图 13-20　光学元件表面的检验

和远棱边处(B 处)的厚度相等,因此在干涉条纹弯曲处平板必定是下凹的.同理,可以说明,如果条纹向相反方向弯曲,则在条纹弯曲处平板是上凸的.

［**例 13-6**］ 在图 13-20 中测出干涉条纹的间距 b 和干涉条纹的最大弯曲量 b',已知照射光的波长为 λ_0.试求工件 G_1 表面上凹纹的最大深度.

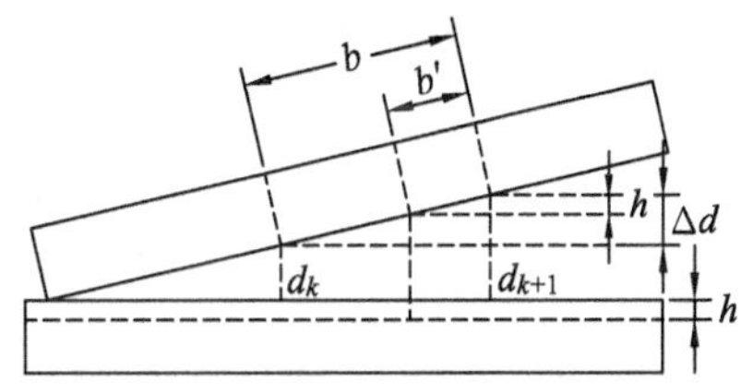

图 13-21 计算工件表面纹路的深度用图

解 为了计算凹纹深度,参考图 13-21,设 k 级和 $k+1$ 级干涉条纹对应的空气膜厚分别为 d_k 和 d_{k+1},相邻两条纹对应的空气膜厚度差为 Δd,凹纹的深度为 h,则

$$\Delta d = d_{k+1} - d_k = \frac{\lambda_0}{2}$$

由相似三角形关系,可得

$$\frac{h}{\Delta d} = \frac{b'}{b}$$

由此解得

$$h = \frac{\lambda_0 b'}{2b}$$

二、牛顿环

图 13-22(a)是牛顿环实验装置的示意图.一块曲率半径 R 很大的平凸透镜与一平板玻璃相接触,构成一个上表面为球面、下表面为平面的空气薄层,用单色光垂直照射,空气薄层上、下表面反射光发生干涉,可观察到如图 13-22(b)所示的干涉条纹.由于这里空气薄膜的等厚轨迹是以接触点 O 为圆心的一系列同心圆,所以干涉条纹的形状也是以接触点 O 为圆心的明暗相间的同心圆环,它是等厚干涉条纹的又一特例,因这一实验现象最早是被牛顿观察到的,故称为**牛顿环**.

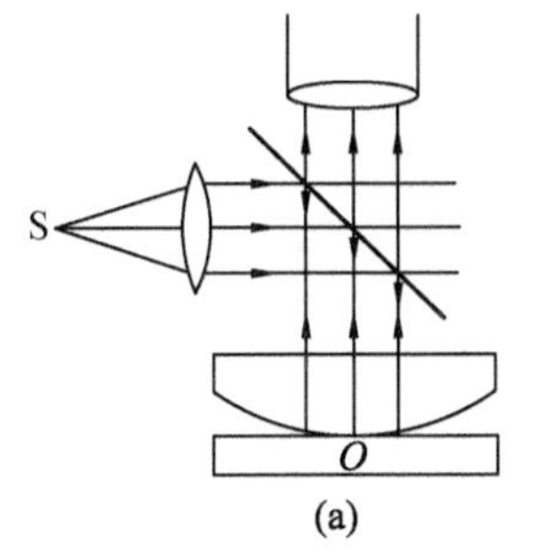

(a)

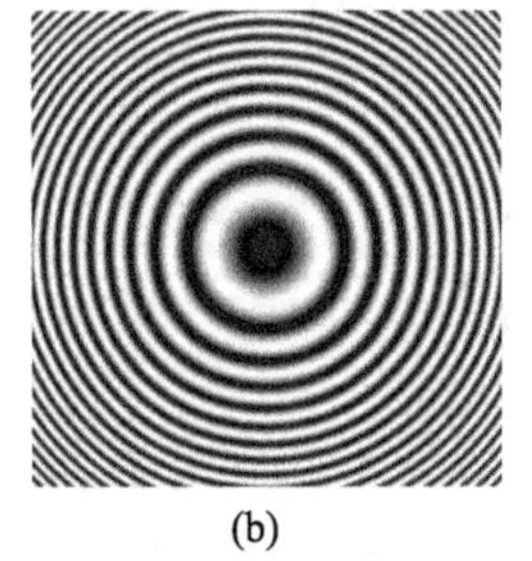

(b)

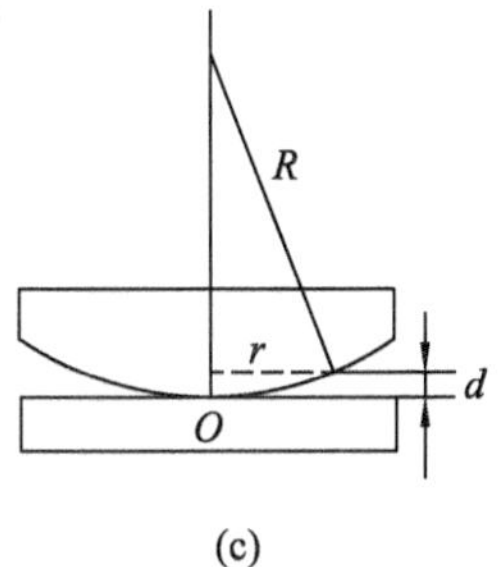

(c)

图 13-22 牛顿环实验

现在来推导干涉条纹半径 r 与照明光波波长 λ_0、平凸透镜曲率半径 R 之间的关系.考虑光垂直入射($i=0$)的情形,空气的折射率 $n=1$,在厚度为 d 处,两相干光的光程差为

$$\Delta = 2d + \frac{\lambda_0}{2} \tag{13-29}$$

由图 13-22(c)可得 d、r 和 R 间的关系：

$$r^2=R^2-(R-d)^2=2Rd-d^2$$

由于 R 很大，$d\ll R$ 及 r，可以略去 d^2，解得

$$d=\frac{r^2}{2R} \tag{13-30}$$

代入式(13-29)，得

$$\Delta=\frac{r^2}{R}+\frac{\lambda_0}{2}$$

由干涉加强和干涉相消条件，可得

明环半径 $$r_k=\sqrt{\left(k-\frac{1}{2}\right)R\lambda_0},k=1,2,\cdots \tag{13-31}$$

暗环半径 $$r_k=\sqrt{kR\lambda_0},k=0,1,2,\cdots \tag{13-32}$$

在球面透镜与平板玻璃的接触处，因 $d=0$，光程差为$\frac{\lambda_0}{2}$，故牛顿环的中心是暗的，明环和暗环半径分别与$\sqrt{k-\frac{1}{2}}$和$\sqrt{k}$成正比，k 越大，相邻明(暗)环之间的间距越小，因此，牛顿环干涉条纹的特点是中间疏，外边密.实际实验中，由于透镜的自重，透镜与平板玻璃的接触处，球面有些变形，中心是暗斑，环的半径也有误差.测量平凸透镜的半径 R 的方法是分别测出第 k 级和第 $k+m$ 级暗环的半径 r_k 和 r_{k+m}，由式(13-32)计算得

文档：相邻牛顿环半径之差与级次的关系

$$R=\frac{{r_{k+m}}^2-{r_k}^2}{m\lambda_0} \tag{13-33}$$

［例 13-7］ 若用波长为 589.3 nm 的钠黄光观测牛顿环，测得某级暗环的直径为 4.86 mm，此环以外第 10 环的直径为 6.88 mm，试求平凸透镜的曲率半径 R.

解 根据题意，$r_k=2.43$ mm，$r_{k+m}=3.44$ mm，$m=10$，又由式(13-33)，可得

$$R=\frac{{r_{k+m}}^2-{r_k}^2}{m\lambda_0}=\frac{(3.44^2-2.43^2)\times10^{-6}}{10\times5.893\times10^{-7}}\text{ m}=1.006\text{ m}$$

13-5 迈克耳孙干涉仪

迈克耳孙干涉仪是美国科学家迈克耳孙根据分振幅干涉原理在 1881 年首先设计并制造成功的，它是一种精密的光学仪器，在生产、科研方面有着重要的应用，可用于精确测量长度或长度的变化、光波波长、介质折射率及研究光谱线精细结构等.在物理学发展史中，它为狭义相对论的产生提供了关键性的实验依据.

迈克耳孙(A.A.Michelson，1852—1931)，出生于普鲁士斯特雷诺(现属波兰)的小商人之家，中学时代对科学产生了浓厚的兴趣，1873 年毕业于美国海军学院，他因发明精密

的迈克耳孙干涉仪和借助这一仪器在光谱学和度量学的研究工作中所做出的贡献，被授予了1907年的诺贝尔物理学奖.他曾经对傅科旋转镜法测光速的装置进行了改进，所得到的结果高于傅科200倍精度的光速值.1881年，他在德国柏林发明了迈克耳孙干涉仪，并进行历史上第一个二级效应的以太漂移实验.1887年，与莫雷合作完成了著名的迈克耳孙-莫雷实验，引起物理学界的强烈震动.1887年，提出用光波长标定标准米的方法.1888年，发现原子光谱的精细结构和超精细结构.他在1892年成为芝加哥大学的物理学教授之后取得了一系列重大的研究成果，如用红色镉光的波长标定国际标准米，发明阶梯光栅，进行光速的精密测量，观测星体角的直径以及判定地球的刚性，等等.

如果说爱因斯坦是最伟大的理论物理学家，那么迈克耳孙无疑是最伟大的实验物理学家，爱因斯坦曾赞誉他为“科学中的艺术家”.

迈克耳孙干涉仪的结构简图如图13-23所示.它主要由两个平面反射镜 M_1 和 M_2、分光板G、补偿板G′，以及螺杆、齿轮调节系统和计数系统等组成.分光板G是由在一块厚度均匀的光学平板玻璃背面镀上一层半反光膜而制成的，使照射在G上的光透过一半，反射一半；补偿板G′是与分光板G厚度相同的玻璃板；反射镜 M_1 固定，M_2 可在螺杆导轨上移动，组合齿轮系统控制移动距离，其数值可精确到 10^{-5} mm.

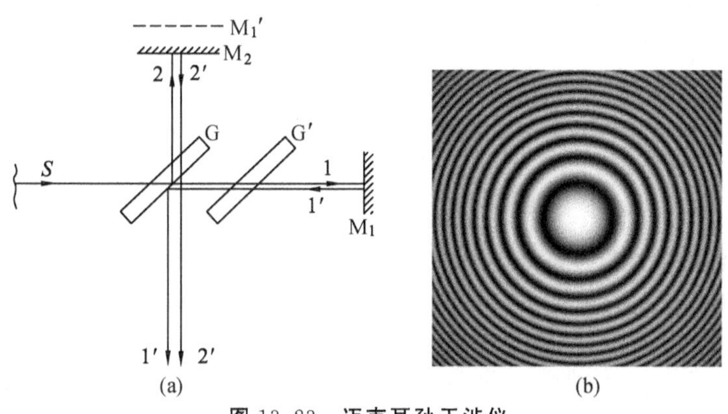

图13-23 迈克耳孙干涉仪

设光从扩展光源上 S 点投射在分光板G上，透过G的光线穿过补偿板G′射向平面镜 M_1，从G上反射的光线射向平面镜 M_2，这两束光线分别在平面镜 M_1 和 M_2 上反射后逆着各自的入射方向返回，最后都进入观察接收系统(眼睛).由于这两束光是从光源上同一点出发，因而是相干光，发生干涉.补偿板G′起补偿光程作用，因为在分光板G上的反射光2往返两次通过玻璃介质，加上补偿板G′使透射光束1也往返两次通过玻璃介质，从而使1、2两光束在玻璃介质中的光程完全相等.

平面镜 M_1 经过分光板的反光膜层在镜 M_2 附近形成一虚像 M_1'，从观察者看来，两相干光好像来自 M_1' 和 M_2 的反射，因此所看到的干涉图样犹如 M_1' 和 M_2 之间的空气薄膜所产生的薄膜干涉条纹.如果 M_1 与 M_2 两镜互相垂直，分光板的反光膜平面与 M_1(或 M_2)成45°角，M_1' 与 M_2 平行，M_1' 与 M_2 间形成厚度均匀的空气膜，可看到等倾干涉条纹，它是明暗相间的同心圆环[图 13-23(b)];当 M_1 和 M_2 不严格垂直时,M_1'与 M_2 之间形成空气劈尖,这时就可以观察到等厚条纹.

干涉图样中心区域的干涉条纹是接近垂直于 M_1、M_2 的反射光产生的干涉条纹,光程差为

$$\Delta=2d+\Delta'$$

式中,d 是 M_1'与 M_2 之间空气层的厚度,Δ'是由于镜面反射和反光膜反射所引起的附加光程差.关于 Δ'数值的计算很复杂,但 Δ'数值的大小不影响实验结果.如果使镜 M_2 向后或向前移动,结果使等效空气膜的厚度改变,干涉条纹将发生可以鉴别的移动.因为当镜 M_2 平移$\frac{\lambda_0}{2}$距离,相当于光程差变化一个波长 λ,视场中将看到移过一条明条纹(或者暗条纹).所以数出视场中亮条纹或者暗条纹移动的数目 Δk,由计数系统读出 M_2 镜平移的距离 Δd,有

$$\Delta d=\Delta k\,\frac{\lambda_0}{2} \tag{13-34}$$

利用上式,除了可以进行波长的测定外,还可以用已知的波长来测量长度,以光波的波长作为长度度量的基准.1892 年,迈克耳孙应用干涉仪将红色镉(Cd)光的波长(643.8 nm)与保存在巴黎博物院的长度基准标准米尺——“米原器”进行比较,建立了以红色镉光为基准的长度标准,即 1 标准米尺相当于1 553 163.5个红色镉光的波长.国际度量衡委员会于 1960 年 10 月 14 日在法国巴黎召开第十一次国际计量大会,在会议的决议中规定,采用在温度为 15 ℃、压强为 1.013×10^5 Pa、空气中 CO_2 的含量为 0.3%状态下^{86}Kr 的一条橙色光谱线的波长来定义长度的标准单位,这条谱线在真空中的波长为 $\lambda_{Kr}=605.780\ 210\ 5$ nm,规定

$$1\ \text{m}=1\ 650\ 763.73\lambda_{Kr}$$

从此以后,长度基准由实物基准米尺——“米原器”改为光波长的自然基准,这是计量工作上的一大进步.

文档:引力波探测器

用迈克耳孙干涉仪还可以精确测量气体、透明液体和固体介质的折射率,在此仅举一例进行说明.

[例 13-8] 将一长度 $l=10.0$ cm 的管子插放在干涉仪的一个光臂里,并将管子里的空气抽空,调出等倾圆条纹,然后向管内缓慢放进空气,同时数出干涉圆纹的移动数,直至充气终止,数得干涉条纹移动 88 条.钠光波长按 589.3 nm 计算,试求空气的折射率.

解 由于充入空气,两臂光程差的改变量为

$$2(n-1)l=\Delta k\lambda_0$$

按照题意,求得空气的折射率(相对于钠光)为

$$n=1+\frac{\Delta k\lambda_0}{2l}=1+\frac{88\times5.893\times10^{-5}}{2\times10.0}=1.000\ 26$$

13-6 光的衍射现象

一、光的衍射现象

衍射也是波的基本特征.在第6章中,我们说过机械波的衍射,在日常生活中很常见.如水波遇到障碍物时会改变传播方向,绕过障碍物;室内人讲话的声音能绕过门窗传到室外.无线电波能够绕高山和高层建筑,这说明电磁波也有衍射现象.但对于光波,通常我们见到的是光的直线传播现象,我们在阳光下都会留下自己的身影,光波的衍射现象却比较少见,难道不存在光波衍射现象吗?并非如此,只是由于光波的波长远小于机械波和无线电波,加上观察或接收仪器灵敏度的原因,导致我们很少见到光波的衍射.其实,要看到光的衍射现象并不是一件很困难的事情.

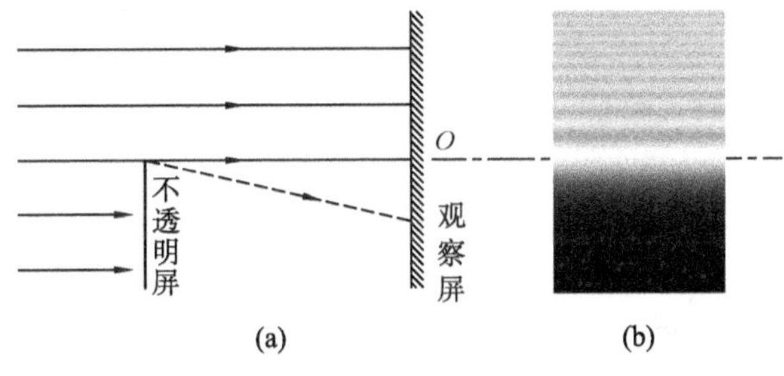

图 13-24 直边衍射

如图13-24(a)所示,平行光或者由线光源发出的发散光束,照射一个不透明的直边屏,如果严格按照几何光学原理,即光的直线传播原理,应该是在观察屏上O处以上区域是被均匀照亮的,而在O处以下区域是完全暗的,且有明显的分界线.然而,实际情况是屏幕上在O处下面的区域光强不是立即变为零,而是有个连续衰减的区域;O处上面区域的光强也不是均匀的,有一系列的亮条纹和暗条纹[图13-24(b)].

再如,拿一根横截面积为圆的不透明细直导线丝放在上述光路中[图13-25(a)],根据直线传播原理预计,在观察屏上得到细线的阴影,阴影外光强均匀分布,实验结果出乎预料,在预计的阴影外有一系列明暗相间的平行条纹,特别是在阴影的中央有一条光强较弱的亮线[图13-25(b)].

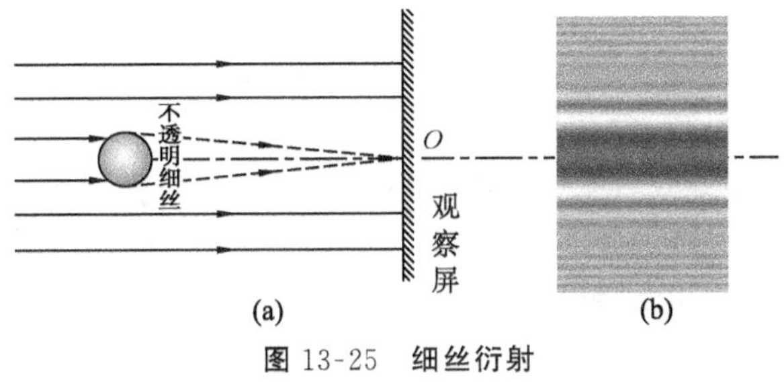

图 13-25 细丝衍射

上述实验所展现的现象是几何光学所不能解释的，这一现象说明光也能绕过障碍物传播，这就是光的衍射.其实光的衍射现象也是普遍存在的，只要光波的波面受到限制，即一部分光波面被障碍物遮挡时，就会产生衍射现象.由于光波的波长很短，通常情况下障碍物的尺寸远大于光波的波长，在阴影区域内有光强的不均匀分布，只是形成的衍射条纹非常密，不易觉察而已.光的衍射现象是光的波动性的一种表现，通过对光的各种衍射现象的研究，可以在光的干涉现象之外，从另一侧面深入了解光的波动性.同时，光的衍射也有许多重要的应用.

衍射系统一般由光源、障碍物（衍射屏）和接收屏组成，按照它们相互间的距离的大小，通常将衍射分为两大类：菲涅耳衍射与夫琅和费衍射.如图 13-26(a)所示，光源和屏幕（或两者之一）离开产生衍射的障碍物（衍射屏）的距离有限，这种衍射称为菲涅耳衍射.它是法国物理学家菲涅耳首先描述的.点光源和屏幕离开形成衍射图样的障碍物都为无穷远，即入射光是平面波，衍射光也是平面波，该极限情形所产生的衍射称为夫琅和费衍射[图 13-26(b)].在实验室里，夫琅和费衍射是通过两个会聚透镜来实现的（图 13-27）.透镜 L_1 用来产生平面波，投射在衍射屏上，而透镜 L_2 是使在无穷远处的衍射图样成像在它的像方焦平面上.这一类衍射是由德国物理学家夫琅和费(J.Fraunhofer)最早描述的.夫琅和费衍射是一种重要的衍射现象，不仅在数学处理上容易，而且有许多重要的实际应用，本节讨论夫琅和费衍射.

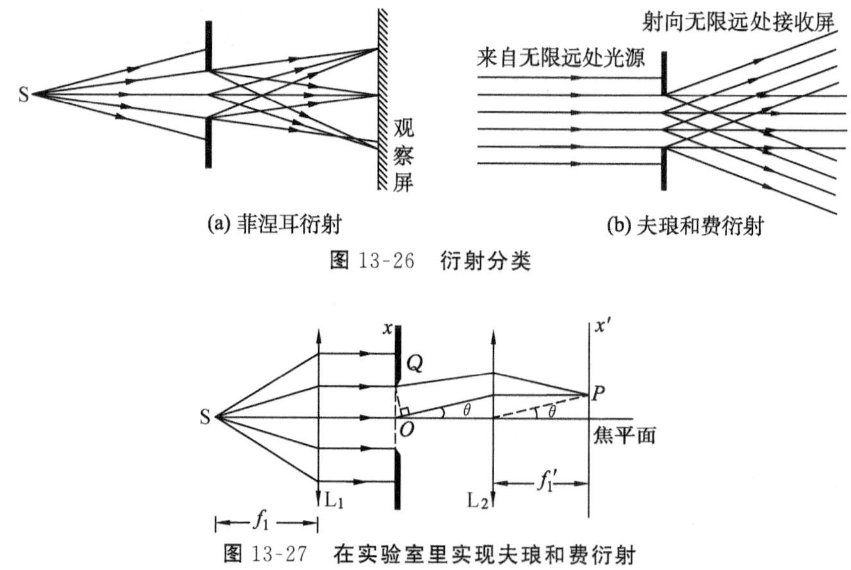

(a) 菲涅耳衍射　　(b) 夫琅和费衍射

图 13-26　衍射分类

图 13-27　在实验室里实现夫琅和费衍射

二、惠更斯-菲涅耳原理

利用第 6 章中所介绍的惠更斯原理可以解释光通过衍射屏传播方向发生改变的现象，但是不能解释出现衍射条纹，更不能给出空间的光强分布，因为利用惠更斯原理不能确定沿不同方向传播的子波光振动的振幅和相位，因此，惠更斯原理是不能用来对光的衍射作定量研究的.1818 年菲涅耳根据波的叠加的干涉原理，提出了子波相干叠加的概念，对惠更斯原理作了物理性的充实,为光的衍射的定量研究奠定了理论基础.菲涅耳认为,这些子波是相干波,它们在空间要产生干涉,在有的地方是相长干涉,有的地方是相消干涉.经过发展了的惠更斯原理称为惠更斯-菲涅耳原理.

按照惠更斯-菲涅耳原理,在图 13-28 所示的波面 S 的前方一点 P 处的光振动,是由波面 S 上各个发射子波的面元 $\mathrm{d}S$ 发出的子波在 P 点产生的光振动的相干叠加.面元 $\mathrm{d}S$ 在 P 点产生光振动的振幅 $\mathrm{d}A$,正比于面元的面积,反比于面元 $\mathrm{d}S$ 到 P 点的距离 r,并且与面元 $\mathrm{d}S$ 对 P 点的倾角 θ 有关,即 $\mathrm{d}A$ 可以表示为

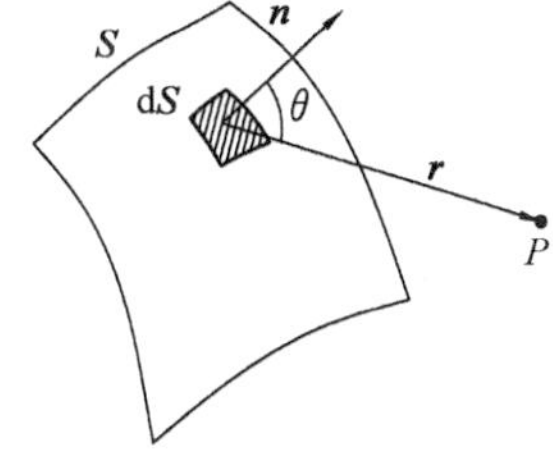

图 13-28 子波相干叠加

$$\mathrm{d}A \propto \frac{\mathrm{d}S k(\theta)}{r}$$

式中,$k(\theta)$称为倾斜因子.菲涅耳本人没有给出 $k(\theta)$的具体形式.后来,基尔霍夫(G.R. Kirchhoff)推出了$k(\theta)$的表达式.简单地说,$k(\theta)$随 θ 增大而减小,在近轴条件下(θ 很小)$k(\theta)=1$,$\theta=\pi$ 时 $k(\theta)=0$.从波阵面 S 上发出的各子波在 P 点的光振动相位由面元 $\mathrm{d}S$ 到 P 点的距离决定.

从数学角度,应用惠更斯-菲涅耳原理解决具体的衍射问题,完全是一个积分学的问题.一般来说,它的计算是很复杂的,但是当波阵面具有某种对称性时,这些积分是较简单的,并且可以用代数加法或者振幅矢量加法来代替积分.

菲涅耳(A.J.Fresnel),出生于法国诺曼底的建筑师家庭,与托马斯·杨的少年时代相异,他智力发展较迟,对语言研究也不擅长.九岁时他开始显露出了非凡的技术才能,能够制成玩具枪、弓和箭等.1809 年毕业于巴黎路桥学院,取得土木工程师文凭,在政府里任工程师.在与科学界完全隔绝的情况下,他把研究光的性质作为一种业余爱好.由于在光学领域所取得的卓越贡献,被人们称为“物理光学的缔造者”.他的贡献主要有:1818 年,用光波干涉的思想补充了惠更斯原理,赋予惠更斯原理以明确的物理意义;1821 年,用实验研究了偏振光的干涉现象,认识到光是横波;1822 年,发现圆偏振光和椭圆偏振光,用波动理论来解释,并进一步用圆偏振光的双折射作用来解释旋光现象;1823 年,导出了在反射和折射时光向量振幅的方程式(菲涅耳公式).菲涅耳关于地球转动对光学现象的影响的研究,成为洛伦兹的运动媒质电动力学的理论基础,后在相对论中得到解释.他还发明了螺纹透镜(菲涅耳透镜).此外,还有菲涅耳波带、菲涅耳积分、菲涅耳波动的标准方程、菲涅耳椭球面、菲涅耳卵形面、菲涅耳平行六面体等.

在菲涅耳研究光的衍射现象的过程中,他在 1818 年参加法国科学院举办的征文竞赛的故事是颇耐人寻味的.当时法国科学院悬赏征文解决光的衍射问题,菲涅耳在应征的论文中,从子波干涉的原理出发,运用菲涅耳波带方法相当圆满地解释了衍射现象.然而,当时牛顿的光的微粒说在科学界还占有统治地位.特别是法国科学院的一些权威学者都是微粒说的支持者,他们对菲涅耳的论文提出了质疑.泊松(S.D.Poisson)根据菲涅耳使用的波带方法导出了一个奇怪结果:由于衍射,光经过不透明的小圆盘(或小圆球)后,在圆盘

后面的阴影中心会出现一个亮点,这在当时看来是不可思议的,据此,泊松认为菲涅耳的结论以及波动说是错误的.作为审查论文的另一位委员,一直支持和帮助菲涅耳研究光学的阿拉戈关键时候又一次伸出了援助之手,他用实验验证了在小圆盘(或小圆球)后的阴影中心确实可以看到衍射形成的亮点.后来人们把这一亮点称为菲涅耳斑(也称阿拉戈斑或泊松亮点),这一历史故事常被称为"泊松质疑".实验的验证给了菲涅耳的波动理论以巨大的支持,法国科学院在经过激烈的辩论之后最终把奖金授予菲涅耳,光的波动说获得了一次重大胜利.而这一故事今天仍然可以带给我们许多启迪.

13-7 单缝衍射

单缝夫琅和费衍射装置如图 13-29(a)所示.设单缝宽度为 b,缝的长度垂直于纸面(沿 y 轴方向).单缝后面的透镜的作用是把处于无穷远处的衍射图样成像于它的像方焦平面上.本节讨论的衍射光强分布,旨在得到透镜的像方焦平面(观察屏)上衍射图样的光强分布.若用单色点光源 S 照明,且点光源 S 位于 L_1 透镜的物方焦点上时,在透镜 L_2 像方焦平面(接收屏)上的衍射图样是沿 x 轴方向排列的明暗相间的点,x 方向一维光强分布如图 13-29(b)所示.把点光源 S 改为垂直于纸面(沿 y 轴方向)的线光源,衍射图样是

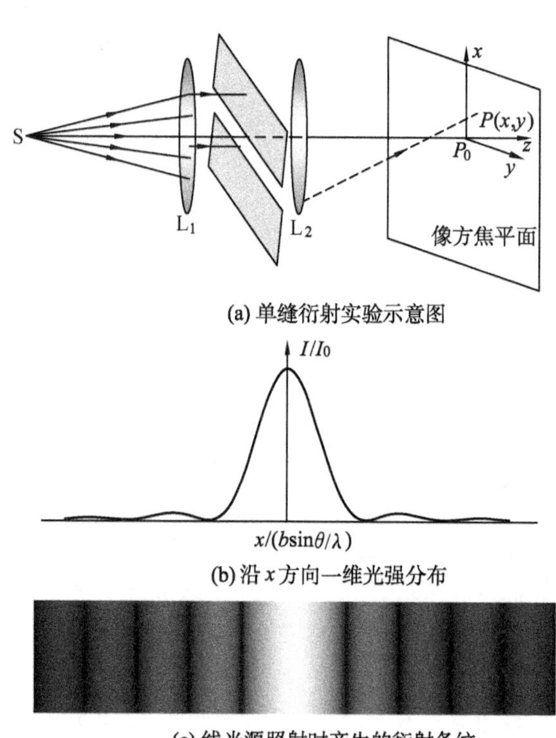

(a) 单缝衍射实验示意图

(b) 沿 x 方向一维光强分布

(c) 线光源照射时产生的衍射条纹

图 13-29 单缝衍射

平行于 y 轴的明暗相间的直条纹，如图 13-29(c)所示.

我们先讨论单色点光源 S 照明时产生的衍射光强分布，点光源 S 位于透镜 L_1 的物方焦点上，透过 L_1 的光线是平行于透镜光轴(z 轴)方向的平行光，垂直照射在单缝 AB 上(图 13-30)，单缝处的波面上各子波波源的初相位相同，各子波源向各个方向发出子波，其中与透镜主光轴平行的光线经透镜 L_2 折射后，会聚在 L_2 像方焦点(屏幕的中心点 P_0，$x=0$).这些光线都有相同的光程，它们在 P_0 点也有相同的相位.因此，子波在 P_0 叠加有最大振幅 A_0 和最大光强 I_0，P_0 点称为衍射图样中央亮点.再来讨论屏幕上 x 轴上 Q 点的光强.Q 点光波是单缝上各子波源发出的一组传播方向与 xOz 平面平行、与 z 轴成 θ 角(θ 角称为衍射角)的平行光的叠加.从单缝上不同点发出的子波到达 Q 点的光程不同，它们在 Q 点的相位也不同.作与衍射光线垂直的平面 BC，显然，BC 面上各点到 Q 点的光程相等，AB 面上各子波源到 Q 点的光程差就对应于平面 AB 到平面 BC 的光程差，单缝的上下边缘点 A 和 B 点到 Q 点的光程差为

$$\Delta = AC = \pm b\sin\theta$$

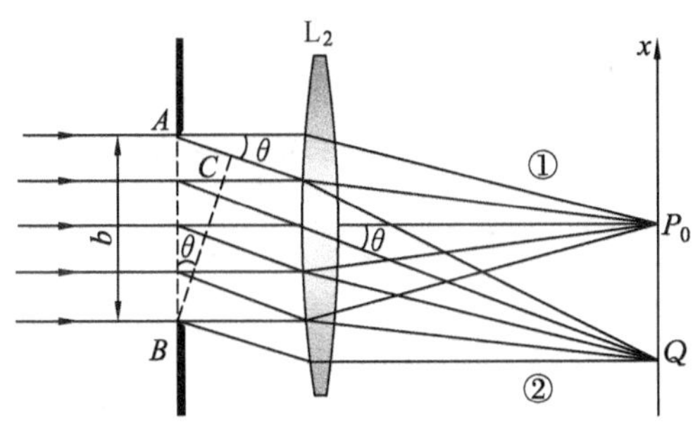

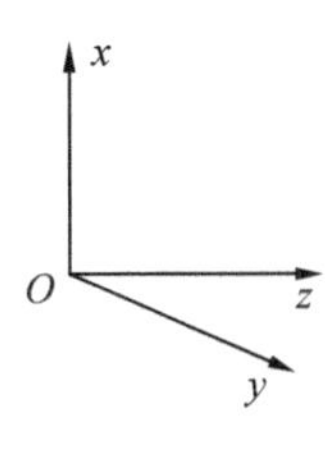

图 13-30 单缝衍射光强计算

这一光程差的大小直接与衍射角 θ 有关，也就是由 Q 点的位置直接确定，同时它的大小也确定了单缝上其他子波点到 Q 点的光程差，从而也确定了 Q 点的光强大小[通常 θ 较小，取倾斜因子 $k(\theta)\approx 1$].

为了既能得到光强分布的概貌，又能避免复杂的数学推导，我们采用菲涅耳提出的半波带法:设 AC 恰好等于入射光波半波长的整数 N 倍，即

$$b\sin\theta = N\frac{\lambda_0}{2}$$

如图 13-31(a)所示，用一系列平行于 BC、间距为$\frac{\lambda_0}{2}$的平面把单缝分割为 N 条平行于 y 轴的小狭带 $AA_1, A_1A_2, \cdots, A_{i-1}A_i, \cdots, A_{N-1}A$，每条小狭带的宽度为 $A_{i-1}A_i=\frac{b}{N}$，小狭带的上下边缘点到 Q 点的光程差为 $\Delta'=\frac{b}{N}\sin\theta=\frac{\lambda_0}{2}$，相邻两条小狭带的中点到 Q 点的光程差也是$\frac{\lambda_0}{2}$，这样的狭带称为菲涅耳半波带.把每条半波带看作一个子波源发出子波，即每条半波带上各点发出的子波合成为一个光振动.相邻两个半波带产生的光振动到

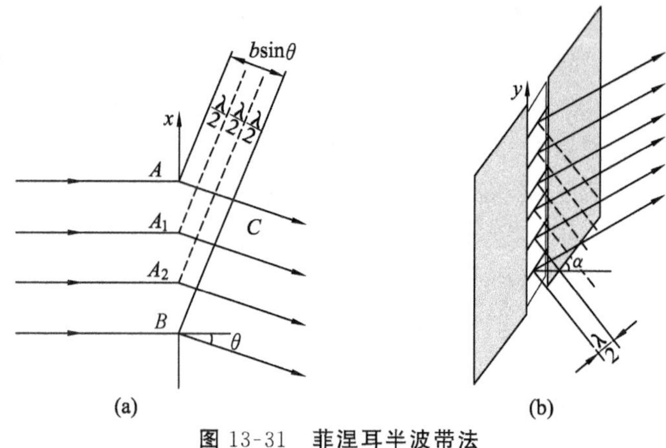

图 13-31 菲涅耳半波带法

Q 点的光程差是$\frac{\lambda_0}{2}$,相位差为$\Delta\varphi'=\pi$.相应地,Q 点的光振动可看作是 N 个振幅相等、相位依次相反的振动的叠加.

当 N 为偶数,即 $N=2k$ 时,有 $2k$ 个振动,相位依次相反,两两干涉相消,Q 点的光强必然为零,因此,对 x 轴上的点(与衍射角 θ 相对应),当 θ 角满足条件

$$b\sin\theta=\pm 2k\frac{\lambda_0}{2}=\pm k\lambda_0,\quad k=1,2,\cdots \tag{13-35}$$

时光强为零.$k=1,2,\cdots$分别叫作第 1 级暗点、第 2 级暗点……第 k 级暗点,衍射角为 $\theta_k=\pm\arcsin(k\frac{\lambda_0}{b})$,式中的正、负号表示暗点对称分布于中央亮点的两侧.

AC 不一定恰好等于半波长的偶数倍,如果 $AC=(2k+\varepsilon)\frac{\lambda_0}{2}$,$0<\varepsilon<2$,波面 AB 被分为$(2k+\varepsilon)$个半波带,相应的衍射角 θ 在 θ_k 和 θ_{k+1}之间,即 $\theta_k<\theta<\theta_{k+1}$,有 $2k$ 个振动,因相位依次相反,两两干涉相消,多下 ε 个半波带,产生的光振动不能完全相消.这就是说,在相邻两个暗点(光强为零)之间光强不等于零,且应该存在光强极大值.严格的理论计算表明:$\varepsilon\approx 1$ 时,光强有极大值,即在满足条件

$$b\sin\theta\approx\pm(2k+1)\frac{\lambda_0}{2},\quad k=1,2,\cdots \tag{13-36}$$

的点上,光强取极大值.但是这些极大值比 $\theta=0(x=0)$处中央亮点的光强 I_0 要小得多,称之为次极大.对于不同的 k,半波带的面积不同,k 越大,面积越小,一个半波带产生光振动的光强越小,因此,不同级次的亮点光强不相同,k 越大,光强越小.图 13-29(b)是严格计算得到的 x 方向一维光强分布.

我们再来讨论接收屏上 x 轴以外的各点上的光强.可以证明:在 x 轴以外的 $P(x,y)$点上光强为零.先说明 y 轴上(除 $y=0$ 之外)各点光强为零.照射到这些点上的光线是狭缝上各子波源发出的与 yOz 平面平行、与 z 轴成 α 角的平行光线,由透镜 L_2 会聚到相应的点.在单缝平面上与单缝垂直的直线上各点到 P 点的光程相同,沿缝的长度方向的不同

点到 P 点有光程差.我们同样可以用半波带方法对缝进行分割，由于缝的长度(视为“无限长”)远大于缝的宽度，沿缝的长度方向，缝将被分为无限多个垂直于单缝长度方向的半波带，如图 13-31(b)所示，但半波带面积很小，每个半波带作为一个子波源，产生光振动的振幅也就很小，相邻两个半波带的子波在接收屏上干涉相消，即使多余一个半波带，P 点上光强仍然很小.所以，y 轴上各点的光强为零.对于 x 和 y 轴以外的$P(x,y)$点，只要把单缝分割成倾斜的半波带就可以说明 $P(x,y)$点的光强为零.因此，点光源照明时，单缝衍射图样是以中央亮点 P_0 为中心、沿 x 轴方向排列的一列明暗相间的点.

与几何光学相比较，接收屏上 P_0 点是点光源 S 的像点，单缝在 x 方向限制了波面，在 y 方向对波面没有任何限制，衍射使得光强分布在 x 方向衍展，y 方向的光强分布不受影响，衍射图样的中央亮点是光源 S 的像点.把点光源 S 改为沿 y 轴方向的线光源，光源在接收屏上的像是沿 y 轴的直线，单缝衍射的作用，使每个像点都以相同的方式沿 x 方向衍展，也就是说，把线光源看作由无限多个点光源组成，每个点光源产生一个衍射图样，光强分布与点光源 S 产生的衍射图样相同，只是衍射图样的位置按照点光源像的位置沿 y 轴方向作了相应的平移，这无限多个点光源产生的衍射图样连接起来，形成平行于 y 轴、明暗相间的平行直条纹[图 13-29(c)].由式(13-36) 和式(13-35)确定的明、暗点的位置就变成明、暗条纹的位置，中央亮点也变成中央明条纹.

在图 13-29(a)中，光源 S 为点光源时，单缝衍射图样是以光源像点为中心、沿垂直于单缝方向的一列明暗相间的点；线光源照明时，单缝衍射图样是明暗相间排列的一组平行直条纹，中央是亮度较大的明纹，两侧明纹的亮度随衍射角的增大而下降.通常在实验中用线光源照明，一般只能看到中央明条纹附近若干条明、暗条纹[图 13-29(c)].

屏幕上两个第 1 极小间的距离称为中央明条纹的宽度(或称线宽)，其他相邻两极小间的距离就是次级明条纹的宽度.与第 1 极小对应的衍射角 θ_1 称为中央明条纹的半角宽，它由下式决定：

$$\sin\theta_1=\frac{\lambda_0}{b} \tag{13-37}$$

设透镜 L_2 的焦距为 f，则在屏幕上中央明条纹的宽度为

$$\Delta x_0=2f\tan\theta_1 \tag{13-38}$$

若 θ_1 角较小，则 Δx_0 又可以按下式计算：

$$\Delta x_0=2f\,\frac{\lambda_0}{b} \tag{13-39}$$

其他任意两相邻极小值之间的距离(次级明纹宽度)为

$$\Delta x=(\theta_{k+1}-\theta_k)f=f\,\frac{\lambda_0}{b} \tag{13-40}$$

因此，次级明条纹宽度是中央亮条纹宽度的一半.

从以上讨论可以看出，单缝越窄，中央明条纹越宽，衍射现象越显著；单缝越宽，则中央明条纹越窄，衍射现象就越不显著.在缝的宽度 $b\gg\lambda_0$ 的条件下，由式(13-36)可知，各级衍射明纹都向中央靠拢，屏幕上只能观察到窄窄的一条中央明条纹.这就是线光源通过

透镜 L_1、L_2 聚焦成的像.由此可知,光的直线传播,只是光的波长较障碍物的线度小很多时,亦即衍射现象不显著时的情形.所以,几何光学是波动光学在 $\lambda_0 \to 0$ 时的极限情形.同时,我们还可以看出,夫琅和费衍射图样中央光强最大的亮点(亮线)与几何光学的像重合,也就是说,衍射图样是以光源的像为中心向外展开的.不论衍射屏上透光孔或缝的形状、大小如何,这一结论总是成立的.因为物点到像点的光程是相等的,衍射屏上各子波传播到像点上,光振动的相位总是相同的,相长干涉,光强必然是最大.但是,若在衍射屏上加上厚度或折射率不均匀的透明介质,几何像点上光强就不一定是最大,衍射光强的分布将会发生变化,这一点在光学信息处理中有重要的应用.

[例 13-9] 在单缝夫琅和费衍射实验中用波长 $\lambda_0 = 633$ nm 的激光照明,第 2 极小落在 $\theta = 30°$ 的位置上,求缝宽 b.

解 对于第 2 极小,$k=2$,由式(13-35),有

$$b\sin\theta = \pm k\lambda_0$$

则得

$$b = \frac{k\lambda_0}{\sin\theta} = \frac{2\times 633}{1/2}\ \text{nm} = 2\ 532\ \text{nm} = 2.532\ \mu\text{m}$$

本例中缝宽是照明光波长的 4 倍.

[例 13-10] 如图 13-32 所示,一雷达位于路边 20 m 处,它发射出微波束与公路成 30°角,假如天线的输出口宽度 $b = 5$ cm,发射的微波的波长是 15 mm,则在它监视范围内的公路长度大约是多少?

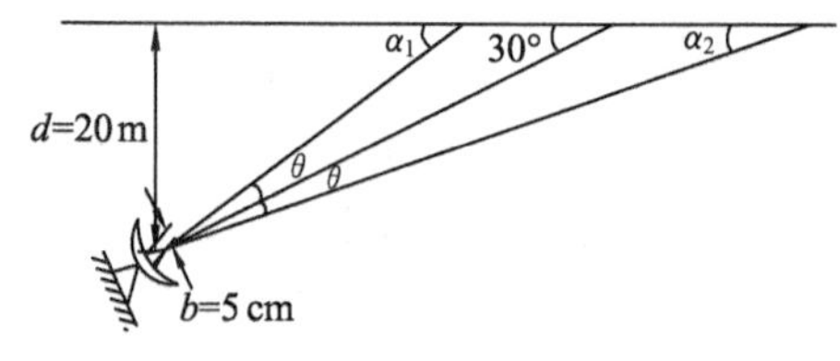

图 13-32 微波衍射

解 现将雷达天线的输出口看成是发出衍射波的单缝,则衍射波的能量主要集中在中央明条纹的范围之内,由此即可估算出雷达在公路上的监视范围,考虑到雷达距离公路较远,则可按夫琅和费衍射近似计算.根据单缝衍射暗纹条件,有

$$b\sin\theta = \pm\lambda$$

此 θ 即对应于 1 级暗条纹的衍射角(图 13-32).于是解得

$$\theta = \pm\arcsin\frac{\lambda}{b} = \pm\frac{1.5}{5} = \pm 17.5°$$

监视范围内的公路长度为

$$\begin{aligned} l &= d(\cot\alpha_2 - \cot\alpha_1) = d[\cot(30° - \theta) - \cot(30° + \theta)] \\ &= 20\ \text{m} \times (\cot 12.5° - \cot 47.5°) = 72\ \text{m} \end{aligned}$$

此例又一次使我们看到,处理电磁波传播中的干涉或者衍射问题也可以像对待可见光一样处理,这已成为现代科技领域中广为应用的理念.

13-8 圆孔的夫琅和费衍射 光学仪器的分辨本领

一、圆孔的夫琅和费衍射

视频：圆孔衍射

圆孔的夫琅和费衍射实验装置如图 13-33(a)所示，在两透镜 L_1 和 L_2 之间是一带有小圆孔的衍射屏.与夫琅和费单缝衍射相似，平面光波垂直照射圆孔，在图 13-33(a)中，AB 代表半径为 R 的圆孔，圆孔平面是等相位面，露出圆孔的波面上每一点都是一个子波源，向各个方向发出子波，在聚焦透镜 L_2 的焦平面上形成圆孔的夫琅和费衍射图样.各子波源发出的平行于透镜光轴的光线在 L_2 的焦点 O 点叠加，在 O 点(点光源 S 的像点)各子波相位相同，相长叠加，光强最大(中央主最大).与透镜光轴成 θ 角(衍射角)的平行光波在 P 点叠加，相位差由 θ 角确定，叠加产生的光强与 θ 有关.由于圆孔的对称性，所有与透镜光轴成 θ 角(方向不同)的平行光都聚焦于以 O 点为中心、OP 为半径的圆周上，这一圆周上的光强相同.圆周的半径不同，光强也不同.所以，圆孔的夫琅和费衍射图样是关于 O 点对称的同心圆环，中央是一明亮的圆斑，外围则是一组同心暗环和明环.如图 13-33(b)所示是圆孔的夫琅和费衍射图样.光强分布的数学计算很复杂，这里只给出光强第 1 极小(第 1 暗环)的条件：

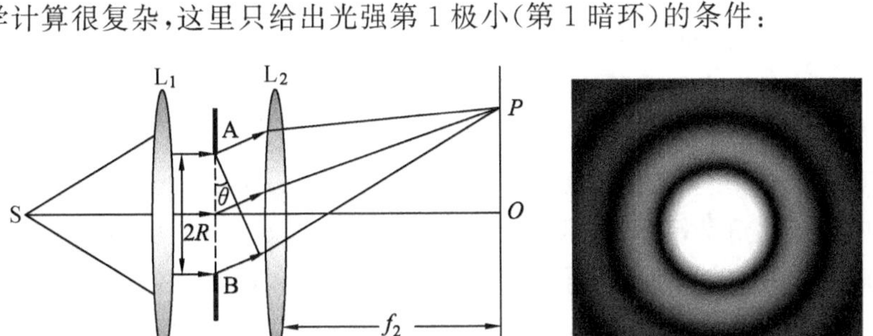

图 13-33 圆孔的夫琅和费衍射实验

$$\sin\theta_1 = 0.61\frac{\lambda_0}{R} = 1.22\frac{\lambda_0}{D} \tag{13-41}$$

式中，D 是圆孔的直径.由第 1 暗环所围的中央光斑称为**爱里斑**，θ_1 称为爱里斑的角半径，爱里斑上的光能量占整个入射光束总能量的 84%.根据几何关系，当 θ_1 很小时，爱里斑的半径为

$$r_1 = \theta_1 f_2 = 0.61\frac{\lambda_0 f_2}{R} = 1.22\frac{\lambda_0 f_2}{D} \tag{13-42}$$

把圆孔衍射爱里斑的角半径和单缝衍射的半角宽度公式，即式(13-37)与式(13-41)比较，除了一个反映几何形状不同的因子 1 和 1.22 外，在定性方面是一致的，即角宽度与

波长成正比,与衍射孔或缝的线宽(D 或 b)成反比,当$\frac{\lambda_0}{D}\ll 1$(或$\frac{\lambda_0}{b}\ll 1$)时,衍射现象可略去.

在图 13-33(a)和 13-29(a)所表示的圆孔、单缝夫琅和费衍射实验装置中,都用了两个透镜,两透镜间距离的大小对衍射光强分布没有任何影响,把两个透镜靠近到一起,或者用一个与之等效的透镜代替,衍射图样也不会发生改变.事实上,实际实验中常常用一个透镜观察夫琅和费衍射,这时,接收平面就是光源的像平面.理论上也可以证明,光源像平面上的衍射图样是衍射物的夫琅和费衍射图样.

二、光学仪器的分辨本领

对圆孔的夫琅和费衍射图样的研究,便于我们分析、讨论光学仪器的成像分辨本领问题.对于一个理想的光学成像系统,如果按照几何光学的规律,点物应该成点像.任何两个靠得相当近(不重叠)的物点,经过理想光学系统,总能生成两个不重叠的像点,这两个像点总是能分清的,这表明,从几何光学看,理想光学系统不存在分辨本领问题.然而,组成光学仪器的透镜等部件都有一定的边框,对透镜而言,透镜的边框相当于一个透光孔.从波动光学来看,点物成的像实际上都是一个具有一定大小的衍射像斑.两个物点靠得太近形成的像斑彼此会重叠起来,两像斑重叠得较多时,会使我们不能分辨是两个物点成像还是一个物点成像.所以,在不考虑光学系统的像差以及两物点光源干涉的影响时,衍射效应是影响成像分辨本领的一个重要因素.

如图 13-34 所示,有两个物点 S_1 和 S_2,透镜的边框相当于一个圆孔,A_1、A_2 分别是 S_1 和 S_2 的像点,两物点将在像平面上形成两个以 A_1 和 A_2 为中心的圆孔夫琅和费衍射斑.从图中可以看出,在空气中成像时,两物点对透镜中心张的角和两个爱里斑中心 A_1、A_2 对透镜中心张的角是相等的,都是 $\Delta\theta$.当两个衍射圆斑分得很开时,我们就能够看得出是两个圆斑[图 13-34(a)],从而也就知道有两个物点.如果两个圆斑几乎重叠在一起[图 13-34(c)],由于两个物点的光是不相干的,光的强度直接相加,这时看不出是两个圆斑,因而也就无从分辨出这是两个物点的像还是一个物点的像.对于两个强度相等的不相干的点光源(物点),若一个点光源衍射图样的主极大恰好和另一个点光源衍射图样的第 1 极小相重合[图 13-34(b)],在这种情况下,两个衍射图样的光强分布直接相加,得到的光强分布曲线上有两个光强最大值,两最大值之间的最小光强约为最大光强的 74%.大多数人的视觉能毫无困难地辨别出这两个最大光强与其中间的最小光强间的不同,因而可判断这种合成的衍射图样是由两个发光点构成的.瑞利(L.Rayleigh)以这种条件作为光学系统的分辨极限,亦即**以 A_1 衍射图样的中央最大与 A_2 衍射图样的第 1 最小重合所对应的两物点距离作为光学仪器所能分辨的两物点的最小距离,称这个极限为瑞利判据**.当两物点 S_1 和 S_2 更接近时,则相应的两衍射图样的重叠部分增多,如图 13-34(c)所示的情况时,则将无法从总的衍射图样中分辨出有两个物点存在.

恰能分辨的两点光源的衍射图形中心之间的距离,应等于爱里斑的半径.此时,称两点光源对透镜中心所张的角度为最小分辨角,用 $\delta\theta$ 表示.称最小分辨角的倒数为分辨本领.

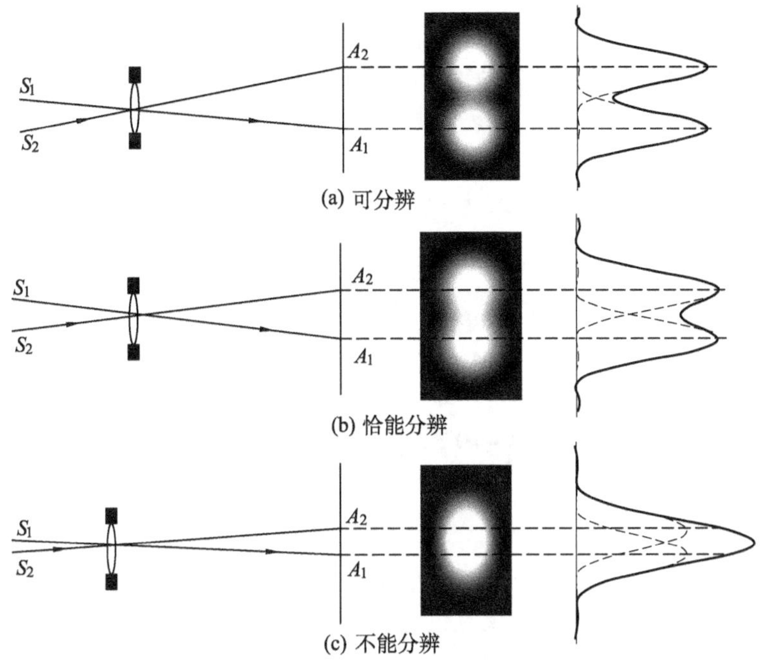

(a) 可分辨

(b) 恰能分辨

(c) 不能分辨

图 13-34 光学仪器的分辨本领

对于直径为 D 的圆孔的夫琅和费衍射图样,爱里斑的角半径就是第 1 暗环的角半径,它由式(13-41)给出,当 θ_1 很小时,

$$\theta_1 = 0.61\,\frac{\lambda}{R} = 1.22\,\frac{\lambda}{D} \tag{13-43}$$

最小分辨角用下式表示:

$$\delta\theta = 1.22\,\frac{\lambda}{D} \tag{13-44a}$$

相应的分辨本领为

$$R = \frac{1}{\delta\theta} = \frac{D}{1.22\lambda} \tag{13-44b}$$

想用透镜来分辨距离很近的两个物体,就要使衍射图样的爱里斑尽可能小,即按照瑞利判据,最小分辨角要小.从式(13-44a)可知,可以采取增大透镜的直径或者采用波长较短的光.用大口径透镜或反射镜建造大型天文望远镜的一个理由,就是它有较小的最小分辨角,可以考察天体的细节,同时大型天文望远镜的像明亮,能有效地观察较暗的星球.在生物学中,使用的紫外光显微镜则采用波长较短的紫外光以提高分辨本领.在电子显微镜中,利用电子具有波动性,得到波长很短的波,因而,电子显微镜具有很高的分辨本领.

[例 13-11] 夜晚人眼的瞳孔直径约为 4 mm,问人眼的最小分辨角是多少?远处汽车两前灯之间的距离为 1 m,问离开多远时恰能分辨它们?波长按对视觉最敏感的黄绿光 $\lambda_0 = 550$ nm 计算.

解 人眼的瞳孔直径 d(=4 mm)最小分辨角为

$$\delta\theta=1.22\,\frac{\lambda_0}{d}=1.22\times\frac{550\times10^{-9}}{4\times10^{-3}}\ \text{rad}=1.68\times10^{-4}\ \text{rad}$$

两汽车前灯之间的距离 $\Delta l=1$ m,设汽车与人的距离为 L，则两灯对人眼的张角为

$$\Delta\theta=\frac{\Delta l}{L}$$

按照瑞利判据，恰能分辨时要求 $\Delta\theta=\delta\theta$，于是

$$L=\frac{\Delta l}{\Delta\theta}=\frac{\Delta l}{\delta\theta}=\frac{1}{1.68\times10^{-4}}\ \text{m}=5.95\times10^{3}\ \text{m}$$

超过这个距离，人眼就不能分辨这两灯.

13-9 衍射光栅

衍射光栅作为光学仪器的一种核心单元器件,它有着二百多年的灿烂历史和宽广的应用范围.传统的光栅主要用来实现复色光的空间分离.近年来,随着微加工技术的不断发展,微光学领域的研究热潮方兴未艾,光栅的应用范围得到了前所未有的拓展.它不仅应用于光谱分析,在计量学、天文学、量子光学、集成光学、光通信、信息处理和惯性约束激光核聚变等诸领域的广泛应用前景更是备受世人关注.正如一物理学家所说,我们很难找出另一种像衍射光栅这样的给众多科学领域带来更为重要信息的简单器件.物理学家、天文学家、化学家、生物学家、冶金学家等用它作为日常的非常卓越的精密工具,用作原子种类的探测器以确定天体的特性和行星中空气的存在,研究原子和分子的结构,以及获取有助于现代科学发展的种种信息.即使在光栅问世两个多世纪的今天,这种说法依然贴切.

经过几百年的发展,光栅已形成了很多种类,分类准则也有很多.按材料分,有金属光栅和介质光栅;按使用衍射光的方向分,有透射光栅和反射光栅;按面形分,有平面光栅和凹面光栅;按周期维数分,有一维光栅和二维光栅;按槽形分,有正弦光栅、矩形光栅、阶梯光栅等;按线型分,有环形光栅与直线型光栅;按制作方法分,有机刻光栅、全息光栅、全息离子蚀刻光栅;按折射率调制方式分,有浮雕光栅和体光栅;按使用波长分,有红外光栅、可见光栅、X 射线光栅;按应用领域分,有光谱光栅、测量光栅、脉冲压缩光栅、激光光栅等,可以说不胜枚举.

尽管光栅的种类很多,应用十分广泛,但其原理是基本相同的.广义地说,**光栅**就是一种周期性分割光波面的光学元件.本节讨论一种简单的透射光栅,它由大量等间距、等宽度的平行透光缝组成,透光缝的宽度为 b,相邻缝间不透光的宽度为 a,相邻两缝之间的距离为 $d=a+b$,如图 13-35 所示,d 叫作**光栅常量**,总缝数为 N.通常在可见光范围内使用的光栅,d 在 $10^{-6}\sim10^{-5}$ m 量级,总缝数 N 在 $10^{3}\sim10^{4}$ 量级.

光栅衍射实验装置与单缝衍射类似,单色线光源发出的光波经 L_1 透镜准直照射在光栅上,光栅的衍射光通过透镜 L_2 聚焦,如图 13-35(b)所示,在 L_2 的后焦平面(接收屏 E)上形成光栅的衍射图样.光栅衍射图样中有一系列强度极大的明亮细线(主极大),相邻主

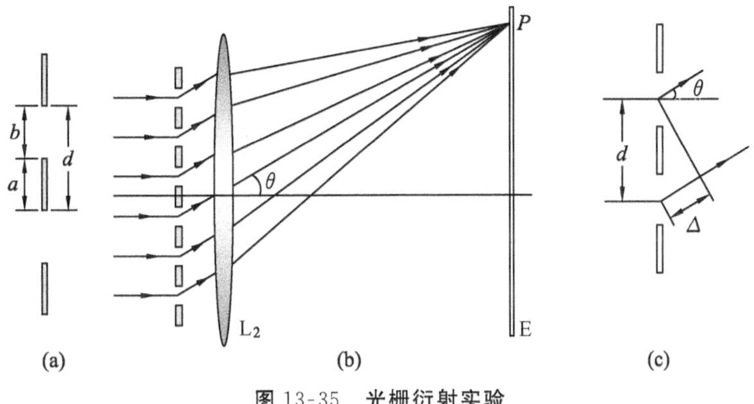

图 13-35 光栅衍射实验

极大之间有 $N-1$ 个光强为零的暗线；除主极大亮线之外，相邻暗线之间有强度较小的亮线(次极大).主极大亮线其强度正比于 N^2，但受到单缝衍射的影响，强度随衍射角的变化而变化；主极大亮线的位置与光栅常量和照明光的波长有关，与缝数 N 无关；主极大亮线的宽度随 N 的增大而减小.图 13-36 是不同缝数的光栅产生的衍射图样.

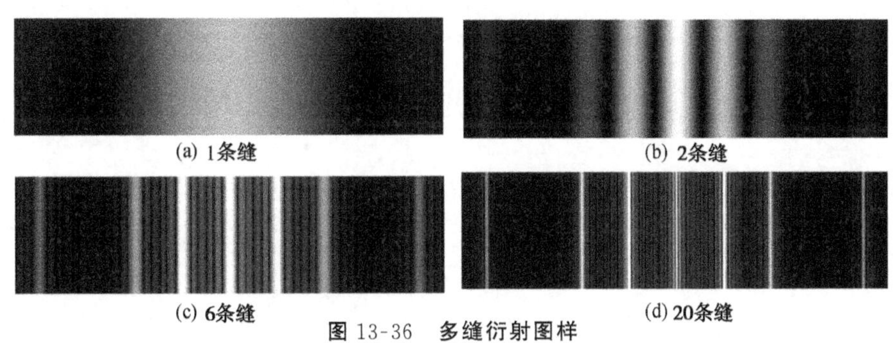

图 13-36 多缝衍射图样

一、光栅方程

单色光波照射到光栅上时，每条缝都要产生衍射，每条缝的衍射光来自同一光源，并且是从位于光栅平面上同一波面上分割而来，它们是相干光.因此，光栅衍射是 N 条单缝衍射的相干叠加.在图 13-35(b)中，凡是衍射角为 θ 的光，都将会聚于屏 E 上 P 点.对于 N 条单缝而言，每一条缝在 P 点产生的光振动的振幅与缝的位置无关，缝宽相同，振幅也相同，振幅的大小随衍射角 θ(即 P 点的位置)的变化而变化，记为 $A(\theta)$；但是，每一条缝在 P 点产生光振动的相位与单缝的位置有关.由图 13-35(c)可以看出，相邻两条缝的中心到 P 点的光程差为

$$\Delta=(b+a)\sin\theta=d\sin\theta \tag{13-45}$$

在 P 点产生光振动的相位差为

$$\Delta\varphi=\frac{2\pi}{\lambda_0}d\sin\theta \tag{13-46}$$

当 θ 满足

$$d\sin\theta=\pm j\lambda_0,\ j=0,1,2,\cdots \tag{13-47}$$

时,相位差为$\pm 2j\pi$.由于相邻两个缝间的距离都是d,因此任意两条单缝的中心到P点的光程差总是波长的整数倍,相位差也为2π的整数倍.在P点是N个振幅为$A(\theta)$、相位差为2π整数倍的振动叠加,即N个光波的相长干涉,合振幅为$NA(\theta)$,光强为$N^2[A(\theta)]^2$.除$A(\theta)=0$之外,P点必然是光强为极大值的亮线,这就是主最大,j是主极大亮线的级次(j的最大值是不大于$\frac{d}{\lambda_0}$的整数).可见,方程(13-47)确定了主极大亮线的位置,被称为光栅方程.

必须指出:光栅方程只是产生主极大亮线的必要条件,不是充分条件.因为满足光栅方程$d\sin\theta=\pm j\lambda_0$时,只是$N$个单缝产生$N$个$A(\theta)$直接相加,当$b\sin\theta=\pm k\lambda_0$时,$A(\theta)=0$,自然有合振幅$NA(\theta)=0$,相应的主极大光强为零,这种现象称为光栅的缺级现象.缺级的条件为衍射角θ同时满足下式:

$$\begin{cases}d\sin\theta=\pm j\lambda_0\\ b\sin\theta=\pm k\lambda_0\end{cases}$$

缺级的级次为

$$j=k\,\frac{d}{b},k=\pm 1,2,\cdots \tag{13-48}$$

j也要为整数,也就是说,只有当$k\,\frac{d}{b}$为整数时才会发生缺级.当$\frac{d}{b}$为整数时,缺级比较简单.例如,当$\frac{d}{b}=3$,$j=\pm 3,\pm 6,\pm 9$等时发生缺级.

*二、暗纹条件

在屏E上,除了主极大亮线以外,必然还分布着一些光强极小的暗线,可以证明:当衍射角θ满足

$$Nd\sin\theta=\pm m\lambda_0 \tag{13-49}$$

则在屏E上相应地出现光强为零的暗纹.式中,$m=1,2,\cdots,N-1,N+1,\cdots,m\neq N$的整数倍[若$m=N$的整数倍,式(13-49)则和光栅方程(13-47)相同],对这一条件可作以下简单理解:先以$m=1$为例,把光栅N条缝自上而下分为两组,第1条缝和第$\frac{N}{2}+1$条缝、第2条缝和第$\frac{N}{2}+2$条缝……到屏E上与衍射角θ对应的P点的光程差都是$\frac{N}{2}d\sin\theta=\pm\frac{\lambda_0}{2}$,相位差为$\pi$,$\frac{N}{2}$对相位相反的光振动相消干涉,$P$点必然是光强为零的暗纹.当$m=2,3,4,\cdots$时,把$N$条缝自上而下分为$2m$组,第1组中的第$1,2,\cdots,\frac{N}{2m}$条缝和第2组中的第$\frac{N}{2m}+1,\frac{N}{2m}+2,\cdots,\frac{2N}{2m}$条缝对应到$P$点的光程差为$\frac{\lambda_0}{2}$;第3组的第$\frac{2N}{2m}+1,\frac{2N}{2m}+2,\cdots,\frac{3N}{2m}$条缝和第4组的第$\frac{3N}{2m}+1,\frac{3N}{2m}+2,\cdots,\frac{4N}{2m}$条缝对应的光程差为$\frac{\lambda_0}{2}$……如此下去,

N 条缝中每一条缝总能找到一条缝，对应的光程差为$\frac{\lambda_0}{2}$，在 P 点产生相消干涉，光强为零.当然，这只是一种简单的理解而已，当 $m>\frac{N}{2}$时，就不能这样理解了.用振幅矢量（也称旋转矢量）叠加法可以完整地理解这一条件，相邻两缝的光程差为$d\sin\theta=\frac{m\lambda}{N}$，相位差为$\frac{2\pi m}{N}$.$N$ 个大小相等、相位差依次为$\frac{2\pi m}{N}$的振幅矢量首尾相接，必然构成 m 个闭合的多边形，合振幅为零.仅当 $m=jN$ 时，N 个矢量方向相同，连成一条直线，合振幅最大，这就是主极大.显然相邻主极大之间有$(N-1)$个光强为零的极小（暗条纹），两个极小值之间光强不为零，但其光强比主极大小得多，该条纹称为次级明条纹，相邻主极大之间有$(N-2)$个次级明条纹.N 越大，暗条纹和次级明条纹越多，结果也使主极大亮条纹变得很细.实际上，由于次级明条纹的光强远小于主极大，光栅衍射图样是在几乎黑暗的背景上出现一系列又细又亮的条纹.

综上所述，光栅衍射是多缝干涉和单缝衍射的综合效果，满足光栅方程时，N 个单缝衍射光波相长干涉，产生衍射主极大亮条纹，光强与 N^2 成正比，同时又受到单缝衍射光强$[A(\theta)]^2$ 的调制，光栅衍射主极大的光强为 $N^2[A(\theta)]^2$，在主极大亮条纹之间有许多暗条纹和次级明条纹.

利用图 13-37 可以帮助我们更好地理解光栅衍射的光强分布，图 13-37(a)是单缝衍射光强$[A(\theta)]^2$ 的分布，图 13-37(b)是多缝干涉的光强分布，干涉主极大光强相等（与 N^2 成正比），图 13-37(a)和 13-37(b)光强的乘积得到如图 13-37(c)所示的光栅衍射光强分布.零级衍射主极大光强最大，两边的±1 级、±2 级主极大光强依次减小，单缝衍射光强为零处出现缺级现象，相邻主极大之间有许多密集的次级明纹，但这些次级明纹的光强很小，在实际实验中也只是光强很小的背景.另外，在单缝衍射零级明纹范围内的光栅衍射主极大光强较大，两边的主极大光强很小，实验中基本上看不到单缝衍射零级明条纹以外的明条纹.

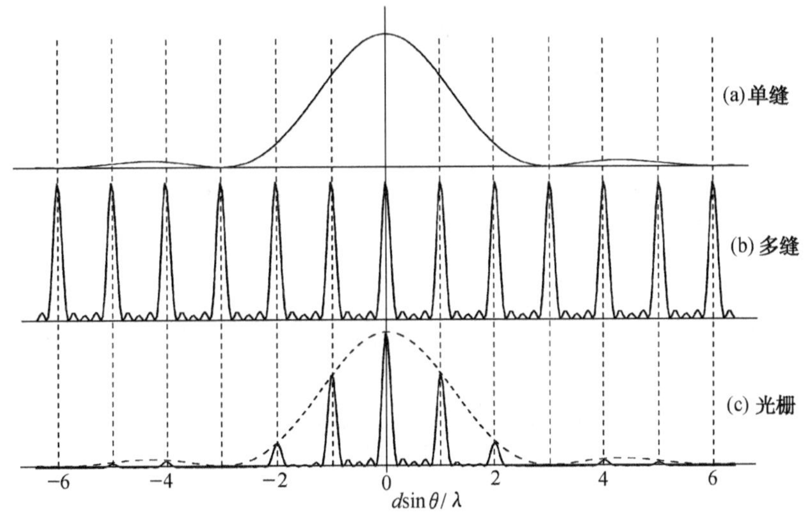

图 13-37 单缝衍射、多缝干涉、光栅衍射光强分布($d=3b$，$N=5$)

讨论与思考： 试讨论双缝($N=2$)衍射的特点，并与杨氏双缝干涉实验比较.

三、光栅光谱

根据光栅方程可知，在光栅常量一定的条件下，衍射角 θ 的大小与入射光波的波长有关.因此白光通过光栅后，各种不同波长的光将产生各自分开的条纹.在屏幕上除中央明条纹由各种波长的光混合仍为白色外，其两侧将形成各级由紫到红对称排列的彩色光带，这些光带的整体称为衍射光谱，如图 13-38 所示.对于同一级的条纹由于波长短的光衍射角小，波长的光衍射角大，所以光谱中紫光(图中以 V 表示)靠近中央明条纹，红光(图中以 R 表示)则远离中央明条纹.第 2 级和第 3 级光谱发生了重叠，级数越高，重叠情况越复杂.

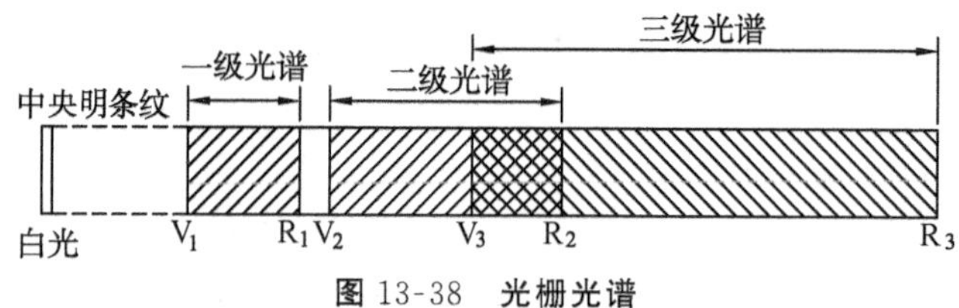

图 13-38 光栅光谱

[例 13-12] 以波长 589.3 nm 的钠黄光垂直入射到光栅上，测得第 2 级谱线的衍射角为 28.13°，用另一未知波长的单色光入射时，它的第 1 级谱线的衍射角为 13.32°.试求：

(1) 光栅常量；

(2) 未知波长.

解 (1) 设光栅常量为 d，由于波长为 $\lambda_0=589.3$ nm 的第 2 级谱线的衍射角 $\theta_2=28.13°$，根据光栅方程，可得

$$d=\frac{2\lambda_0}{\sin\theta_2}=\frac{2\times589.3}{\sin28.13°}=2\,500\ \text{nm}=2.5\ \mu\text{m}$$

对未知波长 λ' 的第 1 级谱线衍射角为 $\theta_1'=13.32°$，则

$$\lambda'=d\sin\theta_1'=2\,500\times\sin13.32°\ \text{nm}=576\ \text{nm}$$

[例 13-13] 波长 $\lambda=600$ nm 的单色光垂直入射在一光栅上，第 1、3 级谱线分别出现在 $\sin\theta_1=0.1$ 和 $\sin\theta_3=0.3$ 处，观察不到第 2 级谱线.试问：

(1) 光栅常量 d 是多少？

(2) 光栅上狭缝的缝宽为多大？

(3) 在 $-90°<\theta<90°$ 的范围内可呈现的全部级数是多少？

解 (1) 根据光栅方程，可得光栅常量为

$$d=\frac{\lambda_0}{\sin\theta_1}=\frac{600}{0.1}\ \text{nm}=6\,000\ \text{nm}=6\ \mu\text{m}$$

(2) 观察不到第 2 级谱线，说明第 2 级缺级.设光栅的狭缝为 b，根据缺级的条件：$j=k\,\dfrac{d}{b}$，$k=\pm1,\pm2,\cdots$，$k=1$ 时，$j=2$ 满足缺级的条件，即

$$\frac{d}{b}=2,\quad b=\frac{1}{2}d=3\ \mu\text{m}$$

(3) $-90°<\theta<90°$，$|\sin\theta_j|=\dfrac{j\lambda}{d}=0.1j<1$，$j=2k$ 为缺级，所以，能呈现的衍射级数为 $j=0,\pm1,\pm3,\pm5,\pm7,\pm9$.

根据光栅方程，光栅衍射的条纹间距与级数不呈线性关系，你能用计算机绘图的方法画出光栅衍射的条纹间距与级数的关系图吗？

*13-10 X射线衍射

应用光栅方程，已知光栅常量 d，就可以测量光波的波长 λ；反过来，已知光波的波长，可以测量光栅常量.但测量的范围是有限的，当光栅常量较大、光波波长较短时，光谱线很密，不能精确测量；而当光栅常量小、波长较长时，可能测不到 1 级、2 级，只能看到 0 级谱，测量就没有意义了.在通常情况下，光栅常量在几到几十个波长的范围内，测量都是有价值的.对于由原子组成的结构(线度在微米量级)来说，就不能用可见光的衍射来分析这种结构.X 射线(X-rays)的波长(～0.1 nm量级)与原子间距离的量级相当，本节介绍 X 射线及其衍射规律.

X 射线是德国物理学家伦琴(W.K.Röntgen)发现的，所以又称伦琴射线.1895 年，伦琴在做放电管实验时偶然发现了一种射线，这种射线性质奇特，能使荧光物质发光，能使照相底片感光并且有很强的穿透能力，伦琴当时不知道这是什么射线，就把它称为 X 射线.产生 X 射线的实验装置如图 13-39 所示，C 是抽成真空的玻璃泡，从热阴极 K 出来的电子在高达数万伏的电压下加速，高速电子撞在金属靶(阳极)A 时，就从阳极发出 X 射线.

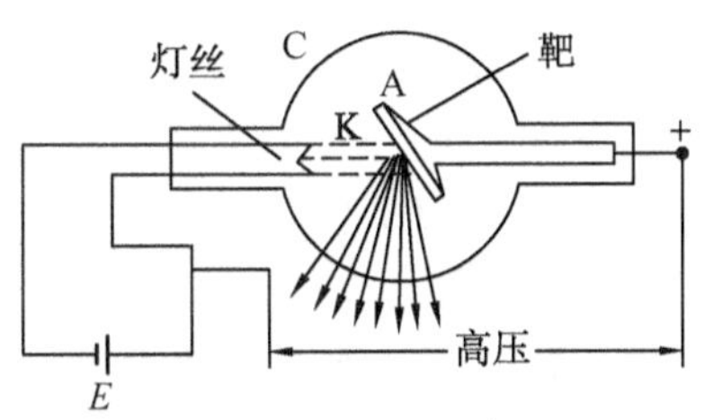

图 13-39 X 射线管

X 射线是一种电磁波，也应该有干涉和衍射，但是由于 X 射线的波长太短，用普通机械方法制造的光栅根本观察不到它的衍射.1912 年，德国物理学家劳厄(M.V. Laue)指出，晶体中原子或者离子的有规则排列，可以将其看成适用于 X 射线的理想的空间(三维)光栅.实验证实了劳厄的预言.图 13-40(a)是 X 射线在晶体上衍射的实验装置.具有各种波长的 X 射线束，准直后射到一块晶体(诸如 NaCl 晶体)上，衍射光束在一定的方向上得到加强.加强了的衍射光束可以用感光胶片来检测，它们在胶片上形成按规则分布的斑点.而当把一种晶体换成另一种晶体，斑点的位置有所变动.这些有规则分布的斑点称为“劳厄斑”[图 13-40(b)].通过对劳厄斑上各斑点的位置，以及斑点强度的分析，可以推知晶体的结构.因此，X 射线的衍射是探索物质结构的一门非常有用的技术.

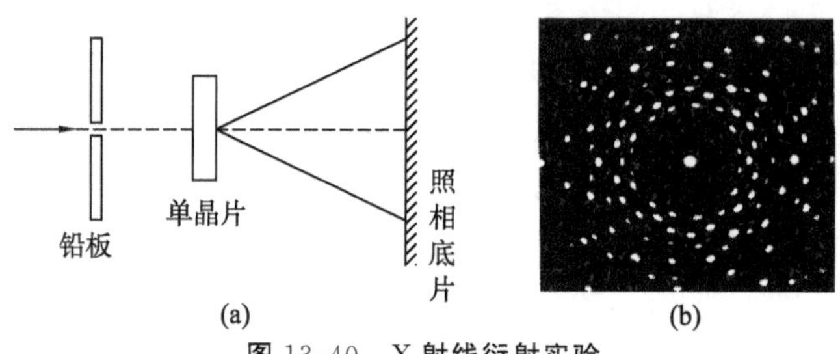

图 13-40　X 射线衍射实验

1913 年,英国物理学家布拉格父子 W.H.Bragg 和 W.L.Bragg 提出了一种解释 X 射线衍射的方法.他们把晶体看成是由一系列相互平行的原子层构成的,以 NaCl 晶体为例来说明晶体结构上的特点(图 13-41).离子有规则地分布在不同的平行层面内,图中实心小球代表 Na^+ 离子,空心小球代表 Cl^- 离子.这些离子位于立方体的顶角,这种结构称为立方体对称.在三维空间里,无论沿哪个方向看,离子的排列都呈现严格的周期性,这种周期性排列称为晶体的空间点阵,排列在一定位置上的 Na^+ 离子和 Cl^- 离子称为晶体格点,晶体中相邻格点的间距叫作晶格常量,通常具有纳米量级(Na^+ 离子与 Cl^- 离子的间隔约为0.563 nm).当 X 射线照射到晶体上,晶体中每个格点成为一个散射中心,散射波的频率与照射波的频率相同.由于这些散射中心在空间周期性排列,彼此相干的散射波将在空间发生干涉.在讨论晶体空间光栅的衍射时,可以分两步处理.第一步,考虑同一个晶面中各个格点子波之间的干涉,即点间干涉;点间干涉的结果是按反射定律的反射线的强度最大.第二步,再考虑不同晶面之间的干涉,即面间干涉.以图 13-41 所示的 NaCl 晶体为例,取图示的三个层面(晶面),NaCl 中的离子就位于不同的晶面内.一束单色平行 X 射线以与晶面成 α 角(称为掠射角,图 13-42)射入晶体,一部分为上层离子所散射,其余部分将为内部各晶面的格点所散射.设两原子平面层的间距为 d,则上下两层面反射线的光程差为

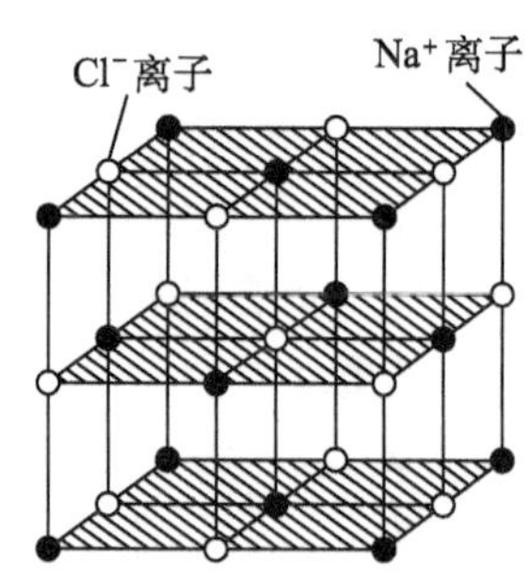

图 13-41　NaCl 晶体结构

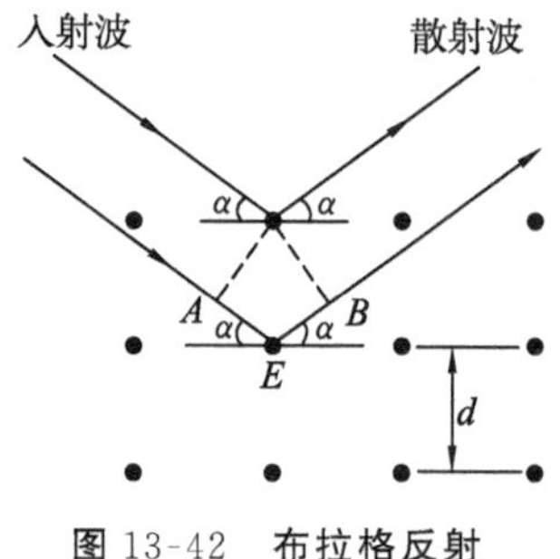

图 13-42　布拉格反射

$$AE+EB=2d\sin\alpha$$

显然,两层面的反射光干涉加强的条件为

$$2d\sin\alpha=j\lambda,\quad j=0,1,2,\cdots \tag{13-50}$$

满足这一条件时,各层面的反射线都将相互加强,产生面间干涉主极大.式中,j 为衍射的级次.由此可测出 X 射线的波长 λ 或晶面层的间距 d.式(13-50)是讨论 X 射线在晶体中衍射的基本公式,称为布拉格公式.

在应用布拉格公式时应注意:一块晶体内部可以分成许多晶面簇,不同取向的晶面簇对应不同的晶面间隔 d.对于给定的入射方向来说有不同的掠射角 α,这表明,对于给定的入射方向,有一系列的布拉格方程与之对应.当 X 射线的入射方向和晶面的取向给定之后，所有晶面簇的布拉格方程中 d 和 α 已确定，对于某一波长为 λ 的 X 射线，可能不满足布拉格公式，这样也就没有主极大出现.如果入射的 X 射线波长是连续分布的，则当入射的 X 射线束中含有满足布拉格公式的波长时，才产生干涉主极大.

[例 13-14] 波长 $\lambda=0.2\ \text{nm}$ 的 X 射线，以掠射角 $\alpha_1=15°$ 照射某一组晶面时，在反射方向上测得 1 级衍射极大，求该组晶面的间距.若用连续波长的 X 射线照射该组晶面，在 $\alpha_2=30°$ 的方向上可测得什么波长的 X 射线的 1 级衍射极大值？

解 由布拉格公式，对于第 1 级衍射极大，$j=1$，

$$2d\sin\alpha_1=\lambda_1$$

得晶面间距为

$$d=\frac{\lambda_1}{2\sin\alpha_1}=\frac{0.2\ \text{nm}}{2\sin 15°}=0.386\ \text{nm}$$

用连续波长的 X 射线入射时，令

$$2d\sin\alpha_2=\lambda_2$$

得

$$\lambda_2=2\times 0.386\ \text{nm}\times\sin 30°=0.386\ \text{nm}$$

13-11 光的偏振性 马吕斯定律

在研究机械波时，我们知道波有横波和纵波之分，光波是横波还是纵波，在讨论光的干涉和衍射的规律时，并没有涉及这一问题，因为无论是横波还是纵波，都可以产生干涉和衍射现象，因此，无法通过干涉和衍射现象来判定光究竟是横波还是纵波.从 17 世纪末到 19 世纪初，在这漫长的一百多年间，光的波动说支持者们都将光波与声波相比较，无形中已把光视为纵波了，惠更斯也是如此.托马斯·杨于 1817 年提出光为横波的论点，1817 年 1 月 12 日，杨在给阿喇戈(D.Arago)的信中根据光在晶体中传播产生的双折射现象推断光是横波.菲涅耳当时也已独立地领悟到了这一思想，并运用横波理论解释了偏振光的干涉.光的偏振现象证实了光波是横波，也是对光的电磁理论的有力证明.

一、自然光 偏振光

视频：光的偏振

我们知道，若波的振动方向和波的传播方向相同，这种波称为纵波；若波的振动方向和波的传播方向相互垂直，这种波称为横波.在纵波的情况下，通过波的传播方向所作的所有平面内的运动情况都相同，其中没有一个平面显示出比其他任何平面特殊，这通常称为波的振动对传播方向具有对称性.对横波来说，通过波的传播方向且包含振动矢量的那个平面显然和其他不包含振动矢量的任何平面有区别，这通常称为波的振动方向对传播方向没有对称性.振动方向对于传播方向的不对称性叫作**偏振**，它是横波区别于纵波的一个最明显的标志，只有横波才有偏振现象.

在前面的讨论中已经指出光波是电磁波，光波中的电振动矢量 $\boldsymbol{E}$ 和磁振动矢量 $\boldsymbol{H}$ 都

与传播方向垂直,因此光波是横波,它具有偏振性.电矢量 $\boldsymbol{E}$ 称为光矢量,或者光振动.电矢量在与传播方向垂直的平面内还可能有各式各样的振动状态,如果在传播过程中电矢量的振动只限于某一确定的平面内,则这种光称为**平面偏振光**.由于平面偏振光的电矢量在与传播方向垂直的面上的投影为一条直线,故又称为**线偏振光**.为简单起见,我们常用图 13-43 表示平面偏振光在传播方向上各个场点的电矢量分布,图中短线表示线偏振光的光矢量在纸面内,点表示线偏振光的光矢量垂直于纸面.光矢量 $\boldsymbol{E}$ 与传播方向构成的平面称为振动面.图 13-43(a)中振动面平行于纸面,图 13-43(b) 中振动面垂直于纸面.

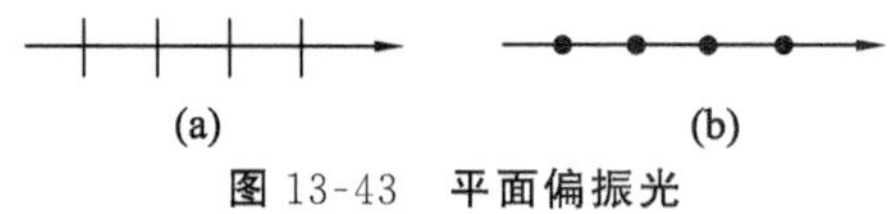

图 13-43　平面偏振光

普通光源发出的光一般是自然光,自然光不能直接显现出偏振现象.关于这一点我们在 13-1 节曾经讨论过普通光源的发光机理,大量的发光原子或分子在同一时刻发出大量波列,光波的传播方向、振动相位、光矢量的方向都是随机的.在同一时刻沿某一传播方向观测包含大量波列,光矢量 $\boldsymbol{E}$ 的方向虽然和传播方向相垂直,但是在和传播方向垂直的平面内光矢量 $\boldsymbol{E}$ 轴对称分布在一切可能的方位上,如图 13-44(a)所示.从宏观来看,实际光线中包含了所有方向的横振动,具有这样特征的光称为**自然光**.

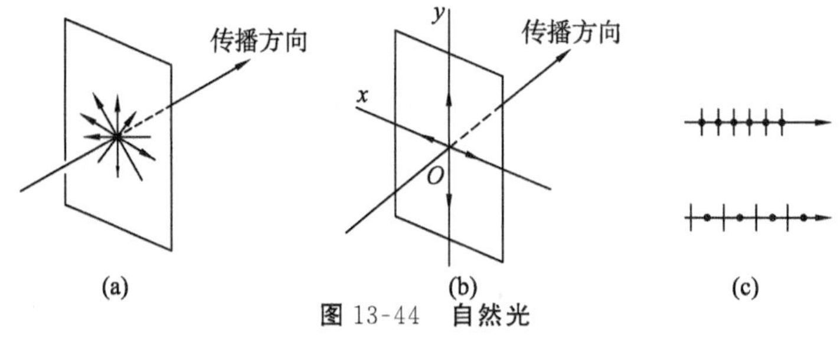

图 13-44　自然光

按照矢量分解的概念,任一方向的光矢量 $\boldsymbol{E}$ 都可以分解成在两个相互垂直方向上的分矢量.这样,就可以把自然光分解为两个相互垂直的、振幅相等的且没有确定相位关系的光振动[图 13-44(b)].这两个光振动各具有自然光总能量的一半.通常用图 13-44(c)的图示表示自然光,点和短线的数量和间隔相等,交替画出,表示光矢量均匀而对称分布.

如果在自然光中加上某一方向偏振的平面偏振光,或者在自然光中部分地移去某一方向振动之一,获得的光必然是某一方向的光振动较强,而与之垂直的光振动较弱,这种光称为部分偏振光.部分偏振光可以用数目不等的点和短线表示,如图 13-45 所示.其中,图 13-45(a)表示振动面平行于纸面的振动较强,图 13-45(b)则表示振动面垂直于纸面的振动较强.

(a)　(b)

图 13-45　部分偏振光

*二、圆偏振光和椭圆偏振光

如果一束光的光矢量 $\boldsymbol{E}$ 的方向随时间作有规则的改变,光矢量 $\boldsymbol{E}$ 大小不变,光矢量

E 的末端在垂直于传播方向的平面上的轨迹呈圆形，如图 13-46 所示，这样的光称为**圆偏振光**.若光矢量的 **E** 的方向和大小都随时间作有规则的改变，**E** 的末端在垂直于传播方向平面上的轨迹是椭圆(图 13-47)，则称为**椭圆偏振光**.在机械振动一章中曾指出，两个振动方向相互垂直、同频率的简谐运动，如果其振幅相等，而相位差为$\pm\frac{\pi}{2}$时，其合成运动为一圆运动.所以圆偏振光可以看成两个光矢量 **E** 相互垂直、同频率的线偏振光的合成，这两个线偏振光的振幅相等，相位差为$\pm\frac{\pi}{2}$.同样，由于椭圆运动也可以看成两个相互垂直的简谐运动的合成，只是它们的振幅不一定相等，固定的相位差不一定为$\pm\frac{\pi}{2}$.因此椭圆偏振光可以看成是光矢量方向相互垂直、频率相同且有固定相位差的两个线偏振光的合成.

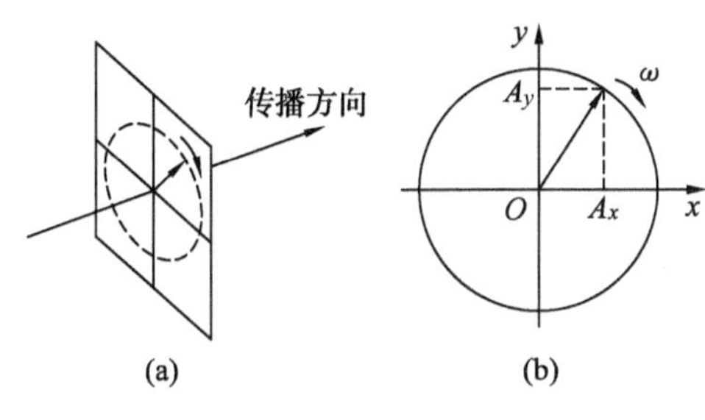

图 13-46 圆偏振光

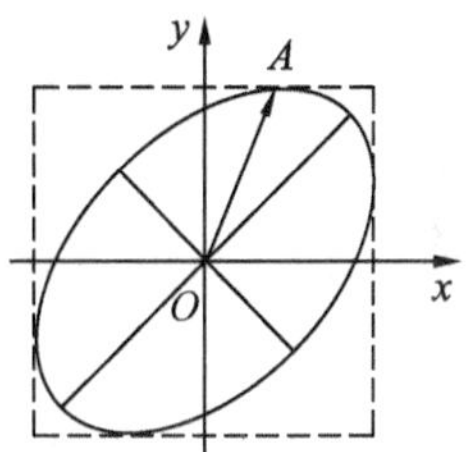

图 13-47 椭圆偏振光

实际上，从两个相互垂直的分振动的合成理论来看，线偏振光和圆偏振光都可以看作是椭圆偏振光的特例.

三、偏振片 起偏与检偏

除激光器等特殊光源外，一般光源(如太阳光、日光灯等)发出的光都是自然光.使自然光成为偏振光的方法有多种，这里先介绍利用偏振片产生偏振光的方法.

某些物质能吸收某一方向的光振动，而只让与这个方向垂直的光振动通过，这种性质称为二向色性.把具有二向色性的材料涂敷于透明薄片上，就成为偏振片，当自然光照射在偏振片上时，它只让某一特定方向的光振动通过，这个方向叫作透振方向(又叫“偏振化方向”“透光轴”)，通常用记号“↕”把透振方向标示在偏振片上.从自然光获得线偏振光的装置(或元件)称为起偏(振)器.图 13-48 表示自然光通过偏振片 A 得到线偏振光的情形，偏振片 A 作为起偏器.透过偏振片 A 的光矢量振动方向与偏振片 A 的透振方向相同，旋转偏振片 A 时，射出的线偏振光的振动面将跟随一起转动，光强不变.设照射在起偏器上的自然光的光强为 I_0，对于理想的偏振片(透振方向的光振动全部通过，与之垂直的光振动全部被吸收)，透过起偏器的光强则为

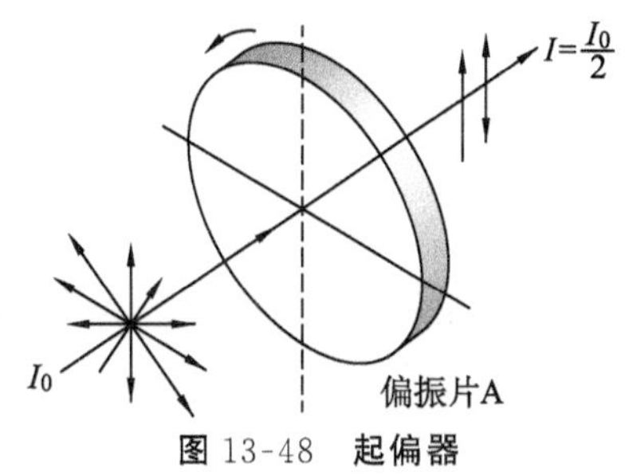

图 13-48 起偏器

$$I=\frac{I_0}{2} \tag{13-51}$$

这是由于自然光中光矢量的对称分布，它们沿任何方向的分量造成的光强都等于总强度 I_0 的一半.

偏振片不但可用来使自然光变成偏振光，还可用来检查某一光是否为偏振光.用于检查线偏振光的装置(或元件)称为检偏器.实际上起偏器和检偏器都是偏振片，仅仅是在光路中的作用不同而已，它们可以互换.图 13-49 表示强度为 I_0 的线偏振光通过偏振片 B(作为检偏器)的情形.当B的透振方向与入射的线偏振光的光振动方向一致时[图 13-49(a)]，出射的线偏振光强度 I 最大，$I=I_0$.如果把检偏器 B 转过 90°角，使 B 的透振方向与入射的线偏振光的光振动相垂直，则该入射光不能通过检偏器 B[图 13-49(b)]，$I=0$，称为消光.如果以入射的线偏振光的传播方向为轴，检偏器 B 旋转一周，就会发现透过检偏器 B 的光经历了两次由最明($I=I_0$)变到最暗($I=0$)再变到最明的变化过程.从最明到最暗或者从最暗到最明，检偏器 B 转过 90°.

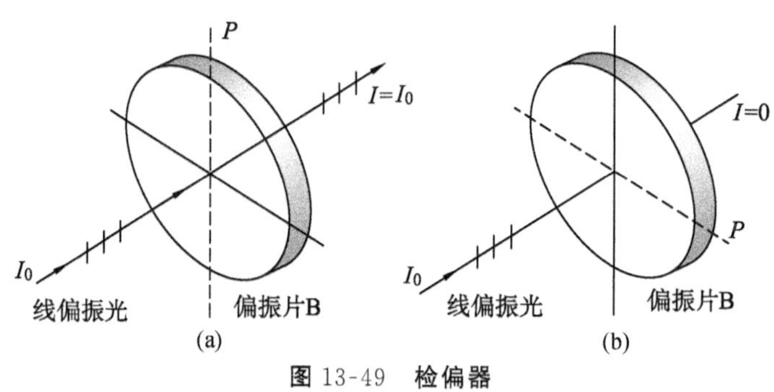

图 13-49 检偏器

如果入射光是部分偏振光，照射到检偏器 B 上，当以入射光的传播方向为轴，转动检偏器 B 时，透射光的强度既不像自然光那样透射光强不变，又不同于线偏振光，检偏器 B 旋转一周，透过检偏器 B 的光虽然也经历了两次由最明变到最暗再到最明的变化过程，但是最暗时的光强 $I\neq 0$，只是比最明时的光强要小，即不出现消光现象.

四、马吕斯定律

在以上讨论中，我们只是定性地说明了线偏振光透过检偏器后观察到的光强的变化，1808 年，马吕斯在实验中发现了线偏振光透过检偏器后光强的变化规律：强度为 I_0 的线偏振光，通过理想偏振片后，出射光的强度为

$$I=I_0\cos^2\alpha \tag{13-52}$$

式中，α 是线偏振光的光矢量和偏振片透振方向之间的夹角[图 13-50(a)]，这一规律称为马吕斯定律.

利用图 13-50(b)可以证明马吕斯定律.设 E_0 为入射线偏振光的振幅，即 $I_0=E_0^2$.将 E_0 分解成沿透振方向(OP)的分量 $E_0\cos\alpha$ 和垂直于透振方向的分量 $E_0\sin\alpha$，其中只有沿透振方向的分量 $E_0\cos\alpha$ 能通过检偏器，因此透射光的光强为

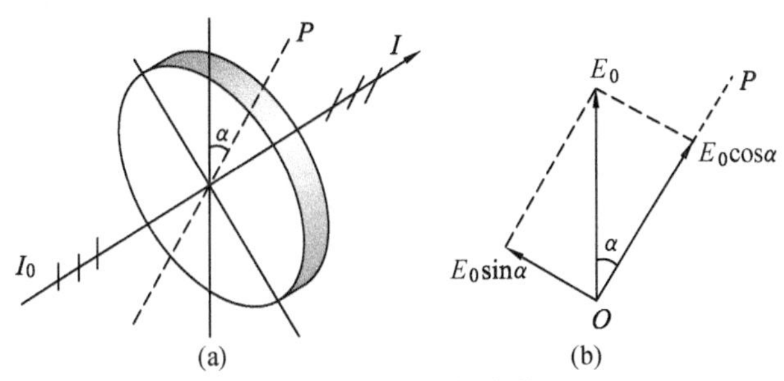

图 13-50 马吕斯定律

$$I=(E_0\cos\alpha)^2=I_0\cos^2\alpha$$

这就证明了马吕斯定律.应用该定律也可以说明以上所观察到的线偏振光透过检偏器后光强的变化.检偏器透光轴与入射的线偏振光的振动面的夹角$\alpha=0$时,$I=I_0$(最明);转过$\frac{\pi}{2}$,$\cos\frac{\pi}{2}=0$,$I=0$(最暗);再转过$\frac{\pi}{2}$,即$\alpha=\pi$时,$I=I_0$;转至$\alpha=\frac{3\pi}{2}$时,又有$I=0$;再转过$\frac{\pi}{2}$,回到$\alpha=0$,$I=I_0$.这就是说,检偏器旋转一周,透射光出现两明、两暗(消光)的变化.

偏振片也有许多应用,如可用于制造太阳镜和照相机的滤光镜.

讨论与思考:当你去电影院观看立体电影时,服务员为什么会发给你一副眼镜?

[例 13-15] 强度为I_0的线偏振光入射于检偏器,若要求透射光的强度$I=\frac{I_0}{2}$,则检偏器的透光轴与线偏振光振动面之间的夹角为多少?

解 按照马吕斯定律,有

$$I=I_0\cos^2\alpha=\frac{I_0}{2},\cos\alpha=\pm\frac{1}{\sqrt{2}}$$

$$\alpha=\frac{\pi}{4},\frac{3\pi}{4},\frac{5\pi}{4},\frac{7\pi}{4}.$$

[例 13-16] 如图 13-51 所示,偏振片 1、2 共轴放置,透振方向之间的夹角$\alpha_1=30°$,一束光强为I_0的单色自然光垂直入射于偏振片 1,求透过偏振片 2 的光强;如果在偏振片 2 后面再共轴放置偏振片 3,偏振片 3 与偏振片 1 的透振方向互相垂直,求透过偏振片 3 的光强.如果移走偏振片 2,则透过偏振片 3 的光强又为多大?

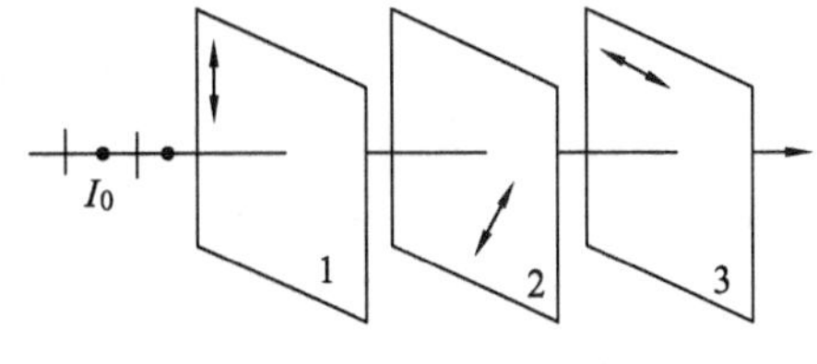

图 13-51 例 13-16 图

解 自然光经过起偏器,得到线偏振光的光强为

$$I_1=\frac{I_0}{2}$$

由于该线偏振光的振动面与偏振片 2 透振方向之间的夹角$\alpha_1=30°$,按照马吕斯定律,有

$$I_2 = I_1\cos^2\alpha_1 = \frac{I_0}{2}\cos^2 30° = \frac{3I_0}{8}$$

偏振片 2、3 的透振方向之间的夹角 $\alpha_2 = 60°$，再利用马吕斯定律，可得

$$I_3 = I_2\cos^2\alpha_2 = \frac{3I_0}{8}\cos^2 60° = \frac{3I_0}{32}$$

移走偏振片 2，透过偏振片 1 的光直接照射在偏振片 3 上，偏振片 3 与偏振片 1 的透振方向互相垂直，则有

$$I_3' = 0$$

视频：布儒斯特定律及其应用

13-12　反射光和折射光的偏振

当自然光入射到折射率分别为 n_1 和 n_2 的两种介质的分界面上时，反射光和折射光都是部分偏振光.早在 1808 年，马吕斯从实验中发现了这一现象.用偏振片对着从窗玻璃上反射回来的光线旋转，透射光强会发生周期性变化，即以反射光的传播方向为轴，转动偏振片，每旋转一周，透过偏振片的光出现两明两暗交替变化.用偏振片观察水面上的反射光线，也能看到这一现象.同时，实验中还发现：反射光中垂直于入射面的光振动占优势；折射光中，在入射面内的光振动占优势(图 13-52).也就是说，对反射光而言，当偏振片的透振方向与入射面垂直时，从偏振片透射的光最强，当偏振片的透振方向与入射面平行时，则透过偏振片的光强最弱；折射光的情况则相反.

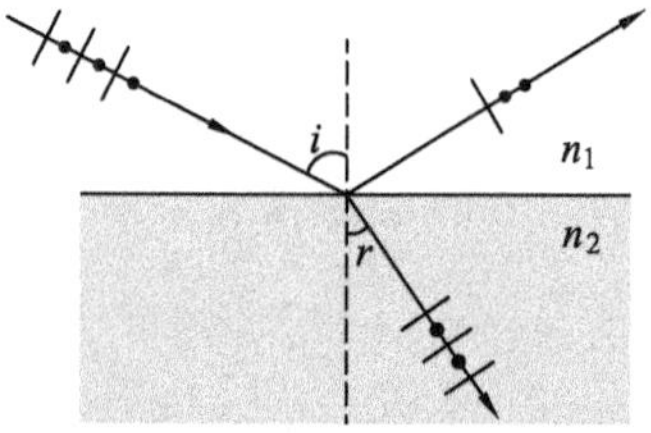

图 13-52　反射和折射产生部分偏振光

进一步的实验还表明，当入射角改变时，反射光和折射光的偏振程度也随之改变.1812 年，布儒斯特(D.Brewster)从实验中发现，当入射光线和折射光线垂直时，亦即当入射角 i 与折射角 r 之和等于 90°时，反射光是线偏振光(图 13-53).这时，反射光中只有垂直于入射面的振动分量，这个特殊的入射角记为 i_B，称为**布儒斯特角**，或称全偏振角、起偏振角.根据折射定律，可求得布儒斯特角 i_B.

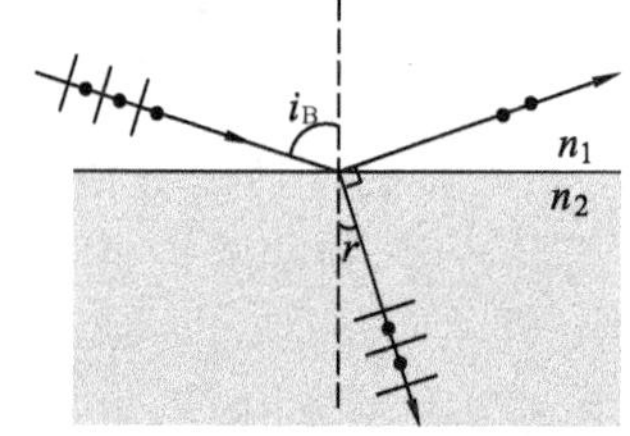

图 13-53　反射产生线偏振光

入射光线和折射光线垂直，即 $i_B + r = 90°$，

$$\sin r = \sin(90° - i_B) = \cos i_B$$

$$n_1 \sin i_B = n_2 \sin r = n_2 \cos i_B$$

得到

$$\tan i_B = \frac{n_2}{n_1} \tag{13-53a}$$

或

$$i_B = \arctan\frac{n_2}{n_1} \tag{13-53b}$$

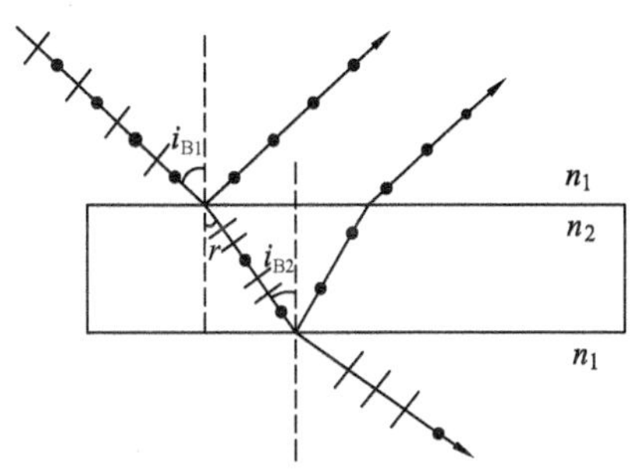

图 13-54　光线在平板玻璃表面的布儒斯特角

式(13-53)又称为**布儒斯特定律**.如光从空气($n_1=1$)射向玻璃($n_2=1.5$)时,布儒斯特角 $i_{B1}=\arctan\frac{n_2}{n_1}=\arctan 1.5=56.3°$.

如果光再从玻璃($n_1=1.5$)射向空气($n_2=1$),则 $i_{B2}=\arctan\frac{1}{1.5}=33.7°$,$i_{B2}$ 与光线从空气射向玻璃的折射角相等.对于如图 13-54 所示的两表面平行的平板玻璃,光线从玻璃上表面入射,从下表面射出,如果在上表面(从空气射向玻璃)的入射角等于布儒斯特角,射到下表面时,入射角必定也是布儒斯特角.

必须指出,布儒斯特定律说明,自然光以布儒斯特角入射到两种介质的界面时,只反射振动面与入射面垂直的光振动,不反射振动面与入射面平行的光振动,但振动面与入射面垂直的光振动不能全反射.事实上,以布儒斯特角入射时,只反射垂直振动的一小部分.折射光中仍然有振动面与入射面垂直的光振动,振动面与入射面平行的光振动全部透射过去,因而折射光还是部分偏振光,且强度较大.仍以从空气射向玻璃界面为例,反射光的光强只占入射自然光中垂直振动光强的 15%;折射光中垂直振动占入射光中垂直振动光强的 85%,平行振动和垂直振动的光强之比为 1∶0.85.也就是说,以布儒斯特角入射时,反射光虽然是线偏振光,但光强较弱,折射光光强很强,但偏振程度很低.

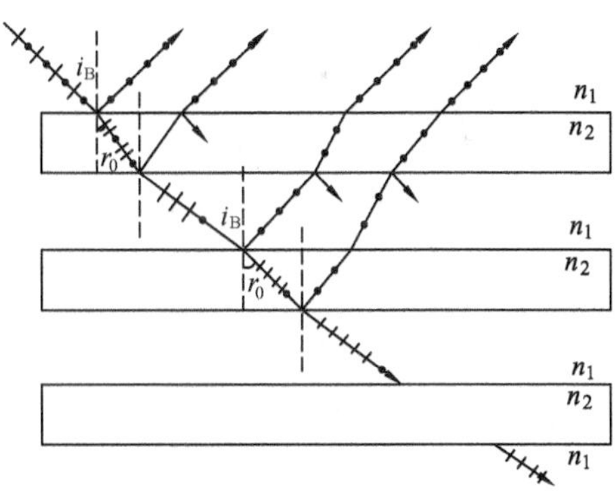

图 13-55　用玻璃堆获取线偏振光

为了得到较大强度的线偏振光,可以考虑提高折射光的偏振程度,使折射光成为线偏振光.如图 13-55 所示,把许多玻璃板相互平行放置,构成一玻璃堆,自然光以布儒斯特角入射于玻璃堆,在各个界面上发生反射和折射时,入射角都是布儒斯特角.在每次反射和折射中,只反射垂直于入射面的振动,平行于入射面的振动全部透射过,经过多次反射、折射,折射光中的垂直振动必定大大减少.如玻璃堆有 10 块玻璃片,经过 20 次反射、折射,透射光中的垂直振动光强只剩下入射光中垂直振动的 3.8%,平行振动和垂直振动的光强之比为 1∶0.038;如果增加到 15 块玻璃片,透射光中垂直振动的光强将小于透射光强的 1%,透射光就接近于完全偏振光,其振动面就与入射面平行.

在外腔式的氦-氖激光器中,装有布儒斯特窗,当光波以布儒斯特角射到窗上时,垂直于入射面的光振动逐次被反射掉,而平行于入射面的光振动不发生反射,利用这种布儒斯特窗可减少激光的反射损失,以提高激光的输出功率.

[例 13-17]　利用布儒斯特定律可以测定不透明介质的折射率.当一束平行自然光从空气中以 $i=56.3°$的角入射到某种介质表面上,测得反射光为线偏振光,求该介质的折

射率.

解 根据布儒斯特定律,有

$$\tan i_B = \frac{n_2}{n_1}$$

这里,n_1 是空气折射率,$n_1=1$,介质的折射率为

$$n_2 = n_1 \tan i_B = \tan 56.3° = 1.5$$

13-13 光的双折射

一、光的双折射现象

一束自然光射到各向同性介质(如玻璃、水等)的分界面上时,反射光和折射光均只有一束,并且服从反射和折射定律,这已是我们都熟悉的事实.但是,自然光经各向异性介质(如方解石、石英等)折射时,将有两束折射光,这种现象称为双折射现象.如图 13-56(a)所示,把一块方解石晶体放在原印有“1”“2”两个数字的纸面上,从上向下看透过方解石晶体的字,则可看到每个字都变成两个字,即每个字都有两个像,这就是光线进入方解石后产生双折射所致.图 13-56(b)是一束自然光垂直入射(入射角 $i=0$)于方解石晶体的表面,折射后折射光分成两束,其中一束光在晶体中仍沿原方向传播,遵守折射定律;另一束光偏离原来的传播方向,如果将晶体绕入射光线旋转,这束折射光也跟着旋转,显然不服从折射定律.我们把服从折射定律的折射光称为**寻常光**,简称 o 光;把不服从折射定律的折射光称为**非寻常光**,简称 e 光.

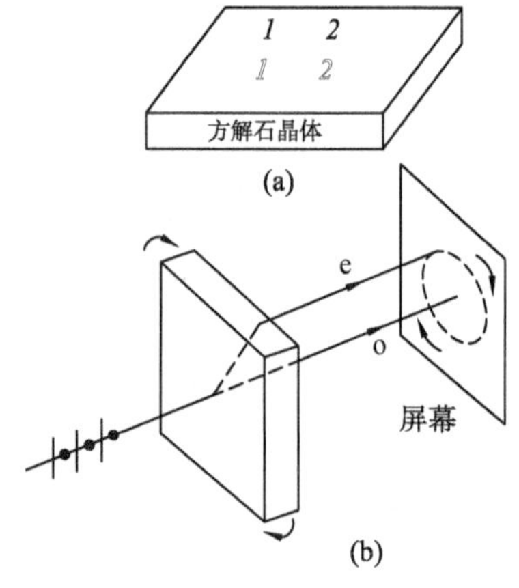

图 13-56 晶体的双折射

二、光轴和主截面

方解石又名冰洲石,是透明的碳酸钙($CaCO_3$)晶体.研究表明,方解石晶体内存在着一个特殊的方向,当入射光沿这个特殊方向传播时,不发生双折射,这个特殊方向称为晶体的光轴.必须指出,光轴只表示晶体的一个特殊方向,不同几何光学中透镜的光轴,不是指一条具体的、唯一的直线,所有与该特殊方向平行的直线都可称为光轴.因此,在晶体中的任意一点,都可以定出该点的光轴.只有一个光轴的晶体称为单轴晶体,方解石和石英是常见的单轴晶体.有两个光轴的晶体称为双轴晶体,云母、硫黄等则是双轴晶体.双轴晶体的双折射现象更为复杂.本节只讨论单轴晶体的双折射.

在单轴晶体中,包含晶体光轴和寻常光 o 光的平面称为 o 光主平面;包含晶体光轴和非寻常光 e 光的平面称为 e 光主平面;晶体光轴和晶体表面的法线组成的平面称为主截面.一般情况下,o 光主平面和 e 光主平面并不重合,它们之间有很小的夹角,只有入射光

在主截面内入射时，o光主平面和e光主平面才重合在主截面内.实验证实，o光和e光都是线偏振光，o光光矢量的振动方向垂直于o光主平面，e光光矢量的振动方向平行于e光主平面.当o光主平面和e光主平面重合在主截面内时，o光振动方向和e光振动方向相互垂直.在实际应用中，一般都选择光线在主截面内入射，以使双折射现象的研究更为简化.

三、o光和e光的相对光强

不论是自然光还是线偏振光，当它们入射到单轴晶体时，一般都会产生双折射，分为两束线偏振光，即o光和e光.o光和e光的相对光强度也是我们应该考虑的问题.我们已经知道，自然光和线偏振光都可以分解为两个振动面互相垂直的线偏振光，光线在主截面内入射时，把入射光分解为振动面与主截面垂直和振动面与主截面平行的线偏振光，在晶体内，这两个线偏振光则分别为o光和e光.显然，对于自然光入射时，晶体产生的o光和e光强度相等.若入射光的光强为I，则o光和e光的光强为

$$I_o=I_e=\frac{I}{2} \tag{13-54}$$

当把线偏振光作为入射光时，若入射线偏振光的振幅为A（光强$I=A^2$），o光和e光的相对光强将随入射线偏振光的振动面和晶体主截面间的夹角θ的变化而变化.图13-57中OO'表示晶体主截面与纸面的交线，把入射线偏振光的振幅A分解为平行和垂直于OO'的两个分量，即e光和o光的振幅：

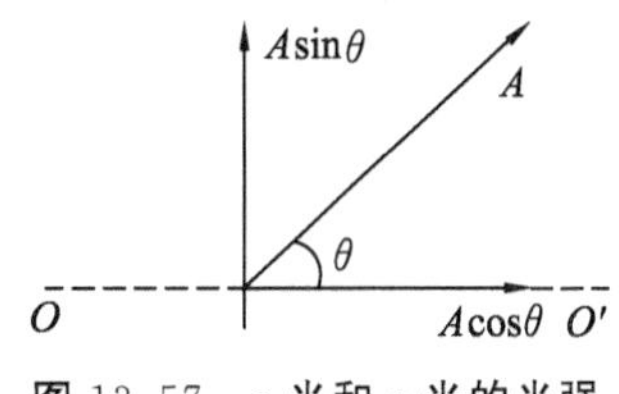

图13-57 o光和e光的光强

$$\begin{cases}A_e=A\cos\theta\\A_o=A\sin\theta\end{cases}$$

相应地，e光和o光的光强为*

$$\begin{cases}I_e={A_e}^2=I\cos^2\theta\\I_o={A_o}^2=I\sin^2\theta\end{cases}$$

相对光强为

$$\frac{I_o}{I_e}=\tan^2\theta \tag{13-55}$$

*四、光在单轴晶体内的传播

解释光在各向异性的晶体内产生的双折射现象，需要借助光的电磁理论.本节应用已为实验证实的假定，即惠更斯原理来说明光线在单轴晶体中的双折射现象，确定o光和e光的传播方向.

在各向同性介质中的一个点波源发出的波沿各个方向的传播速度v都一样，经过Δt

* 严格地讲，这里所讲的光强是光线通过晶体产生双折射后透出晶体时的光强，因为光强与折射率有关[参见式(13-3)]，晶体中o光和e光的折射率不同，这里没有考虑折射率的影响.

时间后形成以半径为 $v\Delta t$ 的球面波面.在单轴晶体中,o 光的传播规律与在各向同性介质中一样,传播速度与方向无关,沿各个方向的传播速度均为 v_o,波面是球面[图 13-58(a)].但是 e 光的传播速度与方向有关,沿光轴方向的速度与 o 光一样,也是 v_o;在垂直于光轴方向,e 光的传播速度与 v_o 相差最大,把这一传播速度记为 v_e.e 光的波面是围绕光轴的旋转椭球面,光轴就是旋转轴[图 13-58(b)].若把 o 光和 e 光的两个波面画在一起,它们在光轴方向上相切,对于 $v_e>v_o$ 的晶体,旋转椭球面的短半轴与球面半径相等[图 13-58(c)],这类晶体称为负晶体,如方解石晶体;对于 $v_e<v_o$ 的晶体,则旋转椭球的长半轴与球面半径相等[图 13-58(d)],这类晶体称为正晶体,如石英晶体.

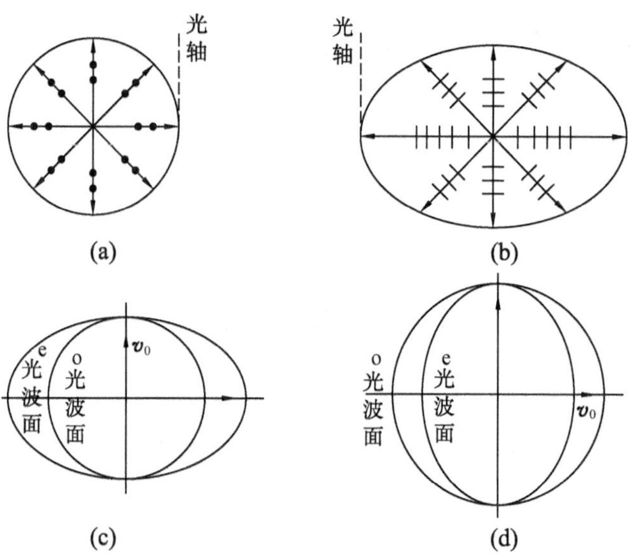

图 13-58 单轴晶体的波面

通常把真空中的光速 c 与 e 光垂直于光轴方向的传播速度 v_e 的比值定义为 e 光的主折射率 n_e,即

$$n_e=\frac{c}{v_e} \tag{13-56}$$

e 光主折射率 n_e 与 o 光折射率 $n_o(=\frac{c}{v_o})$是单轴晶体的重要光学常量.几种常见的单轴晶体对于钠黄光($\lambda=589.3$ nm)的 n_e 与 n_o 列于表 13-2.

表 13-2 几种常见的单轴晶体的 n_e 与 n_o($\lambda=589.3$ nm)

晶体	n_e	n_o
方解石	1.486 4	1.658 4
电气石	1.638	1.669
石 英	1.553 4	1.544 31
冰	1.313	1.309

根据惠更斯波面的概念，用波面的作图法可以确定双折射晶体中 o 光和 e 光的传播方向.下面以负晶体为例，对入射光在晶体的主截面内的几种情形进行讨论.

(1) 晶体的光轴与晶体表面斜交.

平面光波垂直于晶体表面入射，在 t 时刻，空气中的波面同时到达晶体表面 AB 上的各点[图 13-59(a)]，从入射点 A、B 向晶体内发出的 o 光球形波面和 e 光旋转椭球波面，$t+\Delta t$ 时刻波面到了图示 O、O' 和 E、E' 的位置.作平面 OO' 与两球面相切，切点分别为 O 和 O'；同样，作平面 EE' 与两旋转椭球面相切，切点分别为 E 和 E'.引 AO、AE(或 BO'、BE')两直线，就得到 o 光和 e 光的两条光线.当平面光波斜入射于晶体表面时，如图 13-59(b)所示，在 t 时刻，波面到达 AC，A 点在晶体表面上，入射光线 1 在空气中传播，光线 2 向晶体内传播，在 $t+\Delta t$ 时刻，光线 1 传到 B 点，自 A 点向晶体内发出的 o 光球形波面和 e 光旋转椭球波面分别到达图 13-59(b)中 O、E 的位置.由 B 点作平面 BO 与球面相切，作平面 BE 与椭球面相切，切点分别为 O 和 E，引 AO、AE 两直线，同样得到 o 光和 e 光的传播方向.o 光和 e 光的光振动方向如图 13-59 所示.

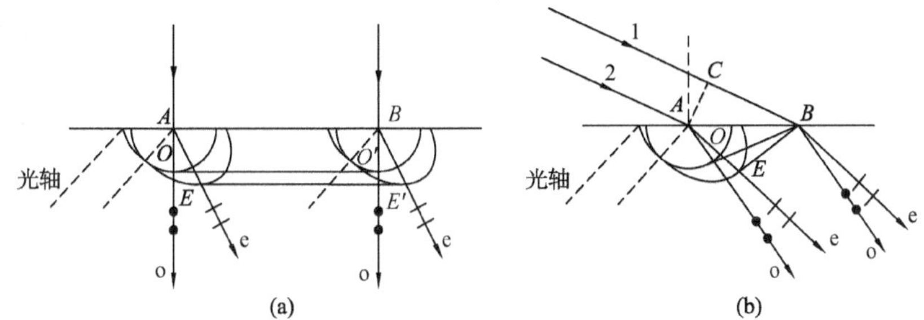

图 13-59 晶体光轴与晶体表面斜交的波面图

(2) 晶体的光轴平行于晶体表面.

如图 13-60 所示，平面光波从空气中垂直入射到晶体表面 AB 上，从入射点 A、B 向晶体内发出 o 光的球形波面和 e 光的旋转椭球波面，球形波面和椭球波面的相切点在晶体表面上.图 13-60(a) 是晶体的光轴平行于纸面的情况，图 13-60(b)是晶体的光轴垂直于晶体表面的情况.o 光和 e 光在晶体内仍按同一方向传播并不分开，似乎不产生双折射现象，但是由于 e 光、o 光的传播速度 v_e 和 v_o 不相等，在晶体内传播相同的距离时，o 光与 e 光之间有一定的相位差，所以，实际上仍有双折射现象.图 13-60(c)是晶体的光轴垂直于入射面、光线斜入射的情况，这时由 A 点发出的 o 光波面和 e 光波面在入射面(纸面)内的截线都是同心圆，o 光和 e 光的传播速度分别为 v_o 和 v_e.用与图 13-59(b)相同的分

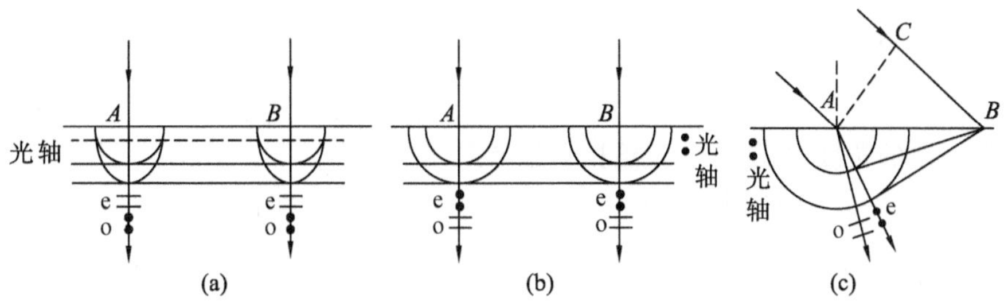

图 13-60 晶体光轴平行于晶体表面的波面图

析,确定出两折射光线o光和e光.在这种特殊情形中o光和e光都服从折射定律.

(3) 晶体的光轴垂直于晶体表面.

如图13-61所示,平面光波从空气中垂直入射到晶体表面AB上,这时,由所作球形波面和旋转椭球波面可知,o光和e光都沿光轴传播,它们在晶体内传播的速度都是v_o,所以不产生双折射现象.

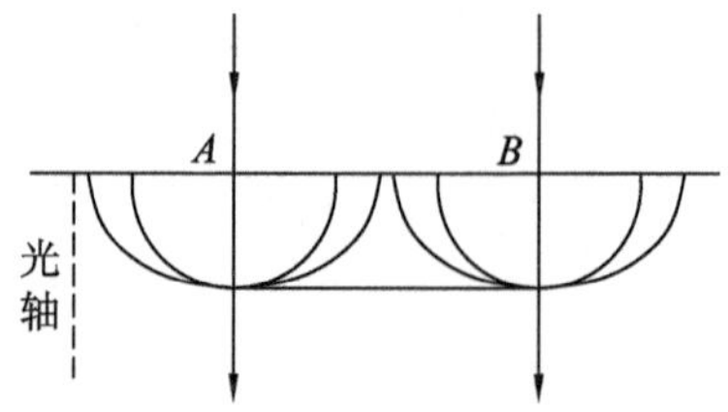

图13-61 晶体光轴垂直于晶体表面的波面图

*五、$\frac{\lambda}{4}$波片和半波片

在图13-60(a)、(b)的情形下,晶体中的o光和e光虽然没有分开,但当两者通过相同距离时,光程不同,从而有一定的相位差.因此,可以利用这一特性,从单轴双折射晶体上平行于光轴切割出平行平面薄片,制成能使沿相同路径传播的o光和e光产生各种相位差的晶体薄片(简称波片或晶片).

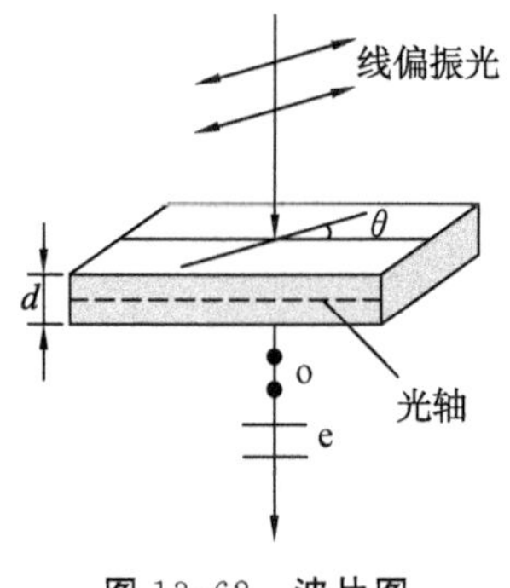

图13-62 波片图

设如图13-62所示波片厚度为d,其o光的折射率和e光的折射率分别为n_o和n_e.一束线偏振光垂直入射到波片表面,出射的o光和e光产生的光程差为

$$\Delta=|n_o-n_e|d$$

相应的相位差为

$$\Delta\varphi=\frac{2\pi}{\lambda}|n_o-n_e|d$$

式中,λ为入射光在真空中的波长.

如果波片厚度d恰好使得透射出来的o光和e光的光程差$\Delta=\frac{\lambda}{4}$,相应的相位差为$\Delta\varphi=\frac{\pi}{2}$,这样的波片称为四分之一波长片,简称$\frac{\lambda}{4}$波片.它的厚度为

$$d=\frac{\lambda}{4|n_o-n_e|} \tag{13-57}$$

如果透射出来的o光和e光的光程差$\Delta=\frac{\lambda}{2}$,相应的相位差$\Delta\varphi=\pi$,而波片的厚度为

$$d=\frac{\lambda}{2|n_o-n_e|} \tag{13-58}$$

这样的波片称为半波片,简称$\frac{\lambda}{2}$波片.

用四分之一波长片可以产生圆偏振光和椭圆偏振光,用半波片可以使线偏振光的振动面旋转一定的角度,具体方法留给读者思考.

应该指出,四分之一波长片和半波片都是对一定的波长而言的.

*六、人为双折射现象

上面介绍的是光通过天然晶体时产生的双折射现象,用人工的方法也可以使某些原

本各向同性的物质呈现双折射现象，这就是人为双折射现象.

1. 克尔效应

有些各向同性的透明介质，在外加电场 $\boldsymbol{E}$ 的作用下会显示出双折射现象，这种现象称为克尔效应，它是由苏格兰物理学家克尔(J.Kerr)在 1875 年首先发现的.克尔效应属于一种电光效应，即介质的光学性质受外加电场的影响.

产生克尔效应的介质在外电场中具有单轴晶体的特性，其光轴沿着电场 $\boldsymbol{E}$ 的方向，与偏振方向互相垂直的线偏振光对应的折射率分别为 n_o 和 n_e.实验表明：n_o 与 n_e 的差值与电场 $\boldsymbol{E}$ 的平方成正比，即

$$n_o - n_e = kE^2 \tag{13-59}$$

式中，k 称为克尔常量，它与透明介质的种类和光的波长有关. 液体中的克尔效应是由于电场 $\boldsymbol{E}$ 使得各向异性的分子排列整齐而引起的，在固体中情况要复杂得多.常见的产生克尔效应的液体有苯、二硫化碳、氯仿、水以及硝基苯等，固体有铌钽酸钾晶体(简称 KTN)以及钛酸钡等.

图 13-63 所示是产生克尔效应的装置，称为克尔光调制器(或克尔盒).在两块相互正交的偏振片之间有一玻璃盒，玻璃盒中充满能产生克尔效应的液体，并装两个平行板电极，两个偏振片的透光轴和外加电场 $\boldsymbol{E}$ 成 45°角.当电极板上不加电压时，照射在偏振片 P_1 上的自然光不能透过偏振片 P_2；当加上电压 U 后，就在极板间产生电场 $E=\dfrac{U}{d}$，其中 d 为两极板间距.若极板长度为 l，则通过玻璃盒中液体的 o 光和 e 光的光程差为

$$\Delta = (n_o - n_e)l = kl\frac{U^2}{d^2} \tag{13-60}$$

相应的相位差为

$$\Delta\varphi = \frac{2\pi}{\lambda}kl\frac{U^2}{d^2} \tag{13-61}$$

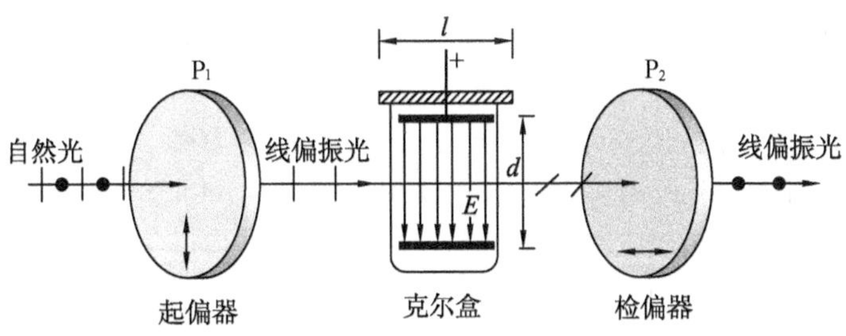

图 13-63 克尔效应

上式表明，相位差随电压变化，从而使透过偏振片 P_2 的光强也随之变化.

克尔效应最重要的特点是几乎没有延迟时间，它能随着电场的产生、消失很快地产生、消失，所需时间极短，约为 10^{-9} s.因此它可以作为几乎没有惯性的光开关.现在，这些光开关已经广泛应用于高速摄影、电视和激光通信中.

2. 光学应力分析

透明的各向同性介质如玻璃、塑料、环氧树脂等，当受到外力的拉伸或压缩在内部产

生应力时,就会变成各向异性而呈现出双折射性质.由应力产生的双折射现象是光测弹性学的基础.要检查一些不透明工程构件,如桥梁、锅炉钢板、齿轮等的内应力,可以用塑料制造一个透明的构件模型,将模型放在正交的两偏振片之间,并且模拟构件的受力情况,从而得到偏振光干涉图样.分析偏振光干涉的条纹和色彩分布,就能确定构件内部的应力分布.图 13-64所示的是用光弹效应测得的圆环形工件模型中由于外力作用引起的干涉条纹.图中条纹密的地方表示该处应力集中.

图 13-64 光弹效应

思 考 题

13-1 如图所示,两钠光灯发出波长相同的光,问在两光相遇区域能否产生干涉?为什么?如果只用一盏钠光灯,并在灯后放置透光双缝 A、B,透过两缝的光在相遇区域能否产生干涉?为什么?

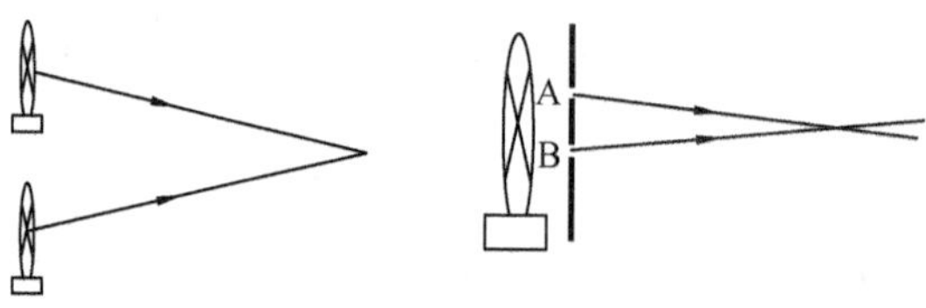

思考题 13-1 图

13-2 如图所示,由相干光源 S_1 和 S_2 发出波长为 λ_0 的单色光,分别通过折射率为 n_1 和 n_2 的两种介质,射到这两种介质分界面上的一点 P.已知 S_1 和 S_2 到 P 的距离均为 r.问这两束光的几何路程是否相等?光程是否相等?光程差是多少?

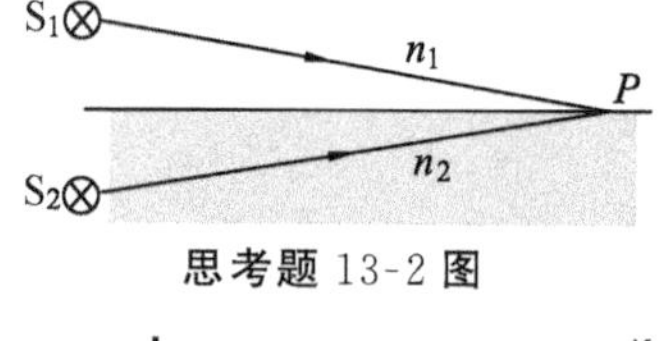

思考题 13-2 图

13-3 如图所示,将杨氏双缝之一遮住,并在两缝的垂直平分线上放置一平面镜 P,此时屏幕上的条纹如何变化?

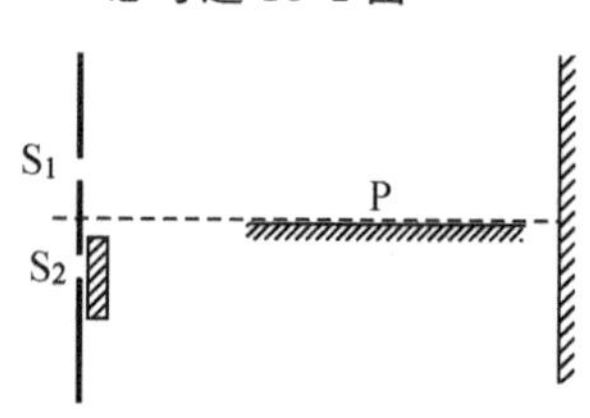

思考题 13-3 图

13-4 在杨氏双缝干涉中,若作如下一些情况的变动时,屏幕上的干涉条纹将如何变化?

(1) 增大照明光的波长(如将 589.3 nm 钠黄光换成波长为 632.8 nm 的氦-氖激光);

(2) 将整个装置浸入水中;

(3) 将双缝(S_1 和 S_2)的间距 d 拉大;

(4) 将屏幕向双缝屏靠近或拉远.

13-5 如图所示,用波长为 λ_0 的单色光照射双缝干涉实验装置,若将一折射率为 n、劈尖角为 α 的透明劈尖紧靠 S_2 插入光线 2 中,则当劈尖 b 缓慢地向上移动时(只

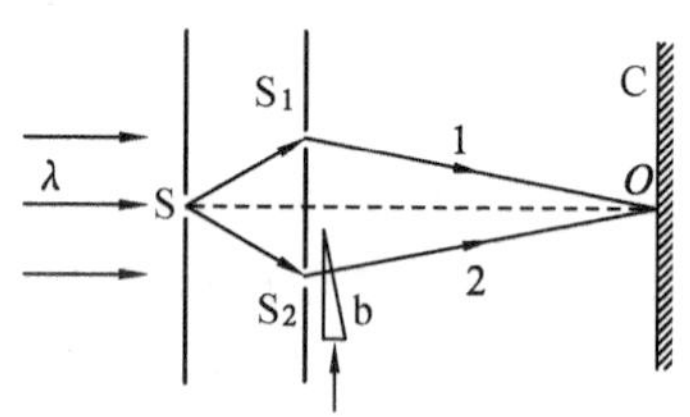

思考题 13-5 图

遮住 S_2),屏 C 上的干涉条纹将会怎样变化?

13-6 在太阳光照射下的肥皂泡膜,随着泡膜厚度的变薄,膜上将出现颜色,当膜进一步变薄并将破裂时,膜上将出现黑色,试解释之.

13-7 窗玻璃也是一块介质板,但在通常日光照射下,为什么我们观察不到干涉现象?用钠光灯照明能观察到干涉条纹吗?为什么?

13-8 用单色光垂直照射空气劈尖,观察到一组明暗相间的干涉直条纹,如果把空气劈尖换成折射率为 n 的介质劈尖,问条纹宽度有何变化?相邻两暗条纹处介质的厚度差为多少?

13-9 在空气劈尖干涉实验中,下列情况下,干涉条纹将分别发生怎样的变化?

(1) 劈尖的上表面向上平移[图(a)];

(2) 劈尖的上表面向右方平移[图(b)];

(3) 劈尖的角度增大[图(c)].

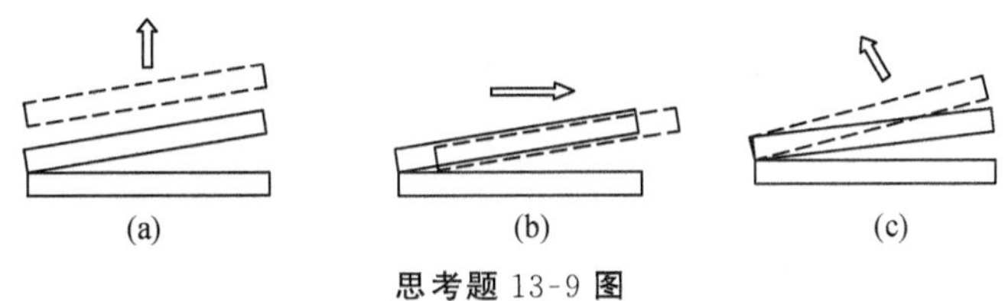

思考题 13-9 图

13-10 如图所示,用单色光垂直照射在观察牛顿环的装置上,当平板玻璃垂直向下缓慢平移而远离平凸透镜时,可以观察到环状干涉条纹怎样变化?

13-11 如图所示,如果把牛顿环中的平凸透镜变为平凹透镜,用单色光垂直照射,将会观察到什么样的干涉图样?怎样判断透镜是平凸透镜还是平透镜?

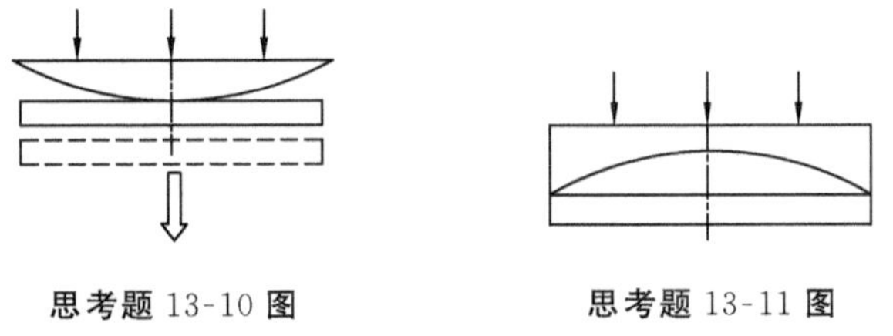
思考题 13-10 图　　思考题 13-11 图

13-12 在日常生活中声波的衍射很常见,光波的衍射却很少见,为什么?

13-13 光的衍射和干涉现象有何区别?双缝干涉和双缝衍射图样有何不同?实际实验中能看到双缝干涉图样吗?

13-14 在单缝衍射中,若作如下一些情况的变动时,屏幕上的衍射条纹将如何变化?

(1) 将单缝向上作小位移;

(2) 将透镜向上作小位移;

(3) 将单缝在两透镜之间向左或向右作小位移;

(4) 将屏幕右移,离开透镜的焦平面上.

13-15 与双缝干涉和单缝衍射比较,光栅衍射图样有什么特点?

13-16 为什么光栅衍射有缺级现象?缺级的条件是什么?

13-17 在如图所示的光路中,A、B是两块相同的玻璃平板,入射光线1是自然光,i_B是布儒斯特角,$i<i_B$,试问光线2、3、4、5分别是何种偏振光?

13-18 如图所示,P_1和P_2为两个偏振片,今以单色自然光垂直入射.若保持P_1不动,P_2绕OO'轴转动一周,问转动过程中,通过P_2的光的光强怎样变化?若保持P_2不动,P_1绕OO'轴转动一周,在转动过程中通过P_2的光的光强又怎样变化?

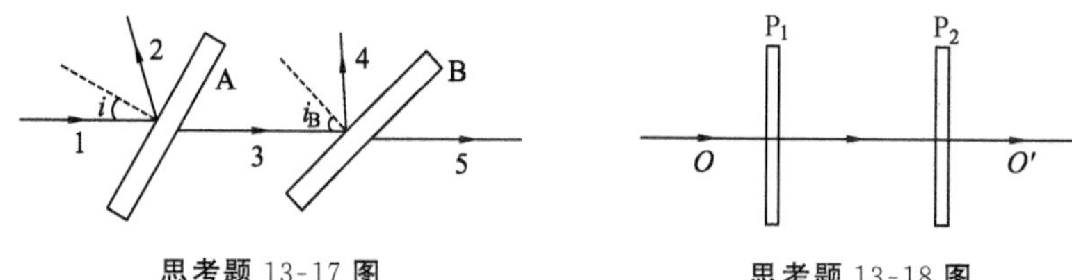

思考题13-17图　　思考题13-18图

13-19 上题中,若使P_1和P_2的偏振化方向相互垂直,则通过P_2的光的光强为零.若在P_1和P_2之间插入另一偏振片P_3,保持P_1和P_2不动,P_3绕OO'轴转动,如图所示,则在P_3转动过程中通过P_2的光的光强将怎样变化?

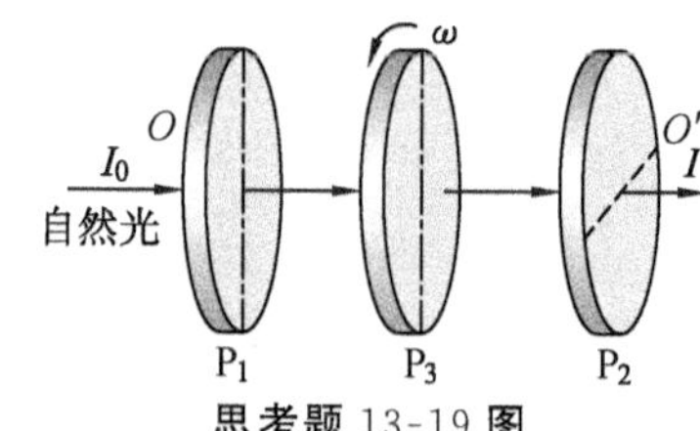

思考题13-19图

13-20 怎样获得偏振光?什么是起偏角?

*13-21 在杨氏双缝干涉实验的双缝后面均放置偏振片.若两偏振片的偏振方向互相平行,这时屏上干涉条纹有何变化?若两偏振片的偏振方向互相垂直,干涉条纹又有何变化?如果只在其中一条缝的后面加上一偏振片,另一缝仍然直接透光,干涉条纹又有何变化?

习　题

13-1 用波长为587.5 nm的黄光照射在双缝上,双缝间距为0.2 mm,在屏上测得第2级亮纹与中央0级亮纹中心之间的距离为2 mm,求屏与双缝之间的距离.

13-2 在双缝干涉实验中,波长$\lambda=550$ nm的单色平行光垂直入射到间距$d=0.2$ mm的双缝上,屏到双缝的距离$D=2$ m.

(1) 求中央明纹两侧的两条第10级明纹中心的间距;

(2) 用一厚度$t=6.6\times10^{-6}$ m、折射率$n=1.58$的玻璃片覆盖一缝后,第0级明纹将移到原来的第几级明纹处?

13-3 白色平行光垂直入射到间距为0.25 mm的双缝上,距离50 cm处放置屏幕,分别求第1级和第5级明纹彩色带的宽度.(设白光的波长范围为400~760 nm.这里说的"彩色带宽度"指两个极端波长的同级明纹中心之间的距离)

13-4 如图所示,在双缝上分别覆盖了玻璃薄片,两玻璃薄片厚度相同,折射率分别为1.4和1.6.在玻璃插入前屏上原来的中央亮纹移到第5条亮纹处.设入射单色光波的波长为 600 nm，求玻璃片的厚度.

13-5 图示是洛埃镜示意图，其观察屏幕紧靠平面镜，其接触点为 O.线光源 S 离镜面距离 $d=2$ mm，屏到光源的距离 $D=100$ cm.假设光源的波长 $\lambda=600$ nm，试计算出屏上第 4 条亮纹中心到 O 点的距离.

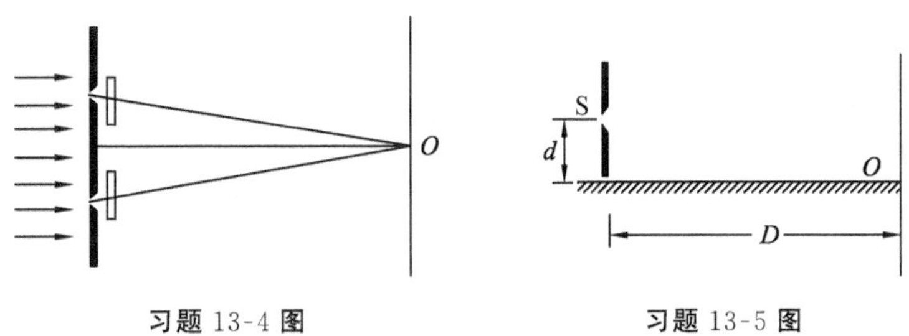

习题 13-4 图　　习题 13-5 图

13-6 用白光垂直照射置于空气中厚度为 0.50 μm 的玻璃片.玻璃片的折射率为 1.50，在可见光范围内（400～760 nm），哪些波长的反射光有最大限度的增强？

13-7 垂直入射的白光从肥皂薄膜上反射，在可见光谱中 600 nm 处有一干涉极大，而在 450 nm 处有一干涉极小，在这极大与极小之间没有另外的极小.若膜的折射率 $n=1.33$，求该膜的厚度.

13-8 可用微波检测器测量射电星体发射无线电波的频率，如图所示.把微波检测器安装在高出海平面 h 处，射电星体自海平面升起，检测器接收到由星体直接射来和自海平面反射来的无线电波的干涉信号.当 $h=20$ m、$\theta=3.583°$时测得第 1 个极大值，求该星体发射的频率.（提示：可参照薄膜干涉计算光程差）

13-9 如图所示，一个微波发射器置于岸上，离水面的高度为 d，对岸在离水面高度 h 处放置一接收器，水面的宽度为 D，且 $D\gg d$，$D\gg h$，发射器发射波长为 λ 的微波，求接收器测到极大值时至少离水面多高？（提示：可比照洛埃镜实验）

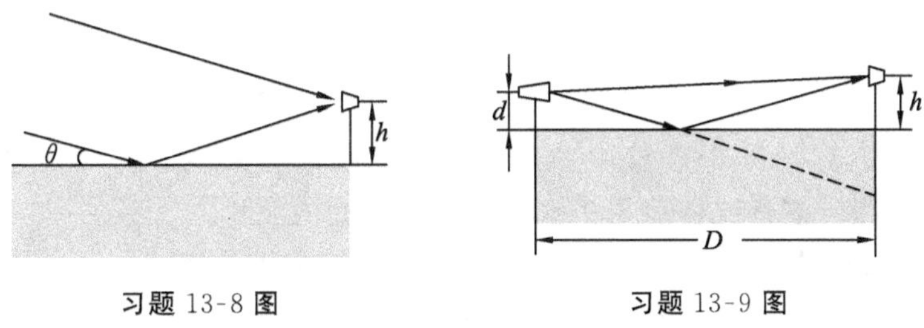

习题 13-8 图　　习题 13-9 图

13-10 由折射率为 1.4 的透明材料制成的一劈尖，劈尖角 $\theta=1.0\times10^{-4}$ rad.在某单色光垂直照射下，可测得两相邻亮条纹之间的距离为 0.25 cm，求此单色光在空气中的波长.

13-11 把直径为 D 的细丝夹在两块平板玻璃的一边，形成空气劈.在波长为 589.3 nm 的钠黄光垂直照射下，从垂直于接触边缘的方向量得每厘米长度上有 10 个条纹，求此空气劈的顶角.

13-12 折射率为 1.60 的两块标准平面玻璃板之间形成一个劈尖（劈尖角 θ 很小）.用波长 $\lambda=600$ nm 的单色光垂直入射，产生等厚干涉条纹.假如在劈尖内充满 $n=1.40$ 的液体,则干涉条纹变密,相邻明条纹间距比原来缩小 $\Delta l = 0.5$ mm,求劈尖楔角 θ.

13-13 一平凸透镜,其凸面的曲率半径为 120 cm,以凸面朝下把它放在平板玻璃上,形成牛顿环,用波长为 650 nm 的单色光垂直照射,求干涉图样中的第 3 条亮环的直径.

13-14 设用波长为 630 nm 的单色光照明,测得牛顿环中某一暗环的半径为 0.7 mm,在它外边第 10 个暗环半径为 1.7 mm,求透镜的曲率半径.

13-15 平板玻璃($n_2 = 1.5$)表面有一油滴($n_1 = 1.2$),油滴展开成表面为球冠形油膜,用波长 $\lambda_0 = 600$ nm 的单色光垂直入射,如图所示,从反射光观察油膜所形成的干涉条纹.

(1) 问看到的干涉条纹形状如何?

(2) 当油膜最高点与玻璃板上表面相距 1 200 nm 时,可以看到几条亮条纹?亮纹所在处的油膜厚度为多少?

13-16 如图所示,牛顿环装置中的平凸透镜的顶点与平板玻璃有一小段距离 d_0.现用波长为 λ_0 的单色光垂直照射,已知平凸透镜的曲率半径为 R,求反射光干涉形成牛顿环的各暗环半径.

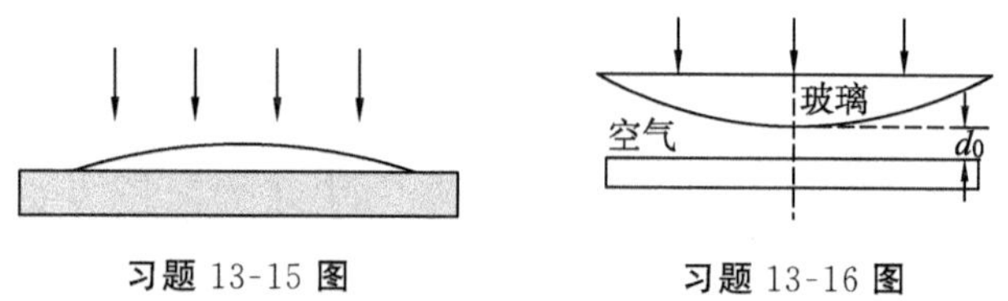

习题 13-15 图　　习题 13-16 图

13-17 如图所示,由平凹透镜和平凸透镜组成牛顿环,用波长为 λ_0 的平行单色光垂直照射,观察干涉条纹.试证明第 k 个暗环的半径 r_k 与凹球面半径 R_2、凸面半径 R_1($R_1 < R_2$)及入射光波长 λ_0 的关系为

$$r_k^{\ 2} = \frac{R_1 R_2 k \lambda_0}{R_2 - R_1} \quad (k = 0, 1, 2, 3, \cdots)$$

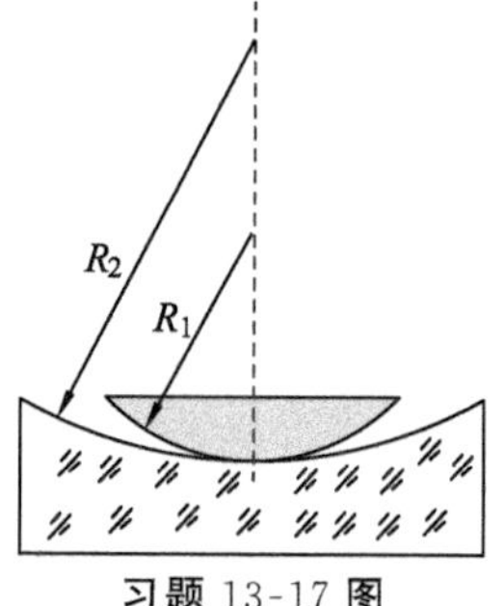

习题 13-17 图

13-18 若迈克耳孙干涉仪中的反射镜 M_2 移动距离为 0.240 mm,则数得干涉条纹移动 800 条.求所用单色光的波长.

13-19 用波长为 589.3 nm 的单色光照射迈克耳孙干涉仪,若在其中一条臂上插入折射率 $n = 1.4$ 的透明薄膜,则干涉条纹移动了 70 条.求膜的厚度.

13-20 用波长 $\lambda_0 = 632.8$ nm 的平行光垂直照射单缝,缝宽 $b = 0.15$ mm,缝后用凸透镜把衍射光会聚在焦平面上,测得第 2 级与第 3 级暗条纹之间的距离为 1.7 mm,求此透镜的焦距.

13-21 波长为 540 nm 的平行光垂直照射一单缝,缝后面放置焦距为 40 cm 的透镜.若衍射图样第 1 极小和第 5 极小之间的距离为 0.36 mm,求单缝的宽度.

13-22 波长为 589.3 nm 的平行光垂直照射 1.0 mm 宽的单缝,在离缝 3.0 m 远的屏幕上观察衍射图样,求中央明条纹的宽度.

13-23 在贵州省平塘县世界最大口径球面射电望远镜，口径为 500 m，占地约 30 个足球场大小，远观望远镜就像一个天然的巨碗.在 FAST 工程建成之前世界上最大的射电望远镜是美国的阿西博(Arecibo)望远镜，口径为 305 m.假设这两种望远镜用来检测的射电波波长都为 0.75 cm，求这两台射电望远镜的最小分辨角，并对两者的分辨本领进行比较.

13-24 哈勃太空望远镜直径为 2.4 m，对于 $\lambda=500$ nm 的可见光，它的最小分辨角为多大？

13-25 遥远天空的两颗星恰好被阿列亨(Orion)天文台的一架折射望远镜所分辨.设物镜的直径为 0.762 m，波长 $\lambda_0=550$ nm.

(1) 求它的最小分辨角；

(2) 如果这两颗星球到地球的距离为 10 光年，求两星之间的距离.

13-26 波长为 600 nm 的单色平行光，正入射于具有 500 线/mm 的光栅，问第 1 级、第 2 级明条纹的衍射角各为多少？

13-27 每厘米刻有 4 000 条线的光栅，计算在第 2 级光谱中氢原子的 α 谱线(656 nm)和 β 谱线(410 nm)间的角间隔.(假设是垂直入射)

13-28 一衍射光栅，每厘米有 200 条透光缝，每条透光缝宽 $b=2\times10^{-3}$ cm，在光栅后放一焦距 $f=1$ m 的凸透镜，现以 $\lambda=600$ nm 的平行单色光垂直照射光栅.

(1) 求单缝衍射中央明条纹的宽度；

(2) 在该宽度内有几个光栅衍射主极大？

13-29 (1) 在单缝夫琅和费衍射实验中，垂直入射的光有两种波长，$\lambda_1=400$ nm，$\lambda_2=760$ nm，已知单缝宽度 $b=1.0\times10^{-2}$ cm，透镜焦距 $f=50$ cm，求这两种光的第 1 级明条纹与中央明条纹中心的距离.

(2) 若用光栅常量 $d=1.0\times10^{-3}$ cm 的光栅替换单缝，其他条件和上一问相同，求这两种光的第 1 级明条纹离中央明条纹中心的距离.

13-30 波长为 600 nm 的单色光正入射到一光栅上，第 2 级明条纹出现在 $\theta=30°$ 的方向，且第 3 级明条纹缺级，求光栅常量和缝的宽度.

13-31 X 射线投射到 NaCl 晶体上，晶体的晶面间距为 0.3 nm，在与法线方向成 60° 时，观察到第 1 级强反射，求 X 射线的波长.

13-32 用方解石晶体分析 X 射线的组成.已知方解石的晶格常量为 3.029×10^{-10} m.今在 43°20′和 40°20′的掠射方向上观察到两条 1 级主最大的谱线，试求这两条谱线的波长.

13-33 自然光入射到互相重叠的两个偏振片上，求在下列情形下两个偏振片的透光轴之间的夹角.

(1) 透射光强为入射光强的 $\frac{1}{3}$；

(2) 透射光强为最大透射光强的 $\frac{1}{3}$.

13-34 一束单色光由自然光和线偏振光混合而成，让其垂直通过一偏振片，当偏振片绕光的传播方向旋转时,发现透过偏振片的最大光强和最小光强之比为 5∶1,求入射光中自然光和线偏振光的光强之比.

13-35 在思考题 13-19 中,在两个透光轴方向相互垂直的偏振片中,插入偏振片P_3,设入射自然光的光强为 I_0.试证明:当 P_3 以恒定角速度 ω 绕光传播的方向旋转时,此自然光通过这一系统后,出射光的光强为 $I=\dfrac{I_0(1-\cos4\omega t)}{16}$.

13-36 用折射率为 1.5 的玻璃容器装满水,光线从水面入射到容器底部,求光线在水面和容器底部反射时的布儒斯特角.设水的折射率 $n=1.33$.

13-37 若从静止的湖水表面上反射出来的太阳光是完全偏振的.

(1) 求太阳在地平线上的仰角;

(2) 在反射光中的 $\boldsymbol{E}$ 矢量的振动面是怎样的?

13-38 一束线偏振光正入射到光轴与表面平行的方解石波片上,其电场矢量方向与晶体主截面成 60°角,求两折射光的振幅之比以及光强之比.

文档:全息照相
光纤通信　液晶

第14章　量子物理

视频：量子物理发展史

在19世纪末，经典力学、经典电动力学和经典热力学已发展到相当完善的阶段并构成了经典物理学的三大支柱，它们紧紧地结合在一块儿，构筑起了一座华丽而雄伟的物理学大厦.物理学家们开始倾向于认为：所有的物理现象都可以用经典物理学来解释，不会再有任何真正激动人心的发现了.一些科学家甚至声称："物理学的未来，将只有在小数点第六位后面去寻找."但是，在19世纪的最后几年里，一连串意想不到的事情连续发生了.1887年的迈克耳孙-莫雷实验否定了绝对参照系的存在；1900年瑞利和金斯用经典的能量均分定理来说明热辐射现象时，出现了所谓的"紫外灾难"；1897年，汤姆孙(J.J.Thomson)发现电子，这说明原子不是组成物质的最小单元，原子是可分的.经典物理理论无法对这些新的实验结果作出正确的解释.面对这些新的实验事实的冲击，以顽固出名的开尔文也不得不承认"在物理学阳光灿烂的天空中飘浮着两朵小乌云".然而当时，还没有一个人(包括开尔文自己)会想到，这两朵小乌云对于物理学来说究竟意味着什么.他们绝对无法想象，正是这两朵不起眼的乌云马上就给这个世界带来一场前所未有的革命.第一朵乌云最终导致了相对论的诞生；第二朵乌云最终导致了量子理论的建立.关于相对论，第4章已做了初步介绍.本章将介绍量子理论，其主要内容有：黑体辐射和普朗克能量子假设、爱因斯坦光量子假设和光电效应方程、康普顿效应、氢原子的玻尔理论、德布罗意假设和波粒二象性、不确定关系、量子力学的波函数和薛定谔方程等.

14-1　黑体辐射和普朗克能量子假设

自然界除了存在连续过程外，也有一些不连续过程.比如一个吝啬鬼拿着一袋硬币去超市购物，虽然他尽可能地试图一次少付点钱，但无论如何，他每次从袋内抠出的钱最少也得为1分.这个吝啬鬼付钱的过程，就是一个不连续的过程.我们无法找到任何时刻，使得吝啬鬼正好处于已付1.002元这个状态，因为硬币最小的单位就是0.01元，付的钱数只能这样"一份一份"地发出.20世纪以前，正像人们从来不曾怀疑时间是绝对的一样，人们认为能量的吸收和释放也是连续的，它总可以在某个时刻达到某个范围内的任何可能的值.当我们说，某个热力学过程总共释放出了1 000 J能量的时候，我们每个人都会很自然地推断出，在这一过程中，曾经在某个时刻，系统释放的能量等于 0～1 000 J 间的任何值.直到 1900 年，普朗克在试图从理论上解释黑体辐射的规律时，才打破了能量连续变化这一传统的观念，提出了能量子的概念，奠定了 20 世纪量子物理的研究基础.

一、黑体　黑体辐射

19 世纪，由于冶金、高温测量和天文学等领域的研究需要，人们开始了对热辐射的研究.所谓热辐射，是指物体中的分子、原子受到热激发而发射电磁辐射的现象.实验发现，任何物体在任何温度下都会产生热辐射.不同温度下辐射能量集中的波长范围不同.当铁块在 600 K 以下时，我们只感觉到它发热，看不见发光，这说明热辐射的波长在红外和远红外波段；当温度在 900～1 000 K 之间时，颜色呈暗红色，说明热辐射的波长开始进入可见光波段；继续加温，辐射的波长继续减小，铁块呈现鲜红甚至白热.这就是说，物体在不同温度下发出的各种电磁波的能量按波长的分布不同.如何定量描述某物体在一定温度下发出的能量随波长的分布呢？为此我们引入两个新的物理量.

1. 辐出度

温度为 T 的物体单位面积上辐射出的包含各种波长在内的功率，称为辐射出射度，简称**辐出度**.辐出度只是物体的热力学温度的函数，用 $M(T)$表示.它的 SI 制单位为$\mathrm{W\cdot m^{-2}}$.

2. 单色辐出度

在热力学温度为 T 时，从物体表面的单位面积上辐射出的波长介于 λ 与$\lambda+\mathrm{d}\lambda$ 间的功率 $\mathrm{d}M$ 与 $\mathrm{d}\lambda$ 的比值称为单色辐射出射度，简称**单色辐出度**.显然，单色辐出度是物体的热力学温度 T 和波长 λ 的函数，用 $M_\lambda(T)$表示，其定义式为

$$M_\lambda(T)=\frac{\mathrm{d}M}{\mathrm{d}\lambda} \tag{14-1}$$

它的 SI 制单位为 $\mathrm{W\cdot m^{-3}}$.由上式可以看出：单色辐出度等于单位面积、单位波长间隔内的辐射功率.它与单色辐出度的关系为

$$M(T)=\int_0^\infty M_\lambda(T)\mathrm{d}\lambda \tag{14-2}$$

任何物体在任何温度下不但能辐射电磁波，还能吸收外界射来的电磁波.实验表明，不同物体在某一波长范围内发射和吸收电磁辐射的能力是不同的.例如，深色物体吸收和发射电磁辐射的能力比浅色物体要大一些.但是，对同一个物体来说，若它在某波长范围内发射电磁辐射的能力越强，那么它吸收该波长范围内电磁辐射的能力也越强；反之亦然.来自物体的电磁波不仅包含物体辐射的电磁波，而且包括物体反射的电磁波.为了单独研究物体的辐射能力，我们首先研究能够吸收一切外来电磁辐射的物体，称为绝对黑体，简称**黑体**.显然，黑体是吸收或发射本领最大的物体.黑体只是一种理想模型.一般来说，入射到物体上的电磁辐射，并不能全部被物体所吸收，通常人们认为最黑的煤烟，也只能吸收入射电磁辐射的 95%左右.什么样的物体才能看成黑体呢？如果在一个由任意不透明材料做成的空腔壁上开一个小孔(图 14-1)，那么小孔表面就可近似地看作黑体.

小孔表面之所以可看成黑体，是因为射入小孔的电磁辐射要被腔壁多次反射，每反射

一次，壁就要吸收一部分电磁辐射能，以致射入小孔的电磁辐射很难从小孔逃逸出来.这就像白天看到的远方楼房的窗户总是黑暗的一样.从辐射角度来看，此空腔处于某确定的温度时，也应有电磁辐射从小孔发射出来.显然，从小孔发射出来的电磁辐射就可看作黑体的辐射.总之，无论是吸收还是发射电磁辐射，空腔的小孔都可以看成黑体.应当注意的是，黑色的物体不能等同于黑体.黑体的颜色由其自身在一定温度下的单色辐出度按波长的分布情况决定.当温度很低时，黑体辐射的能量很少而且主要位于红外区，此时用眼睛看起来黑体呈"黑"色；黑体温度升高，其在可见光波段如有较强的辐射，此时看起来黑体就不是黑色的了.如图 14-2 所示，在热平衡条件下，对不同温度的黑体进行辐射实验，可以分别测出各温度下其单色辐出度随波长的变化曲线.

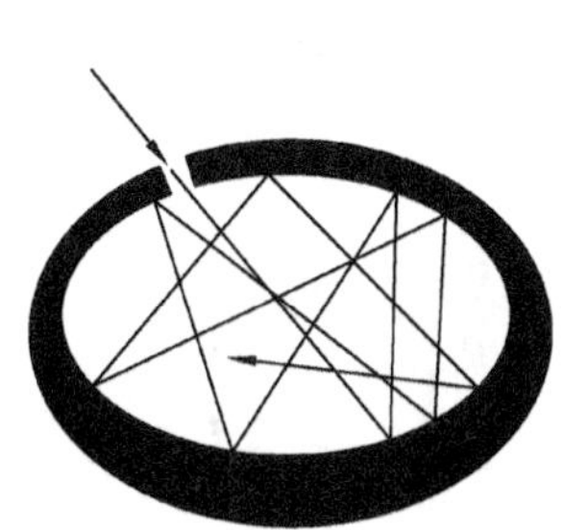
图 14-1　黑体示意图

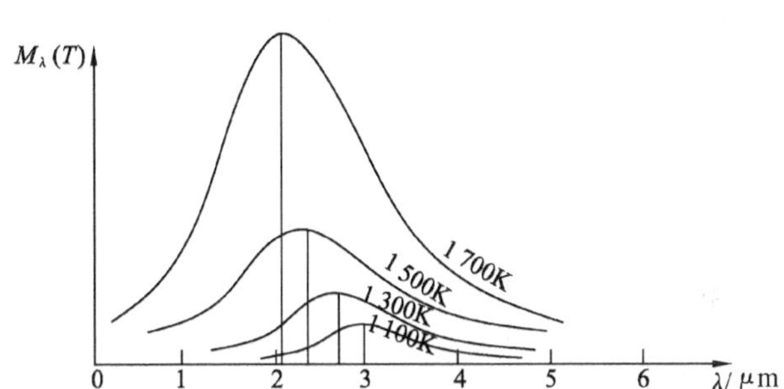

图14-2　黑体单色辐出度的实验曲线示意图

3. 斯特藩-玻耳兹曼定律　维恩定律

从图 14-2 可以看出，在任何温度下，黑体在不同波长的单色辐出度是不同的，当温度升高时，实验曲线的峰值增大，驼峰对应的波长 λ_m 向短波方向移动.1879 年，奥地利物理学家斯特藩(J.Stefan)从实验结果中发现黑体辐出度与热力学温度有如下简单的关系：

$$M(T)=\sigma T^4 \tag{14-3}$$

式(14-3)称为**斯特藩-玻耳兹曼定律**，σ 叫作斯忒藩-玻耳兹曼常量，其值为$(5.670\ 51\pm 0.000\ 19)\times 10^{-8}\ \mathrm{W\cdot m^{-2}\cdot K^{-4}}$.

维恩(W.Wien)于 1893 年发现 λ_m 与黑体温度 T 之间也有简单的关系：

$$\lambda_m T=b \tag{14-4}$$

式(14-4)称为**维恩位移定律**.式中 b 为常量，其值为 $2.898\times 10^{-3}\ \mathrm{m\cdot K}$，称为维恩常量.

维恩位移定律有许多实际的应用.例如，有经验的炼钢工人，只凭观察一下炼钢炉内的颜色，就可以大概估计出炉温；科学家通过测定远方星体的谱线的分布，就可确定其热力学温度.

[例 14-1]　测得太阳单色辐出度峰值对应的波长 $\lambda_m=0.55\ \mu\mathrm{m}$，试求太阳的表面温度.如果人体皮肤的温度为 35 ℃，求人体单色辐出度峰值对应的波长.(可将太阳和人体视作绝对黑体，取 $b=2.9\times 10^{-3}\ \mathrm{m\cdot K}$)

解　由 $\lambda_m T=b$，有 $T=\dfrac{b}{\lambda_m}$，因此太阳表面的温度 $T=5.3\times 10^3$ K.

类似地，对于人体，有

$$\lambda_m=\frac{b}{T}=9.4\ \mu\text{m}$$

这一辐射位于红外波段，人的眼睛感觉不到.不过，有些毒蛇能够探测到这种波长的辐射，以致在漆黑的夜晚也能对人发动攻击.

[例 14-2] 半径为 R 的某恒星和地球相距为 $D(D\gg R)$.若表面温度为 T 的恒星单位时间辐射到地球单位面积上的能量为 E.视恒星为绝对黑体，试证：

$$R=\frac{D}{T^2}\sqrt{\frac{E}{\sigma}}$$

证明 根据斯特藩-玻耳兹曼定律，在恒星表面单位面积的辐射功率为 σT^4，相应的其表面总的辐射功率 $P=4\pi R^2\sigma T^4$.考虑到恒星表面的辐射总功率应当等于半径为 D 的球面(其球心在恒星中心，地球在该球面上)接受的总功率，即

$$4\pi D^2E=4\pi R^2\sigma T^4$$

故

$$R=\frac{D}{T^2}\sqrt{\frac{E}{\sigma}}$$

讨论与思考： 你能根据已经掌握的知识，估算地球表面单位面积接收到的太阳辐射吗?

[例 14-3] 假设太阳表面温度为 5 800 K，直径为 13.9×10^8 m.如果认为太阳的辐射满足黑体辐射定律 $M=\sigma T^4$，求太阳在一年内由于辐射而损失的质量.

解 设太阳的表面积为 S，则一年内辐射的能量为

$$\begin{aligned}E&=MSt=\sigma T^4\pi D^2t\\&=5.67\times10^{-8}\times5\,800^4\times3.14\times(13.9\times10^8)^2\times365\times24\times3\,600\ \text{J}\\&=1.23\times10^{34}\ \text{J}\end{aligned}$$

所以太阳在一年内损失的质量为

$$\Delta m=\frac{E}{c^2}=\frac{1.23\times10^{34}}{(3\times10^8)^2}\ \text{kg}=1.37\times10^{17}\ \text{kg}$$

这是很大的质量，月球的总质量为 7.36×10^{22} kg，经过 50 万年太阳就要损失一个月球的质量.

二、黑体辐射的经典公式

探求单色辐出度 $M_\lambda(T)$ 的数学表达式，对热辐射的理论研究和实际应用都是很有意义的.因此，19 世纪末，许多物理学家企图从经典电磁理论和经典统计物理出发，找出与图 14-2 相一致的 $M_\lambda(T)$ 数学表达式，并对黑体辐射的波长分布作出理论说明，但都未能如愿，反而得出与实验不相符合的结果.其中最有代表性的是维恩公式和瑞利(J. W. Rayleigh)-金斯(J.Jeans)公式.1896 年，维恩假设黑体辐射单色辐出度按波长的分布与麦克斯韦分子速率分布相似，并根据实验数据得出一个经验公式：

$$M_\lambda(T)=\frac{c_1\mathrm{e}^{-\frac{c_2}{\lambda T}}}{\lambda^5}\tag{14-5}$$

上式称为**维恩公式**,式中 c_1、c_2 为两个经验参数.

瑞利按照经典电磁理论和统计理论也得出一个黑体辐射单色辐出度按波长的分布公式,后经金斯纠正后得到下面的**瑞利-金斯公式**:

$$M_\lambda(T)=\frac{2\pi ckT}{\lambda^4} \tag{14-6}$$

式中,c 为光速,k 为玻耳兹曼常数.

根据式(14-5)和式(14-6)可作出单色辐出度 $M_\lambda(T)$ 与波长 λ 的图线,如图 14-3 所示.从图中可以看到,维恩公式在短波部分与实验接近,但在长波部分则与实验误差较大;相反,在长波部分,由经典理论得出的瑞利-金斯公式与实验符合得很好,但在短波部分,却出现巨大的分歧.对于温度给定的黑体,从图中可以看出,由瑞利-金斯公式给出的黑体的单色辐出度 $M_\lambda(T)$ 将随波长的变短而趋于"无限大",这显然违背生活常识,因此,历史上通常把这称为"紫外灾难"."紫外灾难"给 19 世纪末期看来很和谐的经典物理理论带来了很大的困难,使许多物理学家感到困惑不解.开尔文在 1900 年指出"物理学理论的大厦上空飞来两朵乌云"中的一朵"乌云"就是指"紫外灾难".物理学家将如何驱散这朵"乌云"呢?

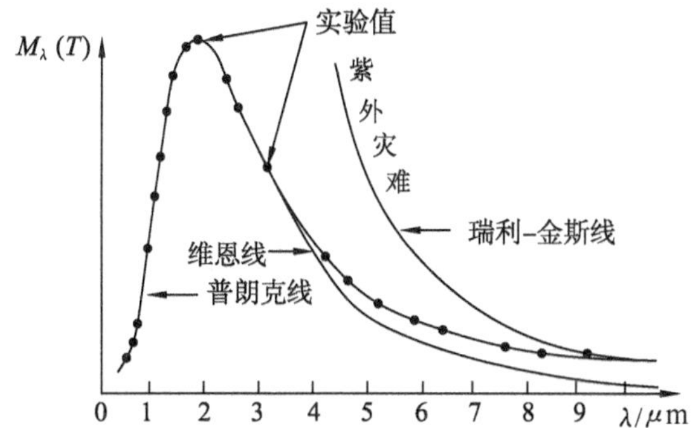

图 14-3 黑体的单色辐出度实验曲线与瑞利-金斯公式、维恩公式以及普朗克公式的比较

三、普朗克假设 普朗克黑体辐射公式

普朗克(M. Planck,1858—1947),德国近代伟大的物理学家,量子论的奠基人.普朗克从 1895 年开始对热辐射进行系统的研究.经过几年艰苦努力,他用内插的方法导出了一个和实验相符的公式,并于 1900 年 10 月下旬在《德国物理学会通报》上发表了题为《论维恩光谱方程的完善》的论文,第一次提出了黑体辐射公式.1900 年 12 月 14 日,他在德国物理学会上宣读了以《关于正常光谱中能量分布定律的理论》为题的论文,提出了能量的量子化假设,并从理论上导出了黑体辐射的能量分布公式.由于这一工作对物理学的发展做出的贡献,他于 1918 年获得诺贝尔物理学奖.

1900 年,德国物理学家普朗克密切注意黑体辐射的实验和理论两方面的进展,为了得到与实验曲线相一致的黑体辐射公式,他借助维恩公式和相关的实验结果,根据熵对能量二阶导数的两个极限值内插出与实验符合得很好的经验性公式：

$$M_\lambda(T)=\frac{2\pi hc^2\lambda^{-5}}{e^{\frac{hc}{k\lambda T}}-1} \tag{14-7}$$

式(14-7)即为著名的**普朗克公式**.式中，c 为光速，k 为玻耳兹曼常数，h 是与黑体及温度无关的一个参量，可以用来调整曲线，使它与实验数据相吻合(图 14-3).开始，普朗克公式只是一个经验性公式，能否从理论上找到它的物理解释呢？经过两个多月的日夜奋战，普朗克于 1900 年 12 月 14 日在德国物理学会上宣称已经从理论上严格推导出普朗克公式了.为了从理论上推导出普朗克公式，普朗克提出了一个大胆而有争议的假设——**能量子假设：金属空腔壁中电子的振动可视为一维谐振子，对于频率为 ν 的谐振子，它吸收或者辐射的能量是不连续的，只能是 $h\nu$ 的整数倍，即**

$$\varepsilon_n=nh\nu \tag{14-8}$$

式中，n 为正整数，称为量子数，$n=1$ 时的能量

$$\varepsilon=h\nu$$

称为能量子，h 称为普朗克常量，它是物质世界最基本的自然常量之一.根据实验测定，普朗克常量的国际推荐值为 $h=(6.626\ 075\ 5\pm0.000\ 004\ 0)\times10^{-34}$ J·s.由于普朗克常量很小，因此能量的不连续性在宏观尺度内很难被察觉.

按照普朗克的假设，频率为 ν 的谐振子，其能量只能取一些分立的值，这是与经典谐振子能量连续的概念格格不入的，就连提出能量量子化概念的普朗克本人也并未因此而高兴.相反，他却认为自己做了一件错事，把本来很和谐的经典物理弄得一团糟，内心不安，甚至企图将能量量子化纳入经典物理的轨道之内.直到 1905 年爱因斯坦在普朗克的能量量子化的启发下，提出了光量子概念并圆满解释光电效应实验之后，能量子思想才逐渐被人们所接受.这样，普朗克的能量子假设终于打破了经典物理中能量连续的概念，开创了物理学的新时代.

讨论与思考：根据普朗克公式，你能用计算机绘出人体皮肤(视为黑体)的单色辐出度随波长变化的曲线并计算出人体的可见光辐射功率吗？这一功率有什么意义？

［**例 14-4**］ 设一音叉尖端的质量为 0.050 kg，将其频率 ν 调到 480 Hz，振幅 A 为 1.0 mm.求尖端振动的量子数.

解 音叉尖端的振动能为

$$E=\frac{1}{2}m\omega^2A^2=2\pi^2m\nu^2A^2=0.227\ \text{J}$$

由普朗克能量子假设，能量子和量子数分别为

$$\varepsilon=h\nu=3.18\times10^{-31}\ \text{J}$$

$$n=\frac{E}{h\nu}=7.13\times10^{29}$$

很明显，在宏观范围内，由于能量子非常小，量子数极其大，因此能量量子化的效应是极不明显的，即宏观物体的能量完全可视作是连续的.

普朗克公式和内插法

普朗克在研究黑体辐射定律过程中成功地运用了内插法，从而“猜”出了新的辐射公式.请根据你已有的知识和网上资料进行以下探究.

(1) 什么叫内插法？普朗克是如何采用内插法猜出新的辐射公式的？

(2) 在建立普朗克公式的过程中，普朗克经历了哪些艰难曲折？这给我们哪些启示？

14-2 光电效应和爱因斯坦的光量子理论

光照射到某些金属表面时，有电子从金属表面逸出，这一现象称为**光电效应**.光电效应是德国物理学家赫兹在 1887 年做火花放电实验时偶然发现的.赫兹发现紫外光照射在某些金属电极上，放电会比较容易，随后霍尔瓦克斯(W. Hallwachs)和勒纳德(P.Lenard)通过进一步的实验证实，紫外线能从金属表面打出电子而对放电产生影响.

一、光电效应的实验规律

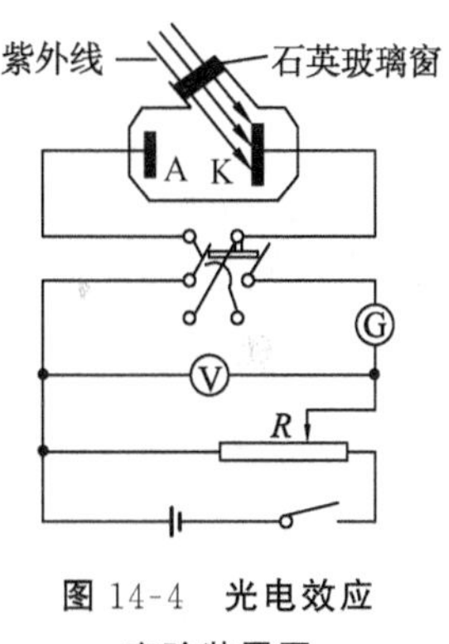

图 14-4 光电效应实验装置图

图 14-4 是研究光电效应的实验装置示意图.当紫外线照射在金属 K 的表面上时，如 K 接电源的负极，A 接电源的正极(开关向上掷)，则可以观察到电路中有电流.电路中之所以有电流，这是由于光照射到金属 K 上时，金属中的电子从表面逸出来的缘故，逸出的电子称为**光电子**，光电子在加速电压 U 的作用下，从 K 到达 A，从而在回路中形成电流，称为**光电流**.大量的光电效应实验得出了一些重要的、难以用经典理论解释的实验结果：

(1) 对于由某种材料制成的金属 K 极，只有当入射光频率 $\nu>\nu_0$ 时，才能引起光电效应；当入射光频率 $\nu<\nu_0$ 时，无论光强多大、照射时间多长，都不会产生光电效应.这一频率 ν_0 称为**截止频率**，也称**红限**.红限与阴极材料有关，不同的金属材料其红限不同.

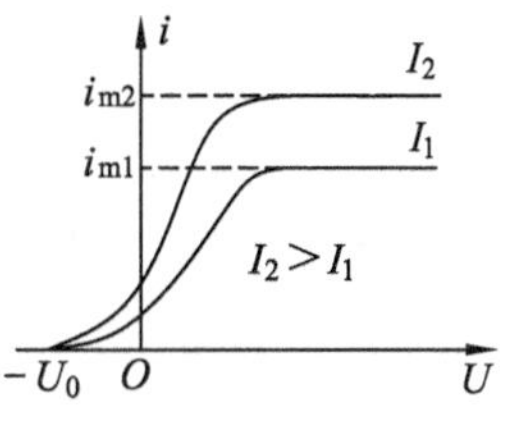

图 14-5 饱和电流和入射光光强的关系

(2) 当入射光频率 $\nu>\nu_0$ 时，光电子定向运动形成的光电流随着加速电压的增大而增大；当加速电压增加到足够大时，光电流达到饱和(图 14-5).饱和光电流 i_m 随着入射光的强度 I 的增大而增大.从图中还可看出，当加速电压为零时，仍有光电流，只有当电压为某个反向电压值时(开关向下掷)，其电流才为零.这个反向电压 U_0 称为**遏止电势差**.这一实验结果说明光电子逸出时具有初动能，并且初动能与遏止电势差应满足

$$\frac{1}{2}mv^2=eU_0 \tag{14-9}$$

式中,v 为最大初速度.

(3) 遏止电势差 U_0 与入射光的强度无关,而与入射光的频率之间具有线性关系,如图 14-6 所示.

(4) 当一定频率的光照射到阴极 K 表面时,真空管内几乎立刻出现光电子,很快形成光电流,响应时间在 10^{-9} s 数量级,这就是常说的光电效应的"**瞬时性**".这种瞬间响应与入射光的强度无关.

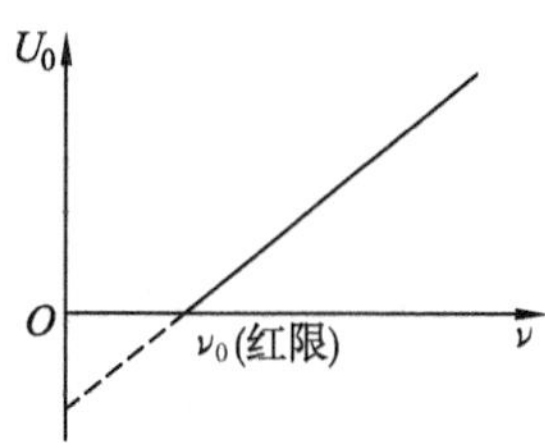

图 14-6 遏止电势差 U_0 和入射光频率之间的关系

用经典物理中光的电磁波理论说明光电效应的实验规律时遇到很大困难.在上述四条实验结果中,只有第二条尚可从经典物理学理论去理解.请读者根据光强的概念试着给出第二条实验结果的经典解释.

另三条实验结果,很难用经典物理学作出解释.按照经典理论,无论何种频率的入射光,只要其强度足够大,就能使电子具有足够的能量逸出金属.然而实验却指出,若入射光的频率小于截止频率,无论其强度有多大,都不能产生光电效应.此外,光电效应的瞬间响应性质也无法用经典物理学解释.按经典理论,电子逸出金属所需的能量需要有一定的时间来积累,直到足以使电子逸出金属表面为止.以钾原子为例,其一个电子脱离钾原子需要1.8 eV 的能量.设电子吸收能量的面积为原子半径的量级($r=0.5\times10^{-10}$ m),则按照经典电磁理论,可以算得一个距 1 W 光源 3 m 处的钾原子积累到 1.8 eV 的能量要一个多小时,这与光电效应的响应时间在 10^{-9} s 量级是不可比拟的.

讨论与思考:根据电流强度与载流子漂移速度之间的关系,电流强度应与漂移速度成正比.但是,在光电效应实验中,随着加速电压的增大,电子的速度将增大,而光电流为什么不会一直增大呢?

二、爱因斯坦光量子理论

为了解决光电效应的实验规律与经典理论的矛盾,1905 年,爱因斯坦受普朗克的能量子假设启发,提出了著名的光量子假设.他认为,光束可以看成是由微粒构成的粒子流,这些粒子叫作**光量子(光子)**.在真空中,每个光子都以光速$c=3\times10^8$ m·s^{-1}运动.对于频率为 ν 的光束,每个光子的能量为

$$\varepsilon=h\nu \tag{14-10}$$

式中,h 称为**普朗克常量**.按照爱因斯坦的光子假设,频率为 ν 的光束可看成是由许多能量均等于 $h\nu$ 的光子所构成的;频率 ν 越高的光束,其光子能量越大;对给定频率的光束来说,光的强度越大,就表示光子的数目越多.由此可见,对单个光子来说,其能量决定于频率,而对一束光来说,其能量不仅与频率有关,而且与光子数有关.

根据爱因斯坦光量子假设,当频率为 ν 的光束照射在金属表面上时,光子的能量被单个电子所吸收,使电子获得能量 $h\nu$.当入射光的频率 ν 足够高时,可以使电子具有足够的能量从金属表面逸出,逸出时所需要做的功称为**逸出功** W.不同的金属材料,其逸出功不同(表 14-1).设逸出的电子具有初动能$\frac{1}{2}mv^2$,则由

能量守恒定律，有

$$h\nu=\frac{1}{2}mv^2+W \tag{14-11}$$

式(14-11)即为**爱因斯坦光电效应方程**.根据式(14-11)，可以圆满地解释光电效应的实验规律：

(1) 从爱因斯坦方程(14-11)可以看出，当入射光子能量 $h\nu$ 小于金属的逸出功 W 时，电子不可能获得足够能量从金属表面逸出；只有当 $h\nu\geqslant W$ 时，才会有电子逸出，即存在截止频率 ν_0.很显然，截止频率为

$$\nu_0=\frac{W}{h} \tag{14-12}$$

(2) 按照光子假设还可以知道，如果单位时间内垂直通过单位面积的光子数为 n，那么光的强度

$$I=nh\nu \tag{14-13}$$

与 n 成正比.当光的强度增大时，只要入射光的频率大于截止频率，随着单位时间内到达金属板的光子数的增加，单位时间吸收光子的电子数也增多，饱和光电流就自然增大.所以说，饱和光电流与入射光的强度成正比，这也与实验结果相符合.

(3) 从式(14-11)还可看出，光电子动能是与入射光的频率呈线性关系的，这正说明了遏止电势差与频率呈线性关系的实验结果.

(4) 只要 $\nu>\nu_0$，电子就会一次性地吸收一个光子后，获得 $h\nu$ 的能量，立刻从金属表面逸出而不需要时间积累能量，也就是说，光电子的释放和光的照射几乎是同时发生的，是“瞬时的”，没有滞后现象，这与实验结果也是一致的.

至此，我们可以说，原先由经典理论出发解释光电效应实验所遇到的困境在爱因斯坦提出光子假设后，都顺利地得到了解决.

表 14-1 几种金属的逸出功(单位：eV)

钠	铝	锌	铜	银	铂
2.46	4.08	4.31	4.70	4.73	6.35

密立根为光电效应实验作了许多深入细致的研究工作，他通过精密实验验证了光量子假设的正确性，同时也利用光电效应测定了普朗克常量.正是密立根高质量的实验使光的量子假设逐渐为人们所接受而成为公认的理论.

顺便说一下，我们这里讨论的是外光电效应，即由于光照射到金属表面上而产生的光电效应，光也可以入射到物体的内部，使物体内部释放出电子，但这些电子仍留在物体内，从而增加物体的导电性，这种光电效应称为内光电效应.前面的光电效应实验都是使用光强度较弱的普通光源.科学家已经发现，当用强激光作光源进行光电效应实验时，可以实现双光子和三光子吸收.

利用光电效应可以把光信号转变为电信号，动作迅速灵敏，因此利用光电效应制作的光电器件在工农业生产、科学技术和文化生活领域内得到了广泛的应用.光电管就是应用

最普遍的一种光电器件.利用光电管制成的光控继电器,可以用于自动控制,如自动计数、自动报警;利用光电管可制成光电光度计,有些曝光表就是一种光电光度计;利用光电效应还可以制造用于测量非常微弱的光的光电倍增管.

三、光的波粒二象性

爱因斯坦光电效应方程不仅圆满地解决了光电效应问题,还使我们对光的本性的认识有了一个飞跃.光电效应显示了光的粒子性.这就是说,某一频率的光束是由一些能量相同的光子所构成的粒子流.在光电效应中,当电子吸收光子时,它吸收光子的全部能量,而不是只吸收其中的一部分.光子与电子一样,也是构成物质的一种微观粒子.

爱因斯坦光量子理论给出了光子的能量.作为一种粒子,频率为 ν 的光子的质量和动量又该是多少呢? 我们知道,光在真空中的传播速度为 c,即光子的速度应为 c,因此,需用相对论来计算光子的质量和动量.

根据光子假设,光子能量 $\varepsilon=h\nu$,考虑到狭义相对论的质能关系式

$$\varepsilon=h\nu=mc^2$$

可得光子的质量为

$$m=\frac{h\nu}{c^2}=\frac{h}{\lambda c} \tag{14-14}$$

显然,这是光子的动质量.光子的静质量 m_0 为多少呢?

根据相对论质速关系式

$$m=\frac{m_0}{\sqrt{1-\beta^2}}$$

可知,由于光子的速度为 c,因此 $\beta=1$,为了使 m 为有限量,那必有

$$m_0=0 \tag{14-15}$$

即光子的静质量为零.

由式(14-14),还可以得出光子的动量为

$$p=mc=\frac{h}{\lambda} \tag{14-16}$$

根据光子假设 $\varepsilon=h\nu$ 和式(14-16),我们可以看到,描述光子粒子性的量(ε 和 p)与描述光的波动性的量(ν 和 λ)通过普朗克常量 h 联系了起来.所以说,光既具有波动性,又具有粒子性,即光具有波粒二象性.

[例 14-5] 一半径为 1.0×10^{-3} m 的薄圆片距光源 1.0 m.光源的功率为 1 W,发射波长为 589 nm 的单色光. 假定光源向各个方向发射的能量是相同的,试计算在单位时间内落在薄圆片上的光子数.

解 由题意知,圆片的面积

$$S=\pi\times(1.0\times10^{-3}\ \text{m})^2=\pi\times10^{-6}\ \text{m}^2$$

由于光源发射出来的能量在各个方向上是相同的,故单位时间内落在圆片上的能量为

$$E=P\ \frac{S}{4\pi r^2}=2.5\times10^{-7}\ \text{J}\cdot\text{s}^{-1}$$

其中，r 为光源到圆片的距离，P 为光源的功率.

故单位时间内落在圆片上的光子数为

$$N=\frac{E}{h\nu}=\frac{E\lambda}{hc}=7.4\times10^{11}\ \mathrm{s}^{-1}$$

即每秒有 7.4×10^{11} 个光子落在圆片上.

［**例 14-6**］ 波长 $\lambda=589.3\ \mathrm{nm}$ 的钠黄光照射金属钾的表面，已知钾的遏止电势差为 $0.36\ \mathrm{V}$，求光电子的最大初动能、逸出功和红限.

解 最大初动能 $$E_{\mathrm{k}}=\frac{1}{2}mv^2=eU_0=0.36\ \mathrm{eV}$$

由爱因斯坦光电效应方程，得

$$W=h\nu-\frac{1}{2}mv^2=\frac{hc}{\lambda}-eU_0=1.75\ \mathrm{eV}$$

相应地， $$\nu_0=\frac{W}{h}=4.22\times10^{14}\ \mathrm{Hz}$$

14-3 康普顿效应

爱因斯坦的光电效应方程不仅圆满地解释了光电效应实验，而且从能量的角度说明光具有粒子性.根据式(14-16)，光子的静质量虽然为零，但它也具有动量.怎样从实验上证明光子具有动量呢？

1920 年，美国物理学家康普顿(A.H.Compton)在观察 X 射线被物质散射时发现，**散射光中含有波长发生变化了的成分**，人们把这种现象称为**康普顿效应**.

如图 14-7 所示，单色 X 射线源发出波长为 λ 的 X 射线，通过光阑 D 成为一束狭窄的 X 射线，并被投射到散射物质(如石墨)上，用摄谱仪可探测到不同散射方向(散射角 θ)上 X 射线的波长与强度的关系.图 14-8 是康普顿的实验结果.

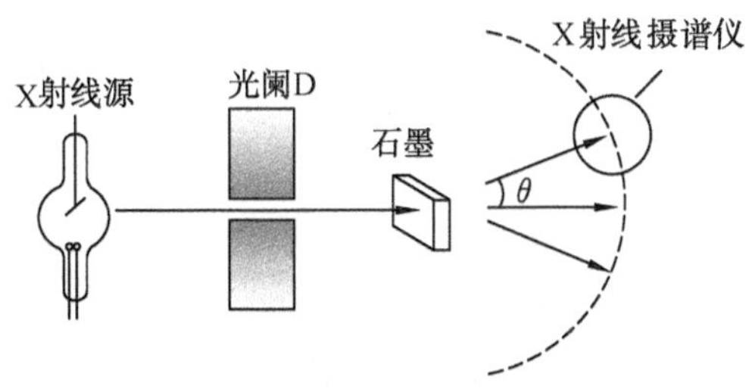

图 14-7 康普顿实验装置示意图

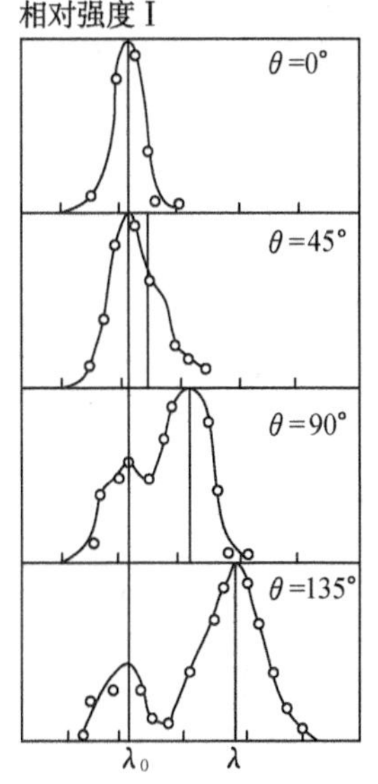

图 14-8 康普顿的实验结果

最初,康普顿的实验结果只涉及一种散射物质——石墨,令人难以信服.1923～1926 年间,我国物理学家吴有训参与了康普顿的 X 射线散射实验研究.为证明康普顿效应的普遍性,吴有训做了 15 种物质的 X 射线散射实验,发现都存在康普顿效应的现象,并且得出对于不同元素的散射物质,在同一散射角下,散射光线波长 λ 与入射光线波长 λ_0 的差 $\Delta\lambda=\lambda-\lambda_0$ 都相同的结论.

文档:吴有训与康普顿效应

总结康普顿和吴有训的实验结果,可以发现:

(1) 散射光中除了和入射光波长 λ_0 相同的谱线外,还有波长 $\lambda>\lambda_0$ 的谱线.

(2) 波长的改变量 $\Delta\lambda=\lambda-\lambda_0$ 随散射角 θ 的增加而增加.

(3) 对于不同元素的散射物质,同一散射角下,波长改变量 $\Delta\lambda$ 都相同.波长为 λ 的散射光强度随散射物质原子序数的增加而减少.

如何从理论上解释康普顿 X 射线散射的实验结果呢?按照经典电磁理论,当单色电磁波作用在尺寸比波长还要小的带电粒子上时,带电粒子将以与入射电磁波相同的频率做受迫振动,振动的带电粒子再向周围辐射出同一频率的电磁辐射——散射波.因此按照经典电磁理论,散射光的波长应该与入射光的波长完全一样.但是,在康普顿 X 射线的散射实验中却出现了一些散射光的波长变长的现象,这表明用经典理论无法解释康普顿效应.

1922 年,康普顿提出按照爱因斯坦的光子理论,频率为 ν_0 的 X 射线可看成是由一些能量为 $h\nu_0$ 的光子组成的,光子与受原子束缚较弱的电子或自由电子之间的碰撞可看成完全弹性碰撞.依照这个观点,当能量为 $h\nu_0$、动量为 $\frac{h}{\lambda}$ 的入射光子与散射物质中的电子发生弹性碰撞时,电子会获得一部分能量,从而碰撞后散射光子的能量比入射光子的能量要小,相应的散射光子的波长比入射光子的波长要长一些.这就是康普顿效应的定性解释.

如何定量计算波长的改变量 $\Delta\lambda=\lambda-\lambda_0$,以定量检验光量子理论的正确性呢?图 14-9 表示一个光子和电子做弹性碰撞的示意图.在散射物质中存在大量受原子束缚较弱的电子,特别地,对于一些轻原子,电子和原子核结合很弱,电子脱离原子的电离能约为几个电子伏,而入射光子的能量较大(约为 10^4 eV),因此可以把这些散射物质中与光子相互作用的电子看成是"自由"的;再考虑到电子的热运动能量(10^{-2} eV 量级)也远小于入射光子的能量,因此在光子和电子碰撞之前可以认为电子是静止的.

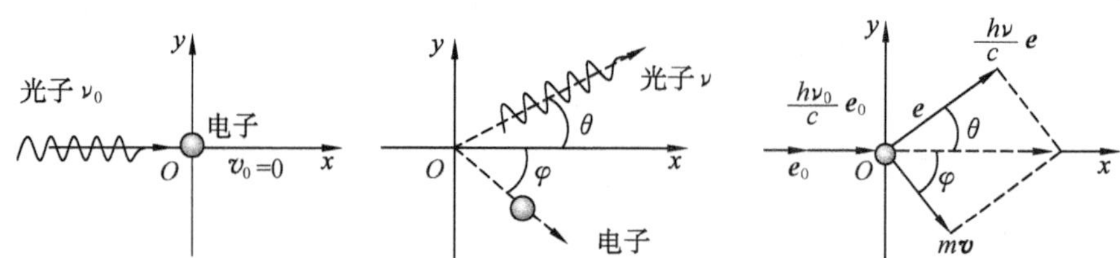

图 14-9 光子与静止的自由电子的碰撞过程

设入射光子的动量和能量分别为

$$p_0=\frac{h}{\lambda_0}=\frac{h\nu_0}{c},\ \varepsilon_0=h\nu_0$$

则动量为 p_0 的光子与原来静止的电子(静能量为 m_0c^2)做弹性碰撞后,光子的动量变为 $p=\frac{h}{\lambda}=\frac{h\nu}{c}$,电子的动量变为 mv,能量变为 mc^2(图 14-9),若能量守恒定律和动量守恒定律仍可使用,则

$$mc^2+h\nu=h\nu_0+m_0c^2 \tag{14-17}$$

$$\frac{h\nu}{c}\boldsymbol{e}+m\boldsymbol{v}=\frac{h\nu_0}{c}\boldsymbol{e}_0 \tag{14-18}$$

式中,$\boldsymbol{e}_0$ 和 $\boldsymbol{e}$ 分别为碰撞前后光子运动方向上的单位矢量,并有

$$\boldsymbol{e}_0\cdot\boldsymbol{e}=\cos\theta \tag{14-19}$$

考虑到

$$m=\frac{m_0}{\sqrt{1-\frac{v^2}{c^2}}}$$

由上面四式可解得

$$\Delta\lambda=\lambda-\lambda_0=\frac{2h}{m_0c}\sin^2\frac{\theta}{2} \tag{14-20}$$

式(14-20)称为康普顿散射公式,式中 $\frac{h}{m_0c}$ 具有波长的量纲,称为电子的康普顿波长,以 λ_c 表示,即

$$\lambda_c=\frac{h}{m_0c} \tag{14-21}$$

把三个常量的数值代入式(14-21),可得

$$\lambda_c=2.43\times10^{-12}\ \text{m}$$

式(14-20)表明,波长的改变量与散射物质的种类及入射光的波长无关,仅由散射方向决定,并随散射角的增加而增加.理论计算结果与实验结果相符,一方面定量验证了光子理论的正确性,另一方面说明能量守恒定律和动量守恒定律在微观领域同样严格地成立.这里我们用光子理论计算了光子和受原子束缚较弱的电子发生碰撞时的情况,它只能说明散射波中含有波长比入射波波长更长的射线,那么,如何用光子理论说明散射光中也有与入射波波长相同的射线呢?这是因为对于内层电子,特别是重原子的内层电子,它们被原子核束缚得很紧,显然不能当作自由电子,这时应考虑光子与整个原子碰撞.由于原子的质量比光子的质量大得多,光子与原子的碰撞不会显著地失去能量,因而散射光的波长也不会显著地改变,所以散射光中仍有与入射光波长相同的谱线,这时,量子结果与经典结果是一致的.由于内层电子的数目随散射物的原子序数的增加而增加,所以波长为 λ_0 的光强度随原子序数的增加而增强,而波长为 λ 的光强度随原子序数的增加而减弱.光电效应和康普顿效应同为光子和电子的相互作用,那为什么康普顿采用 X 射线而不是可见光或紫外光来研究康普顿效应呢?因为只有波长较短的电磁波(如 X 射线),波长的改变量与入射光的波长才可以相比较,这时才能观察到显著的康普顿效应.而在光电效应中,因为入射光通常是可见光或紫外光,波长的改变量相对入射光的波长来说很小,所以康普顿

效应不明显.另外,康普顿效应中X射线光子能量的数量级是10^4 eV,相对来说,逸出功和电子热运动的能量都可忽略,原子外层电子可看作是自由的、静止的,可以把电子作为自由电子处理,对于电子和光子组成的系统,其总能量和总动量均守恒;而光电效应中光子的能量相对较小,电子不能作为自由电子处理.

康普顿效应的发现,以及理论分析和实验结果的一致,说明光子具有动量,从而有力地证实了光子假设的正确性.由于康普顿对X射线散射研究所取得的成就,他于1927年获得诺贝尔物理学奖.

[例14-7] 波长为0.1 nm的X光和波长为1.88×10^{-3} nm的γ射线光子与自由电子碰撞,从与入射光成90°角的方向观察散射谱线.

(1) 波长改变量各为多大?

(2) 给予反冲电子的动能各为多少?

(3) 波长改变量与原波长的比值各为多少?

解 (1) 由

$$\Delta\lambda=\lambda-\lambda_0=\frac{2h}{m_0c}\sin^2\frac{\theta}{2}$$

得$\theta=90°$时,

$$\begin{aligned}\Delta\lambda&=\frac{2\times6.63\times10^{-34}}{9.11\times10^{-31}\times3\times10^8}\times\left(\frac{\sqrt{2}}{2}\right)^2\ \text{m}\\&=2.43\times10^{-12}\ \text{m}=2.43\times10^{-3}\ \text{nm}\end{aligned}$$

$\Delta\lambda$与λ无关.

(2) 因为给予反冲电子的动能也即光子在碰撞过程中损失的能量,所以

$$\Delta E=h\nu_0-h\nu=\frac{hc}{\lambda_0}-\frac{hc}{\lambda}=\frac{hc\Delta\lambda}{\lambda_0(\lambda+\Delta\lambda)}$$

$$\begin{aligned}\Delta E_X&=\frac{hc\Delta\lambda}{\lambda_X(\lambda_X+\Delta\lambda)}\\&=\frac{6.63\times10^{-34}\times3\times10^8\times2.43\times10^{-12}}{1.00\times10^{-10}\times(1.00+0.024)\times10^{-10}}\ \text{J}\\&=4.72\times10^{-17}\ \text{J}=295\ \text{eV}\end{aligned}$$

$$\begin{aligned}\Delta E_\gamma&=\frac{hc\Delta\lambda}{\lambda_\gamma(\lambda_\gamma+\Delta\lambda)}\\&=\frac{6.63\times10^{-34}\times3\times10^8\times2.43\times10^{-12}}{1.88\times10^{-12}\times(1.88+2.43)\times10^{-12}}\ \text{J}\\&=5.96\times10^{-14}\ \text{J}=3.73\times10^5\ \text{eV}\end{aligned}$$

(3)
$$\frac{\Delta\lambda}{\lambda_X}=\frac{2.43\times10^{-3}}{0.1}=2.4\times10^{-2}$$

$$\frac{\Delta\lambda}{\lambda_\gamma}=\frac{2.43\times10^{-3}}{1.88\times10^{-3}}=1.3$$

可见,波长越短的射线,越易观察到康普顿效应.

14-4 氢原子光谱和玻尔理论

一、氢原子光谱的实验规律

19 世纪末期，光谱学得到了长足的进展.在对放电过程的研究中，人们发现原子光谱表现为一系列分立的谱线，每条谱线有特定的波长，不同原子的光谱体现不同的特征，如图 14-10 所示，这些原子光谱中似乎隐藏着原子内部结构的重要信息.一般元素的原子光谱十分复杂，其规律难以寻找.氢原子的光谱相对比较简单，历史上就是从研究氢原子光谱的规律性开始研究原子的.

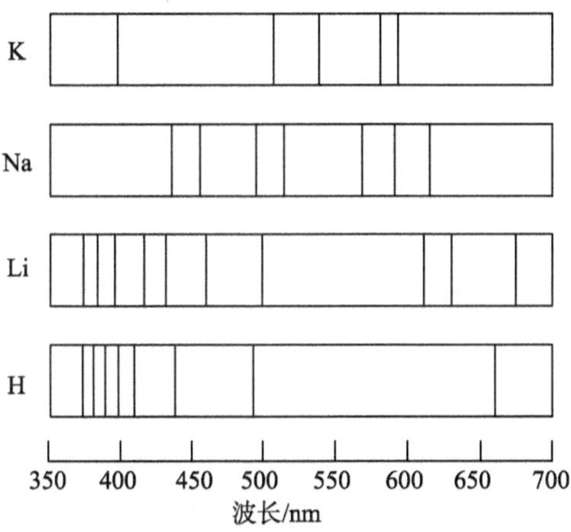

图 14-10　氢和某些碱金属的可见原子光谱

瑞士数学家巴耳末(J.J.Balme)发现似乎毫无规律可言的氢原子可见光的线光谱，其波长可以归结成一个有规律的公式

$$\lambda=B\frac{n^2}{n^2-4}\quad(n=3,4,5,\cdots)\tag{14-22}$$

式中 $B=364.56\ \text{nm}$，人们把这个公式叫作**巴耳末公式**.

光谱学中常用波长的倒数(称为波数)$\tilde{\nu}=\frac{1}{\lambda}$来表征谱线.波数的物理意义是单位长度中波长的数目.引进波数的概念后，里德伯把巴耳末公式改写成

$$\tilde{\nu}=\frac{1}{\lambda}=\frac{4}{B}\left(\frac{1}{2^2}-\frac{1}{n^2}\right)=R_\infty\left(\frac{1}{2^2}-\frac{1}{n^2}\right)\quad(n=3,4,5,\cdots)\tag{14-23}$$

式中 $R_\infty=\frac{4}{B}$，称为**里德伯常量**，$R_\infty=(1.097\ 373\ 153\ 4\pm0.000\ 000\ 001\ 3)\times10^7\ \text{m}^{-1}$.

1890 年，里德伯进一步给出了更普遍的形式：

$$\tilde{\nu}=R_\infty\left(\frac{1}{m^2}-\frac{1}{n^2}\right)=T(m)-T(n)\quad(n>m,n、m\ 均为正整数)\tag{14-24}$$

式中，$T(n)=\frac{R_{\infty}}{n^2}$，称为光谱项.里德伯的这一公式预示着还有其他谱系的存在.果然，十多年后，符合式(14-24)的一些新的谱系相继被发现.氢光谱各谱系被发现的时间如下：

赖曼系(紫外区，1914年发现)：

$$\tilde{\nu}=R_{\infty}\left(\frac{1}{1^2}-\frac{1}{n^2}\right)\quad(n=2,3,4,\cdots)$$

巴耳末系(紫外可见光区，1885年发现)：

$$\tilde{\nu}=R_{\infty}\left(\frac{1}{2^2}-\frac{1}{n^2}\right)\quad(n=3,4,5,\cdots)$$

帕邢系(红外区，1908年发现)：

$$\tilde{\nu}=R_{\infty}\left(\frac{1}{3^2}-\frac{1}{n^2}\right)\quad(n=4,5,6,\cdots)$$

布拉开系(红外区，1922年发现)：

$$\tilde{\nu}=R_{\infty}\left(\frac{1}{4^2}-\frac{1}{n^2}\right)\quad(n=5,6,7,\cdots)$$

普丰德系(红外区，1924年发现)：

$$\tilde{\nu}=R_{\infty}\left(\frac{1}{5^2}-\frac{1}{n^2}\right)\quad(n=6,7,8,\cdots)$$

氢原子光谱的谱线波数都可以用非常简单的式(14-24)表示，这是否意味着氢原子的内部结构也有简单的规律呢?

二、原子结构的有核模型

卢瑟福(E.Rutherford，1871—1937)，英国物理学家，出生于新西兰.他关于放射性的研究确立了放射性是发自原子内部的变化，使人们对物质结构的研究进入原子内部这一新的层次.1912年，卢瑟福根据α粒子散射实验现象提出原子核式结构模型;1919年，卢瑟福在α粒子轰击氮核的实验中证实了质子的存在.鉴于卢瑟福的巨大贡献，他于1908年获得诺贝尔化学奖.

仅仅根据原子光谱的规律性去猜测原子的结构是非常困难的.自从1897年汤姆孙发现电子以后，人们就知道，原子中除有电子以外，一定还存在着带正电的部分，而且原子内正、负电荷应该相等.在原子中，电子和正电荷如何分布，就成了19世纪末、20世纪初物理学的重要研究课题之一.1912年，卢瑟福根据α粒子大角度散射的实验结果建立了**原子的有核模型**(图14-11).按这一模型，原子有一个带正电的核，称为原子核，原子核半径很小，它集中了几乎全部原子的质量;在原子核周围，分布着带负电的电子，电子数等于原子核带的正电荷数，原子呈电中性，电子绕原子核不停地转动.卢瑟福的原子核式结构模型虽然解释了α粒子散射实验的结果，但是它与经

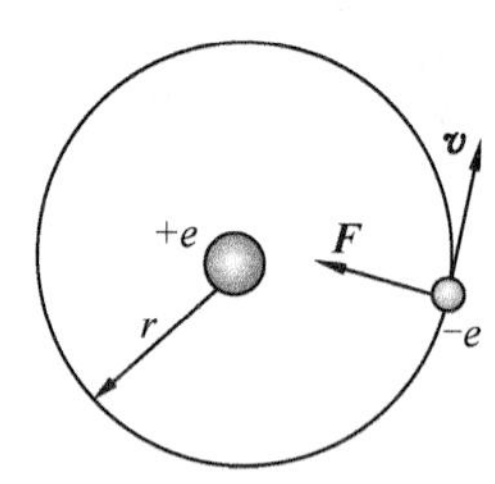

图14-11 氢原子的核式结构模型

典的电磁理论有着深刻的矛盾，这主要表现为：

(1) 按经典电磁理论，做加速运动的电子要不断地辐射电磁波而损失能量，由于原子能量的不断损失，因此电子离核的距离将越来越小，最终电子会被吸引到核上去，即产生“坍塌”(图 14-12).以氢原子为例，如果开始时电子轨道半径为 10^{-10} m，则大约只要经过 10^{-10} s 的时间，电子就会落到原子核上，这就不可能有稳定的原子存在.但实验事实告诉我们，在一般情况下，原子是稳定的.

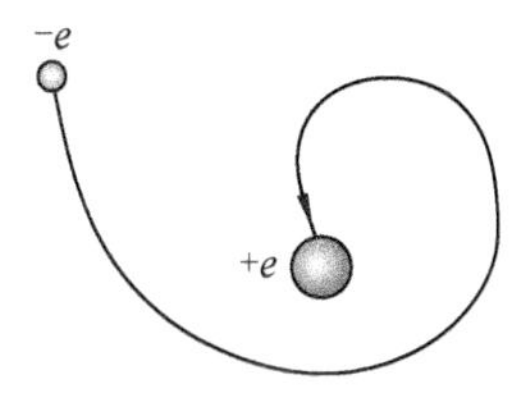

图 14-12 氢原子的“坍塌”

(2) 由于按经典电磁理论，电子绕核运动的频率与其辐射电磁波的频率应该相同，随着电子轨道的缩小，其旋转频率将不断增加，因此辐射电磁波的频率应连续变化，成为连续谱，而事实是原子光谱为线光谱并具有确定的规律性.

三、玻尔理论的基本假设

玻尔(N.H.D.Bohr，1885—1962)，丹麦理论物理学家，哥本哈根学派的创始人.1911 年，他来到剑桥由汤姆孙主持的卡文迪许实验室，几个月后转赴曼彻斯特，参加了以卢瑟福为首的科学集体，从此和卢瑟福建立了长期的密切关系.他坚信卢瑟福的有核模型，认为要解决原子的稳定性问题，必须用量子概念对经典物理来一番改造.他在 1913 年发表的长篇论文《论原子构造和分子构造》中创立了原子结构理论，为 20 世纪原子物理学开辟了道路.1921 年，在玻尔的倡议下成立了哥本哈根大学理论物理学研究所，创立了著名的理论物理研究的哥本哈根学派.玻尔的成功，使量子理论取得了重大进展，推动了量子物理学的形成，具有划时代的意义.为此，玻尔于 1922 年 12 月 10 日诺贝尔诞生 100 周年之际，在瑞典首都接受了当年的诺贝尔物理学奖.

如何解释原子的稳定性和氢原子线状光谱的实验事实呢？1913 年，丹麦青年物理学家玻尔在卢瑟福的原子核式结构模型基础上，根据当时刚刚萌芽的普朗克量子论(1900 年)和爱因斯坦光量子理论(1905 年)，提出了早期的氢原子量子理论，从理论上解释了氢原子光谱的规律.玻尔理论由三个基本假设构成：

(1) 定态假设：原子系统存在某些稳定状态，这些状态称为定态.在这些定态中，电子能围绕原子核做圆周运动而不辐射能量，原子定态的能量只能取某些分立的能量值.

(2) 动量矩量子化条件：电子在绕原子核运动时，只有电子的动量矩 L 等于 $\hbar\left(\hbar=\dfrac{h}{2\pi}\right)$ 的整数倍的那些轨道才是稳定的，即

$$L=n\hbar \quad (n=1,2,3,\cdots) \tag{14-25}$$

式中，h 是普朗克常量，n 称为主量子数.

(3) 频率条件：当原子中电子从能量为 E_n 的定态轨道跃迁到能量为 E_m 的定态轨道，原子才发射或吸收电磁波，其频率由

$$\nu=\frac{|E_n-E_m|}{h} \tag{14-26}$$

决定.若 $E_n>E_m$,原子发射光子;若 $E_n<E_m$,原子吸收光子.

在这三条假设中,第一条是经验性的,它解决了原子稳定性的问题;第二条所表述的动量矩量子化是玻尔根据对应原理的精神提出的;至于第三条假设,玻尔认为它虽然与通常的电动力学概念有明显的矛盾,但为了解释原子光谱的分立特征,这一条假设是必须的.

四、氢原子的能级和光谱

从玻尔三条假设出发可以推得氢原子中电子轨道半径和能级公式,并解释氢原子光谱的规律.

1. 轨道半径与速率

设氢原子核的质量为 M,电荷量为 e,电子的质量为 m_0.由于 $M\gg m_0$,因此可设核不动.很显然,电子以速率 v_n 绕核做半径为 r_n 的圆周运动的向心力由静电力提供,即

$$\frac{1}{4\pi\varepsilon_0}\frac{e^2}{r_n{}^2}=m_0\frac{v_n{}^2}{r_n} \tag{14-27}$$

由动量矩量子化条件,有

$$m_0v_nr_n=n\frac{h}{2\pi}$$

由上面两式易得

$$r_n=n^2\left(\frac{\varepsilon_0h^2}{\pi m_0e^2}\right)\quad(n=1,2,3,\cdots) \tag{14-28}$$

或写为

$$r_n=n^2r_1\quad(n=1,2,3,\cdots) \tag{14-29}$$

式中,$r_1=a_0=\dfrac{\varepsilon_0h^2}{\pi m_0e^2}=(5.291\ 772\ 49\pm0.000\ 000\ 24)\times10^{-11}$ m,a_0 称为**玻尔半径**.由式(14-29)可知,电子绕核运动的轨道半径是不连续的,其可能值为 $a_0,4a_0,9a_0,16a_0,\cdots$.人们注意到,$a_0$ 的数量级与经典统计所估计的分子半径相符合,这初步显示出玻尔理论的正确性.图 14-13 表示出了电子轨道的相对尺寸.

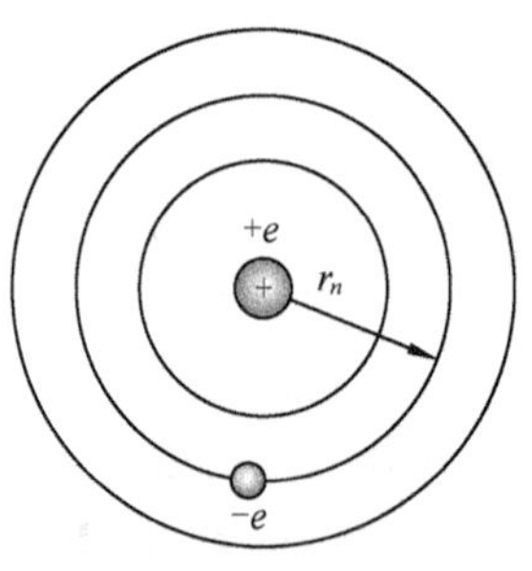

图 14-13　电子轨道的相对尺寸

我们在第 4 章学习了相对论,在上面的计算中是否要考虑相对论效应呢?为此我们可以看看电子运动的速率有多大.

把式(14-28)代入式(14-27),有

$$v_n=\frac{nh}{2\pi m_0r_n}=\left(\frac{e^2}{2\varepsilon_0h}\right)\frac{1}{n}=\frac{v_1}{n}\quad(n=1,2,3,\cdots)$$

式中,$v_1=\dfrac{e^2}{2\varepsilon_0h}$,当 $n=1$ 时,电子速率最大,即最大速率 $v_1=\dfrac{e^2}{2\varepsilon_0h}=2.18\times10^6\ \text{m}\cdot\text{s}^{-1}$,约为光速的百分之一,因此相对论效应不显著.

2. 原子系统的能量

电子的动能为

$$E_k=\frac{1}{2}m_0 v_n^{\ 2}$$

如果规定电子离核无穷远时势能为零,则原子系统的势能为

$$E_p=-\frac{e^2}{4\pi\varepsilon_0 r_n}$$

氢原子系统的能量为

$$E_n=E_k+E_p=\frac{1}{2}m_0 v_n^{\ 2}-\frac{e^2}{4\pi\varepsilon_0 r_n} \tag{14-30}$$

将上面求出的 v_n 和 r_n 公式代入式(14-30),得

$$E_n=-\frac{m_0 e^4}{8\varepsilon_0^{\ 2}h^2 n^2} \tag{14-31}$$

当 $n=1$ 时,原子的能量最低,即

$$E_1=-\frac{m_0 e^4}{8\varepsilon_0^{\ 2}h^2}=-13.6\ \text{eV} \tag{14-32}$$

这样,氢原子的能量可表示为

$$E_n=\frac{E_1}{n^2}=-\frac{13.6}{n^2}\ \text{eV} \tag{14-33}$$

一般情况下,原子处于能量最低的状态,此状态称为**基态**.根据氢原子的基态能量,可以得到氢原子的基态电离能为 13.6 eV,这一数值与实验测得的氢的电离能值(13.599 eV)吻合得很好.进一步由式(14-33)可以看出,对于 n 取 1,2,3,…时,氢原子所具有的能量为 $E_1,\frac{E_1}{4},\frac{E_1}{9},\cdots$.这就是说,氢原子具有的能量 E 是不连续的.这一系列分立值就构成了通常所说的能级.式(14-33)就是玻尔理论的氢原子能级公式.此外,从式(14-33)中还可看出,原子能量都是负值.这说明原子中的电子没有足够的能量,就不能脱离原子核对它的束缚.

如上所述,氢原子能级是与电子所处的轨道相对应的.电子受到外界激发时,可从基态跃迁到较高的$\frac{E_1}{4},\frac{E_1}{9}$等能级上,这些能级对应的状态叫作**激发态**,而电子所处的对应轨道半径就是 $4a_0,9a_0,\cdots$.

1914 年,夫兰克(J.Franck)和赫兹在研究中发现电子与原子发生非弹性碰撞时能量的转移是量子化的.他们的精确测量结果表明,电子与汞原子碰撞时,电子损失的能量严格地保持为 4.9 eV,即汞原子只接收 4.9 eV 的能量.这个事实直接证明了汞原子具有玻尔所设想的那种“完全确定的、互相分立的能量状态”,是对玻尔模型的第一个决定性的证据.由于他们的工作对原子物理学的发展起了重要作用,因此他们共同获得了 1925 年的诺贝尔物理学奖.

3. 玻尔理论对氢原子光谱的解释

由玻尔的频率条件,原子中电子从较高能级 E_n 跃迁到某一较低能级 E_m 时,发射一个光子,其频率为

$$\nu=\frac{1}{h}(E_n-E_m)$$

由波数 $\tilde{\nu}=\frac{1}{\lambda}=\frac{\nu}{c}$,有

$$\tilde{\nu}=\frac{1}{hc}(E_n-E_m) \tag{14-34}$$

把式(14-31)代入上式,得

$$\tilde{\nu}=\frac{m_0e^4}{8\varepsilon_0^2h^3c}\left(\frac{1}{m^2}-\frac{1}{n^2}\right)=R_{\mathrm{H}}\left(\frac{1}{m^2}-\frac{1}{n^2}\right) \tag{14-35}$$

式(14-35)与式(14-24)的形式完全一样.同时可以由式(14-35)算得 $R_{\mathrm{H}}=\frac{m_0e^4}{8\varepsilon_0^2h^3c}=1.093\,731\times10^7\ \mathrm{m^{-1}}$,与实验测得的里德伯常量符合得很好.

根据式(14-35),从 $n\geqslant m+1$ 的诸能级分别向 $m=1,2,3,4$ 的能级跃迁,将分别产生赖曼系、巴耳末系、帕邢系和布拉开系(图 14-14).这些由玻尔氢原子理论得出的谱系与实验得出的谱系符合得很好,这说明氢原子的玻尔理论可较好地解释氢原子光谱的规律性.

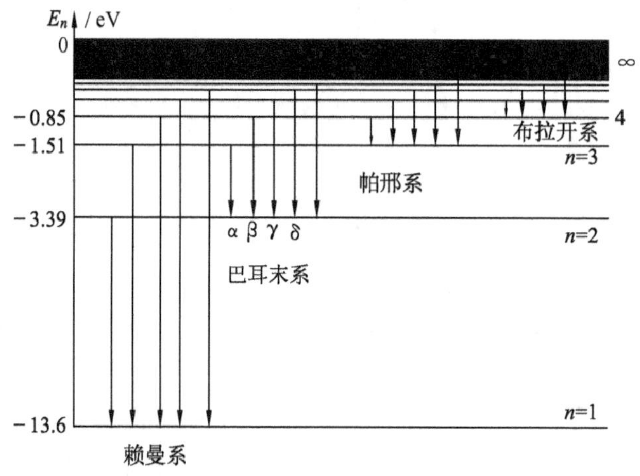

图 14-14　氢原子能级跃迁与光谱系之间的关系

五、玻尔理论的局限性

玻尔理论也有局限性,对于比氢原子略为复杂的原子,如氦原子,玻尔理论就遇到了极大的困难,无法解释它的光谱现象.即使对氢原子,玻尔理论也只能给出氢原子谱线的位置,而无法解释谱线的强度、宽度、偏振等现象.

就玻尔理论本身而言,它的理论结构是矛盾的,它是量子化条件和经典理论的混合物.一方面他承认经典理论的规律,另一方面又人为地加上与经典理论基本概念相矛盾的量子化条件.具体地说,就是一方面把电子、原子核视为经典力学中的质点而运用牛顿运

动规律;另一方面又假定电子处于定态时,可以不辐射也不吸收能量,不受经典电磁理论的约束,这显然是自相矛盾的.

尽管如此,玻尔理论在原子物理学中乃至近代物理学中发挥着承前启后的作用,玻尔理论好像一座桥梁,它的一端架在经典概念的基础上,另一端则把人们引向量子世界.

[例 14-8] 以动能为 12.5 eV 的电子通过碰撞使氢原子激发,氢原子最高能被激发到哪一能级?当原子从激发态回到基态时,能产生哪些谱线?

解 若电子的能量全部被氢原子吸收,则

$$E_n - E_1 = h\nu = hc\tilde{\nu} = Rhc\left(1-\frac{1}{n^2}\right)$$

将 $E_n - E_1 = 12.5$ eV 代入,得 $n=3.5$.

由于 n 只能取整数,所以氢原子最高能激发到 $n=3$ 的能级,于是产生的谱线有

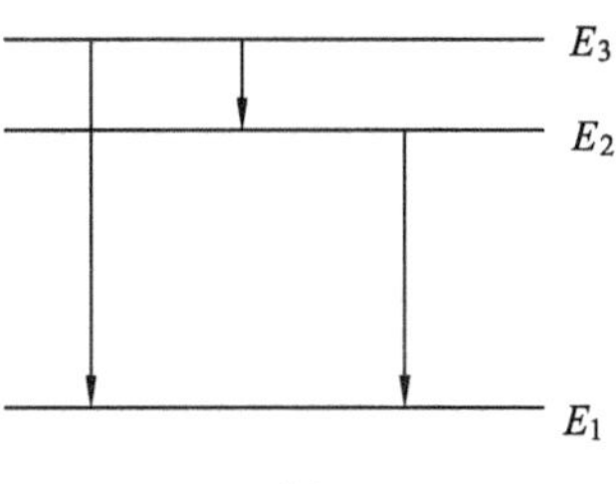

图 14-15 例 14-8 图

从 3→1:

$$\tilde{\nu}_1 = R\left(\frac{1}{1^2}-\frac{1}{3^2}\right)=\frac{8}{9}R, \lambda_1=\frac{1}{\tilde{\nu}_1}=\frac{9}{8R}=102.9\ \text{nm}$$

从 2→1:

$$\tilde{\nu}_2 = R\left(\frac{1}{1^2}-\frac{1}{2^2}\right)=\frac{3}{4}R, \lambda_2=\frac{1}{\tilde{\nu}_2}=121.9\ \text{nm}$$

从 3→2:

$$\tilde{\nu}_3 = R\left(\frac{1}{2^2}-\frac{1}{3^2}\right)=\frac{5}{36}R, \lambda_3=\frac{1}{\tilde{\nu}_3}=658.3\ \text{nm}$$

共三条谱线,如图 14-15 所示.

[例 14-9] 氢原子中电子在 $n=2$ 轨道上的电离能是多少?氢原子能否吸收 15 eV 的光子?

解 根据电离能的定义,在 $n=2$ 轨道上电子的电离能

$$\Delta E = E_\infty - E_2 = 0-(-3.39)\ \text{eV} = 3.39\ \text{eV}$$

氢原子基态的电离能为 13.6 eV,其他轨道的电离能较小,故氢原子能吸收15 eV的光子.氢原子吸收此光子后,电子将脱离原子核的束缚并以一定的速度自由运动.

课题研究

阴极射线的本性探究

阴极射线是由德国物理学家普吕克尔(J.Plucker)在 1858 年进行低压气体放电研究的过程中发现的.但是,直到 1897 年,人们才真正从实验上确认阴极射线是电子流.请根据你能找到的参考书、网上资料进行以下研究.

(1) 气体有哪些放电形式?日光灯中气体采用哪种放电形式?

(2) 为什么在当时确认阴极射线的本性这么困难?

(3) 你能从电子的发现过程中得到哪些启示?

14-5 德布罗意波及其统计解释

德布罗意(L.V. Broglie,1892—1987),法国著名理论物理学家,物质波理论的创立者,量子力学的奠基人之一.德布罗意原来学习历史,后来从他哥哥那里了解到普朗克和爱因斯坦关于量子方面的工作,这引起了他对物理学的极大兴趣.经过一番思想斗争之后,德布罗意终于放弃了已决定的研究法国历史的计划,选择了物理学的研究道路.他善于用历史的观点、类比的方法分析问题.1923 年 9 月和 10 月,德布罗意发表了三篇关于物质波的论文,创立了物质波理论.1924 年 11 月,他以题为《量子理论的研究》的论文通过博士论文答辩,获得博士学位.在这篇论文中,包括了德布罗意那两年取得的一系列重要研究成果,在该文中他还全面论述了物质波理论及其可能的应用.爱因斯坦最早觉察到德布罗意物质波思想的重大意义,誉之为"揭开一幅大幕的一角".1929 年,德布罗意因他的博士论文而获得诺贝尔物理学奖,那时德布罗意关于物质波的假设已被实验所证实.

一、德布罗意假设

在 1923 年到 1924 年间,光具有波粒二象性已被人们所理解和接受.但是,其粒子性早已为人们所认识的电子是否也具有波动性呢? 1924 年,德布罗意在题为《量子理论的研究》的博士论文中提出:实物粒子具有波动性.

按德布罗意假设,能量为 E、动量为 p 的实物粒子的频率 ν 和波长 λ 可表示为

$$\nu=\frac{E}{h} \tag{14-36}$$

$$\lambda=\frac{h}{p} \tag{14-37}$$

这种波称为**物质波**,又称为**德布罗意波**,λ 称为德布罗意波长,式(14-37)称为**德布罗意公式**.上两式既含有描述波动性的物理量 ν 和 λ,又包含描述粒子性的物理量 E 和 p,从而确定了粒子性和波动性之间的联系.

若已知一个自由粒子的动量或动能,根据式(14-37)可计算出相应的德布罗意波长为

$$\lambda=\frac{h}{p}=\frac{h}{m_0 v}\sqrt{1-\left(\frac{v}{c}\right)^2} \tag{14-38}$$

在 $v \ll c$ 时,有

$$\lambda=\frac{h}{m_0 v} \tag{14-39}$$

由动能 $E_k=\frac{1}{2}m_0 v^2$,有

$$\lambda=\frac{h}{\sqrt{2m_0E_k}} \tag{14-40}$$

式(14-40)的计算结果表明，宏观物体的波长极短，因而其波动性难以通过衍射等现象显示出来；但对于微观粒子特别是电子，它们的波长与原子尺度接近，因此在原子范围内，微观粒子的波动性明显地显现出来.

[例 14-10] 分别计算动能为 100 eV 和 10^6 eV 的电子的德布罗意波长.

解 (1) 计算粒子的德布罗意波长时，首先必须判断粒子的属性，然后选用适当的公式.按题设，电子的动能 $E_k=100\ \text{eV}=1.6\times10^{-17}$ J，电子的静能量 $E_0=m_0c^2=9.1\times10^{-31}\times9\times10^{16}\ \text{J}=8.2\times10^{-14}$ J.可知 $E_k\ll E_0$，故这种情况下的电子可视为经典性粒子，其德布罗意波长可按式(14-40)计算.

$$\lambda=\frac{h}{m_0v}=\frac{h}{\sqrt{2m_0E_k}}=\frac{6.63\times10^{-34}}{\sqrt{2\times9.1\times10^{-31}\times1.6\times10^{-17}}}\ \text{m}=0.123\ \text{nm}$$

这个波长的数量级和 X 射线波长的数量级相同.

(2) 当电子的动能 $E_k=10^6\ \text{eV}=1.6\times10^{-13}$ J 时，考虑到 E_k 与 E_0 相当，此电子的运动应用相对论处理，即用 $\lambda=\frac{h}{p}=\frac{h}{mv}=\frac{h}{m_0v}\sqrt{1-\frac{v^2}{c^2}}$ 来计算波长.因本题并不直接知道粒子的速度，所以先导出一个用粒子动能表示的波长公式.

应用相对论动量和能量的关系式以及质能公式

$$E^2=p^2c^2+m_0^2c^4,\quad E=m_0c^2+E_k$$

解出粒子的动量为

$$p=\frac{1}{c}\sqrt{E_k(E_k+2m_0c^2)}$$

因此，电子的德布罗意波长为

$$\begin{aligned}\lambda&=\frac{h}{p}=\frac{hc}{\sqrt{E_k(E_k+2m_0c^2)}}\\&=\frac{6.63\times10^{-34}\times3\times10^8}{\sqrt{1.6\times10^{-13}\times(1.6\times10^{-13}+2\times9.1\times10^{-31}\times9\times10^{16})}}\ \text{m}\\&=8.74\times10^{-4}\ \text{nm}\end{aligned}$$

有的读者先用 $E=h\nu$ 算出粒子的频率，然后利用式

$$\lambda=\frac{v}{\nu}$$

来计算德布罗意波长.这种做法是错误的，因德布罗意波长与频率乘积不等于粒子的运动速度.读者只要比较式 $\lambda=\frac{h}{p}=\frac{h}{mv}=\frac{h}{m_0v}\sqrt{1-\frac{v^2}{c^2}}$ 和式 $\nu=\frac{E}{h}=\frac{mc^2}{h}=\frac{m_0c^2}{h\sqrt{1-\frac{v^2}{c^2}}}$ 便知，$\lambda=\frac{\frac{c^2}{v}}{\nu}\neq\frac{v}{\nu}$.

[例 14-11] 计算 $m=0.01\ \mathrm{kg}$,$v=300\ \mathrm{m\cdot s^{-1}}$的子弹的德布罗意波长.

解 因 $v\ll c$,故有

$$\lambda=\frac{h}{p}=\frac{h}{mv}=\frac{6.63\times10^{-34}}{0.01\times300}\ \mathrm{m}=2.21\times10^{-34}\ \mathrm{m}$$

可见,λ 极其微小.因为宏观物体的波长小到实验难以测量,所以宏观物体只表现出粒子性.

德布罗意公式的提出只能看作一种假设,正确与否必须由实验来检验.正如例题结果那样,电子的动能 $E_k=100\ \mathrm{eV}$ 时,其德布罗意波长已与 X 射线的波长相当.如果电子真有波动性,那就可以用类似 X 射线衍射的方法来观察到这种可能的波动性.1925 年,在贝尔实验室,为了研究镍表面的性质,戴维森(C.J.Davisson)与革末(L.H.Germer)将电子枪灯丝 K 发出的电子加速后(加速电压 U)入射于一块多晶镍靶上,用电子探测器 B 测量电子的散射规律(图 14-16).在通常情况下,散射电子束的强度 I 随散射角 θ 呈现平滑的变化.但是,在一次实验中,为了消除真空室漏气引起的氧化膜,他们不得不对镍靶高温加热,从而在样品上出现较大面积的单晶区.他们继续细心地测量从加热后的镍靶 M 散射到每个角度的电子,发现散射电子束竟然在一定角度 θ 处出现一个明显的极大值! 1926 年,当戴维森了解到物质波的概念后,立即意识到这很可能就是电子衍射的证据.在反复实验后,1927 年,戴维森与革末宣布了他们发现的电子衍射现象.戴维森-革末实验说明电子有与 X 射线类似的波动性.

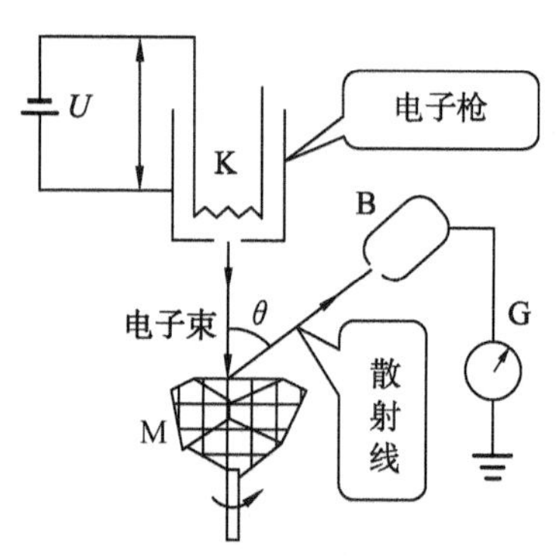

图 14-16 戴维森-革末实验示意图

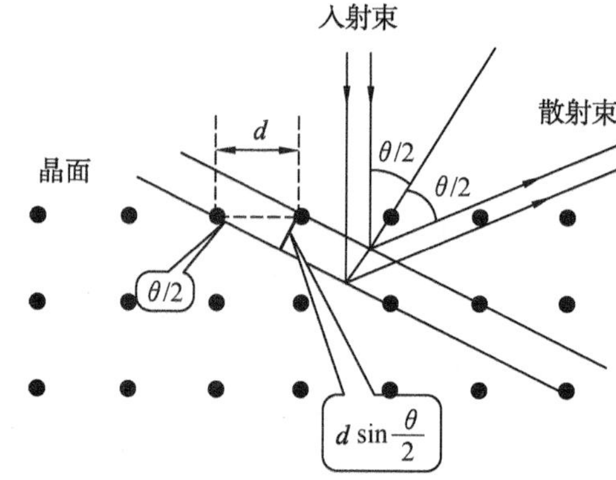

图 14-17 两相邻晶面散射电子束的干涉

设德布罗意波长为 λ 的电子束垂直入射到镍单晶表面.就像 X 衍射那样,可把晶体点阵看成一个反射式衍射光栅.设晶体中原子间距为 d(图 14-17),则从两个相邻平行晶面散射的电子束相干加强的条件为

$$\Delta=2d\sin\frac{\theta}{2}\cos\frac{\theta}{2}=k\lambda\quad(k=1,2,3,\cdots)$$

即

$$d\sin\theta=k\lambda$$

根据德布罗意公式并考虑到电子动能 $E_k=eU$,有

$$\lambda=\frac{h}{mv}=\frac{h}{\sqrt{2mE_k}}=\frac{h}{\sqrt{2meU}}$$

由上面两式可得

$$\sin\theta=\frac{kh}{d}\sqrt{\frac{1}{2meU}}$$

已知镍晶体原子间距 $d=0.215$ nm，把 d、e、m、h 和选用的加速电压 $U=54$ V 代入上式，得

$$\sin\theta=0.777k$$

因 k 是整数，所以只有 k 取 1 时，$\sin\theta$ 才能小于 1，故由上式可得

$$k=1,\quad \theta=51^\circ$$

如果在实验中能测得 $\theta=51^\circ$处散射波得到加强，那就说明德布罗意假设是正确的，即电子确实具有波动性.令人高兴的是，从实验得出的散射电子束强度分布图的 $\theta=50^\circ$处果真出现峰值(图 14-18)，这与理论计算值相差很小.这表明，德布罗意关于实物粒子具有波动性的假设首次得到了实验证实.

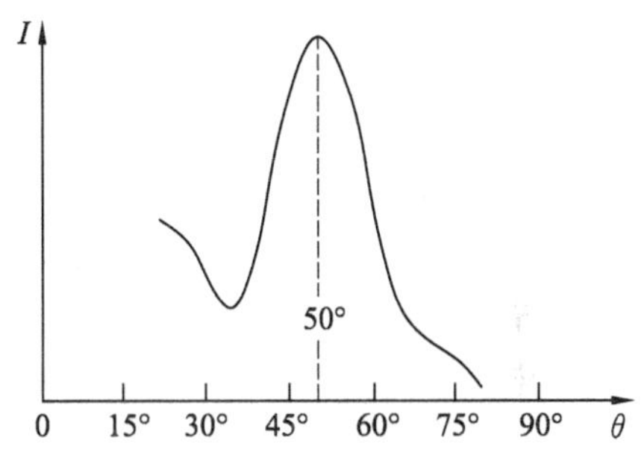

图 14-18 散射电子束强度与角度 θ 的关系

在戴维森和革末利用电子在晶面上的散射，证实了电子的波动性的同一年，英国物理学家汤姆孙(G.P.Thomson)进行了又一个电子衍射实验.如图 14-19 所示，电子从灯丝 K 逸出后，经过加速电压 U 的加速后，再通过小孔 D，成为一束很细的平行电子束，其能量约为数千电子伏.当电子束穿过一多晶薄片 M 后，再射到照相底片 P 上，就获得了如图 14-20 所示的圆环状电子衍射花样，这一结果同样证实了电子具有波动性.

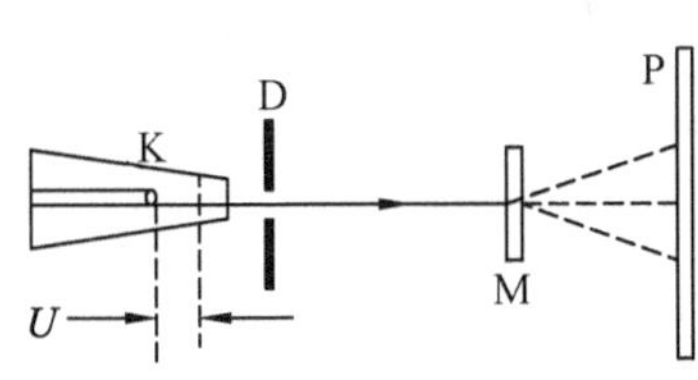

图 14-19 汤姆孙电子衍射实验

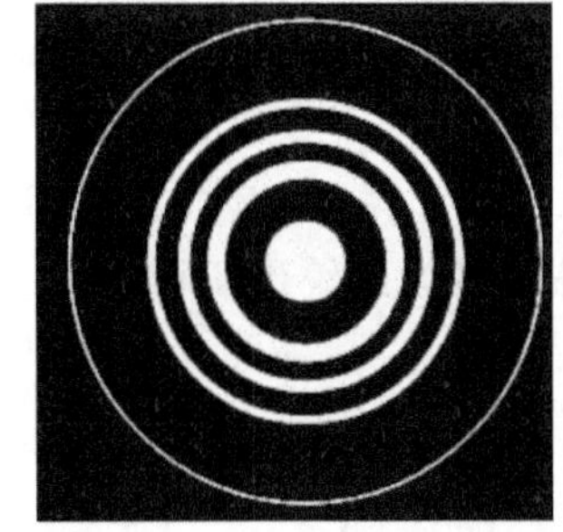
图 14-20 电子束透过多晶金属箔的衍射

应该指出的是，证实电子波动性的最著名的实验是电子通过狭缝的衍射实验.考虑到电子的波长很小，因此实验狭缝必须做得极细.直到 1961 年，约恩孙(C.Jonsson)才制出符合条件的单峰、双缝和多缝.约恩孙发现用50 kV 的加速电压加速电子，使电子束分别通过单缝、双缝……五缝，均可得到衍射图样.图 14-21是电子通过单缝和双缝的衍射图样，可见，电子单、双缝衍射图样与可见光通过单、双缝的衍射图样在模式上完全一样.2002 年，电子双缝衍射实验被物理学家评为十大最美物理实验之一.另外，人们也对 α 粒子束、低能中子束进行了类似的实验，同样发现了它们的衍射效应.

根据这些实验结果,我们可以说,实物粒子和光子一样都具有波粒二象性,其波长可以由德布罗意公式算出.

(a) 单缝

(b) 双缝

图 14-21　电子通过狭缝的衍射图样

微观粒子的波动性的一个重要应用就是1932年德国人鲁斯卡(E.Ruska)的电子显微镜的发明.电子显微镜的成像原理与光学显微镜类似,只不过电子束是由磁透镜聚焦后照射在样品表面上形成衍射图像的.在光学里,我们知道,光学仪器的分辨本领与波长成反比,波长越短,分辨本领越高.普通的光学显微镜由于受可见光波长的限制,分辨本领一般不超过几百纳米.而电子的德布罗意波长比可见光短得多.当加速电压为几百伏时,按照德布罗意公式,电子的波长和X射线相近.如果加速电压增大到几十万伏以上,则电子的波长更短.鉴于目前电子显微镜的分辨率已达0.2 nm,电子显微镜在材料科学、生物、医学等方面已经得到越来越广泛的应用.

二、德布罗意波的统计解释

按照经典物理,粒子是实物的集中状态,波是实物的散开形态.显然,运用经典波和经典粒子的概念,粒子与波的确难以统一到一个客体上去.那么,如何正确理解微观粒子的波粒二象性呢?爱因斯坦曾经指出,从统计的角度来看,光强的地方,光子到达的概率大;光弱的地方,光子到达的概率小.据此,玻恩(M.Born)认为:从粒子的观点来看,电子衍射图样的出现,是由于电子射到各处的概率不同而引起的,电子密集的地方表示电子到达该处的概率大,电子稀疏的地方表示电子到达该处的概率小;而从波动的观点来看,电子密集的地方表示电子波的强度大,电子稀疏的地方表示电子波的强度小.所以说,某处附近电子出现的概率就反映了在该处德布罗意波的强度.对其他微观粒子的衍射现象,也可以作同样的解释.普遍地说,**在某处德布罗意波的强度与粒子在该处附近出现的概率成正比**,这就是**德布罗意波的统计解释**.

课题研究

电子双缝衍射实验

电子双缝衍射实验被选为十大最美的物理实验之一.德布罗意早就指出电子具有波动性,但直到1961年,约恩孙才完成电子双缝衍射实验.根据你对粒子波粒二象性的理解和网上资料进行以下探究.

(1) 电子双缝衍射实验"美"在何处?

(2) 约恩孙为了完成电子双缝衍射实验,克服了哪些困难?

(3) 如何解释电子双缝衍射花样?

14-6　不确定关系

海森堡(W. K. Heisenberg，1901—1976)，德国理论物理学家. 1925年，海森堡和玻恩等一起创立了量子力学的一种表达方式——矩阵力学；1927年，他提出了不确定关系及物质波的概率解释. 由于他在量子力学研究上的重大贡献，海森堡获得1932年诺贝尔物理学奖，并获得普朗克奖章.

在经典力学里，粒子的运动状态可以用坐标和动量来描述，按照牛顿第二定律，可以同时准确地测定粒子(质点)在任意时刻的坐标和动量. 然而，对于具有波粒二象性的微观粒子来说，是否也能用确定的坐标和确定的动量来描述其运动状态呢？下面以单缝衍射为例说明这个问题.

设一束电子以速度$\boldsymbol{v}$沿 y 轴方向运动，经宽度为 b 的单缝衍射后，在照相底片上形成类同于光的单缝衍射那样的衍射图样，如图14-22所示. 假设可以用坐标 x 和动量 p 来描述电子的运动状态，那么电子在通过单缝的瞬间，其坐标 x 又是多少呢？对此我们虽然无法确定电子究竟从狭缝上哪一点通过，但我们可以确定电子在通过狭缝时的坐标范围 Δx，即

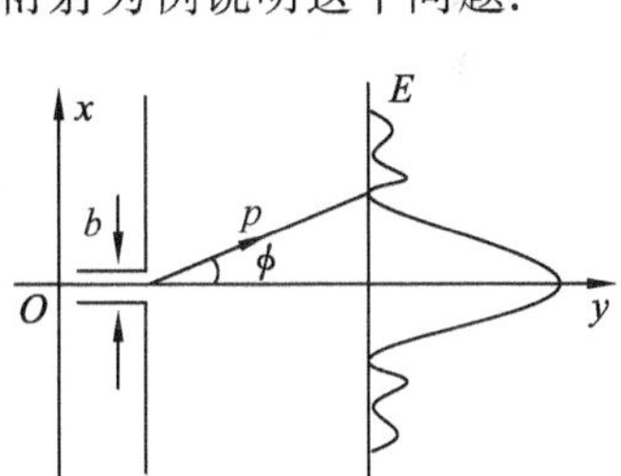

图14-22　电子单缝衍射示意图

$$\Delta x = b \tag{14-41}$$

这就是说，电子的位置有一个不确定量 Δx.

与此同时，由于单缝衍射的缘故，有些电子偏离 y 轴而运动，这表明在狭缝处有些电子动量方向发生了变化. 若只考虑单缝衍射中央明条纹，则电子动量被限制在两个第1级衍射极小之间，落到中央明条纹中心处的电子 $p_x=0$，而落到第1级衍射极小处的电子 $p_x=p\sin\phi$. 因此狭缝处电子动量的 x 分量也有一个不确定量，其值为

$$\Delta p_x = p\sin\phi \tag{14-42}$$

由光学中的单缝衍射极小条件，第1级衍射极小的衍射角 ϕ 满足

$$\sin\phi = \frac{\lambda}{b} = \frac{\lambda}{\Delta x}$$

将上式代入式(14-42)，得

$$\Delta p_x = p\,\frac{\lambda}{\Delta x}$$

将电子的德布罗意波长 $\lambda=\dfrac{h}{p}$ 代入上式，有

$$\Delta p_x = \frac{h}{\Delta x}$$

即
$$\Delta x \Delta p_x = h$$

一般说来,如果把衍射图样的次级也考虑在内,上式应改写成

$$\Delta x \Delta p_x \geqslant h \tag{14-43}$$

式(14-43)称为**不确定关系**,它是海森堡于 1927 年提出的,因此也称为**海森堡不确定关系**.

以后从量子力学出发进行严密证明,可得出海森堡不确定关系的最终形式为

$$\Delta x \Delta p_x \geqslant \frac{\hbar}{2}\left(\hbar = \frac{h}{2\pi}\right) \tag{14-44}$$

式中 $\hbar$ 也常称为普朗克常量.

海森堡不确定关系说明,粒子位置测量得越准确(Δx 越小),则动量越不能准确测量(Δp_x 越大);反之亦然.不管测量技术如何高超,人们都不可能同时精确地测量微观粒子在同一方向上的坐标和动量,它们的乘积总是大于或等于 $\hbar$.然而,应该强调的是,作用量子 h 是一个极小的量,其数量级仅为 10^{-34} J·s,远小于宏观物理量的测量精度,所以说不确定关系只对微观粒子起作用,而对宏观物体就不起作用了,这也说明了为什么经典力学对宏观物体仍是十分有效的.

讨论与思考:除了位置和动量的不确定关系外,时间 t 和能量 E 也存在类似的不确定关系:

$$\Delta E \cdot \Delta t \geqslant \frac{\hbar}{2} \tag{14-45}$$

式中,ΔE 表示粒子能量的不确定量,Δt 表示粒子在该能态上停留时间的不确定量.你能根据式(14-44)及自己掌握的其他知识证明式(14-45)吗?

[例 14-12] 假定电子和质量为 0.01 kg 的子弹都沿 x 轴方向以400 m·s^{-1}的速度运动,试比较它们的位置不确定量.设速度测量误差均为 0.01%.

解 由不确定关系 $\Delta x \Delta p_x \geqslant \frac{\hbar}{2}$,有

$$\Delta x \geqslant \frac{\hbar}{2\Delta p_x}$$

对电子:

$$\Delta p_x = 9.11\times10^{-31}\times400\times0.01\% \text{ kg}\cdot\text{m}\cdot\text{s}^{-1} = 3.6\times10^{-32} \text{ kg}\cdot\text{m}\cdot\text{s}^{-1}$$

故
$$\Delta x \geqslant \frac{\hbar}{2\Delta p_x} = \frac{6.63\times10^{-34}}{2\times3.6\times10^{-32}\times2\times3.14} \text{ m} = 1.5\times10^{-3} \text{ m}$$

这时电子位置的不确定量约为毫米数量级,与原子线度相比"大得惊人",因此不能用经典力学方法来处理电子的运动.

对子弹:

$$\Delta p_x = 0.01\times400\times0.01\% \text{ kg}\cdot\text{m}\cdot\text{s}^{-1} = 4.0\times10^{-4} \text{ kg}\cdot\text{m}\cdot\text{s}^{-1}$$

故

$$\Delta x \geqslant \frac{\hbar}{2\Delta p_x} = \frac{6.63\times10^{-34}}{2\times4.0\times10^{-4}\times2\times3.14} \text{ m} = 1.3\times10^{-31} \text{ m}$$

这个不确定量相对于子弹的线度来说非常小,因此可用经典力学处理子弹的运动.

14-7 波函数 薛定谔方程

在前面章节的学习中,我们已经知道微观粒子有着与宏观物体不同的属性和规律.经典理论对微观世界不再适用,必须建立正确反映微观世界客观规律的理论.在一系列实验的基础上,经过德布罗意、薛定谔、海森堡、玻恩和狄拉克(P.A.M.Driac)等人的工作,建立了反映微观粒子属性和规律的量子力学.

这一节简要介绍非相对论性量子力学的一些最基本的概念和薛定谔方程.考虑到数学基础的限制,本节只着重介绍薛定谔方程建立的思路,用薛定谔方程处理一维“无限深”势阱的方法,从中了解量子力学的主要精神.

一、波函数及其统计意义

德布罗意假设虽然已经得到实验的验证,但电子、中子、质子等微观粒子的运动应当如何描述呢?或者说对“物质波”该如何描述呢?薛定谔认为微观粒子也可像声波或光波那样用**波函数**(或称**波动方程**)来描述它们的波动性,只不过微观粒子波函数中的频率和能量的关系、波长和动量的关系,应如同光的波粒二象性关系那样,遵从德布罗意提出的物质波关系式而已.虽然微观粒子的波动性与机械波(如声波)的波动性有着本质的不同,但从机械波的波函数出发可以较直观地得出电子等微观粒子的波函数.当然,如此所得的结果是否可靠,最终还要由实验来检验.

我们知道,经典力学中,一个沿 x 轴正向传播的频率为 ν、波长为 λ 的平面波的波函数可表示为

$$y(x,t)=A\cos\left[2\pi\left(\nu t-\frac{x}{\lambda}\right)\right] \tag{14-46}$$

在波动理论中,为便于运算,常将波函数写成复数形式

$$y(x,t)=A\mathrm{e}^{-\mathrm{i}2\pi\left(\nu t-\frac{x}{\lambda}\right)} \tag{14-47}$$

在量子力学中,用波函数 $\psi(x,t)$ 描述微观粒子的运动状态,对于能量为 E、动量为 p 的自由粒子,我们可以用与机械波类比的方法确定微观粒子的波函数.

由德布罗意公式,有

$$\nu=\frac{E}{h},\lambda=\frac{h}{p}$$

把上面两式代入式(14-47),可得

$$\psi(x,t)=\psi_0\mathrm{e}^{-\frac{\mathrm{i}}{\hbar}(Et-px)} \tag{14-48}$$

式(14-48)中已经用 $\psi(x,t)$ 表示波函数,用 ψ_0 表示其振幅,$\frac{Et-px}{\hbar}$ 代表波的相位.显然,波函数 $\psi(x,t)$ 是时间和坐标的函数.

对沿任意方向运动的自由粒子,其相应的波函数可表示为

$$\psi(\boldsymbol{r},t)=\psi_0 e^{-\frac{i}{\hbar}(Et-\boldsymbol{p}\cdot\boldsymbol{r})} \tag{14-49}$$

波函数具有怎样的物理意义呢? 前面论述德布罗意波的统计意义时曾指出,实物粒子在某处附近出现的概率是与该处波的强度成正比的.在波动光学中,我们知道,光波的强度与光振动振幅的平方成正比,由此我们也可以说,粒子在某处附近出现的概率是与该处波的振幅的平方成正比的.由式(14-48)知,波函数通常为复数,波函数振幅的平方为

$$|\psi|^2=\psi\psi^* \tag{14-50}$$

ψ^* 为波函数 ψ 的共轭复数.某时刻在某点附近发现粒子的概率还与该点附近区域体积元 dV 的大小有关,即某时刻在某点附近发现粒子的概率正比于

$$|\psi|^2 dV=\psi\psi^* dV \tag{14-51}$$

式中,$|\psi|^2=\psi\psi^*$ 为粒子出现在某点附近单位体积元中的概率,也叫**概率密度**.总的来说,**在空间某处波函数的平方跟粒子在该处出现的概率成正比,这就是波函数的统计意义**.因此,德布罗意波是概率波.波函数的统计意义是玻恩在 1926 年提出来的,为此,他获得了 1954 年的诺贝尔物理学奖.

由于粒子出现在某点附近单位体积元中的概率不能突变,因此波函数必须是单值、连续和有限的.对于某个粒子,它要么出现在空间的这一区域,要么出现在空间的另一区域,而在整个空间粒子出现的概率总和必定等于 1,即

$$\int_V |\psi|^2 dV=1 \tag{14-52}$$

上式称为波函数的**归一化条件**.满足式(14-52)的波函数,叫作归一化波函数.

综上所述,波函数必须是单值、连续、有限和归一化的,这就是波函数所要求的**标准条件**.

二、薛定谔方程

薛定谔(E. Schrödinger,1887—1961),奥地利理论物理学家,波动力学的创始人.1925 年至 1926 年间,薛定谔在德布罗意物质波假说的启发下,提出了对应于波动光学的波动力学方程,奠定了波动力学的基础.他在《量子化就是本征值问题》的论文中,提出氢原子中电子所遵循的波动方程,人们称之为薛定谔方程.为此,他和狄拉克一起于 1933 年共获诺贝尔物理学奖.薛定谔还是现代分子生物学的奠基人,1944 年,他出版一本名叫《什么是生命——活细胞的物理面貌》的书,从能量、遗传和信息方面来探讨生命的奥秘.

在经典力学中,我们用质点的位置和速度来描述其运动状态,如果知道质点的受力情况,以及质点在起始时刻的位置和速度,那么由牛顿运动方程可求得质点在任何时刻的位置和速度.在量子力学中,微观粒子的状态是由波函数描述的,如果我们知道它所遵循的运动方程,那么由其起始状态和能量,就可以求解粒子的状态.波函数所遵循的运动方程

称为薛定谔方程，它是量子力学的基本方程，不可能由别的基本原理推导出来，它的正确性只能由实验来检验.自从建立量子力学以来，大量的实践表明，薛定谔方程是正确的.下面我们先建立自由粒子的薛定谔方程，然后在此基础上建立在势场中运动的微观粒子所遵循的薛定谔方程.必须注意，这只是便于初学者接受的一种引导，并不是什么理论推导.

设有一质量为 m、动量为 p、能量为 E 的非相对论性自由粒子沿 x 轴运动，则其波函数可由式(14-48)表示.将式(14-48)的波函数对时间 t 求一阶偏导数，对坐标 x 求二阶偏导数，有

$$\mathrm{i}\hbar \frac{\partial \psi(x,t)}{\partial t}=E\psi(x,t) \tag{14-53}$$

$$-\frac{\hbar^2}{2m}\frac{\partial^2 \psi(x,t)}{\partial x^2}=\frac{p^2}{2m}\psi(x,t) \tag{14-54}$$

因为粒子是自由的(无外场作用，其势能为零)，因此其能量就是其动能，即

$$E=E_{\mathrm{k}}=\frac{p^2}{2m} \tag{14-55}$$

考虑到式(14-55)，则由式(14-53)和式(14-54)，可得

$$-\frac{\hbar^2}{2m}\frac{\partial^2 \psi(x,t)}{\partial x^2}=\mathrm{i}\hbar \frac{\partial \psi(x,t)}{\partial t} \tag{14-56}$$

式(14-56)就是**一维自由粒子波函数所满足的薛定谔方程**.

若粒子在势能 $V=V(x,t)$ 的势场中运动，则能量

$$E=\frac{p^2}{2m}+V(x,t)$$

把上式代入式(14-53)并考虑到式(14-54)，可得

$$-\frac{\hbar^2}{2m}\frac{\partial^2 \psi(x,t)}{\partial x^2}+V(x,t)\psi=\mathrm{i}\hbar \frac{\partial \psi(x,t)}{\partial t} \tag{14-57}$$

式(14-57)即为势场中做一维运动的粒子的含时薛定谔方程，它描述了一个质量为 m、在势能为 $V(x,t)$ 的势场中的粒子，其状态随时间而变化的规律.式(14-57)中 $\mathrm{i}\hbar \frac{\partial}{\partial t}$ 通常称为能量算符，作用在波函数上相当于能量 E 乘以波函数；$-\frac{\hbar^2}{2m}\frac{\partial^2}{\partial x^2}$ 称为动能算符，作用在波函数上相当于动能 $E_{\mathrm{k}}=\frac{p^2}{2m}$ 乘以波函数.

如果粒子在三维势场中运动，则薛定谔方程的形式为

$$\left[-\frac{\hbar^2}{2m}\nabla^2+V(\boldsymbol{r},t)\right]\psi(\boldsymbol{r},t)=\mathrm{i}\hbar \frac{\partial \psi(\boldsymbol{r},t)}{\partial t} \tag{14-58}$$

式(14-58)中 ∇^2 为拉普拉斯算符(在直角坐标系下，$\nabla^2=\frac{\partial^2}{\partial x^2}+\frac{\partial^2}{\partial y^2}+\frac{\partial^2}{\partial z^2}$)，$V(\boldsymbol{r},t)$ 是粒子在势场中的势函数.一般来说，如果已知势函数的具体形式，再给定波函数的初始条件和边界条件，就可以由薛定谔方程求解出波函数 $\psi(\boldsymbol{r},t)$.

如果势函数不随时间变化,那么势能仅与空间位置有关,数学上就可以把式(14-58)所表达的波函数分成坐标函数与时间函数的乘积,即

$$\psi(\boldsymbol{r},t)=\phi(\boldsymbol{r})f(t) \tag{14-59}$$

把上式代入薛定谔方程(14-58),有

$$-\frac{\hbar^2}{2m}\frac{\nabla^2\phi(\boldsymbol{r})}{\phi(\boldsymbol{r})}+V(\boldsymbol{r})=\mathrm{i}\hbar\frac{1}{f(t)}\frac{\mathrm{d}f(t)}{\mathrm{d}t} \tag{14-60}$$

式(14-60)左边只是位矢 $\boldsymbol{r}$ 的函数,右边是时间 t 的函数,只有两边等于常量才成立,这个常量应具有与 V 相同的量纲,即具有能量量纲,故令此常量为 E,即

$$\mathrm{i}\hbar\frac{1}{f(t)}\frac{\mathrm{d}f(t)}{\mathrm{d}t}=E \tag{14-61}$$

$$-\frac{\hbar^2}{2m}\nabla^2\phi(\boldsymbol{r})+V(\boldsymbol{r})\phi(\boldsymbol{r})=E\phi(\boldsymbol{r}) \tag{14-62}$$

由式(14-61),得

$$f(t)=\mathrm{e}^{-\frac{\mathrm{i}}{\hbar}Et} \tag{14-63}$$

式(14-62)中不含时间 t,所以它的解不随时间变化.若由(14-62)式解出 $\phi(\boldsymbol{r})$,则波函数为

$$\psi(\boldsymbol{r},t)=\phi(\boldsymbol{r})f(t)=\phi(\boldsymbol{r})\mathrm{e}^{-\frac{\mathrm{i}}{\hbar}Et} \tag{14-64}$$

粒子在空间出现的概率密度为

$$|\psi(\boldsymbol{r},t)|^2=|\phi(\boldsymbol{r})|^2=\phi(\boldsymbol{r})\phi(\boldsymbol{r})^* \tag{14-65}$$

可见,势函数不随时间变化时概率密度不随时间变化,粒子的这种状态称为**定态**,式(14-62)称为**定态薛定谔方程**.

对于一维运动,式(14-62)的定态薛定谔方程可写成

$$\left[-\frac{\hbar^2}{2m}\frac{\mathrm{d}^2}{\mathrm{d}x^2}+V(x)\right]\phi(x)=E\phi(x) \tag{14-66}$$

此式称为**一维定态薛定谔方程**,$\phi(x)$称为一维定态波函数.

14-8 一维势阱 势垒

一、一维势阱

求解薛定谔方程的过程通常比较复杂.很多情况下,很难得到薛定谔方程的严格解,需要采用近似方法求解.一维势阱中粒子运动问题是应用定态薛定谔方程的一个简单例子,通过对该问题的讨论有助于熟悉薛定谔方程的求解方法并加深对能量量子化的理解.

设质量为 m 的粒子在一维无限深方形势阱中沿 x 轴运动,其势能函数可表示为

$$V(x)=\begin{cases}0, & 0<x<a\\ \infty, & x\leqslant 0 \text{ 或 } x\geqslant a\end{cases}$$

相应的势能曲线如图 14-23 所示.求粒子所能允许具有的能量和粒子的波函数.

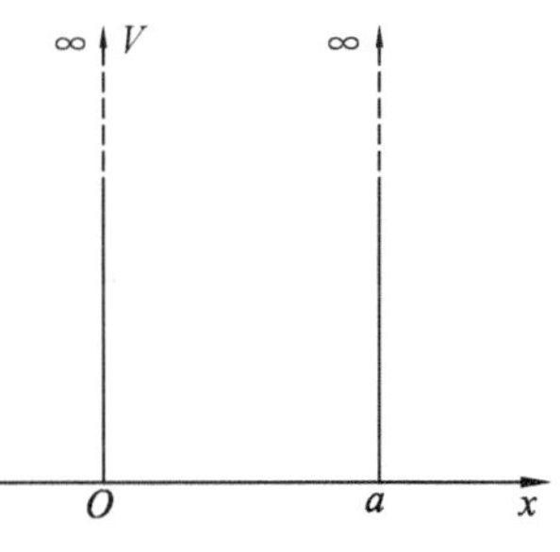

图 14-23 一维“无限深”势阱

由于在 $x\leqslant 0$ 和 $x\geqslant a$ 区域内 $V(x)=\infty$，而粒子能量为有限值，故粒子不可能出现在这两个区域内，即在 $x\leqslant 0$ 和 $x\geqslant a$ 区域内粒子出现的概率为零，粒子在阱外的波函数为

$$\psi_{\mathrm{e}}(x)=0 \quad (x\leqslant 0, x\geqslant a)$$

在 $0<x<a$ 区域内，将势函数 $V(x)=0$ 代入定态薛定谔方程，得

$$-\frac{\hbar^2}{2m}\frac{\mathrm{d}^2\psi_{\mathrm{i}}}{\mathrm{d}x^2}=E\psi_{\mathrm{i}} \quad (0<x<a) \tag{14-67}$$

令 $k=\sqrt{\dfrac{2mE}{\hbar^2}}$，则有

$$\frac{\mathrm{d}^2\psi_{\mathrm{i}}}{\mathrm{d}x^2}+k^2\psi_{\mathrm{i}}=0 \tag{14-68}$$

显然上式的通解为

$$\psi_{\mathrm{i}}(x)=A\sin(kx)+B\cos(kx) \tag{14-69}$$

其中 A、B 为待定常量.用波函数的标准条件可确定 A、B、k.

由于波函数在 $x=0$ 处连续，因此有

$$\psi_{\mathrm{i}}(0)=\psi_{\mathrm{e}}(0)=0 \tag{14-70}$$

在 $x=a$ 处波函数也连续，因此有

$$\psi_{\mathrm{i}}(a)=\psi_{\mathrm{e}}(a)=0 \tag{14-71}$$

综合式(14-70)和式(14-71)，得

$$\begin{cases} A\sin(0)+B\cos(0)=0 \\ A\sin(ka)+B\cos(ka)=0 \end{cases}$$

解此方程组，得

$$\begin{cases} B=0 \\ k=\dfrac{n\pi}{a} \quad (n=1,2,3,\cdots) \end{cases}$$

把上式代入式(14-69)，可得粒子在阱内的波函数为

$$\psi_{\mathrm{i}}(x)=A\sin\left(\frac{n\pi}{a}x\right) \quad (0<x<a) \tag{14-72}$$

式(14-72)中，n 为正整数.

由归一化条件，有

$$\int_{-\infty}^{+\infty}|\psi(x)|^2\mathrm{d}x=\int_0^a|\psi_{\mathrm{i}}(x)|^2\mathrm{d}x=\int_0^a A^2\sin^2\left(\frac{n\pi}{a}x\right)\mathrm{d}x=1$$

可求得 $A=\sqrt{\dfrac{2}{a}}$.

因此，粒子的归一化波函数为

$$\psi_n(x)=\begin{cases}\sqrt{\dfrac{2}{a}}\sin\left(\dfrac{n\pi}{a}x\right), & 0<x<a\\ 0, & x\leqslant 0, x\geqslant a\end{cases} \tag{14-73}$$

相应的概率密度分布为

$$P_n(x)=\begin{cases}\dfrac{2}{a}\sin^2\left(\dfrac{n\pi}{a}x\right), & 0<x<a\\ 0, & x\leqslant 0, x\geqslant a\end{cases} \tag{14-74}$$

由 $k=\sqrt{\dfrac{2mE}{\hbar^2}}$ 和 $k=\dfrac{n\pi}{a}$,得粒子允许的能量为

$$E=E_n=\frac{\hbar^2 n^2\pi^2}{2ma^2}=\frac{n^2h^2}{8ma^2}, n=1,2,3,\cdots \tag{14-75}$$

显然,粒子能量不能取连续值,即能量是量子化的,n 为量子数.当 $n=1$ 时,势阱内粒子的能量为

$$E_1=\frac{h^2}{8ma^2}$$

它是基态能量,相应的基态波函数为

$$\psi_1(x)=\begin{cases}\sqrt{\dfrac{2}{a}}\sin\left(\dfrac{\pi}{a}x\right), & 0<x<a\\ 0, & x\leqslant 0, x\geqslant a\end{cases} \tag{14-76}$$

相应的概率密度分布为

$$P_1(x)=\begin{cases}\dfrac{2}{a}\sin^2\left(\dfrac{\pi}{a}x\right), & 0<x<a\\ 0, & x\leqslant 0, x\geqslant a\end{cases} \tag{14-77}$$

$n=2,3,4,\cdots$时,粒子能量分别为 $4E_1, 9E_1, 16E_1,\cdots$,相应的波函数为 $\psi_2(x), \psi_3(x), \psi_4(x),\cdots$,相应的概率密度为 $P_2(x), P_3(x), P_4(x),\cdots$.

相邻两能级的间隔,即能级差为

$$\Delta E=E_{n+1}-E_n=(2n+1)\frac{h^2}{8ma^2} \tag{14-78}$$

可见,ΔE 不仅与量子数 n 有关,还与 m 和 a 有关,粒子的质量越小,势阱宽度越小,则能级间隔越大,能量量子化就越显著.另外,根据式(14-75)和式(14-78)可得能级的相对间隔为

$$\frac{\Delta E}{E_n}=\frac{2n+1}{n^2}$$

从上式可见,当 n 越大,则比值$\dfrac{\Delta E}{E_n}$越小,当 n 很大时,$\dfrac{\Delta E}{E_n}\approx\dfrac{2}{n}$,其值很小,可将 E 视为连续值,量子效应就可不予考虑了.

图 14-23 给出了在"无限深"的一维势阱中粒子在前四个能级的波函数和概率密度分布.从图中可以看出,不仅粒子在势阱中的能量是量子化的,而且对确定的状态,粒子在各处的概率密度并不是均匀分布的,随量子数的变化而变化.例如,当量子数 $n=1$ 时,粒子

在势阱中部(即 $x=\frac{a}{2}$附近)出现的概率密度最大，而在两端出现的概率密度为零.这些结果有悖于经典力学.按照经典力学，处于“无限深”方势阱中的粒子，其能量可取任意的有限值，粒子出现在势阱内各处的概率应当相等.但是，从前面的计算和图 14-24 中可以看出，随着量子数 n 的增大，不仅概率密度分布曲线的峰值的个数增多，如 $n=2$ 有两个峰值，$n=3$ 有三个峰值……而且两相邻峰值之间的距离随 n 的增大而变小.可以推断，当 n 很大时，相邻的峰将挤在一起，这就非常接近于经典力学中粒子在势阱中各处概率相同的情况了.

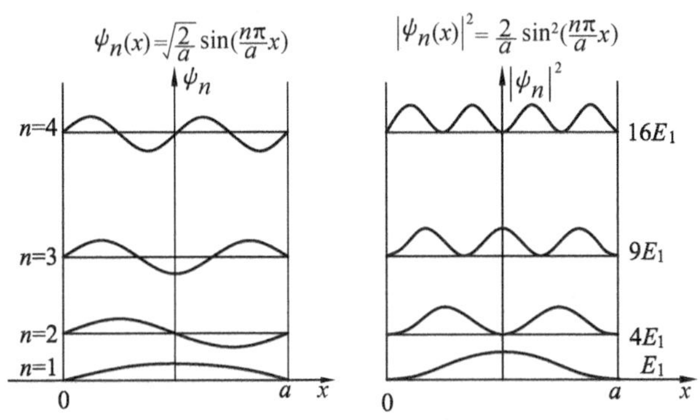

图 14-24 一维“无限深”势阱中粒子在前四个能级的波函数和概率密度

经典物理的规律和量子物理的规律，无论从内容上还是从形式上，似乎毫无共同之处.其实并非如此，在某些极限的条件下(比如量子数 $n\to\infty$)，彼此可以趋于一致，也就是说，量子规律可以转化为经典规律，这就是量子物理的**对应原理**.

[**例 14-13**] 一个细胞的线度为 10^{-5} m，其中一粒子质量为 10^{-14} g，按一维“无限深”方势阱计算，这个粒子的 $n_1=100$ 和 $n_2=101$ 的能级和它们的差各是多少?

解 根据式(14-75)，可得

$$E_1=\frac{\pi^2\hbar^2}{2ma^2}n_1{}^2=\frac{\pi^2\times(1.05\times10^{-34})^2}{2\times10^{-17}\times10^{-10}}\times100^2\ \mathrm{J}=5.4\times10^{-37}\ \mathrm{J}$$

$$E_2=\frac{\pi^2\hbar^2}{2ma^2}n_2{}^2=\frac{\pi^2\times(1.05\times10^{-34})^2}{2\times10^{-17}\times10^{-10}}\times101^2\ \mathrm{J}=5.5\times10^{-37}\ \mathrm{J}$$

即

$$\Delta E=E_2-E_1=(5.5-5.4)\times10^{-37}\ \mathrm{J}=1.0\times10^{-38}\ \mathrm{J}$$

二、势垒和隧道效应

如图 14-25 所示，势垒的势能曲线形状恰好与势阱相反.从经典物理来看，若开始时，粒子处在 $x<0$ 的区域里，而且其能量 E 又小于势垒的高度 V，则粒子只可能返回，不可能穿过宽度为 a 的势垒进入 $x>0$ 的区域.然而，量子力学的结果却有些离奇.采用类似一维势阱的处理方法，我们可以求出粒子在各区域内的波函数(图 14-26).从图 14-26 中可以看出，即使粒子的能量在 $E<V_0$ 的情况下，粒子在垒区($0\leqslant x\leqslant a$)的波函数，甚至在垒后($x>a$)区域的波函数，也都不为零.这就是说，粒子有一定的概率处于势垒内，甚至还有一定的概率能穿透势垒而进入 $x>a$ 的区域.粒子的能量虽不足以超越势垒，但在势垒中似乎有一个“隧道”,能使粒子具有一定的概率穿过势垒而进入 $x>0$ 的区域,所以人们就形象地称之为隧道效应.定量计算表明,粒子透过势垒的概率随着粒子的质量和势垒宽度的增大而急剧减少,因此在宏观领域几乎观察不到隧道效应.量子力学的隧道效应来源于微观粒子的波粒二象性,这已为许多实验所证实.利用电子的隧道效应,比尼格(G.Binnig)和罗雷尔(H.Rohrer)制成了扫描隧道显微镜(STM).比尼格又在 STM 的基础上研制成功原子力显微镜(AFM).STM 和 AFM 的发明对纳米材料、生命科学和微电子学的研究有着不可估量的作用.

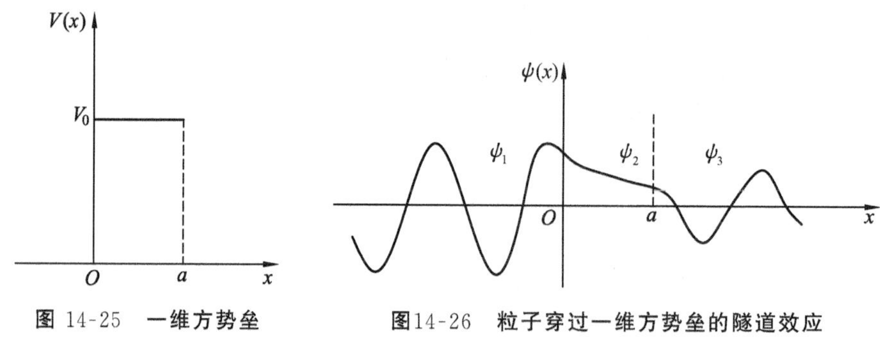

图 14-25 一维方势垒　　图14-26 粒子穿过一维方势垒的隧道效应

14-9 氢原子结构

一、氢原子的定态薛定谔方程

大家已经知道,氢原子的玻尔理论有着很大的局限性,不能圆满地解决氢原子的结构和电子运动规律.只有基于微观粒子波粒二象性建立起来的量子力学才能较圆满地解决氢原子问题.但是,即使对氢原子这样的体系,求解薛定谔方程的过程仍是十分复杂的,超出了本课程的教学要求,因此,这里只简要介绍用量子力学处理氢原子问题的基本方法,讨论一些重要的结果.

由于氢原子核的质量 M 远大于电子的质量 m_0,因此可近似认为原子核不动,电子绕原子核运动.设原子核位于坐标原点 O,电子相对 O 点的位矢为 $\boldsymbol{r}$,如图 14-27 所示.电子与原子核间的作用力为静电力,其相应的势能函数为

$$V(r)=-\frac{e^2}{4\pi\varepsilon_0 r} \tag{14-79}$$

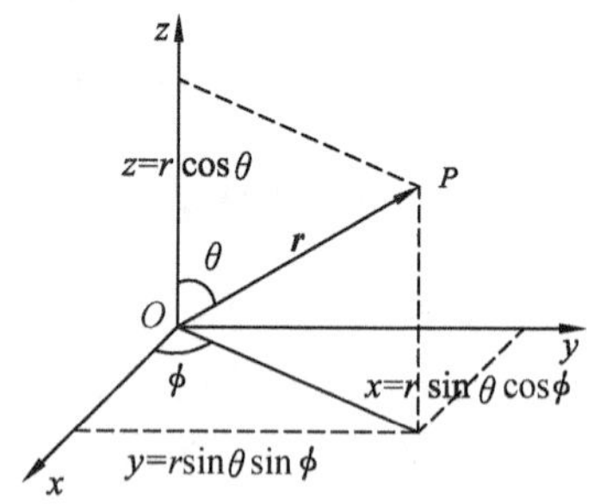

图 14-27 球坐标和直角坐标

由于 V 只是 r 的函数,与时间 t 无关,因此此问题是一个定态问题.根据式(14-66),氢原子中电子的定态薛定谔方程为

$$-\frac{\hbar^2}{2m}\nabla^2\psi(\boldsymbol{r})-\frac{e^2}{4\pi\varepsilon_0 r}\psi(\boldsymbol{r})=E\psi(\boldsymbol{r}) \tag{14-80}$$

因为 V 只是 r 的函数，选用球坐标系计算较方便.

在球坐标系下，定态薛定谔方程可改写成

$$\frac{1}{r^2}\frac{\partial}{\partial r}\left(r^2\frac{\partial\psi}{\partial r}\right)+\frac{1}{r^2\sin\theta}\frac{\partial}{\partial\theta}\left(\sin\theta\frac{\partial\psi}{\partial\theta}\right)+\frac{1}{r^2\sin^2\theta}\frac{\partial^2\psi}{\partial\phi^2}+\frac{2m_0}{\hbar^2}\left(E+\frac{e^2}{4\pi\varepsilon_0 r}\right)\psi=0 \quad (14\text{-}81)$$

采用分离变量法求解，令

$$\psi(r,\theta,\phi)=R(r)\Theta(\theta)\Phi(\phi) \quad (14\text{-}82)$$

其中，R 只是 r 的函数，Θ 只是 θ 的函数，Φ 只是 ϕ 的函数.把式(14-81)分离变量后，得

$$\begin{cases}\dfrac{\mathrm{d}^2\Phi}{\mathrm{d}\phi^2}+{m_l}^2\Phi=0 & (14\text{-}83)\\ \dfrac{1}{\sin\theta}\dfrac{\mathrm{d}}{\mathrm{d}\theta}\left(\sin\theta\dfrac{\mathrm{d}\Theta}{\mathrm{d}\theta}\right)+\left[l(l+1)-\dfrac{{m_l}^2}{\sin^2\theta}\right]\Theta=0 & (14\text{-}84)\\ \dfrac{1}{r^2}\dfrac{\mathrm{d}}{\mathrm{d}r}\left(r^2\dfrac{\mathrm{d}R}{\mathrm{d}r}\right)+\dfrac{2m_0}{\hbar^2}\left[E+\dfrac{e}{4\pi\varepsilon_0 r}-\dfrac{\hbar^2}{2m_0}\dfrac{l(l+1)}{r^2}\right]R=0 & (14\text{-}85)\end{cases}$$

式中，l 和 m_l 均为待定常量.仿照一维势阱的薛定谔方程的求解程序，即根据波函数的标准条件和边界条件可以求出氢原子的能量和相应波函数，具体过程可以参考专门的量子力学教材.

二、氢原子的量子力学处理结果

1. 能量量子化与主量子数

由于氢原子中电子处于束缚态，$E<0$，因此只有 E 取

$$E_n=-\frac{m_0e^4}{32\pi^2{\varepsilon_0}^2\hbar^2}\frac{1}{n^2}=\frac{E_1}{n^2}\ (n=1,2,3,\cdots) \quad (14\text{-}86)$$

方程(14-85)才有满足标准条件和边界条件的解.由式(14-86)可知，电子的能量，也就是原子系统的能量是量子化的，原子的能级由量子数 n 决定，因而 n 称为主量子数.把式(14-86)与式(14-31)相比较可以看出两者是一致的.这表明，由量子力学的薛定谔方程解得的能量值，与玻尔理论所得结果是相同的.但是玻尔在推出式(14-31)时人为地引入了量子化，而这里是通过求解薛定谔方程自然得到的.

2. 动量矩量子化与角量子数

在对式(14-83)和式(14-84)两式求解的过程中，可得到电子的动量矩可能值为

$$L=\sqrt{l(l+1)}\,\hbar \quad (l=0,1,2,\cdots,n-1) \quad (14\text{-}87)$$

上式表明，电子运动的动量矩是量子化的，l 决定了动量矩的大小，因而称为角量子数，其可能值为 $0,1,2,\cdots,n-1$.但是，应当注意，式(14-87)给出的动量矩的最小值为零，而玻尔理论为 $\hbar$，实验表明量子力学的结果式(14-87)是正确的.

3. 空间量子化与磁量子数

求解方程式(14-83)，可得相应电子轨道动量矩 L 在 z 轴方向的分量为

$$L_z=m_l\hbar\ (m_l=0,\pm1,\pm2,\cdots,\pm l) \quad (14\text{-}88)$$

上式表明，轨道动量矩在 z 轴方向的分量也是量子化的，m_l 称为磁量子数.动量矩大小一定，即 l 一定，m_l 不同，给出 L 取向不同.L 的空间取向是量子化的，这称为空间量子化.对

一特定的L,L_z有$2l+1$个可能值,即L有$2l+1$个不同取向.1921年,斯特恩(O.Stern)和盖拉赫(W.Gerlach)从实验上证实了动量矩空间取向是量子化的.

当量子数n、l、m_l均确定之后,就可确定电子波函数为

$$\psi_{n,l,m_l}(r,\theta,\phi)=R_{n,l}(r)\Theta_{l,m_l}(\theta)\Phi_{m_l}(\phi)$$

及相应的概率密度$\left|\psi_{n,l,m_l}(r,\theta,\phi)\right|^2$.比如由氢原子在基态时电子的概率密度分布,电子可处于$r=0$到$r=+\infty$之间的任意位置,并在$r=a_0$(玻尔半径)处附近的概率密度最大,这与玻尔理论认为电子应处于半径为a_0的圆形轨道上的观点是有本质区别的.

4. 电子自旋与自旋磁量子数

1925年,乌伦贝克(G.E.Uhlenbeck)和高德斯密特(S.A.Goudsmit)提出了电子自旋的假说,认为电子除了有轨道动量矩之外,还有自旋动量矩$\boldsymbol{S}$.根据量子力学理论,电子自旋动量矩$\boldsymbol{S}$的大小S也是量子化的,S可表示为

$$S=\sqrt{s(s+1)}\hbar\ \left(s=\frac{1}{2}\right) \tag{14-89}$$

s称为自旋量子数.对于电子,s只能取$\frac{1}{2}$.同样,自旋动量矩$\boldsymbol{S}$在外磁场方向上的投影S_z的取值也是量子化的,即

$$S_z=m_s\hbar \tag{14-90}$$

m_s称为自旋磁量子数,可能的取值为$m_s=\pm\frac{1}{2}$,即

$$S_z=\pm\frac{1}{2}\hbar \tag{14-91}$$

可见,电子自旋共有$2s+1=2$种取向,m_s决定了描述电子自旋的波函数的形式.1927年,费浦斯(T.E.Phipps)和泰勒(J.B.Taylor)用氢原子束重做了施特恩-格拉赫实验,证实了电子自旋的存在.

综上所述,氢原子中核外电子的状态,由四个量子数n、l、m_l和m_s来确定.主量子数n决定电子在原子中的能量,角量子数l决定电子轨道动量矩的大小,磁量子数m_l决定电子轨道动量矩的空间取向,自旋磁量子数m_s决定自旋动量矩的空间取向.

[例14-14] 试计算氢原子中电子在$\psi_{n,l,m_l}=\psi_{2,1,-1}$态的能量$E$、动量矩大小$L$和动量矩的$z$分量$L_z$.

解 $\psi_{n,l,m_l}=\psi_{2,1,-1}$对应主量子数为$n=2$,角量子数$l=1$,磁量子数$m_l=-1$,则能量为

$$E_2=-\frac{m_0e^4}{32\pi^2\varepsilon_0^2\hbar^2}\frac{1}{n^2}=-\frac{m_0e^4}{128\pi^2\varepsilon_0^2\hbar^2}$$

动量矩为 $$L=\sqrt{l(l+1)}\hbar=\sqrt{1(1+1)}\hbar=\sqrt{2}\hbar$$

动量矩的z分量为 $$L_z=m_l\hbar=-\hbar$$

[例14-15] 计算电子自旋动量矩在外磁场中可能取的角度.

解 已知自旋动量矩大小为

$$S=\sqrt{s(s+1)}\hbar,s=\frac{1}{2}$$

设外磁场方向为 z 轴,则自旋动量矩在 z 轴方向的分量为

$$S_z=S\cos\theta=m_s\hbar\quad(m_s=\frac{1}{2}\text{或}-\frac{1}{2})$$

$$\cos\theta=\frac{S_z}{S}=\frac{m_s}{\sqrt{s(s+1)}}$$

当 $m_s=+\frac{1}{2}$时,

$$\cos\theta=\frac{\frac{1}{2}}{\sqrt{\frac{1}{2}\left(\frac{1}{2}+1\right)}}=\frac{1}{\sqrt{3}},\ \theta=54.7^\circ$$

当 $m_s=-\frac{1}{2}$时,

$$\cos\theta=\frac{-\frac{1}{2}}{\sqrt{\frac{1}{2}\left(\frac{1}{2}+1\right)}}=-\frac{1}{\sqrt{3}},\ \theta=125.3^\circ$$

14-10 原子的电子壳层模型

我们已经知道,氢原子中核外电子的状态可由四个量子数 n、l、m_l 和 m_s 来确定.用量子力学的方法,同样可以证明,多电子原子的核外电子的状态(量子态)也可由四个量子数 n、l、m_l 和 m_s 来表征,即一组量子数 n、l、m_l 和 m_s 对应一个量子态.

(1) 主量子数 n,可取 $n=1,2,3,4,\cdots$,决定原子中电子能量的主要部分.

(2) 角量子数 l,可取 $l=0,1,2,\cdots,(n-1)$,确定电子轨道动量矩的值.

(3) 磁量子数 m_l,可取 $m_l=0,\pm1,\pm2,\cdots,\pm l$,决定电子轨道动量矩在外磁场方向的分量.

(4) 自旋磁量子数 m_s,只取 $m_s=\pm\frac{1}{2}$,确定电子自旋动量矩在外磁场方向的分量.

对于多电子原子,原子核外电子是如何分布在由四个量子数 n、l、m_l 和 m_s 描述的状态上的呢?玻尔和柯塞尔(A.Kossel)认为,电子在核外的分布是多层次的,这种电子的分布层次叫作电子壳层.这些壳层由主量子数 n 来区分,$n=1$ 的壳层叫 K 壳层,$n=2$ 的壳层叫 L 壳层,依次有 M 壳层、N 壳层等.一般说来,壳层的主量子数 n 越小,原子能级越低.在每一壳层上,对应于 $l=0,1,2,3,\cdots$ 又可分成 s、p、d、f 等分壳层.壳层模型只确定了电子可能的分布情况,对一特定的原子系统,核外电子在填充各壳层及分壳层时还应遵

循泡利不相容原理和能量最小原理.

一、泡利不相容原理

泡利(W.Pauli)指出,在同一原子中,不可能有两个或两个以上的电子处于完全相同的量子态,即不可能有两个或两个以上的电子具有完全相同的四个量子数(n, l, m_l, m_s).这个原理称为泡利不相容原理,它是量子力学的一条基本规律,不仅适用于电子,还适用于质子、中子等.根据泡利不相容原理,可计算出每个壳层中最多能容纳的电子数目.

(1) n、l、m_l 相同的电子最多只能有 2 个;

(2) n、l 相同的电子最多只能有 $2(2l+1)$个,即角量子数为 l 的分壳层最多可容纳 $2(2l+1)$个电子;

(3) n 相同的电子最多只能有 $\sum_{l=0}^{l=n-1} 2(2l+1)=2n^2$ 个,即主量子数为 n 的壳层最多可容纳 $2n^2$ 个电子.

表 14-2 为原子壳层和分壳层中最多可能容纳的电子数目.

表 14-2 原子壳层和分壳层中最多可能容纳的电子数

n	l							$z_n=2n^2$
	0 s	1 p	2 d	3 f	4 g	5 h	6 i	
1 K	2(1s)							2
2 L	2(2s)	6(2p)						8
3 M	2(3s)	6(3p)	10(3d)					18
4 N	2(4s)	6(4p)	10(4d)	14(4f)				32
5 O	2(5s)	6(5p)	10(5d)	14(5f)	18(5g)			50
6 P	2(6s)	6(6p)	10(6d)	14(6f)	18(6g)	22(6h)		72
7 Q	2(7s)	6(7p)	10(7d)	14(7f)	18(7g)	22(7h)	26(7i)	98

二、能量最小原理

原子系统处于正常状态(即基态)时,其中每个电子总是尽可能占据能量最低的能级,使整个系统的能量最小,此即能量最小原理.根据能量最小原理,原子中的所有电子总是从最内层的壳层开始向外排列.由于能量主要取决于主量子数 n,所以一般来说,最靠近原子核的壳层最容易被电子占据.原子能级除了由主量子数 n 决定以外,还与其他量子数有关.因此,按能量最小原理排列时,电子并不是完全按照 K、L、M 等主壳层次序来排列的.比如,从 $n=4$ 起就有先填 n 较大 l 较小的分壳层,后填 n 较小 l 较大的分壳层的反常情况出现.

1869—1871 年,俄国化学家门捷列夫(Дми́трий Ива́нович Менделе́ев)发现,按原子序数排列可得一周期表,在周期表中,同一列元素的化学性质是相似的.根据泡利不相容原理和能量最小原理,由原子的壳层结构可以解释元素周期表和多电子原子的化学性质.

元素周期表

原子序数 — 92 U — 元素符号，红色指放射性元素

元素名称注*的是人造元素 — 铀

外围电子层排布，括号指可能的电子层排布 — $5f^36d^17s^2$

相对原子质量 — 238.0

非金属　金属　过渡元素

族 / 周期	IA	IIA	IIIB	IVB	VB	VIB	VIIB	VIII	VIII	VIII	IB	IIB	IIIA	IVA	VA	VIA	VIIA	0	电子层	0族电子数
1	1 H 氢 $1s^1$ 1.008																	2 He 氦 $1s^2$ 4.003	K	2
2	3 Li 锂 $2s^1$ 6.941	4 Be 铍 $2s^2$ 9.012											5 B 硼 $2s^22p^1$ 10.81	6 C 碳 $2s^22p^2$ 12.01	7 N 氮 $2s^22p^3$ 14.01	8 O 氧 $2s^22p^4$ 16.00	9 F 氟 $2s^22p^5$ 19.00	10 Ne 氖 $2s^22p^6$ 20.18	L K	8 2
3	11 Na 钠 $3s^1$ 22.99	12 Mg 镁 $3s^2$ 24.31											13 Al 铝 $3s^23p$ 26.98	14 Si 硅 $3s^23p^2$ 28.09	15 P 磷 $3s^23p^3$ 30.97	16 S 硫 $3s^23p^4$ 32.07	17 Cl 氯 $3s^23p^5$ 35.45	18 Ar 氩 $3s^23p^6$ 39.95	M L K	8 8 2
4	19 K 钾 $4s^1$ 39.10	20 Ca 钙 $4s^2$ 40.08	21 Sc 钪 $3d^14s^2$ 44.96	22 Ti 钛 $3d^24s^2$ 47.87	23 V 钒 $3d^34s^2$ 50.94	24 Cr 铬 $3d^54s^1$ 52.00	25 Mn 锰 $3d^54s^2$ 54.94	26 Fe 铁 $3d^64s^2$ 55.85	27 Co 钴 $3d^74s^2$ 58.93	28 Ni 镍 $3d^84s^2$ 58.69	29 Cu 铜 $3d^{10}4s^1$ 63.55	30 Zn 锌 $3d^{10}4s^2$ 65.39	31 Ga 镓 $4s^24p^1$ 69.72	32 Ge 锗 $4s^24p^2$ 72.61	33 As 砷 $4s^24p^3$ 74.92	34 Se 硒 $4s^24p^4$ 78.96	35 Br 溴 $4s^24p^5$ 79.90	36 Kr 氪 $4s^24p^6$ 83.80	N M L K	8 18 8 2
5	37 Rb 铷 $5s^1$ 85.47	38 Sr 锶 $5s^2$ 87.62	39 Y 钇 $4d^15s^2$ 88.91	40 Zr 锆 $4d^25s^2$ 91.22	41 Nb 铌 $4d\ 5s^1$ 92.91	42 Mo 钼 $4d^55s^1$ 95.94	43 Tc 锝 $4d^55s^2$ [99]	44 Ru 钌 $4d^75s^1$ 101.1	45 Rh 铑 $4d^85s^1$ 102.9	46 Pd 钯 $4d^{10}$ 106.4	47 Ag 银 $4d^{10}5s^1$ 107.9	48 Cd 镉 $4d^{10}5s^2$ 112.4	49 In 铟 $5s^25p^1$ 114.8	50 Sn 锡 $5s^25p^2$ 118.7	51 Sb 锑 $5s^25p^3$ 121.8	52 Te 碲 $5s^25p^4$ 127.6	53 I 碘 $5s^25p^5$ 126.9	54 Xe 氙 $5s^25p^6$ 131.3	O N M L K	8 18 18 8 2
6	55 Cs 铯 $6s^1$ 132.9	56 Ba 钡 $6s^2$ 137.3	57-71 La-Lu 镧系	72 Hf 铪 $5d^26s^2$ 178.5	73 Ta 钽 $5d^36s^2$ 180.9	74 W 钨 $5d^46s^2$ 183.8	75 Re 铼 $5d^56s^2$ 186.2	76 Os 锇 $5d^66s^2$ 190.2	77 Ir 铱 $5d^76s^2$ 192.2	78 Pt 铂 $5d^96s^1$ 195.1	79 Au 金 $5d^{10}6s^1$ 197.0	80 Hg 汞 $5d^{10}6s^2$ 200.6	81 Tl 铊 $6s^26p^1$ 204.4	82 Pb 铅 $6s^26p^2$ 207.2	83 Bi 铋 $6s^26p^3$ 209.0	84 Po 钋 $6s^26p^4$ [209]	85 At 砹 $6s^26p^5$ [210]	86 Rn 氡 $6s^26p^6$ [222]	P O N M L K	8 18 32 18 8 2
7	87 Fr 钫 $7s^1$ [223]	88 Ra 镭 $7s^2$ 226.0	89-103 Ac-Lr 锕系	104 Rf 𬬻* $(6d^27s^2)$ [261]	105 Db 𬭊* $(6d^37s^2)$ [262]	106 Sg 𬭳* $(6d^47s^2)$ [263]	107 Bh 𬭛* $(6d^57s^2)$ [262]	108 Hs 𬭶* $(6d^67s^2)$ [265]	109 Mt 鿏* [266]	110 Ds 𫟼* [269]	111 Rg 𬬭* [272]	112 Cn 鿔* [285]	113 Uut * [284]	114 Fl 𫓧* [289]	115 Uup * [288]	116 Lv 𫟷* [293]	117 Uus *	118 Uuo * [294]		

镧系	57 La 镧 $5d^16s^2$ 138.9	58 Ce 铈 $4f^15d^16s^2$ 140.1	59 Pr 镨 $4f^36s^2$ 140.9	60 Nd 钕 $4f^46s^2$ 144.2	61 Pm 钷 $4f^56s^2$ [147]	62 Sm 钐 $4f^66s^2$ 150.4	63 Eu 铕 $4f^76s^2$ 152.0	64 Gd 钆 $4f^75d^16s^2$ 157.3	65 Tb 铽 $4f^96s^2$ 158.9	66 Dy 镝 $4f^{10}6s^2$ 162.5	67 Ho 钬 $4f^{11}6s^2$ 164.9	68 Er 铒 $4f^{12}6s^2$ 167.3	69 Tm 铥 $4f^{13}6s^2$ 168.9	70 Yb 镱 $4f^{14}6s^2$ 173.0	71 Lu 镥 $4f^{14}5d^16s^2$ 175.0
锕系	89 Ac 锕 $6d^17s^2$ 227.0	90 Th 钍 $6d^27s^2$ 232.0	91 Pa 镤 $5f^26d^17s^2$ 231.0	92 U 铀 $5f^36d^17s^2$ 238.0	93 Np 镎 $5f^46d^17s^2$ 237.0	94 Pu 钚 $5f^67s^2$ [244]	95 Am 镅* $5f^77s^2$ [243]	96 Cm 锔* $5f^76s^17s^2$ [247]	97 Bk 锫* $5f^97s^2$ [247]	98 Cf 锎* $5f^{10}7s^2$ [251]	99 Es 锿* $5f^{11}7s^2$ [252]	100 Fm 镄* $5f^{12}7s^2$ [257]	101 Md 钔* $(5f^{13}7s^2)$ [258]	102 No 锘* $(5f^{14}7s^2)$ [259]	103 Lr 铹* $(5f^{14}6d^17s^2)$ [260]

注：

1. 相对原子质量录自1995年国际原子量表，并全部取4位有效数字.

2. 相对原子质量加括号的为放射性元素的半衰期最长的同位素的质量数.

14-11 激光简介

激光是20世纪以来继原子能、计算机、半导体之后人类的又一重大发明.激光的原理早在1916年已被著名的物理学家爱因斯坦发现,但直到1960年人类才制成第一台激光器.

一、激光的产生

如果原子或分子等微观粒子具有高能级 E_2 和低能级 E_1,那么在两能级间就存在着自发辐射、受激辐射和受激吸收三种过程.原子在没有外界干预的情况下,其电子由处于激发态的高能级 E_2 自动跃迁至低能级 E_1 的过程称为自发辐射(图14-28).各个原子自发辐射所发出的光是彼此独立的,无论是频率、振动方向,还是相位,都不一定相同.因此,自发辐射所发出的光是非相干光.当原子中的电子处于低能级 E_1 时,若外来光子的能量 $h\nu$ 恰等于激发态的高能级 E_2 与低能级 E_1 的能量差,即 $h\nu=E_2-E_1$,那么原子就会吸收光子的能量,并从低能级 E_1 跃迁到高能级 E_2,这个过程称为受激吸收.当原子中的电子处于如图14-29所示的高能级 E_2 时,而外来光子的频率恰好又满足 $h\nu=E_2-E_1$,此时,原子中处于高能级 E_2 的电子,会在外来光子的诱发下向低能级 E_1 跃迁,并发出与外来光子一样特征的光子,这一辐射过程称为受激辐射.实验表明,受激辐射产生的光子与外来光子具有相同的频率、相位、振动方向和偏振态.在受激辐射中,通过一个光子的作用,得到两个特征完全相同的光子.如果这两个光子再引起其他原子产生受激辐射,就能得到更多的特征完全相同的相干光子.人们把这个现象称为光放大.由受激辐射得到的放大的相干光称为激光.激光是英文名称Laser的音译,Laser是取自英文light amplification by stimulated emission of radiation的各单词头一个字母组成的缩写词.

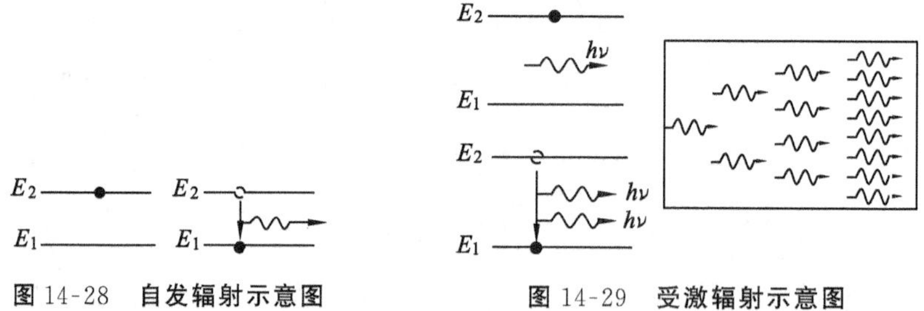

图14-28 自发辐射示意图　　图14-29 受激辐射示意图

一般情况下,处于温度为 T 的平衡态下的原子体系,在各能级上的原子数由玻耳兹曼分布确定,即有

$$\frac{N_2}{N_1}=e^{-(E_2-E_1)/kT}$$

这就是说,处于较低能级的原子较多,能级越高,处于该能级的原子数就越少.由于处于低能级的电子数 N_1 较处于高能级的电子数 N_2 要多,因此一般情况下受激吸收占优势,光

通过物质时通常因受激吸收而衰减.在特殊条件下,外界能量的激励可以破坏热平衡而使$N_2>N_1$,这种状态称为粒子数布居反转,简称粒子数反转或称布居反转.在这种情况下,受激发射占优势.能够实现粒子数反转的物质称为激活物质,一段激活物质就是一个激光放大器.

如果把一段激活物质放在由两个互相平行的反射镜(其中至少有一个是部分透射的)构成的光学谐振腔中(图14-30),处于高能级的粒子会产生各种方向的受激辐射.其中,非轴向传播的光波很快由于反射而逸出谐振腔外,只有轴向传播的光波能在腔内往返传播,因此激光的方向性很好.

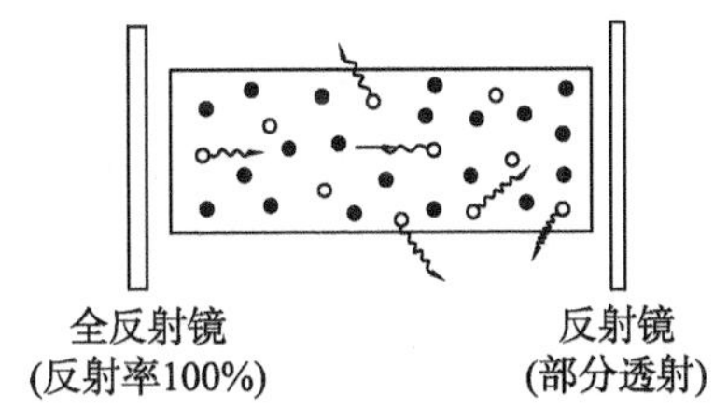

图14-30　光学谐振腔

但是,光在工作物质中传播时还有损耗(包括光的输出、工作物质对光的吸收等),当光的放大作用与光的损耗作用达到动态平衡时,就形成稳定的光振荡.此时,从部分透光反射镜透射出很强的光,这就是输出的激光.

二、激光器

目前激光器的工作物质有近千种,产生激光的波长从紫外线到远红外线.若按照它们的工作物质来分,可分为气体激光器、固体激光器、半导体激光器和液体激光器等.按照激光的输出方式来分,又可分为连续输出激光器和脉冲输出激光器.氦-氖激光器和红宝石激光器是两种简单的激光器.下面简单介绍氦-氖激光器和红宝石激光器的工作原理.

1. 氦-氖激光器

如图14-31所示,氦-氖激光器的结构一般由放电管和光学谐振腔组成.激光管的中心是一根毛细玻璃管,称为放电管;外套为储气部分.通常以钨棒为阳极,钼或铝制成的圆筒作为阴极.壳的两端贴有两块与放电管垂直并相互平行的反射镜,构成谐振腔.两个反射镜都镀以多层介质膜,一个是全反射镜,另一个作为输出镜.激光管的毛细管内充入一定比例的氦和氖混合气体.氦-氖激光器中氦气为辅助气体,氖气为工作气体.为了使气体放电,在阳极和阴极之间加上几千伏的高压.形成的激光通过部分透射反射镜输出.不同能级的受激辐射跃迁将产生不同波长的激光,主要有632.8 nm、1.15 μm和3.39 μm三个波长.

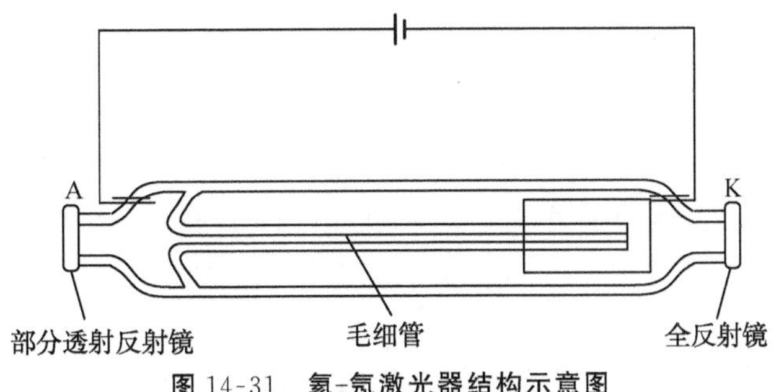

图14-31　氦-氖激光器结构示意图

氦、氖气体中粒子数的布居反转分布是如何实现的呢?图 14-32 是氦和氖的原子能级示意图.在通常情况下,绝大多数的氦原子和氖原子都处于基态.氦原子的能级中有两个亚稳态,它们的寿命分别为 5×10^{-6} s 和 10^{-4} s.氖原子有两个与氦原子的这两个亚稳态十分接近的能级 1 和 2,并存在一个寿命极短的能级 3.当在激光器两电极间加上几千伏的电压时,产生气体放电,电子在电场的作用下加速运动,与氦原子发生碰撞,使氦原子被激发到两个亚稳态上.这些处于亚稳态的氦原子又与处在基态的氖原子发生碰撞,很容易将能量传递给氖原子,并使氖原子激发到能级 1 和 2 上,这一过程称为能量共振转移.由于处于能级 3 上的氖原子数极少,这样在能级 1、2 和能级 3 之间就形成了粒子数的反转分布.当受激辐射引起氖原子在能级 1 和能级 3 之间跃迁时,即发射波长为 632.8 nm 的红色连续激光.能级 2、3 间和其他能级间的跃迁所产生的辐射为红外线,采取一定的措施可以把它遏止掉.

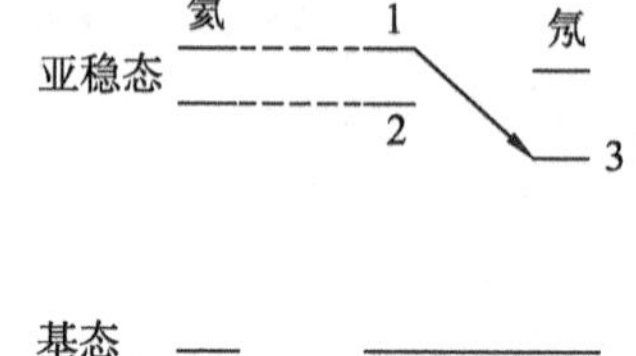

图 14-32 氦和氖的原子能级示意图

2. 红宝石激光器

在激光器的设想提出不久,红宝石就被首先用来制成了世界上第一台激光器.红宝石是在人工制造的刚玉中掺入少量的铬离子而构成的晶体.在红宝石中,起发光作用的是铬离子.如图 14-33 所示,在氙(Xe)灯照射下,红宝石晶体中原来处于基态 E_1 的铬离子,吸收了氙灯发射的光子而被激发到 E_3 能级(图 14-34).粒子在 E_3 能级的平均寿命很短(约 10^{-8}s),大部分粒子通过无辐射跃迁到达亚稳态能级 E_2.因为粒子在 E_2 能级的寿命很长,可达 3×10^{-3} s,所以在 E_2 能级上积累起大量粒子,形成 E_2 和 E_1 之间的粒子数反转,以达到光放大的目的. 红宝石激光器发出的激光为脉冲激光.

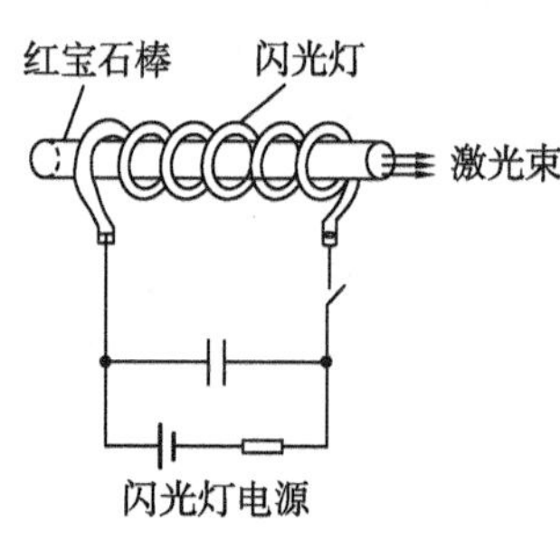

图 14-33 红宝石激光器

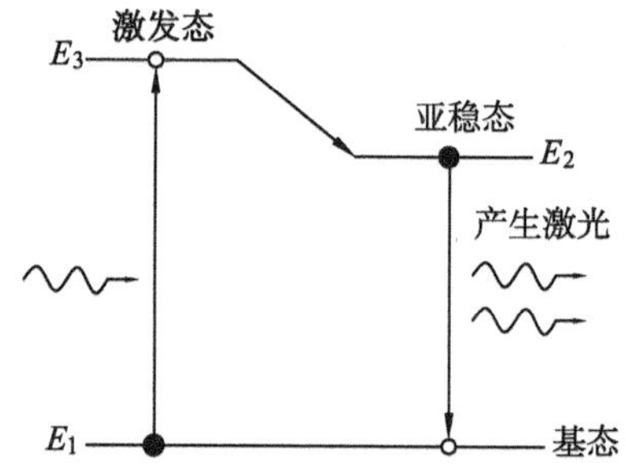

图 14-34 红宝石中铬离子能级示意图

三、激光的特点

1. 方向性好

激光器发出的激光,光束的发散度极小,接近平行.1962 年,人类第一次使用激光照射月球,地球离月球的距离约 38 万千米,但激光在月球表面的光斑不到两千米.

2. 亮度极高

在激光被发明前,人工光源中高压脉冲氙灯的亮度最高,与太阳的亮度不相上下,而红宝石激光器的激光亮度,能超过氙灯的几百亿倍.因为激光的亮度极高,所以能够照亮远距离的物体.

3. 单色性好

激光器输出的光,波长分布范围非常窄,因此颜色极纯.以输出红光的氦-氖激光器为例,其光的波长分布范围可以窄到 2×10^{-9} nm,是氪灯发射的红光波长分布范围的万分之二.由此可见,激光器的单色性远远超过任何一种单色光源的单色性.

4. 能量密度极大

普通光源(如白炽灯)发出的光,射向四面八方,能量分散.即使通过透镜也只能会聚它的一部分光,而且还不能将这部分光会聚在一个很小的范围内.虽然激光能量并不算很大,但是它的能量密度很大(因为它的作用范围很小),短时间里聚集起大量的能量,用作武器也就可以理解了.

此外,激光还有其他特点,比如由于激光具有很好的相干性,可使激光光波在空间重叠时,重叠区的光强分布会出现稳定的干涉图样.经过几十年的发展,激光现在几乎是无处不在,它已经被用在生活、科研的方方面面,比如材料激光淬火、激光唱片、激光手术刀、激光炸弹、激光雷达……在不久的将来,激光肯定会有更广泛的应用.

思 考 题

14-1 黑体是任何温度下都呈现黑色的物体吗?为什么白天看远处的窗户通常呈黑色的?

14-2 既然所有物体都能发射电磁辐射,那么为什么用肉眼看不见黑暗中的物体呢?用什么样的设备才能觉察到黑暗中的物体?

14-3 为什么把光电效应试验中存在截止频率这一事实,作为光的量子性的有力佐证?

14-4 光电效应和康普顿效应都包含有电子与光子的相互作用过程,它们有何区别?

14-5 用可见光代替 X 射线进行康普顿实验是否可观察到康普顿效应?

14-6 为什么在玻尔氢原子理论中,可以忽略原子核与电子的万有引力作用?

14-7 在玻尔氢原子理论中,为什么原子的总能量总是负值?

14-8 我们在日常生活中,为什么觉察不到物体的波动性呢?

14-9 物质波与经典波有什么不同?

14-10 为什么说不确定关系指出了经典力学的适用范围?

14-11 什么是波函数必须满足的标准条件?

14-12 在一维“无限深”势阱中,如减小势阱的宽度,其能级将如何变化?

14-13 什么是隧道效应?

14-14 你能简述求解氢原子的薛定谔方程的基本思路吗?

14-15 原子内电子的量子态可用哪些量子数表征?请分别阐述其含义.

14-16 试比较受激辐射和自发辐射的特点.

14-17 实现粒子数反转要求具备哪些条件?

习 题

14-1 一个 100 W 的白炽灯泡的灯丝表面积 $S=5.3\times10^{-5}\ \text{m}^2$.若将点燃的灯丝看作黑体,试估算它的工作温度.

14-2 宇宙大爆炸遗留在宇宙空间的各向同性的均匀背景辐射相当于 3 K 的黑体辐射.求:

(1) 此辐射的单色辐出度极大值所对应的波长;

(2) 地球表面接受此辐射的功率.

14-3 钨的逸出功是 4.52 eV,钡的逸出功是 2.50 eV,分别计算钨和钡的截止频率.哪一种金属可以用作可见光范围内的光电管阴极材料?

14-4 钾的截止频率为 4.62×10^{14} Hz,用波长为 435.8 nm 的光照射,能否产生光电效应?若能产生光电效应,发出光电子的速率是多少?

14-5 用氢原子发出的光照射某种金属进行光电效应实验,当用频率为 ν_1 的光照射时,遏止电压的大小为 U_1;当用频率为 ν_2 的光照射时,遏止电压的大小为 U_2.试求该种金属的逸出功.

14-6 以往我们认识的光电效应是单光子光电效应,即一个电子在极短时间内只能吸收到一个光子而从金属表面逸出.强激光的出现丰富了人们对于光电效应的认识,用强激光照射金属,由于其光子密度极大,一个电子在极短时间内吸收多个光子成为可能,从而形成多光子光电效应,这已被实验证实.如果用频率为 ν 的普通光源照射阴极,没有发生光电效应,换用同样频率 ν 的强激光照射阴极,则发生了光电效应.设一个电子能吸收此激光中的 n 个光子,此金属的逸出功为 W,求遏止电压.

14-7 试证明,在康普顿散射中,光子的散射角 θ 与电子的散射角 φ 之间的关系是

$$\cot\frac{\theta}{2}=\left(1+\frac{\lambda_c}{\lambda_0}\right)\tan\varphi$$

式中,λ_0 是入射光的波长,λ_c 是康普顿波长.

14-8 波长 $\lambda=0.070\ 8$ nm 的 X 射线在石蜡上受到康普顿散射,问在 $\frac{\pi}{2}$ 和 π 方向上所散射的 X 射线的波长以及反冲电子所获得的能量各是多少?

14-9 人眼对绿光最为敏感,正常人的眼睛接收到波长为 530 nm 的绿光时,只要每秒有 6 个绿光的光子射入瞳孔,眼睛就能察觉.试求人眼能察觉到绿光时所接收到的最小功率.

14-10 已知功率为 100 W 的灯泡消耗电能的 5%转化为所发出的可见光的能量.假定所发出的可见光的波长都是 560 nm,试计算灯泡每秒内发出的光子数.

14-11 根据量子理论,既然光子有动量,那么照在物体表面的光子被物体吸收或反射时都会对物体产生压强,这就是“光压”.设一台二氧化碳气体激光器发出的激光功率

$P_0=10^3$ W,射出的光束的横截面积为 $S=1.00$ mm^2,当它垂直照射到某一物体表面并全部反射时,试求该物体所承受的光压.

14-12 试计算氢原子巴耳末系的长波极限波长和短波极限波长.

14-13 在玻尔氢原子理论中,当电子由量子数 $n=5$ 的轨道跃迁到 $n=2$ 的轨道上时,对外辐射光的波长为多少?若再将该电子从 $n=2$ 的轨道跃迁到游离状态,外界需要提供多少能量?

14-14 氢原子发射一条波长 $\lambda=102.6$ nm 的光谱线.试问谱线属于哪一谱线系?氢原子是从哪个能级跃迁到哪个能级辐射出该光谱线的?

14-15 设一个氢原子处于第二激发态.试根据玻尔理论计算:

(1) 电子的轨道半径;

(2) 电子的角动量;

(3) 电子的总能量.

14-16 若 α 粒子在均匀磁场中沿半径为 R 的圆形轨道运动,磁场的磁感应强度为 B,求 α 粒子的德布罗意波长.

14-17 若电子和光子的波长均为 0.20 nm,则它们的动量和动能各为多少?

14-18 现有一德布罗意波长为 λ_1 的中子和一个德布罗意波长为 λ_2 的氘核相向对撞后结合成一个氚核,试求该氚核的德布罗意波长.

14-19 现用电子显微镜观测线度为 d 的某生物大分子的结构.为满足测量要求,将显微镜工作时电子的德布罗意波长设定为 $\dfrac{d}{n}$,其中 $n>1$.已知普朗克常量 h、电子的质量 m 和电子的电荷量 e,电子的初速度不计,则显微镜工作时电子的加速电压应为多大?

14-20 用德布罗意波,仿照弦振动的驻波公式来求解一维“无限深”方势阱中自由粒子的动量与能量表达式.

14-21 若一个电子的动能等于它的静能量,试求该电子的速率和德布罗意波长.

14-22 电子位置的不确定量为 5.0×10^{-2}nm 时,其速率的不确定量为多少?

14-23 试证:如果粒子位置的不确定量等于其德布罗意波长,则此粒子速度的不确定量大于或等于其速度.(设 $\Delta x\Delta p_x\geqslant h$)

14-24 处于激发态的钠原子,发出波长为 589 nm 的光子的平均时间约为 10^{-8} s.根据不确定关系式,求光子能量不确定量和波长的不确定量.

14-25 一维“无限深”势阱中粒子的定态波函数为 $\psi(x)=\sqrt{\dfrac{2}{a}}\sin\dfrac{n\pi x}{a}$,若粒子处于基态和 $n=2$ 状态,试求:

(1) 在 $x=0$ 到 $x=\dfrac{a}{3}$之间找到粒子的概率;

(2) 粒子在何处出现的概率密度最大?

14-26 一粒子被限制在相距为 a 的两个不可穿透的壁之间,如图所示.描写粒子状态的波函数为 $\psi=cx(a-x)$,其中 c 为待定常

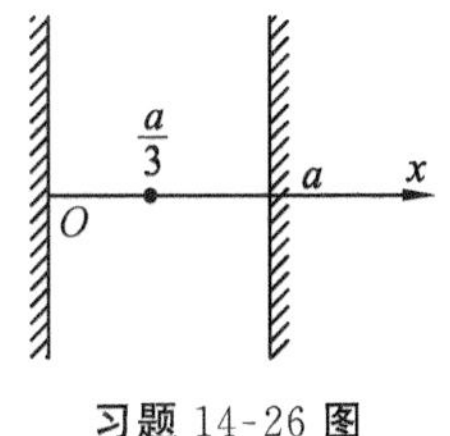

习题 14-26 图

量.求在 $0\sim\frac{a}{3}$ 区间发现粒子的概率.

14-27　试求 d 分壳层最多能容纳的电子数,并写出这些电子的 m_l 和 m_s 值.

文档:红外夜视仪及在现代战争中的应用
扫描隧道显微镜

习题答案

第9章

9-1 10^{-7} N，3.3×10^{-10} C.

9-2 $q=-\frac{\sqrt{2}}{4}Q$.

9-3 3.78 N,斥力.

9-4 略.

9-5 (1) $8.10\times10^{2}\ \mathrm{V\cdot m^{-1}}$；(2) $1.8\times10^{3}\ \mathrm{V\cdot m^{-1}}$.

9-6 $\frac{Q}{2\pi^2\varepsilon_0R^2}$.

9-7 (1) $\boldsymbol{E}=\frac{\lambda}{2\pi\varepsilon_0}\frac{r_0}{x(r_0-x)}\boldsymbol{i}$；(2) $\boldsymbol{F}_+=\lambda\boldsymbol{E}_-=\frac{\lambda^2}{2\pi\varepsilon_0r_0}\boldsymbol{i}$，$\boldsymbol{F}_-=-\lambda\boldsymbol{E}_+=-\frac{\lambda^2}{2\pi\varepsilon_0r_0}\boldsymbol{i}$，相互作用力大小相等，方向相反，两导线相互吸引.

9-8 $3.4\times10^{3}\ \mathrm{V\cdot m}$.

9-9 0、$3.97\ \mathrm{V\cdot m^{-1}}$、$1.05\ \mathrm{V\cdot m^{-1}}$，方向沿径矢方向.

9-10 (1) -4.51×10^{5} C；(2) 3.43×10^{5} C、$4.48\times10^{-13}\ \mathrm{C\cdot m^{-3}}$.

9-11 $\frac{kr^2}{4\varepsilon_0}$ $(r\leqslant R)$，$\frac{kR^4}{4\varepsilon_0r^2}$ $(r>R)$（曲线略）.

9-12 $\frac{\rho}{2\varepsilon_0}r$ $(r\leqslant R)$，$\frac{\rho R^2}{2\varepsilon_0r}$ $(r>R)$（曲线略）.

9-13 0 $(r\leqslant R_1)$，$\frac{Q_1(r^3-R_1{}^3)}{4\pi\varepsilon_0(R_2{}^3-R_1{}^3)r^2}$ $(R_1<r\leqslant R_2)$，$\frac{Q_1}{4\pi\varepsilon_0\ r^2}$ $(R_2<r<R_3)$，$\frac{Q_1+Q_2}{4\pi\varepsilon_0\ r^2}$ $(r>R_3)$；电场强度方向均沿径矢方向.

9-14 (1) 0 $(r<R_1)$；(2) $\frac{\lambda}{2\pi\varepsilon_0r}$ $(R_1<r<R_2)$；(3) 0 $(r>R_2)$.

9-15 $1.26\times10^{-13}\ \mathrm{C\cdot m^{-1}}$.

9-16 $E=E_x=\frac{\lambda}{2\pi\varepsilon_0R}$，方向沿 x 轴正向.

9-17 $\frac{Q^2}{8\pi\varepsilon_0d}$.

9-18 (1) 场强为0，电势为 1.44×10^{3} V；(2) -1.44×10^{-5} J；(3) 1.44×10^{-5} J.

9-19 $\frac{q_0q}{6\pi\varepsilon_0R}$.

9-20 (1) 1.44×10^{-5} J; (2) -1.44×10^{-5} J.

9-21 (1) 3.34×10^{-12} C; (2) 47.6 V.

9-22 900 V、450 V.

9-23 2.0×10^{-4} N·m.

9-24 (1) 2.1×10^{-8} C·m^{-1}; (2) 7 553 V·m^{-1}.

9-25 $\dfrac{q}{4\pi\varepsilon_0 r}-\dfrac{q}{4\pi\varepsilon_0 a}+\dfrac{q+Q}{4\pi\varepsilon_0 b}$.

9-26 (1) 内球 330 V,外导体球壳 270 V; (2) 均为 270 V; (3) 60 V、0 V.

9-27 两面间,$\boldsymbol{E}=\dfrac{1}{2\varepsilon_0}(\sigma_1-\sigma_2)\boldsymbol{n}$; σ_1 面外,$\boldsymbol{E}=-\dfrac{1}{2\varepsilon_0}(\sigma_1+\sigma_2)\boldsymbol{n}$; σ_2 面外,$\boldsymbol{E}=\dfrac{1}{2\varepsilon_0}(\sigma_1+\sigma_2)\boldsymbol{n}$. $\boldsymbol{n}$:垂直于两平面由 σ_1 面指为 σ_2 面.

9-28 略.

9-29 B 板感应电荷:-1×10^{-7} C,C 板感应电荷:-2×10^{-7} C,A 板的电势:2.3×10^{3} V.

9-30 5.52×10^{-12} F.

9-31 (1) 3.75 μF; (2) 25 V、1.25×10^{-4} C; (3) 100 V、5.0×10^{-4} C.

9-32 (1) 120 pF; (2) $U_1=600$ V,$U_2=400$ V,即加在电容 C_1 的电压超过耐压值,C_1 会被击穿,然后 C_2 也会被击穿.

9-33 $\dfrac{\varepsilon_r d}{\varepsilon_r d+\delta(1-\varepsilon_r)}$.

9-34 (1) 8.85×10^{-10} F; (2) 1.06×10^{-8} C、1.06×10^{-4} C·m^{-2}、1.05×10^{-4} C·m^{-2}; (3) 1.2×10^{5} V·m^{-1}.

9-35 4.5×10^{-5} C·m^{-2}、2.5×10^{6} V·m^{-1},$\boldsymbol{D}$、$\boldsymbol{E}$ 方向相同,均由正极板指向负极板.

9-36 $\dfrac{2}{1+\varepsilon_r}U$.

9-37 $\dfrac{(3\varepsilon_1+\varepsilon_2)S}{4d}$.

9-38 (1) $\dfrac{Q^2\mathrm{d}r}{4\pi\varepsilon l r}$; (2) $\dfrac{Q^2}{4\pi\varepsilon l}\ln\dfrac{R_2}{R_1}$; (3) $C=\dfrac{Q^2}{2W}=\dfrac{2\pi\varepsilon l}{\ln\left(\dfrac{R_2}{R_1}\right)}$.

9-39 (1) C_1:1.28×10^{-3} C,C_2:1.92×10^{-3} C; (2) 连接前 1.28 J,连接后 0.512 J.

9-40 (1) $\dfrac{Q^2 d}{2\varepsilon_0 S}$; (2) $\dfrac{Q^2 d}{2\varepsilon_0 S}$,外力克服静电力所做的功等于静电场能量的增量.

第 10 章

10-1 (1) 4.46×10^{-4} m·s^{-1}; (2) 2.42×10^{8} 倍.

10-2 15.9 μA·m^{-2},方向沿径向(与电流方向相同).

10-3 2.0×10^{-4} T,方向略.

10-4 3.73×10^{-3} T,方向垂直纸面向上.

10-5 $\dfrac{\mu_0 I}{2R}\left(\dfrac{\sqrt{3}}{\pi}-\dfrac{1}{3}\right)$,方向垂直纸面向里.

10-6 $\left(\dfrac{\sqrt{2}R}{a}\right)^3 B_0$.

10-7 1.27×10^{-4} T.

10-8 (1) -0.12 Wb; (2) 0; (3) $+0.12$ Wb.

10-9 略.

10-10 (1) $\frac{\mu_0 Ir}{2\pi a^2}$; (2) $\frac{\mu_0 I}{2\pi r}$; (3) $\frac{\mu_0 I(c^2-r^2)}{2\pi r(c^2-b^2)}$; (4) 0.

10-11 $\frac{\mu_0}{2\pi}\frac{I_2(R+d)(1+\pi)-RI_1}{R(R+d)}$,方向垂直纸面向外.

10-12 $\mu_0 i$,方向沿轴线向右.

10-13 $\frac{\mu_0 e^2}{8\pi a_0{}^2}\frac{1}{\sqrt{\pi m\varepsilon_0 a_0}}$,方向垂直纸面向外.

10-14 $x=\frac{1}{2}(\sqrt{5}-1)R$.

10-15 (1) 2×10^{-5} T,方向垂直纸面向外; (2) 1.1×10^{-6} Wb.

10-16 $F=2RIB$,方向沿 y 轴正向.

10-17 $\frac{\mu_0 I_1 I_2}{\pi}\ln\frac{b}{a}$.

10-18 (1) $F_{CD}=2\times10^{-4}$ N,$F_{EF}=2\times10^{-5}$ N, $F_{CF}=F_{ED}=2.3\times10^{-5}$ N,方向略;(2) $F_{合}=1.8\times10^{-4}$ N,方向向左, $M=0$.

10-19 (1) 0.283 N; (2) 0.062 8 $\mathrm{A\cdot m^{-2}}$; (3) 0.015 7 $\mathrm{N\cdot m}$.

10-20 $F_y=\frac{\mu_0 I^2}{\pi^2 R}$.

10-21 (1) 朝东; (2) 2.98×10^{-3} m.

10-22 $v_{\max}=(\sqrt{2}+1)\frac{leB}{m}$.

10-23 (1) $7.57\times10^6\ \mathrm{m\cdot s^{-1}}$; (2) 沿螺旋轴线,向上或向下,与电子旋转方向有关.

10-24 (1) 1.1×10^2 m; (2) 2.3 m.

10-25 (1) $6.7\times10^{-4}\ \mathrm{m\cdot s^{-1}}$; (2) 2.8×10^{29} 个.

10-26 0.63 $\mathrm{m\cdot s^{-1}}$.

10-27 $0<r<R_1$ 区域: $H=\frac{Ir}{2\pi R_1{}^2}$, $B=\frac{\mu_0 Ir}{2\pi R_1{}^2}$;

$R_1<r<R_2$ 区域: $H=\frac{I}{2\pi r}$, $B=\frac{\mu I}{2\pi r}$;

$R_2<r<R_3$ 区域: $H=\frac{I}{2\pi r}\left(1-\frac{r^2-R_2{}^2}{R_3{}^2-R_2{}^2}\right)$, $B=\frac{\mu_0 I}{2\pi r}\left(1-\frac{r^2-R_2{}^2}{R_3{}^2-R_2{}^2}\right)$;

$r>R_3$ 区域: $H=0,B=0$.

10-28 400 $\mathrm{A\cdot m^{-1}}$、2.12 T.

10-29 (1) $2\times10^4\ \mathrm{A\cdot m^{-1}}$; (2) $7.76\times10^5\ \mathrm{A\cdot m^{-1}}$; (3) 38.8; (4) 39.8.

第 11 章

11-1 0.157 V.

11-2 (1) $i=0.987$ A; (2) $B_0=0.500$ T,方向与磁场 $\boldsymbol{B}$ 的方向基本相同.

11-3 0.1 T.

11-4 $i=\frac{\mathscr{E}}{R}=\frac{\mu_0 Qa^2\omega_0}{2RLt_0}$,$i$ 的流向与圆筒转向一致.

11-5　$2RBv$，D 端.

11-6　(1) $\mathscr{E}=-\frac{\mu_0 vI_0}{2\pi}\ln\frac{l_0+l_1}{l_0}$，$U_a>U_b$；(2) $\mathscr{E}=\frac{\mu_0 vI_0}{2\pi}\ln\frac{l_0+l_1}{l_0}(\omega t\sin\omega t-\cos\omega t)$.

11-7　(1) $I_i=0$；(2) $U_{cd}=\frac{\mu_0 I}{2\pi}\sqrt{2gH}\ln\frac{2L+l}{l}$.

11-8　(1) $\frac{mgR\sin\theta}{B^2l^2\cos^2\theta}(1-\mathrm{e}^{-\frac{B2l2\cos2\theta}{mR}t})$；(2) $\frac{mgR\sin\theta}{B^2l^2\cos^2\theta}$.

11-9　$-\frac{3}{10}\omega BL^2$.

11-10　$\frac{1}{2}B\omega L^2\sin^2\theta$.

11-11　$\frac{\mu_0 Iv}{2\pi}\ln\frac{2(a+b)}{2a+b}$，感应电动势方向为 $C\to D$，D 端电势较高.

11-12　$-\frac{\mu_0 vI}{2\pi}\sin\theta\ln\frac{a+l+vt\cos\theta}{a+vt\cos\theta}$，$A$ 端电势高.

11-13　(1) $\frac{1}{2}\omega a^2B$；(2) $\frac{3}{2}\omega a^2B$；(3) O 点电势最高.

11-14　(1) $\mathscr{E}_{AD}=\frac{\sqrt{3}}{4}a^2\frac{\mathrm{d}B}{\mathrm{d}t}$，$\mathscr{E}_{BC}=\frac{\pi a^2}{6}\frac{\mathrm{d}B}{\mathrm{d}t}$，$\mathscr{E}=\left(\frac{\pi a^2}{6}-\frac{\sqrt{3}a^2}{4}\right)\frac{\mathrm{d}B}{\mathrm{d}t}$；

(2) $-\frac{\pi a^2}{6}\frac{\mathrm{d}B}{\mathrm{d}t}$.

11-15　略.

11-16　(1) 6.28×10^{-2} H；(2) 0.628 V，与回路中电流 I 的方向相反.

11-17　5.6×10^{-6} H、0.

11-18　(1) 1.26×10^{-5} H；(2) 6.28×10^{-4} V，与线圈 C 中的电流方向相同.

11-19　略.

11-20　$\frac{\mu_1}{8\pi}+\frac{\mu_2}{2\pi}\ln\frac{R_2}{R_1}$.

11-21　$\frac{\mu_0 N^2h}{2\pi}\ln\frac{b}{a}$，$\frac{\mu_0 N^2I^2h}{4\pi}\ln\frac{b}{a}$.

11-22　0.2 T、199.

11-23　(1) 59.7 W；(2) 38.7 W；(3) 98.4 W.

11-24　(1) 1.2×10^{-6} C·s^{-1}；(2) 1.7×10^{-6} W；(3) 4.2×10^{-6} W；(4) 5.9×10^{-6} W.

第 12 章

12-1　$\frac{\varepsilon k}{r\ln\frac{R_2}{R_1}}$.

12-2　$\frac{qa^2v}{2(x^2+a^2)^{\frac{3}{2}}}$.

12-3　2.8 A、$\frac{\varepsilon_0\mu_0 r}{2}\frac{\mathrm{d}E}{\mathrm{d}t}$、$5.6\times10^{-6}$ T.

12-4　(1) 1.59×10^{-5} W·m^{-2}；(2) 0.109 V·m^{-1}、2.91×10^{-4} A·m^{-1}.

12-5　1.55×10^3 V·m^{-1}、5.16×10^{-6} T.

第 13 章

13-1 34 cm.

13-2 (1) 11 cm；(2) 0 级明条纹移到原第 7 级明条纹处.

13-3 0.72 mm、3.6 mm.

13-4 15 μm.

13-5 0.525 mm.

13-6 600 nm、428.6 nm.

13-7 338.3 nm.

13-8 60 MHz.

13-9 $\frac{\lambda D}{2d}$.

13-10 700 nm.

13-11 2.947×10^{-4} rad.

13-12 1.71×10^{-4} rad.

13-13 0.442 mm.

13-14 0.381 m.

13-15 (1) 明暗相间的同心圆环；(2) 有 5 条亮条纹，1 000 nm、750 nm、500 nm、250 nm、0.

13-16 $r=\sqrt{(k\lambda-2d_0)R}$.

13-17 略.

13-18 600 nm.

13-19 51.6 μm.

13-20 403 mm.

13-21 2.4 mm.

13-22 3.54 mm.

13-23 1.8×10^{-5} rad、3.0×10^{-5} rad.

13-24 2.54×10^{-7} rad.

13-25 (1) 8.8×10^{-7} rad；(2) 8.34×10^{7} km.

13-26 0.30 rad、0.64 rad.

13-27 0.22 rad.

13-28 (1) 6 cm；(2) 5 个.

13-29 (1) 3.0 mm、5.7 mm；(2) 20 mm、38 mm.

13-30 2.4 μm、0.8 μm.

13-31 0.3 nm.

13-32 0.415 7 nm、0.392 8 nm.

13-33 (1) 35.3°或 144.7°；(2) 54.7°或 125.3°.

13-34 1∶2.

13-35 略.

13-36 53°、48.4°.

13-37 (1) 37°；(2) **E** 矢量的振动面与入射面垂直.

13-38 $\frac{\sqrt{3}}{3}$、$\frac{1}{3}$.

第14章

14-1　2.4×10^{3} K.

14-2　9.66×10^{-4} m；2.34×10^{9} W.

14-3　1.09×10^{15} Hz、0.603×10^{15} Hz、钡.

14-4　可产生光电效应，5.74×10^{5} m/s.

14-5　$\dfrac{eU_1v_2-eU_2v_1}{v_1-v_2}$.

14-6　$\dfrac{nh\nu-W}{e}$.

14-7　略.

14-8　0.073 2 nm、576 eV；0.075 6 nm、1 114 eV.

14-9　2.3×10^{-18} W.

14-10　$1.4\times10^{19}\,\mathrm{s}^{-1}$.

14-11　6.7 Pa.

14-12　656.3 nm、365.6 nm.

14-13　434 nm、3.4 eV.

14-14　赖曼系，该光谱线是氢原子从 $n=3$ 的能级跃迁到 $n=1$ 的能级辐射出来的.

14-15　(1) 4.76×10^{-10} m；(2) 3.16×10^{-34} kg·m^{2}·s^{-1}；(3) -1.51 eV.

14-16　$\dfrac{h}{2eBR}$.

14-17　3.32×10^{-24} kg·m·s^{-1}、37.9 eV，3.32×10^{-24} kg·m·s^{-1}、6.22 keV.

4-18　$\dfrac{\lambda_1\lambda_2}{|\lambda_1-\lambda_2|}$.

4-19　$\dfrac{n^2h^2}{2med^2}$.

14-20　$p=\dfrac{nh}{2a}$ $(n=1,2,3,\cdots)$、$E=\dfrac{n^2h^2}{8ma^2}$ $(n=1,2,3,\cdots)$.

14-21　$0.866\,c$，1.4×10^{-3} nm.

14-22　1.16×10^{6} m·s^{-1}.

14-23　略.

14-24　5.28×10^{-27} J、9.2×10^{-15} m.

14-25　(1) 0.196、0.402；(2) $\dfrac{a}{2}$、$\dfrac{a}{4}$、$\dfrac{3a}{4}$.

14-26　0.21.

14-27　10个，0、±1、±2，$\pm\dfrac{1}{2}$.

参考文献

[1] 张礼.近代物理学进展[M].北京:清华大学出版社,1997.

[2] 尹世忠,赵喜梅.扫描探针显微术与纳米科技[J].现代物理知识,2001,13(4):26—27.

[3] 白春礼.扫描隧道显微术及其应用[M].上海:上海科学技术出版社,1992.

[4] 赵近芳,王登龙.大学物理学:上[M].5 版.北京:北京邮电大学出版社,2017.

[5] 陈家璧,苏显渝. 光学信息技术原理及应用[M].北京:高等教育出版社,2002.

[6] 马文蔚,周雨青,解希顺.物理学[M].7 版.北京: 高等教育出版社,2020.

[7] 梁绍荣,刘昌年,盛正华.普通物理学:第一分册 力学[M].3 版.北京: 高等教育出版社,2005.

[8] 赵凯华,罗蔚茵.新概念物理教程:热学[M].2 版.北京: 高等教育出版社,2005.

[9] 赵凯华,罗蔚茵.新概念物理教程:力学[M].北京: 高等教育出版社,1995.

[10] 程守洙,江之水.普通物理学:第二册[M].5 版.北京: 高等教育出版社,1998.

[11] 毛骏健,顾牡.大学物理学[M].北京: 高等教育出版社,2006.

[12] 赵凯华,陈熙谋.新概念物理教程:电磁学[M].北京: 高等教育出版社,2003.

[13] 张三慧.大学基础物理学:力学、电磁学[M].3 版.北京: 清华大学出版社,2009.

[14] 向义和.大学物理导论:物理学的理论与方法、历史与前沿:上册[M].北京: 清华大学出版社,1999.

[15] 刘克哲,刘建强.简明物理学:上册[M].北京: 高等教育出版社,2014.

[16] 吴百诗.大学物理:上册[M].第三次修订本.西安: 西安交通大学出版社,2008.

[17] 倪光炯,王炎森,钱景华,等.改变世界的物理学[M].上海: 复旦大学出版社,1998.

[18] 卢德馨.大学物理学[M].2 版.北京: 高等教育出版社,2003.

[19] 陆果.基础物理学:下卷[M].北京: 高等教育出版社,1997.

[20] 李椿,章立源,钱尚武.热学[M].3 版.北京: 高等教育出版社,2015.

[21] 秦允豪.普通物理学教程:热学[M].2 版.北京: 高等教育出版社,2004.

[22] 吴锡珑.大学物理教程:第三册[M].2 版.北京: 高等教育出版社,1999.

[23] 过祥龙,董慎行,晏世雷.普通物理学[M].2 版.苏州: 苏州大学出版社,2003.

[24] 王京,姜琛昱,何焰蓝.电磁动能武器简介[J].大学物理,2005,24(11):59—63.